机电系统工程学

主编 ◎ 郑海明　贾桂红

華中科技大學出版社
http://www.hustp.com
中国·武汉

内容简介

本书从系统工程学的角度出发，详细介绍了机电系统的设计理论、控制方法和应用，并将机电领域最新成果和发展动态融入其中。全书共9章，主要内容包括绪论、机电系统的机械设计理论、机电系统的建模与仿真、机电系统的传感与检测、机电系统的微机控制、机电系统的电磁兼容技术、机电系统的动态特性分析、机电系统的总体设计、现代机电系统工程与“工业4.0”。

本书内容丰富、条理清晰、图文并茂，强调了机电系统的有机融合性，不但可以作为高等院校机械电子工程、机械设计制造及其自动化等机电类专业高年级本科生机电一体化相关课程的教材，而且可以作为机械电子工程、机械制造及其自动化、机械设计和理论等机械工程，以及精密仪器和机械等仪器科学与技术等学科方向硕士研究生机电一体化相关课程的教材，还可以供机电领域相关工程技术人员学习参考。

图书在版编目(CIP)数据

机电系统工程学/郑海明，贾桂红主编.—武汉：华中科技大学出版社，2020.12
ISBN 978-7-5680-6621-1

Ⅰ.①机… Ⅱ.①郑… ②贾… Ⅲ.①机电系统-系统工程学 Ⅳ.①TM7

中国版本图书馆CIP数据核字(2020)第231739号

机电系统工程学
Jidian Xitong Gongchengxue

郑海明　贾桂红　主编

策划编辑：刘　静
责任编辑：刘　静
封面设计：孢　子
责任监印：朱　玢
出版发行：华中科技大学出版社(中国·武汉)　　电话：(027)81321913
　　　　　武汉市东湖新技术开发区华工科技园　　邮编：430223
录　　排：武汉市洪山区佳年华文印部
印　　刷：湖北新华印务有限公司
开　　本：787mm×1092mm　1/16
印　　张：15.75
字　　数：403千字
版　　次：2020年12月第1版第1次印刷
定　　价：48.00元

前言

机电一体化是在微电子技术、自动控制技术等向机械工业渗透的过程中逐渐形成并发展起来的一门综合性技术学科。目前，机电一体化技术日益得到普遍重视和广泛应用，已成为现代技术、经济发展中不可缺少的一种高新技术，机电一体化产品已遍及人们日常生活和国民经济的各个领域。

进入21世纪后，以互联网、云计算、大数据、物联网和智能制造等技术为主导的第四次工业革命悄然来袭。中国政府于2015年5月8日印发了《中国制造2025》，全面推进实施制造强国战略。这是我国实施制造强国战略第一个十年的行动纲领，以推进智能制造为主攻方向，以满足经济社会发展和国防建设对重大技术装备的需求为目标，强化工业基础能力，提高综合集成水平，完善多层次、多类型人才培养体系，促进产业转型升级，培育有中国特色的制造文化，实现制造业由大变强的历史跨越。要彻底改变我国机械工业之落后面貌，缩小与先进国家的差距，具备国际竞争力，必须走发展机电一体化技术之路，这也是当代机械工业发展的必然趋势。

灵活和可扩展的机电一体化技术是实现"工业4.0"的基础，将复杂的运动控制和自动化技术转化为便于使用的驱动解决方案是"工业4.0"在运动控制中实施的关键。与"工业4.0"相关的技术的迅速发展，提高了内置智能机器的效率、性能和可访问性，因此"工业4.0"被称为下一次工业革命。现代机电一体化优化设计与系统工程为"工业4.0"的成功实施提供了基本的构建模块。

机电一体化是一门综合性的技术学科，涉及机械技术、微电子技术、伺服驱动技术、计算机技术、控制技术、人工智能等关键技术，但是机电一体化并不是这些技术的简单叠加，而是突出强调这些技术的相互渗透和有机结合，即"系统工程"的概念。同时，机电一体化也是一门实践性应用性非常强的学科，机电一体化理论和方法大量体现在机电一体化设备的系统设计和生产制造过程中。

鉴于此，为了培养机械类、自动化类等专业学生的机电系统设计意识和能力，编者总结十几年来的教学和科研经验，在广泛收集同类教材和整理原有讲义的基础上编写了本书，希望它能够成为一本适用、实用的专业课教材。

全书共9章，具体内容包括：第1章绪论，第2章机电系统的机械设计理论，第3章机电系统的建模与仿真，第4章机电系统的传感与检测，第5章机电系统的微机控制，第6章机电系统的电磁兼容技术，第7章机电系统的动态特性分析，第8章机电系统的总体设计，第9章现代机电系统工程与"工业4.0"。每章后均有习题，便于学生课后练习。有的题目是为了引导读者进一步思考而设置的，未必能够在本书中直接找到答案。

本书在内容安排上既注重基础理论、基本概念的系统性阐述，又将机电一体化领域最新成果和发展动态融入其中，系统地介绍了物联网传感器技术及应用、机电系统抗干扰的设计、现代机电系统设计方法、“工业 4.0”与“中国制造 2025”、工业互联网等前沿技术，尽可能具体实用。

学习本书之前，读者应具备机械原理、机械设计、机电传动控制、电工电子、微机原理、测试技术、自动控制等方面的知识。本书不但可以作为高等院校机械电子工程、机械设计制造及其自动化等机电类专业高年级本科生机电一体化相关课程的教材，而且可以作为机械电子工程、机械制造及其自动化、机械设计和理论等机械工程，以及精密仪器和机械等仪器科学与技术等学科方向硕士研究生机电一体化相关课程的教材，还可以供机电领域相关工程技术人员学习参考。教师在使用本书时，可根据学生先修课程情况和学时要求，适当补充或删减有关内容。

本书由郑海明、贾桂红主编。具体编写分工如下：贾桂红负责编写第 3 章第 3.4 节、第 5 章，其他章节由郑海明编写，全书统稿工作由郑海明完成。本书的出版得到了华中科技大学出版社的大力支持，特别要感谢出版社的刘静对本书内容的审核做了大量细致的工作。本书在编写过程中还参阅了大量国内外同行的教材、期刊文献和手册，在此一并表示衷心的感谢。

由于编者的水平有限，加之机电一体化技术的发展日新月异，书中错误及不足之处在所难免，敬请读者批评指正。

编　者

2020 年 10 月

目录

第1章　绪　　论

1.1　机电、系统、机电系统工程基本概念

“机电”是“机电一体化”或“机械电子”的简称。1971年，日本的《机械设计》副刊特辑首次提出了“mechatronics”一词，即“机械电子学”。它是“机械”(mechanics)和“电子”(electronics)这两个词的复合词。在我国，通常将“机电”翻译成“机电一体化”或“机械电子”。机电一体化至今还没有统一的严格的定义，最简洁的解释是“机械与电子的有机结合”。下面列举一些对“机电一体化”的不同理解。

(1)“‘机电一体化’‘mechatronics’这个词是由‘机械学’‘mechanics’中的‘mecha’和‘电子学’‘electronics’中的‘tronics’组成的。也就是说，工业技术和产品将会把机械装置和电子装置更加紧密、有机地融合在一起，很难看出机电一体化产品是机械装置和电子装置的简单组合。”

(2)“机电一体化是电子学、控制工程和机械工程的集成。”

(3)“机电一体化是物理系统操作中复杂决策的应用。”

(4)“机电一体化是机械工程、电子学与计算机智能控制的协同集成，用于工业产品设计、制造和生产过程。”

(5)“机电一体化是指协同使用精密工程、控制理论、计算机科学、传感器和执行器技术，以设计更好的产品。”

(6)“机电一体化是机电产品的最优设计的方法学。”

(7)“机电一体化的研究领域包括系统的分析、设计、综合和选择，把机械和电子组件与现代控制和微处理器相结合。”

由此可以看出，人们虽然不断尝试去定义“机电一体化”，划分机电一体化产品以及开发标准化的“机电一体化”课程，但在“什么是‘机电一体化’”的完整描述上仍存在分歧。在“机电一体化”的定义上缺乏共识是一个积极的信号，它表明机电一体化是一门有生命力、朝气蓬勃的学科。即使机电一体化没有一个无可争辩的确切描述，但机电一体化工程师仍能从上面给出的定义和他们的亲身经历中理解机电一体化这一学科的精髓。

机电一体化是在新技术浪潮中，电子技术、信息技术向机械工业渗透并与机械技术相互融合的产物。机电一体化技术综合应用了机械技术、微电子技术、信息处理技术、自动控制技术、检测技术、电力电子技术、接口技术及系统总体技术等。

关于“系统”，世界著名的科学家钱学森教授指出：“所谓系统，是由相互制约的各个部分组成的具有一定功能的整体。”因此，系统本身就强调各个部分之间的协调与匹配，实现整体最佳，以便实现期望的功能。

“系统工程”的一般含义为：系统工程是从整体出发，合理开发、设计、实施和运用系统科学

的工程技术。它根据总体协调的需要，综合应用自然科学和社会科学中有关的思想、理论和方法，利用电子计算机作为工具，对系统的结构、要素、信息和反馈等进行分析，以达到最优规划、最优设计、最优管理和最优控制的目的。

关于“机电系统工程”，我们可从“系统”的角度来理解：机电系统工程将根据系统功能目标和优化组织结构目标，以智能、动力、结构、运动和感知等组成要素为基础，对各组成要素及相互之间的信息处理、接口耦合、运动传递、物质运动、能量变换机理进行研究，使得整个系统有机结合与综合集成，并在系统程序和微电子电路的有序信息流的控制下，形成物质和能量的有规则运动，在高质量、高精度、高可靠性、低能耗意义上实现多种技术功能复合的最佳功能价值的系统工程技术。表1-1所示为系统工程与机电一体化工程的特点对比。

表1-1　系统工程与机电一体化工程的特点对比

名称	系统工程	机电一体化工程
产生年代	20世纪50年代(美国)	20世纪70年代(日本)
对象	大系统	小系统、机器
基本思想	系统概念	机电一体化概念(系统及接口概念)
技术方法	利用软件进行优化、仿真、鉴定、检查、评估等	以机为主，以电为用，机电有机结合，进行系统分析与设计，如硬件的超精密定位、超精密加工、优化设计、微机控制及仿真等
信息处理系统	大型计算机	微型计算机、微处理器、多CPU等
实例	阿波罗计划、网上银行系统	CNC机床、机器人、录像机、摄像机等
共同点	应用计算机，具有实时性、综合性、复合性等特点	

机电一体化的核心是控制。因此，有人将机电系统称为机电控制系统。机电系统强调机械技术与电子技术的有机结合，强调系统各个环节之间的协调与匹配，以便达到系统整体最佳的目标。

当今，采用机电一体化技术设计和制造的机电系统，就含义而言，已从最初的“在机械制造中引入电子技术”拓宽为“机电仪一体化”或“光机电仪一体化”。再进一步，有些专家认为，机电一体化系统是不同层次的CIMS(computer integrated manufacturing system，直译为计算机集成制造系统，意译为计算机综合自动化生产系统)。

机电一体化技术已由最初的应用于离散型制造工业拓展到应用于连续型流程工业和混合型制造工业。它是微电子技术、电力电子技术、计算机技术、信息处理技术、通信技术、传感检测技术、过程控制技术、运动控制技术、精密机械技术以及自动控制技术等多种技术相互交叉、相互渗透、有机结合而成的一种新的综合性技术。它强调的是系统五大要素(部分)之间的协调与配合，即系统整体最佳(简称最佳匹配)，强调的是上述多种技术的融会贯通、综合运用，强调的是工艺、机械、控制的有机结合。就学科而言，机电一体化是一门边缘学科。

当今的机电一体化系统，早已摒弃了过去“机械＋电气”的拼合模式，而是把机械与电子有机地结合起来，采用的是一种“融合”模式。应用机电一体化技术就能开发出各式各样的机电系统，机电系统的应用遍及各个领域。

机电一体化含有技术与产品两方面的内容。首先是机电一体化技术，主要包括机电一体化技术原理，即机电一体化系统(产品)得以实现、使用和发展的技术。然后是机电一体化产品，该产品主要是将机械系统(或部件)与电子系统(或部件)用相关软件有机结合而构成的,具有新的功能和性能。

1.2　机电一体化系统(产品)构成

机电一体化系统(产品)的形式多种多样,功能也各不相同。一个较完善的机电一体化系统(产品)应包括以下几个基本要素:机械本体、动力源单元、传感与检测单元、执行与驱动单元、控制与信息处理单元等。各要素之间通过接口相联系,也可以说这些基本要素构成了机电一体化系统(产品)的多个子系统。机电一体化系统(产品)基本要素实例如图 1-1 所示。

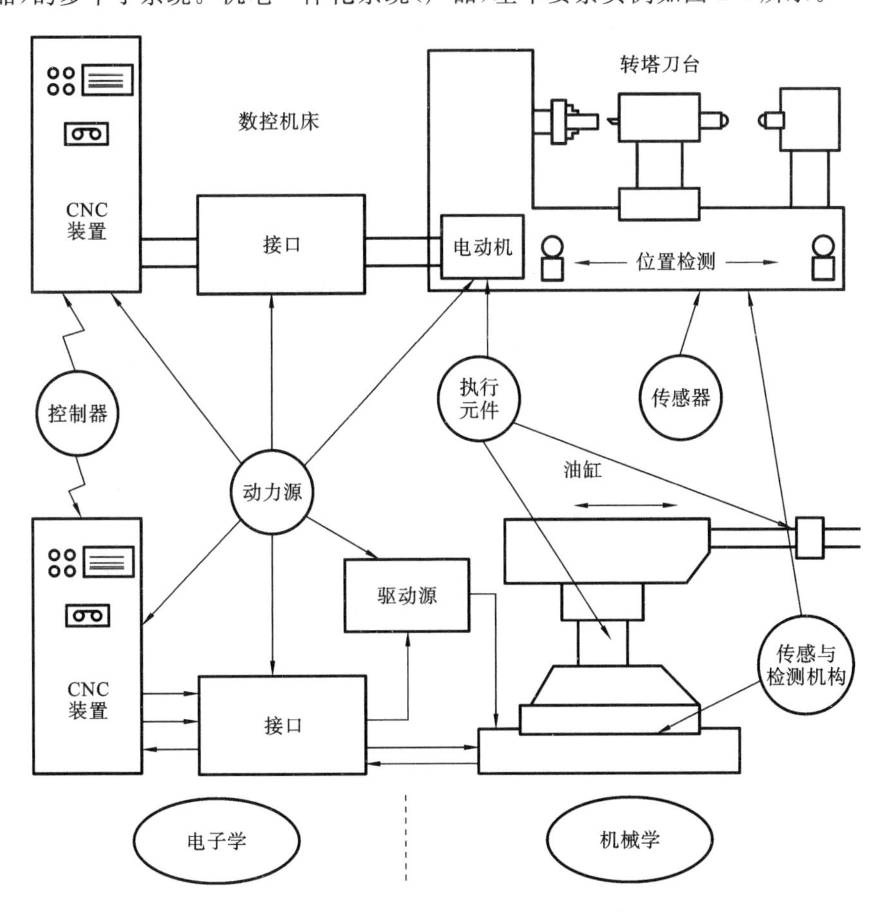

图 1-1　机电一体化系统(产品)基本要素实例

1.2.1　机械本体

机电一体化系统(产品)中含有运动机械,机械本体主要包括机械传动机构和机械结构装置。机电一体化系统(产品)中,机械本体的主要功能是使各子系统、零部件按照一定的空间和时间关系处在一定的位置上,实现在一定的载荷条件下的微小运动或复杂运动。例如,数控车床的机械本体就是数控车床的机械结构部分(车身、主轴箱、尾架等)和进给机构。机械本体就像人体的骨架,是运动机械实现柔性化和智能化的直观体现。由于机电一体化系统(产品)技术性能、水平和功能的提高，机械本体需在机械结构、材料、加工工艺性以及几何尺寸等方面适应机电一体化系统（产品）高效、多功能、可靠和节能、小型、轻量、美观等要求。

1.2.2 动力源单元

机械运动将其他形式的能量装换成机械能，动力源单元的功能是按照机电一体化系统（产品）的控制要求，为机电一体化系统（产品）提供能量和动力，克服各种载荷去驱动执行机构，完成信息处理，使机电一体化动力系统正常运行。动力源包括电能、气能以及液能等。例如，数控机床的主动力主要来自电能。机电一体化系统（产品）的动力部分，就像人体的内脏，能产生能量进而维持机电一体化系统（产品）的“生命”、“思维”和运动。机电一体化系统（产品）的显著特征之一是，用尽可能少的动力输入获得尽可能大的功能输出，不但要求驱动效率高、反应速度快，而且要求对环境适应性强、可靠性高、方便维修和回收等。

1.2.3 传感与检测单元

传感与检测单元的功能是对机电一体化系统（产品）运行过程中所需要的本身和外界环境的各种参数和状态进行检测，并将这些参数和状态转换成可识别的信号传输到控制与信息处理单元，经过控制与信息处理单元分析、处理，产生相应的控制信息。机电一体化系统（产品）的传感与检测功能一般由专门的传感器和仪表来实现。例如，数控机床的位移、速度等运动参数靠编码器、光栅传感器等转换成电信号，并通过相应的信号检测装置将该电信号反馈给控制与信息处理单元。传感与检测单元相当于人体的感受器官，用于将外界信息传输给机电一体化系统（产品）的“大脑”。传感器的精度决定了机电一体化系统（产品）精度的上限，传感器的技术水平制约着机电一体化技术的发展，传感器技术是机电一体化的瓶颈技术之一。

1.2.4 执行与驱动单元

执行与驱动单元包括执行元件及其驱动电路，功能是根据控制信息和指令完成所要求的动作，将各种形式的能量转换为机械能，带动机械机构完成规定的机械运动。执行元件的驱动方式按动力源的不同主要分为液压传动、气动、电动三种。例如，数控机床的主轴电动机、进给电动机及其实现功率放大的驱动电路模块等就构成数控机床的执行与驱动单元。执行元件就像人体中的四肢，可在“大脑神经”的控制下完成各种动作。机电一体化系统（产品）一方面要求执行与驱动单元具有高效率和快速响应等特性，另一方面又要求执行与驱动单元对水、油、温度、尘埃等外部环境因素具有较高的适应性和可靠性。由于电力电子技术的高度发展，高性能步进电动机、直流伺服电动机和交流伺服电动机越来越多地应用于机电一体化系统（产品）。

1.2.5 控制与信息处理单元

控制与信息处理单元是机电一体化系统（产品）的核心单元，功能是对来自各传感器的检测信息和外部输入命令进行集中、存储、分析、加工，根据处理结果，按照一定的程序发出相应的控制信号，通过输出接口将控制信号送往执行元件，控制整个机电一体化系统（产品）有目的地运行，并达到预期的性能。控制与信息处理单元一般由计算机、逻辑电路、A/D 转换器、D/A 转换器、I/O（输入和输出）模块和计算机外部设备等组成。例如，数控机床中数控装置的 CPU 板、CRT 显示器、键盘及打印机等就属于控制与信息处理单元。控制与信息处理单元的作用正如人的大脑一样。机电一体化系统(产品)对控制与信息处理单元的基本要求是:提高信息处理的速度和可靠性,增强抗干扰能力,完善机电一体化系统(产品)自诊断功能,实现信息处理智能化和机电一体化系统(产品)的小型化、轻量化、标准化等。

1.2.6 接口

如上所述,机电一体化系统(产品)由许多要素或子系统组成,各要素或各子系统之间必须能够顺利地进行物质、能量和信息(即工业三大要素)的传递和交换,如数字量与模拟量的转换、串行码和并行码的转换等。为此,各要素或各子系统的相连接处必须具有一定的连接部件,这个连接部件就可称为接口。接口包括电气接口、机械接口、人机接口等。电气接口实现各要素或各子系统之间电信号的连接;机械接口完成机械部分与机械部分、机械部分与电气部分的连接;人机接口提供人与机电一体化系统(产品)之间的交互界面。接口具有保证信息传递的逻辑控制功能,使信息按规定模式进行传递,将各要素或各子系统连接成为一个有机整体,使各个功能环节相互协调,从而形成机电一体化系统(产品)。

机电一体化系统(产品)接口的性能是决定机电一体化系统(产品)性能好坏的关键因素,因此机电一体化系统(产品)各要素或各子系统间的接口设计极为重要。图1-2表示出了机电一体化系统(产品)各构成要素之间的相互联系。

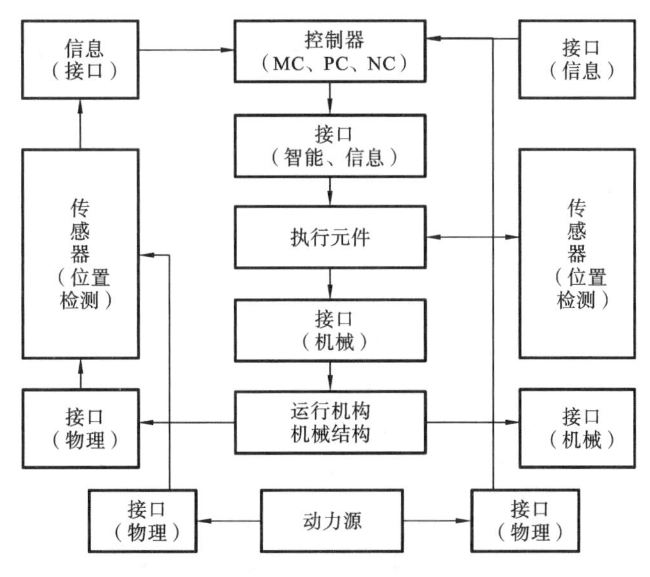

图1-2 机电一体化系统(产品)各构成要素之间的相互联系

1.3 机电一体化关键技术

1.3.1 机械技术

机械技术是机电一体化的基础。机电一体化的机械产品与传统的机械产品的区别在于:不但要求功能更强,结构更新颖、更简单,质量更轻,还要求精度更高、刚度更大、动态性能更好。

因此，机械技术面临着挑战和变革。精密机械传动技术是机电一体化中机械技术的重要组成部分，机电一体化的关键传动部件，如导轨、滚珠丝杠、轴承、齿轮等的材料和精度，对机电一体化系统（产品）性能和控制精度的影响极大。此外，机械系统的静、动刚度和热变形程度也对机电一体化系统（产品）的性能和控制精度有一定的影响。

1.3.2 计算机信息处理技术

计算机信息处理技术包括计算机硬件和软件技术、网络与通信技术、数据库技术等。控制计算机是机电一体化产品的“大脑”，它通过对大量数据信息的处理来指挥控制整个机电一体化系统（产品）的工作过程。信息处理是否正确、及时，直接影响到机电一体化系统（产品）工作的质量和效率。因此，计算机信息处理技术已成为促进机电一体化技术发展最活跃的一个因素。另外，人工智能技术、专家系统技术、神经网络技术等，也都属于计算机信息处理技术。

1.3.3 传感检测技术

机电一体化系统（产品）要求传感与检测单元能快速、准确、可靠地获取各种内外部信息，并通过相应的处理电路，将信息反馈给控制计算机。与计算机技术相比，传感检测技术发展缓慢，难以满足控制系统的要求，因而不少机电一体化系统（产品）不能达到满意的效果或无法达到设计要求。传感器的发展正进入集成化、智能化阶段，把传感器件与信号处理电路集成在一个芯片上就形成了信息型传感器，再将微处理器集成到芯片上就形成了智能传感器。大力开展对传感检测技术的研究对于机电一体化技术的发展具有十分重要的意义。

1.3.4 自动控制技术

自动控制技术是指在没有人直接参与的情况下，通过控制器使被控对象或过程自动地按照预定的规律运行的一种技术。自动控制技术的范围很广，包括自动控制理论、控制系统设计、系统仿真、现场测试、可靠运行，以及从理论到实践的整个过程等。由于被控对象的种类繁多，所以自动控制技术的内容极其丰富，包括高精度定位控制、速度控制、自适应控制、自诊断、校正、补偿、检索等。由于实际中的被控对象与理论上的控制模型之间存在较大的差距，使由控制设计到控制实施要经过多次反复调试与修改，才能获得比较满意的结果，所以自动控制技术的难点在于自动控制理论的工程化与实用化。由于微型机的广泛应用，自动控制技术越来越多地与计算机控制技术联系在一起，成为机电一体化中十分重要的关键技术。

1.3.5 伺服驱动技术

伺服驱动技术是指将控制计算机发出的指令信息经功率放大后用于驱动执行元件，使执行元件产生精密机械运动的一种技术。常见的伺服驱动元件有电液马达、油缸、步进电动机、直流伺服电动机和交流伺服电动机等，作用是带动机械传动机构作回转运动、直线运动以及其他各种复杂的运动。伺服驱动单元是实现将电信号转换成机械动作的装置和部件，对机电一体化系统（产品）的动态性能、控制质量和功能具有决定性的影响。由于变频技术的进步，交流伺服驱动技术取得了突破性的进展，为机电一体化系统（产品）提供了高质量的伺服驱动单元，极大地促进了机电一体化技术的发展。

1.3.6　系统总体技术

系统总体技术是指从整体目标出发，用系统工程的观点和方法将系统总体分解成相互有机联系的若干功能单元，并以功能单元为子系统继续分解，直至找到可实现的技术方案，然后把功能和技术方案组合成方案组进行分析、评价和优选的综合应用技术。整体性要求把系统作为有机整体来考察，从整体与部分、部分与部分之间相互依赖、相互结合、相互制约的关系中揭示系统的特征和运动规律。接口技术是系统总体技术中一个重要的方面，是实现系统各部分有机连接的保证。深入了解机电一体化系统的内部结构和相互关系，把握机电一体化系统的外部联系，对于机电一体化系统的设计和产品开发来说十分重要。

图 1-3 所示是机电一体化技术与相关学科、行业的关系图。

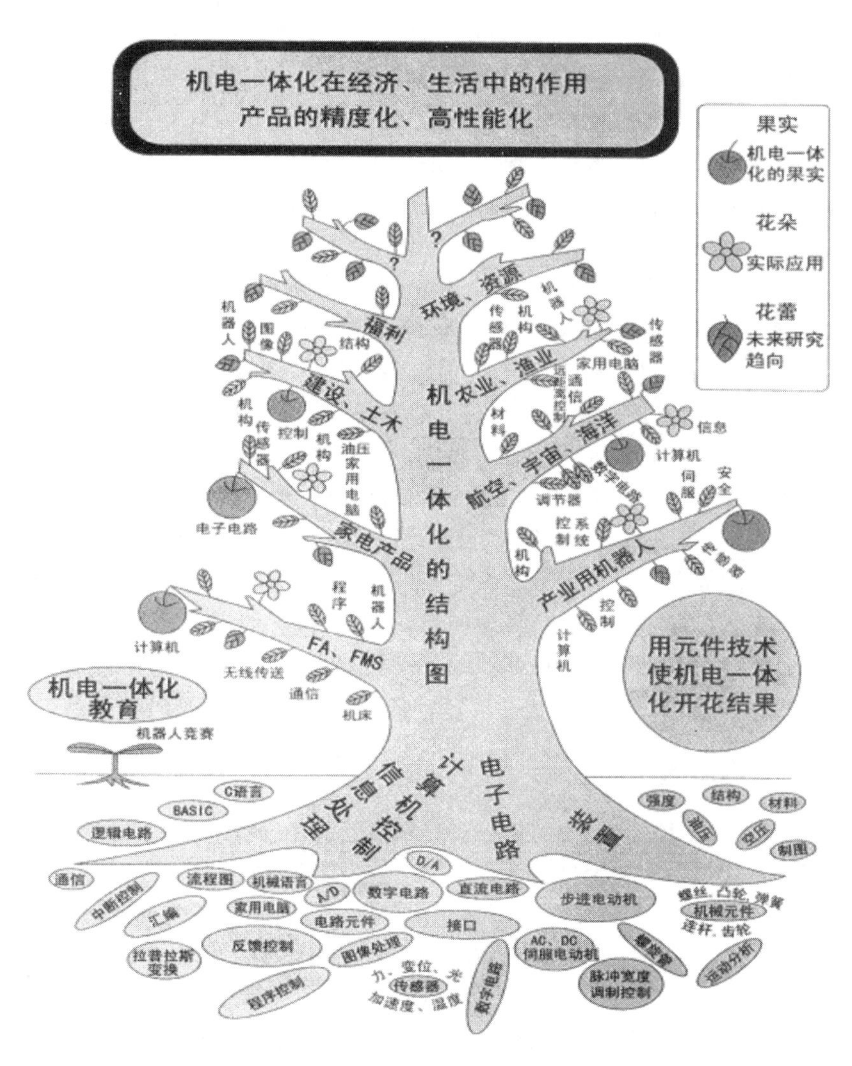

图 1-3　机电一体化技术与相关学科、行业的关系图

1.4 机电一体化典型产品

1.4.1 数控机床

数控技术，简称数控(numerical control，NC)，是指利用数字化的信息对机床运动及加工过程进行控制的一种技术。使用数控技术实施加工控制的机床，或者说装备了数控系统的机床称为数控机床。数控系统包括数控装置、可编程序控制器、主轴驱动器及进给装置等。数控机床是机、电、液、气、光高度一体化的产品。要实现对数控机床的控制，需要用几何信息描述刀具和工件间的相对运动以及用工艺信息来描述数控机床加工必须具备的一些工艺参数，如进给速度、主轴转速、主轴正反转、换刀、冷却液的开关等。这些信息按一定的格式形成加工文件(即通常所说的数控加工程序)并存放在信息载体上(如磁盘、穿孔纸带、磁带等)，然后由数控机床上的数控系统读入(或直接通过数控系统的键盘输入，或通过通信方式输入)，通过对加工文件进行译码，使数控机床动作并加工零件。现代数控机床是机电一体化的典型产品，是新一代生产技术、计算机集成制造系统等的技术基础。

现代数控机床的发展趋势是高速化、高精度化、高可靠性、多功能、复合化、智能化和开放式结构。现代数控机床的主要发展动向是研制开发软、硬件都具有开放式结构的智能化全功能通用数控装置。数控技术是机械加工自动化的基础，是数控机床的核心技术，伴随着信息技术、微电子技术、自动化技术和检测技术的发展而发展。数控技术的发展水平直接关系到一个国家的战略地位和综合实力水平。加工中心是一种带有刀库并能自动更换刀具，对工件能够在一定的范围内进行多种加工操作的数控机床。在加工中心上加工工件的特点是：工件经过一次装夹后，数控系统能控制加工中心按工序自动选择和更换刀具，自动改变加工中心主轴转速、进给量和刀具相对工件的运动轨迹及其他辅助功能，连续地对工件各加工面自动地进行钻孔、锪孔、铰孔、镗孔、攻螺纹、铣削等多工序加工。加工中心由于能集中地、自动地完成多种工序，避免了人为的操作误差，减少了工件装夹、测量、机床调整时间，以及工件周转、搬运和存放时间，大大提高了加工效率和加工精度，所以具有良好的经济效益。加工中心按主轴在空间的位置不同可分为立式加工中心与卧式加工中心。

1.4.2 工业机器人

机器人技术是综合了计算机、控制论、机构学、信息和传感技术、人工智能、仿生学等多学科而形成的高新技术，是目前研究十分活跃、应用日益广泛的领域。机器人应用情况是一个国家工业自动化水平的重要表现。机器人并不是在简单意义上代替人工的劳动，而是综合了人的特长和机器的特长的一种拟人的电子机械装置，既有人对环境状态的快速反应和分析判断能力，又有机器可长时间持续工作、精度高、抗恶劣环境的能力。从某种意义上说，它也是机器进化过程中的产物。机器人既是工业和非产业界重要的生产和服务性设备，也是先进制造技术领域不可缺少的自动化设备。

工业机器人由操作机(机械本体)、控制器、伺服驱动系统和检测传感装置构成，是一种仿人操作、自动控制、可重复编程、能在三维空间完成各种作业的机电一体化自动化生产设备，特别适用于多品种、变批量的柔性生产。它对稳定或提高产品质量、提高生产效率、改善劳动条件和加快产品的更新换代起着十分重要的作用。国外工业机器人的发展呈现出以下几个趋势。

(1) 工业机器人的性能不断提高(高速度、高精度、高可靠性、便于操作和维修)，而单机价格不断下降。

(2) 机械结构向模块化、可重构化方向发展。例如，关节模块中的伺服电动机、减速机、检测系统三位一体化，由关节模块、连杆模块用重组方式构造机器人整机。国外已有模块化装配机器人产品问世。

(3) 工业机器人控制系统向基于个人计算机的开放型控制器方向发展，便于标准化、网络化。器件的集成度提高，控制柜日见小巧，且采用模块化结构，大大提高了系统的可靠性、易操作性和可维修性。

(4) 工业机器人中传感器的作用日益重要，除采用传统的位置传感器、速度传感器、加速度传感器等传感器外，装配机器人、焊接机器人还应用了视觉传感器、力觉传感器等传感器，而遥控机器人采用视觉传感器、声觉传感器、触觉传感器等多传感器的融合技术来进行环境建模及决策控制，多传感器融合技术在产品化系统中已有成熟的应用。

(5) 虚拟现实技术在工业机器人中的作用已从仿真、预演发展到用于过程控制，如使遥控机器人的操作者产生置身于远端作业环境中的感觉来操纵遥控机器人。

(6) 当代遥控机器人系统的发展特点不是追求全自主系统，而是致力于操作者与遥控机器人的人机交互控制，即遥控加局部自主系统构成完整的监控遥控操作系统，使智能机器人走出实验室进入实用阶段。美国发射到火星上的"索杰纳"工业机器人就是这种系统成功应用最著名的一个实例。

(7) 机器人化机械开始兴起。从1994年美国开发出"虚拟轴机床"以来，这种新型装置成为国际研究的热点之一。

1.4.3 微机电系统

微机电系统(micro electronic mechanical system，MEMS)是一种全新的、必须同时考虑多种物理场混合作用的研发领域。相对于传统的机械，MEMS器件的尺寸更小，最大的不超过1 cm，甚至仅仅为几微米。MEMS采用以硅为主的材料，电气性能优良，硅材料的强度、硬度和杨氏模量与铁相当，密度与铝类似，热传导率接近钼和钨；采用与集成电路(IC)类似的生成技术，可大量利用IC生产中的成熟技术、工艺，进行大批量、低成本生产，使性价比相对于传统"机械"制造技术可大幅度提高。

完整的MEMS是由微传感器、微执行器、信号处理和控制电路、通信接口和电源等部件组成的一体化的微型器件系统，目标是把信息的获取、处理和执行集成在一起，组成具有多功能的微型系统，并把微型系统集成于大尺寸系统中，从而大幅度地提高系统的自动化、智能化和可靠性。

1. MEMS的特点

MEMS的特点可以总结如下。

(1) 微型化。

MEMS器件体积小、质量轻、耗能低、惯性小、谐振频率高、响应时间短。

（2）集成化。

可以把不同功能、不同敏感方向和不同制动方向的多个传感器或执行器集于一体，形成微传感器阵列或微执行器阵列，甚至可以把多种器件集成在一起形成更为复杂的微系统。微传感器、微执行器和IC集成在一起可以制造出高可靠性和高稳定性的智能化MEMS。

（3）多学科交叉。

MEMS的制造涉及电子、机械、材料、信息与自动控制、物理、化学和生物等多种学科，同时MEMS也为上述学科的进一步研究和发展提供了有力的工具。MEMS在工业、信息和通信、国防、航空航天、航海、医疗和生物工程、农业、环境和家庭服务等领域有着潜在的巨大应用前景。

2. MEMS的具体应用

MEMS目前具体应用于以下方面。

（1）微型传感器。

微型传感器是MEMS的一个重要组成部分。1962年第一个硅微型压力传感器问世，开创了MEMS的先河。现在已经形成产品和正在研究中的微型传感器有压力传感器、力传感器、力矩传感器、加速度传感器、速度传感器、位置传感器、流量传感器、电量传感器、磁场传感器、温度传感器、气体成分传感器、湿度传感器、pH值传感器、离子浓度传感器、生物浓度传感器、微陀螺传感器、触觉传感器等。微型传感器正朝着集成化和智能化的方向发展。

（2）微型执行器。

微型电动机是一种典型的微型执行器，可分为旋转式和直线式两类。其他的微型执行器还有微型开关、微型谐振器、微型阀、微型泵等。把微型执行器分布成阵列形式可以收到意想不到的效果，如可用于物体的搬送和定位、用于飞机的灵巧蒙皮。微型执行器的驱动方式主要有静电驱动、压电驱动、电磁驱动、形状记忆合金驱动、热双金属驱动、热气驱动等。

（3）微型光机电器件和系统。

随着信息技术、光通信技术的发展，宽带的多波段光纤网络将成为信息时代的主流，光通信中光器件的微型化和大批量生产成为迫切的需求。MEMS技术与光器件的结合恰好能满足这一需求。由MEMS与光器件融合为一体而构成的微型光机电系统将成为MEMS领域中一个重要研究方向。

（4）微型生物化学芯片。

微型生物化学芯片是利用微细加工工艺，在几平方厘米的硅片或玻璃等材料上集成样品预处理器、微反应器、微分离管道、微检测器等微型生物化学功能器件、电子器件和微流量器件的微型生物化学分析系统。与传统的分析仪器相比，微型生物化学分析系统除了体积小以外，还具有分析时间短、样品消耗少、能耗低、效率高等优点，可广泛用于临床、环境监测、工业实时控制中。微型生物化学分析系统还使分析的并行处理成为可能，即同时分析数十种甚至上百种的样品，这将大大缩短基因测序过程。

（5）微型机器人。

随着电子器件的不断缩小，组装时要求的精密度也在不断提高。现在，科学家正在研制微型机器人，用以在桌面大小的地方上组装像硬盘驱动器之类的精密小巧的产品。军队也对这种微型机器人表现了浓厚的兴趣。他们设想制造出大到与鞋盒子一样大小，小到与硬币一样大小的机器人，它们会爬行、跳跃，到达敌军后方，为不远处的部队或千里之外的总部搜集情报。这些机器人是廉价的，可以大量部署，它们可以替代人进入人难以进入或危险的地区，执行侦察、排雷和探测生化武器任务。

（6）微型飞行器。

微型飞行器（micro air vehicle，MAV）一般是指长、宽、高均小于 15 cm，质量不超过 120 g，并能以可接受的成本执行某一项有价值的军事任务的飞行器。这种飞行器的设计目标是：有 16 km 的巡航范围，并能以 30～60 km/h 的速度连续飞行 20～30 min。美国陆军计划把这种微型飞行器装备到陆军排级士兵，将它广泛地用于战场侦察、通信中继和反恐怖活动。

微型飞行器并不是通过简单缩小传统飞机而得到的，尺寸的缩小带来了许多新的技术挑战。由于尺寸的缩小和速度的降低，现在常规飞机上使用的翼型设计能够产生足够的升力。而且，要在一个尺寸如此微小的飞行器上实现复杂的功能，靠常规的机电技术是远远不够的。微电子技术和微机电技术的发展，为微型飞行器的研发奠定了基础。例如，利用 MEMS 技术在机翼上制作微结构阵列，使机翼具有提供升力、控制飞行的功能，同时还能作天线或探测器。由 MIT（麻省理工学院）设计的微型飞行器，飞行速度为 30～50 km/h，可在空中停留 1 h，有侦察及导航能力。

（7）微型动力系统。

微型动力系统以电能、热能、动能或机械能的输出为目的。它的尺寸为毫米到厘米级，能够产生 1 W 到 10 W 级的功率。MIT 从 1996 年开始了微型涡轮发动机的研究，该微型涡轮发动机利用 MEMS 技术制造，主要包括空气压缩机、涡轮机、燃烧室、燃料控制系统（包括泵、阀、传感器等）以及电启动马达/发电机。MIT 已在硅片上制作出涡轮机模型，目标是直径 1 cm 的涡轮发动机能产生 10～20 W 甚至 100 W 的电力或 0.005 ～0.011 N 的推力。

MEMS 作为一个新兴的技术领域，可能像当年的微电子技术一样，成为重大的产业。但现在它还处在初级阶段，因而中国在这一领域的机遇和挑战并存。从研究开发的情况来看，中国在该领域的技术水平与世界先进水平的差距并不太大，在某些方面甚至已经达到世界先进水平。但是，中国在 MEMS 技术的产业化方面，却远远落后于世界先进水平。

MEMS 在 21 世纪将会有更大的发展。我们应该正视在高技术领域中的激烈竞争，争取在不远的将来在国际上占有一席之地，迎接 21 世纪技术与产业革命的挑战。

1.5 机电一体化发展趋势

1.5.1 机电一体化技术发展趋势

机电一体化是多学科交叉融合的产物，它的发展和进步有赖于相关技术的发展和进步。机电一体化技术主要的发展方向有数字化、智能化、模块化、网络化、人性化、微型化、集成化、带源化和绿色化。

1. 数字化

微处理器和微控制器的发展奠定了机电产品数字化的基础，如不断发展的数控机床和机器人；而计算机网络的迅速崛起，为数字化设计与制造铺平了道路，如虚拟设计、计算机集成制造等。数字化要求机电一体化产品的软件具有高可靠性、易操作性、可维护性、自诊断能力以及友好的人机界面。数字化的实现将便于远程操作、诊断和修复。产品的虚拟设计与制造将大大提高设计制造的效率，并节省开发费用。

2. 智能化

智能化要求机电产品有一定的智能，具有类似于人的逻辑思考、判断推理、自主决策等能力。例如，在数控机床上增加人机对话功能，设置智能 I/O 接口和智能工艺数据库，会给使用、操作和维护带来极大的方便。模糊控制、神经网络、灰色理论、小波理论、混沌与分岔等人工智能技术的进步与发展，为机电一体化技术的进步与发展开辟了广阔的天地。

3. 模块化

由于机电一体化产品种类和生产厂家繁多，所以研制和开发具有标准机械接口、动力接口、环境接口的机电一体化产品单元模块是一项复杂而有前途的工作，如研制具有集减速、变频调速电动机为一体的动力驱动单元或具有视觉、图像处理、识别和测距等功能的电机一体控制单元等。这样在进行产品开发设计时，可以利用这些标准模块化单元迅速开发出新的产品。

4. 网络化

由于网络的普及，基于网络的各种远程控制和监视技术方兴未艾，而远程控制的终端设备本身就是机电一体化产品，现场总线技术和局域网技术使家用电器网络化成为可能。利用家庭网络把各种家用电器连接成以计算机为中心的计算机集成家用电器系统，可使人们在家里充分享受各种高技术带来的好处。因此，机电一体化技术无疑应朝着使机电一体化产品网络化方向发展。

5. 人性化

机电一体化产品的最终使用对象是人，如何对机电一体化产品赋予人的智能、情感和人性显得越来越重要。机电一体化产品除了要有完善的性能外，还要求在色彩、造型等方面与环境相协调，与环境融为一体，且小巧玲珑，使用这些产品，对人来说是一种艺术享受，如家用机器人的最高境界就是人机一体化。

6. 微型化

微型化是精细加工技术发展的必然，也是提高效率的需要。微机电系统是指可批量制作的，集微型机构、微型传感器、微型执行器、信号处理和控制电路、接口电路、通信系统、电源等于一体的微型器件或系统。自 1986 年美国斯坦福大学研制出第一个医用微探针，1988 年美国加利福尼亚大学伯克利分校研制出第一个直径为 200 μm 的微电机以来，国内外在 MEMS 工艺、材料以及微观机理研究方面取得了很大的进展，开发出各种 MEMS，如各种微型传感器（微压力传感器、微加速度计、微触觉传感器）、各种微构件（如微膜、微梁、微探针、微连杆、微齿轮、微轴承、微泵、微弹簧）和微机器人等。

7. 集成化

集成化既包含各种技术的相互渗透、相互融合和各种产品不同结构的优化、复合，又包含在生产过程中同时处理加工、装配、检测、管理等多种工序。为了实现多品种、小批量生产的自动化与高效率，应使系统具有更广泛的柔性。首先可将系统分解为若干层次，使系统功能分散，并使各部分协调而又安全地运转，然后通过软、硬件将各个层次有机地联系起来，使系统的性能最优、功能最强。

8. 带源化

带源化是指机电一体化产品自身带有能源，如太阳能电池、燃料电池和大容量电池。在许多场合，由于无法使用电能，所以对于运动的机电一体化产品来说，自带动力源具有独特的好处。

9. 绿色化

科学技术的发展给人们的生活带来了巨大的变化，在丰富物质的同时带来资源减少、生态环境恶化的后果。所以，人们呼吁保护环境，回归自然，实现可持续发展。"绿色产品"概念在这种呼声中应运而生。绿色产品是指低能耗、低材耗、低污染、舒适、协调且可再生利用的产品。在设计、制造、使用和销毁绿色产品时，应符合环保和人类健康的要求。机电一体化产品的绿色化主要是指在使用时不污染生态环境，产品寿命结束时，产品残存部分可分解和再生利用。

1.5.2　机电一体化产品发展趋势

随着社会的进步和科技的发展，对制造工程中的机电一体化技术提出了许多新的和更高的要求，制造工程中出现一系列新概念。毫无疑问，机械制造自动化中的数控技术、CIMS及机器人等被一致认为是典型的机电一体化技术、产品及系统。

为了提高机电产品的性能和质量，发展高新技术，现在有越来越多的零件制造精度要求越来越高，形状越来越复杂。例如：高精度轴承滚动体的圆度要求小于0.5 μm；激光打印机平面反射镜和录像机磁头的平面度要求小于0.04 μm，粗糙度 *Ra* 小于0.02 μm。为了提高效率、减小阻力和降低噪声，一些零件往往具有复杂的空间曲面。例如：膨胀机的叶轮叶片、飞机的螺旋桨、潜水艇的推进器等都具有极其复杂的空间曲面；现代汽车发动机的活塞也不是圆柱形的，而是要求具有椭圆鼓形；为了提高强度、延长使用寿命，一些机械不再呈圆柱形，而由几段圆弧组成复合圆柱体；为提高传输效率，卫星天线馈源中的圆-矩波导变换器常采用截面渐变形过渡结构或阶梯式圆-矩过渡结构；各类特殊刀具与模具的型面也极其复杂。所有这些，都要求CNC机床具有高性能化、高精度和稳定加工具有复杂形状的零件表面的能力。因而，新一代CNC系统正朝着高性能化、智能化、系统化、轻量化和微型化方向发展。

1. 高性能化

高性能化一般包含高速化、高精度、高效率和高可靠性。新一代CNC系统就是为满足此"四高"而诞生的。它采用32位或64位CPU结构，以多总线连接，高速传输数据。因而，在相当高的分辨力（0.1 μm）下，CNC系统仍有高速度（100 m/min），可控轴数和联动轴数均达16轴，并且有丰富的图形功能和自动程序设计功能。例如，瑞士米克朗五轴联动铣床加工中心、日本七轴联动车铣加工中心主轴转速最高可达60 000 r/min，重复定位精度为1 μm。

高性能数控系统除了具有直线插补、圆弧插补、螺旋线插补等一般功能外，还配置有特殊函数插补功能，如样条函数插补等。微位置段命令用样条函数来逼近，以保证位置、速度、加速度都具有良好的性能，并设置专门函数发生器、坐标运算器进行并行插补运算。超高速通信技术、全数字伺服控制技术是高速化的重要方面。

在数字伺服控制中使用超高速数字信号处理器（DSP），并应用现代控制理论的鲁棒控制、前馈控制和特定方式下的加减速控制等控制策略和非线性补偿技术，可在系统中进行在线控制。它可以进行非线性补偿，以及静、动态惯性补偿值的自动设定和更新等，在给定精度要求下，可使响应速度大幅度提高。前馈控制可消除位置跟踪误差，同时使系统位置控制实现高速响应。加减速控制能在高速下准确定位。例如，美国环球仪器公司的高速贴片机，贴片速度可达12 000 片/min。又例如，瑞士IBAG公司生产的磁悬浮轴承的高速主轴最高转速可达 15×10^4 r/min，加工中心换刀速度快达1.5 s。在切削速度方面，目前硬质合金刀具和超硬材料涂层刀具车削和铣削低碳钢的速度在 500 m/min 以上，而陶瓷刀具车削和铣削低碳钢的速度为 800～1 000 m/min，相比高速钢刀具车削和铣削低碳钢的速度（30～40 m/min）提高了数十倍。至于系统可靠性方面，采用冗余技术、故障诊断技术、自动检错技术、自动纠错技术、系统自动恢复技术、软硬件可靠性保障技术予以保证，使得这种典型的机电一体化产品具有高性能，即高速、高效、高精度和高可靠性。

2. 智能化

人工智能在机电一体化技术中的研究日益得到重视，机器人与数控机床的智能化就是人工智能的重要应用。智能机器人通过视觉传感器、触觉传感器和听觉传感器等各类传感器检测工作状态，根据实际变化过程反馈信息并做出判断与决定。数控机床的智能化是指通过各类传感器对切削加工前后和加工过程中的各种参数进行监测，并通过计算机系统做出判断，自动对异常现象进行调整与补偿，以保证加工过程的顺利进行，并保证加工出合格产品。目前，国外数控加工中心大多具有以下智能化功能：补偿刀具长度、直径和监测刀具破损，监测切削过程，自动检测与补偿工件。随着制造业自动化程度的提高，信息量增多，柔性提高，出现以智能制造系统（IMS）控制器来模拟人类专家的智能制造活动。对制造中的问题进行分析判断、推理、构思和决策的目的在于取代或延伸制造过程中人的部分脑力劳动，并对人类专家的制造智能进行收集、存储、完善、共享、继承和发展。

（1）诊断过程的智能化。

诊断功能是评价一个机电一体化系统性能的重要智能指标之一。引入了人工智能的故障诊断系统，采用各种推理机制，能准确判断故障所在，并具有自动检错、纠错与使机电一体化系统恢复正常的功能，从而大大提高了机电一体化系统的有效度。

（2）人机接口的智能化。

智能化的人机接口可以大大简化操作过程。多媒体技术在人机接口智能化的过程中得到有效应用。

（3）自动编程的智能化。

操作者只需输入加工工件素材的形状和需加工形状的数据，加工程序就可全部自动生成。这里包含：素材形状和加工形状的图形显示，自动工序的确定，刀具、切削条件的自动确定，刀具使用顺序的变更，任意路径的编辑，加工过程的干涉校验等。

（4）加工过程的智能化。

通过智能工艺数据库的建立，CNC 系统根据加工条件的变更，自动设定加工参数。另外，将机床制造时的各种误差预先存入 CNC 系统中，不仅可利用反馈补偿技术对静态误差进行补偿，还能通过对加工过程中的各种动态数据进行采集，利用专家系统进行分析，来进行实时补偿或在线控制。此外，现代 CNC 系统大都具有学习与示教功能。

3. 轻量化和微型化

一般机电一体化产品，除机械主体部分以外的其他部分均涉及电子技术。随着片式元器件（SMC 和 SMD）的发展，表面安装技术（SMT）逐渐取代传统的通孔插装技术（THT）成为电子组装的重要手段，电子设备正朝着小型化、轻量化、多功能、高可靠性方向发展。20 世纪 80 年代以来，国外 SMT 发展异常迅速。1997 年，电子设备平均 60％以上采用 SMT，世界电子元件片式化率在 45％以上。因此，机电一体化中具有智能、动力、运动、感知特征的组成部分将逐渐向轻量化、小型化方向发展。

自 20 世纪 80 年代末期以来，人们对微机械电子学及其相应的结构、装置和系统的开发和研究取得了综合成果。科学家利用集成电路的微细加工技术，将机构及其驱动器、传感器、控制器和电源集成在一个很小的多晶硅片上，从而制成完备的微型电子机械系统，它的尺寸缩小到几个毫米甚至几百微米。这是机电一体化微型化的一个研究领域。科学家预言，在 21 世纪，这种微型电子机械系统将在工业、农业、航天、军事、生物医学、航海及家庭服务等各个领域得到广泛应用，它的发展将使现行的某些产业或领域产生深刻的技术革命。

习　题

1-1　机电一体化系统有哪些构成要素？如何理解这些要素的有机结合？

1-2　机电一体化关键技术有哪些？

1-3　分析机电一体化技术在打印机中的应用。

1-4　分析家用洗衣机脱水系统的工作原理，说明它是如何使用机电一体化技术的。

1-5　分析机电一体化的智能化趋势体现在哪些方面。

1-6　在机电一体化系统（产品）中接口的作用是什么？

第2章　机电系统的机械设计理论

2.1　概　　述

美国机械工程师协会(ASME)给出的现代机械的定义为:"现代机械是指由计算机信息网络协调与控制的,用于完成包括机械力、运动和能量流等动力学任务的机械和(或)机电部件一体化的机械系统。"由此可见,现代机械应是一个机电一体化的机械系统,它的核心是由计算机控制的,涉及机械、电力、电子、液压、光学等技术的伺服系统,它的主要功能是完成一系列的机械运动。

随着机电控制技术的发展,机电一体化产品中广泛采用了伺服技术和计算机控制技术,每一个机械运动都可单独由控制电动机、传动机构和执行机构组成子系统来完成,而各个子系统之间的运动协调由计算机来实现。因此,机械系统往往是整个伺服系统的一部分,它实现的方法、手段和可靠性往往对机电一体化产品的性能有着重要的影响。机电一体化机械系统要从系统的角度进行合理化和最优化设计。

2.1.1　机电一体化对机械系统的基本要求

机械系统是机电一体化产品中不可或缺的组成部分,它的主要功能是为实现一系列机械运动,传递机械力、传递运动和对整个系统起支承作用。除了要满足一般高精度机械产品要满足的具有较高的定位精度、较高的系统刚度、良好的可靠性和体积小、寿命长等基本要求外,机电一体化机械系统还应具有良好的动态响应特性,就是说稳定性要好、响应要快、传动精度高。机械传动部件对伺服系统的伺服特性有很大的影响,特别是它的传动类型、传动方式、传动刚性以及传动的可靠性,对机电一体化系统的精度、稳定性和快速响应性有重大的影响。

1. 高精度

精度直接影响产品的质量,尤其是机电一体化产品,它的技术性能、工艺水平和功能相比普通的机械产品都有很大的提高,因此高精度是机电一体化对机械系统首要的要求。如果机械系统的精度不能满足要求,则即使机电一体化产品其他系统工作再精确,也无法完成预定的机械操作。

2. 快速响应

机电一体化系统的快速响应要求从机械系统接到指令到机械系统开始执行指令指定的任务之间的时间短。这样机电一体化系统才能精确地达到预定的任务要求,且控制系统也才能及时根据机械系统的运行情况得到信息,并下达指令,使机械系统准确地完成任务。

3. 良好的稳定性

机电一体化系统要求机械系统在温度、振动等外界干扰的作用下依然能够正常稳定地工作，即机械系统抵御外界环境的影响和抗干扰能力强。

为确保机械系统的上述特性，在机电设计中通常提出无间隙、低摩擦、低惯量、高刚度、高谐振频率和适当的阻尼比等要求。此外，机械系统还要具有体积小、质量轻、高可靠性和寿命长等特点。

2.1.2　机械系统的组成

概括地讲，机电一体化机械系统主要包括以下三大机构。

1. 传动机构

机电一体化机械系统中的传动机构不仅仅是转速和转矩的变换器，而是已成为伺服系统的一部分。它要根据伺服控制的要求进行选择设计，以具有良好的伺服性能。因此，传动机构除了要满足传动精度的要求外，还要满足小型、轻量、高速、低噪声和高可靠性的要求。

2. 导向机构

导向机构的作用是支承和导向，为机械系统中各运动装置能安全、准确地完成特定方向的运动提供保障，一般指导轨、轴承等。

3. 执行机构

执行机构是完成操作任务的直接装置。执行机构根据操作指令的要求在动力源的带动下，完成预定的操作。它一般应具有较高的灵敏度和精确度、良好的重复性和可靠性。由于计算机具有强大的功能，传统的作为动力源的电动机发展为具有动力、变速与执行等多重功能的伺服电动机，从而大大地简化了传动机构和执行机构。

除以上三个部分外，机电一体化机械系统通常还包括机座、支架、壳体等。

2.1.3　机电系统的机械设计环节

机电一体化机械系统设计主要包括两个环节：静（稳）态设计和动态设计。

1. 静（稳）态设计

静（稳）态设计是指根据对机械系统的功能要求，通过研究制定出机械系统的初步设计方案。该方案只是一个初步的轮廓，包括机械系统主要零部件的种类、各零部件之间的连接方式、控制方式等。

有了初步设计方案后，开始着手按技术要求确定机械系统各组成部件的结构、运动关系及参数，确定零件的材料、结构、制造精度，验算执行元件（如电动机）的参数、功率和过载能力，选择相关元部件，以及配置系统的阻尼等。静（稳）态设计保证了系统的静（稳）态特性要求。

2. 动态设计

动态设计研究机械系统在频率域的特性，是指借助通过静（稳）态设计所得到的机械系统结构，通过建立机械系统各环节的数学模型和推导出机械系统整体的传递函数，利用自动控制理论的方法求得该机械系统的频率特性（幅频特性和相频特性）。机械系统的频率特性体现了机械系统对不同频率信号的反应，决定了机械系统的稳定性、最大工作频率和抗干扰能力。

静（稳）态设计是忽略机械系统自身运动因素和干扰因素的影响所进行的产品设计。对于伺服精度和响应速度要求不高的机电一体化系统，静（稳）态设计就能够满足设计要求。对于精密和高速智能化机电一体化系统，环境干扰和系统自身的结构及运动因素对机械系统产生的影响会很大，因此必须通过调节各个环节的相关参数改变机械系统的动态特性，以保证机械系统的功能要求。动态分析与设计过程往往会改变前期的部分设计方案，有时甚至会推翻前期的整个设计方案，要求重新进行静(稳)态设计。

2.2 机械传动设计的原则

2.2.1 机电一体化系统对机械传动的要求

传动机构是一种把动力机产生的运动和动力传递给执行机构的中间装置，是一种扭矩和转速的变换器，用于使力矩在动力机与负载之间得到合理的匹配，并通过机构变换实现对输出的速度调节。

在机电一体化系统中，伺服电动机的伺服变速功能在很大程度上代替了传统机械传动中变速机构的变速功能，只有当伺服电动机的转速范围满足不了机械系统的要求时，才通过传动装置变速。由于机电一体化系统对快速响应指标要求很高，因此机电一体化系统中的传动机构不仅仅用于解决伺服电动机与负载间的力矩匹配问题，更重要的是用于提高机械系统的伺服性能。为了提高机械系统的伺服性能，要求机械传动部件转动惯量小、摩擦小、阻尼合理、刚度大、抗振性好、间隙小，并满足小型、轻量、高速、低噪声和高可靠性等要求。

常用的传动机构有齿轮传动机构、螺旋传动机构(如丝杠螺母传动机构、蜗轮蜗杆传动机构)、同步带传动机构等线性传动机构，以及连杆机构、凸轮机构等非线性传动机构。表2-1所示为常用传动机构及其功能。一些传动机构可满足一项或多项功能要求。本章主要介绍齿轮传动机构、丝杠螺母传动机构、同步带传动机构。

表2-1　常用传动机构及其功能

传动机构	基本功能					
	运动的变换				动力的变换	
	形式	行程	方向	速度	大小	形式
丝杠螺母传动机构	√				√	√
齿轮传动机构			√	√	√	
齿轮齿条传动机构	√					√
链轮链条传动机构	√					
带传动机构			√	√		
绳缆传动机构	√		√	√	√	√
杠杆机构		√		√	√	
连杆机构		√		√	√	
凸轮机构	√	√	√	√		
摩擦轮传动机构			√	√	√	
万向节传动机构			√			

续表

传动机构	基本功能					
	运动的变换				动力的变换	
	形式	行程	方向	速度	大小	形式
软轴传动机构			√			
蜗轮蜗杆传动机构			√	√	√	
间歇运动机构	√					

2.2.2　总传动比的确定

根据前文所述，机电一体化机械系统的传动机构在满足伺服电动机与负载间的力矩匹配的同时，应具有较高的响应速度，即启动和制动速度。因此，在伺服系统中，通常采用负载角加速度最大的原则选择总传动比，以提高伺服系统的响应速度。伺服电动机、传动机构和负载的传动模型如图 2-1 所示。

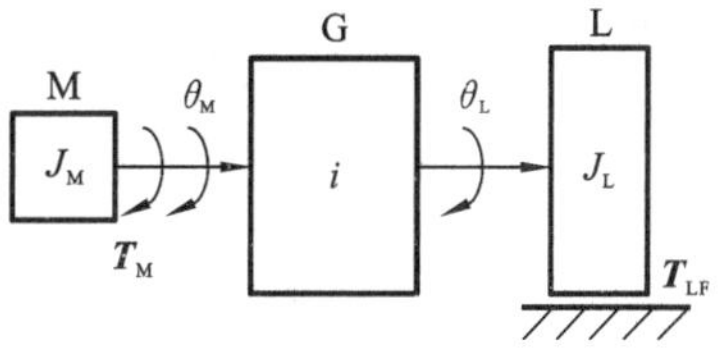

在图 2-1 中，J_M 为电动机 M 转子的转动惯量，$\boldsymbol{T}_M$ 为电动机 M 的驱动转矩，θ_M 为电动机 M 的角位移，J_L 为负载 L 的转动惯量，$\boldsymbol{T}_{LF}$ 为摩擦阻力矩，i 为齿轮系 G 的总传动比。

图 2-1　伺服电动机、传动机构和负载的传动模型

根据传动关系有

$$i=\frac{\theta_M}{\theta_L}=\frac{\dot{\theta}_M}{\dot{\theta}_L}=\frac{\ddot{\theta}_M}{\ddot{\theta}_L} \tag{2-1}$$

式中：$\theta_M,\dot{\theta}_M,\ddot{\theta}_M$——电动机 M 的角位移、角速度、角加速度；

$\theta_L,\dot{\theta}_L,\ddot{\theta}_L$——负载 L 的角位移、角速度、角加速度。

T_{LF} 换算到电动机轴上的阻抗转矩为 T_{LF}/i，J_L 换算到电动机轴上的转动惯量为 J_L/i^2。设 $\boldsymbol{T}_M$ 为电动机 M 的驱动转矩，在忽略传动机构惯量的前提下，根据旋转运动方程，电动机轴上的合转矩 T_a 为

$$T_a=T_M-\frac{T_{LF}}{i}=\left(J_M+\frac{J_L}{i^2}\right)\times\ddot{\theta}_M=\left(J_M+\frac{J_L}{i^2}\right)\times i\times\ddot{\theta}_L$$

则

$$\ddot{\theta}_L=\frac{T_M i-T_{LF}}{J_M i^2+J_L} \tag{2-2}$$

由式(2-2)可见，改变总传动比 i，$\ddot{\theta}_L$ 随之改变。根据负载角加速度最大的原则，令 $\frac{d\ddot{\theta}_L}{di}=0$，解得

$$i=\frac{T_{LF}}{T_M}+\sqrt{\left(\frac{T_{LF}}{T_M}\right)^2+\frac{J_L}{J_M}}$$

若不计摩擦，即 $T_{LF}=0$，则

$$i=\sqrt{\frac{J_L}{J_M}}\quad 或\quad \frac{J_L}{i^2}=J_M \tag{2-3}$$

式(2-3)表明，传动机构总传动比 i 的最佳值就是 J_L 换算到电动机轴上的转动惯量正好等

于电动机转子的转动惯量 J_M,此时,电动机的输出转矩一半用于加速负载,一半用于加速电动机转子,达到了惯性负载和转矩的最佳匹配。

当然,上述结论是忽略了传动机构的惯量影响而得到的,实际总传动比要根据传动机构的惯量估算的大一点。在传动机构设计好以后,进行动态设计时,通常将传动机构的转动惯量归算为负载折算到电动机轴上,并与实际负载一同考虑进行电动机响应速度验算。

2.2.3 传动链的级数和各级传动比的分配

机电一体化机械系统中,为了既满足总传动比要求,又使结构紧凑,常采用多级齿轮传动机构或蜗轮蜗杆传动机构等其他传动机构组成传动链。下面以齿轮传动链为例,介绍级数和各级传动比的分配原则,这些原则对其他形式的传动链具有指导意义。

1. 等效转动惯量最小原则

齿轮系传递的功率不同,传动比的分配也有所不同。

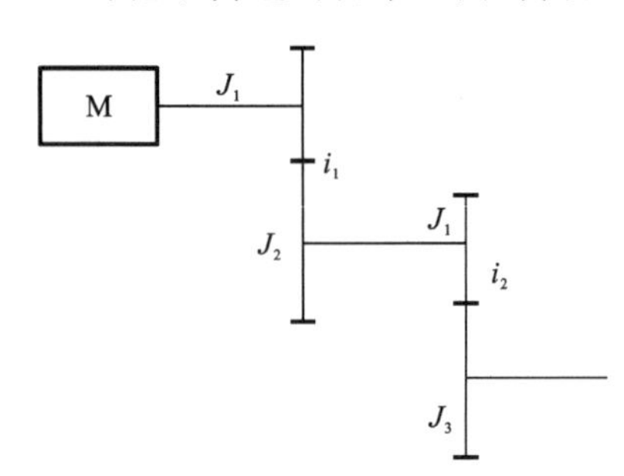

图 2-2 电动机驱动的二级齿轮传动系统

1) 小功率传动装置

电动机驱动的二级齿轮传动系统如图 2-2 所示。由于功率小,假定各主动轮具有相同的转动惯量 J_1,轴与轴承的转动惯量不计,各齿轮均为实心圆柱齿轮,且齿宽 b 和所用材料均相同,效率不计,则有

$$\begin{cases} i_1 = (\sqrt{2}\times i)^{\frac{1}{3}} \\ i_2 = 2^{-\frac{1}{6}} i^{\frac{2}{3}} \end{cases} \tag{2-4}$$

式中:i_1,i_2——齿轮系中第一级、第二级齿轮副的传动比;

i——齿轮系总传动比,$i=i_1 i_2$。

同理,对于 n 级齿轮系,有

$$i_1 = 2^{\frac{2^n-n-1}{2(2^n-1)}} i^{\frac{1}{2^n-1}} \tag{2-5}$$

$$i_k = \sqrt{2}\left(\frac{i}{2^{\frac{n}{2}}}\right)^{\frac{2^{(k-1)}}{2^n-1}} \quad (k>1) \tag{2-6}$$

由此可见,各级传动比的分配应遵循"前小后大"的原则。

例 2-1 设某齿轮系的总传动比 $i=80$,传动级数 $n=4$,试按等效转动惯量最小原则分配传动比。

解

$$i_1 = 2^{\frac{2^4-4-1}{2(2^4-1)}} \times 80^{\frac{1}{2^4-1}} = 1.726\ 8$$

$$i_2 = \sqrt{2}\left(\frac{80}{2^{\frac{4}{2}}}\right)^{\frac{2^{(2-1)}}{2^4-1}} = 2.108\ 6$$

$$i_3 = \sqrt{2}\left(\frac{80}{2^{\frac{4}{2}}}\right)^{\frac{2^{(3-1)}}{2^4-1}} = 3.143\ 8$$

$$i_4 = \sqrt{2}\left(\frac{80}{2^{\frac{4}{2}}}\right)^{\frac{2^{(4-1)}}{2^4-1}} = 6.988\ 7$$

验算：

$$i=i_1 i_2 i_3 i_4 \approx 80$$

2) 大功率传动装置

大功率传动装置传递的扭矩大，各级齿轮副的模数、齿宽、直径等参数逐级增大，各级齿轮的转动惯量差别很大。确定大功率传动装置的传动级数及各级传动比的基本原则仍应为“前小后大”。例如，有 $i=256$、$n=4$ 的大功率传动装置，按等效转动惯量最小原则分配传动比时，可按照 $i_1=3.3$，$i_2=3.7$，$i_3=4.24$，$i_4=4.95$ 来分配，$i_1 i_2 i_3 i_4 \approx 256.26$ 满足设计要求。

由上述分析可知，无论传递的功率多大，按等效转动惯量最小原则来分配传动化，从高速级到低速级的各级传动比总是逐级增大的，而且级数越多，总等效惯量越小。但级数增加到一定数量后，总等效惯量的减小并不明显，而从结构紧凑、传动精度和经济性等方面考虑，级数不能太多。

2. 质量最小原则

质量方面的限制常常是伺服系统设计应考虑的重要问题，特别是用于航空、航天的传动机构，非常有必要按质量最小原则来确定各级传动比。

1) 大功率传动装置

大功率传动装置传动级数的确定主要考虑结构的紧凑性。在给定总传动比的情况下，传动级数过少会使大齿轮尺寸过大，导致传动装置体积和质量增大；传动级数过多会增加轴、轴承等辅助构件，导致传动装置质量增加。设计时应综合考虑机械系统的功能要求和环境因素。在通常情况下，传动级数要尽量少。

大功率减速传动装置按质量最小原则确定的各级传动比表现为“前大后小”。齿轮减速传动系统后级齿轮的转矩比前级齿轮的转矩要大得多，且在传动比相同的情况下后级齿轮的齿厚、质量也比前级齿轮的齿厚、质量大得多，因此减小后级传动比就相应减少了大齿轮的齿数和质量。

2) 小功率传动装置

对于小功率传动装置，按质量最小原则来确定传动比时，通常选择相等的各级传动比。在假设各主动小齿轮的模数、齿数均相等这样的特殊条件下，各大齿轮的分度圆直径均相等，因而每级齿轮副的中心距也相等。这样便可设计成回曲式齿轮传动链，它的总传动比可以非常大。显然，这种结构十分紧凑。

3. 输出轴转角误差最小原则

以图 2-3 所示四级齿轮减速传动链为例。设该传动链的四级传动比分别为 i_1、i_2、i_3、i_4，齿轮 1～8 的转角误差依次为 $\Delta\Phi_1 \sim \Delta\Phi_8$，则该传动链输出轴的总转角误差 $\Delta\Phi_{max}$ 为

$$\Delta\Phi_{max}=\frac{\Delta\Phi_1}{i_1 i_2 i_3 i_4}+\frac{\Delta\Phi_2+\Delta\Phi_3}{i_2 i_3 i_4}+\frac{\Delta\Phi_4+\Delta\Phi_5}{i_3 i_4}+\frac{\Delta\Phi_6+\Delta\Phi_7}{i_4}+\Delta\Phi_8 \tag{2-7}$$

由式(2-7)可以看出，如果从输入端到输出端的各级传动比按“前小后大”原则排列，则总转角误差较小，而且低速级的转角误差在总转角误差中占的比重很大。因此，要提高传动精度，就应减少传动级数，并使末级齿轮的传动比尽可能大、制造精度尽量高。

4. 三种原则的选择

在设计齿轮传动机构时，上述三条原则应根据具体工作条件综合考虑。

(1) 对于传动精度要求高的齿轮减速传动链，可按输出轴转角误差最小原则设计。若为增

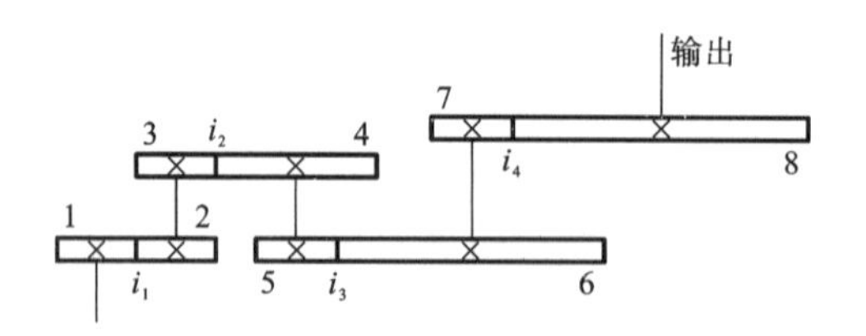

图 2-3 四级齿轮减速传动链

速传动，则应在开始几级就增速。

(2) 对于要求运转平稳、启停频繁和动态性能好的齿轮减速传动链，可按等效转动惯量最小原则和输出轴转角误差最小原则设计。

(3) 对于要求质量尽可能小的齿轮减速传动链，可按质量最小原则设计。

2.3 机械系统性能分析

为了保证机电一体化系统具有良好的伺服特性，不仅要满足机械系统的静(稳)态特性，还必须利用自动控制理论的方法进行机械系统的动态分析与设计。动态设计首先是针对由静(稳)态设计得到的机械系统建立数学模型，然后用自动控制理论的方法分析机械系统的频率特性，找出并通过调节相关机械参数改变机械系统的伺服性能。

静(稳)态设计计算内容包括使机械系统的输出运动参数达到技术要求、执行元件(如电动机)的参数选择、功率(或转矩)的匹配及过载能力的验算、各主要元部件的选择与控制电路的设计、信号的有效传递、各级增益的分配、各级之间阻抗的匹配和抗干扰措施的确定等，并为后面动态设计中的校正补偿装置的引入留有余地。根据由静(稳)态设计所确定的机械系统主回路各部分特性、参数，可建立机械系统的数学模型。

动态设计计算内容包括设计校正补偿装置，使机械系统满足动态技术指标要求。动态设计通常要进行计算机仿真，或借助计算机进行辅助设计。

通过上述理论设计计算，完成的还仅是一个较详细的设计方案，这种工程设计计算一般是近似的，只能作为工程实践的基础。机械系统的实际电路及实际参数，往往要通过样机的试验与调试，才能最后确定下来。这并不等于以上理论设计计算是多余的，经过理论设计计算后确定的方案考虑了机电参数的有机结合与匹配，这有利于减少盲目性和加快样机的调试与电路参数的确定。理论设计计算对工程实践来说是必需的。

2.3.1 数学模型建立

机械系统的数学模型建立与电气系统的数学模型建立基本相似，都是通过折算的办法将复杂的结构装置转换成等效的简单函数关系，数学表达式一般是线性微分方程(通常简化成二阶微分方程)。机械系统的数学模型分析的是输入(如电动机转子的运动)和输出(如工作台的运动)之间的相对关系。等效折算过程是将具有复杂结构关系的机械系统的惯量、弹性模量和阻尼(或阻尼比)等机械性能参数归一处理，从而通过数学模型来反映各环节的机械参数对机械系统整体的影响。

下面以数控机床进给传动系统为例来介绍建立数学模型的方法。在图 2-4 所示的数控机床进给传动系统中，电动机通过两级减速齿轮器（齿轮 G_1、G_2、G_3、G_4 的齿数分别为 z_1、z_2、z_3、z_4）和丝杠螺母传动机构驱动工作台作直线运动。设 J_1 为由轴Ⅰ部件和电动机转子构成的转动惯量，J_2、J_3 分别为由轴Ⅱ、轴Ⅲ部件构成的转动惯量，K_1、K_2、K_3 分别为轴Ⅰ、轴Ⅱ、轴Ⅲ的扭转刚度系数，K 为丝杠螺母传动机构及螺母底座部分的轴向刚度系数，m 为工作台的质量，C 为工作台导轨的黏性阻尼系数，$\boldsymbol{T}_1$、$\boldsymbol{T}_2$、$\boldsymbol{T}_3$ 分别为轴Ⅰ、轴Ⅱ、轴Ⅲ的输入转矩。

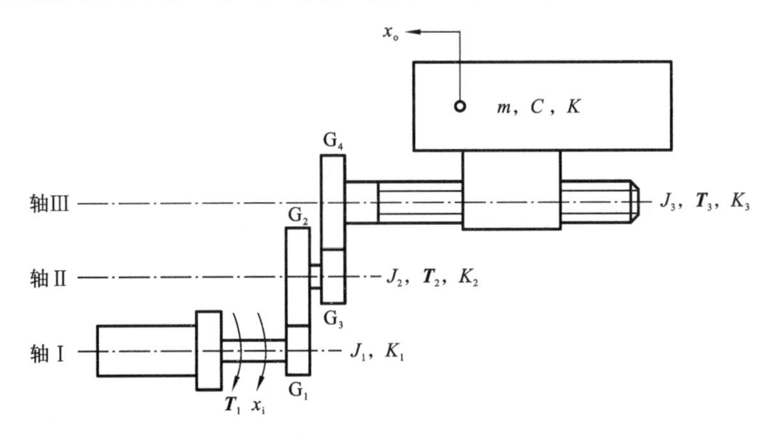

图 2-4　数控机床进给传动系统

建立该系统的数学模型，首先是把该系统中各基本物理量折算到传动链中的某个元件上（本例折算到轴Ⅰ上），使复杂的多轴传动转化成单一轴运动，转化前后系统的总机械性能等效；然后，在单一轴的基础上根据输入量和输出量的关系建立系统输入/输出的数学表达式（即数学模型）。根据该表达式进行的相关机械特性分析就反映了原系统的性能。在该系统数学模型的建立过程中，可分别针对不同的物理量（如 J、K、ω）求出相应的折算等效值。

机械装置的质量（惯量）、弹性模量和阻尼等机械特性参数对机械系统的影响是线性叠加关系，因此在研究各参数对机械系统的影响时，可以假设其他参数处于理想状态，单独考虑特性关系。下面分别讨论转动惯量、阻尼和弹性模量的折算。

1. 转动惯量的折算

把轴Ⅰ、轴Ⅱ、轴Ⅲ上的转动惯量和工作台的质量都折算到轴Ⅰ上，作为系统的等效转动惯量。设 $\boldsymbol{T}'_1$、$\boldsymbol{T}'_2$、$\boldsymbol{T}'_3$ 分别为轴Ⅰ、轴Ⅱ、轴Ⅲ的负载转矩，ω_1、ω_2、ω_3 分别为轴Ⅰ、轴Ⅱ、轴Ⅲ的角速度，$\boldsymbol{v}$ 为工作台的线速度。

1）轴Ⅰ、轴Ⅱ、轴Ⅲ转动惯量的折算

根据动力平衡原理，轴Ⅰ、轴Ⅱ、轴Ⅲ的动力平衡方程分别是

$$T_1=J_1\frac{\mathrm{d}\omega_1}{\mathrm{d}t}+T'_1 \tag{2-8}$$

$$T_2=J_2\frac{\mathrm{d}\omega_2}{\mathrm{d}t}+T'_2 \tag{2-9}$$

$$T_3=J_3\frac{\mathrm{d}\omega_3}{\mathrm{d}t}+T'_3 \tag{2-10}$$

因为轴Ⅱ的输入转矩 T_2 是由轴Ⅰ上的负载转矩 T'_1 获得的，且大小与它们的转速比成反比，所以

$$T_2=\frac{z_2}{z_1}T'_1$$

又根据传动关系有

$$\omega_2=\frac{z_1}{z_2}\omega_1$$

把 T_2 和 ω_2 代入式(2-9)，整理得

$$T'_1=J_2\left(\frac{z_1}{z_2}\right)^2\frac{\mathrm{d}\omega_1}{\mathrm{d}t}+\left(\frac{z_1}{z_2}\right)T'_2 \tag{2-11}$$

同理得

$$T'_2=J_3\left(\frac{z_1}{z_2}\right)\left(\frac{z_3}{z_4}\right)^2\frac{\mathrm{d}\omega_1}{\mathrm{d}t}+\left(\frac{z_3}{z_4}\right)T'_3 \tag{2-12}$$

2）将工作台的质量折算到轴Ⅰ

由 $\boldsymbol{T}'_3$ 驱动丝杠，从而使工作台运动。

根据动力平衡关系，有

$$2\pi T'_3=m\frac{\mathrm{d}v}{\mathrm{d}t}L$$

式中：v ——工作台的线速度；

L——丝杠的导程。

丝杠转动一周所做的功等于工作台前进一个导程时其惯性力所做的功。

根据传动关系，有

$$v=\frac{L}{2\pi}\omega_3=\frac{L}{2\pi}\left(\frac{z_1}{z_2}\frac{z_3}{z_4}\right)\omega_1$$

于是有

$$T'_3=\left(\frac{L}{2\pi}\right)^2\left(\frac{z_1}{z_2}\frac{z_3}{z_4}\right)m\frac{\mathrm{d}\omega_1}{\mathrm{d}t} \tag{2-13}$$

3）折算到轴Ⅰ上的总转动惯量

把式(2-11)、式(2-12)、式(2-13)代入式(2-8)、式(2-9)、式(2-10)，消去中间变量并整理后求出电动机输出的总转矩 T_1 为

$$T_1=\left[J_1+J_2\left(\frac{z_1}{z_2}\right)^2+J_3\left(\frac{z_1}{z_2}\frac{z_3}{z_4}\right)^2+m\left(\frac{z_1}{z_2}\frac{z_3}{z_4}\right)^2\left(\frac{L}{2\pi}\right)^2\right]\frac{\mathrm{d}\omega_1}{\mathrm{d}t}=J_\Sigma\frac{\mathrm{d}\omega_1}{\mathrm{d}t} \tag{2-14}$$

式中：

$$J_\Sigma=J_1+J_2\left(\frac{z_1}{z_2}\right)^2+J_3\left(\frac{z_1}{z_2}\frac{z_3}{z_4}\right)^2+m\left(\frac{z_1}{z_2}\frac{z_3}{z_4}\right)^2\left(\frac{L}{2\pi}\right)^2 \tag{2-15}$$

J_Σ 为该系统各环节的转动惯量或质量折算到轴Ⅰ上的总等效转动惯量。其中 $J_2\left(\frac{z_1}{z_2}\right)^2$、$J_3\left(\frac{z_1}{z_2}\frac{z_3}{z_4}\right)^2$、$m\left(\frac{z_1}{z_2}\frac{z_3}{z_4}\right)^2\left(\frac{L}{2\pi}\right)^2$ 分别为轴Ⅱ的转动惯量、轴Ⅲ的转动惯量、工作台的质量折算到轴Ⅰ上的等效转动惯量。

2. 黏性阻尼系数的折算

在机械系统的工作过程中，相互运动的元件间存在着阻力，并且阻力以不同的形式表现出来，如摩擦阻力、流体阻力、负载阻力等，这些阻力在建模时需要折算成与速度有关的黏性阻

尼力。

当工作台匀速转动时，轴Ⅲ的驱动转矩 $\boldsymbol{T}_3$ 完全用来克服黏性阻尼力的消耗。考虑到其他各环节的摩擦损失比工作台导轨的摩擦损失小得多，故只计工作台导轨的黏性阻尼系数 C。根据工作台与丝杠之间的动力平衡关系，有

$$2\pi T_3 = CvL$$

即丝杠转一周 T_3 所做的功，等于工作台前进一个导程时其黏性阻尼力所做的功。

根据力学原理和传动关系，有

$$T_3 = \left(\frac{z_2 z_4}{z_1 z_3}\right) T_1, \quad v = \left(\frac{z_1 z_3}{z_2 z_4}\right)\omega_1 \frac{L}{2\pi}$$

于是有

$$T_1 = \left(\frac{z_1 z_3}{z_2 z_4}\right)^2 \left(\frac{L}{2\pi}\right)^2 C\omega_1 = C'\omega_1 \tag{2-16}$$

式中：C'——工作台导轨折算到轴Ⅰ上的黏性阻力系数，

$$C' = \left(\frac{z_1 z_3}{z_2 z_4}\right)^2 \cdot \left(\frac{L}{2\pi}\right)^2 \tag{2-17}$$

3. 弹性变形系数的折算

机械系统中各元件在工作时受到力或力矩的作用，将产生轴向伸长、压缩或扭转等弹性变形，这些变形将影响到整个机械系统的精度和动态特性。建模时要将弹性变形折算成相应的扭转刚度系数或轴向刚度系数。

对于图 2-4 所示的机械系统，应先将各轴的扭转角都折算到轴Ⅰ上来，丝杠与工作台之间的轴向弹性变形会使轴Ⅲ产生一个附加扭转角，该附加扭转角也应折算到轴Ⅰ上，然后求出轴Ⅰ的总扭转刚度系数。同样，当机械系统处于无阻尼状态下时，$\boldsymbol{T}_1$、$\boldsymbol{T}_2$、$\boldsymbol{T}_3$ 等输入转矩都用来克服元件的弹性变形。

1）轴向刚度的折算

当机械系统承担负载后，丝杠螺母传动机构和螺母座都会产生轴向弹性变形，图 2-5 所示是弹性变形的等效示意图。在丝杠左端输入转矩 $\boldsymbol{T}_3$ 的作用下，丝杠和工作台之间的弹性变形为 δ，对应的丝杠附加扭转角为 $\Delta\theta_3$，根据动力平衡原理和传动关系，在丝杠轴Ⅲ上有

$$2\pi T_3 = K\delta L$$

$$\delta = \frac{\Delta\theta_3}{2\pi} L$$

所以

$$T_3 = \left(\frac{L}{2\pi}\right)^2 K\Delta\theta_3 = K'\Delta\theta$$

式中：K'——附加扭转刚度系数，

$$K' = \left(\frac{L}{2\pi}\right)^2 K \tag{2-18}$$

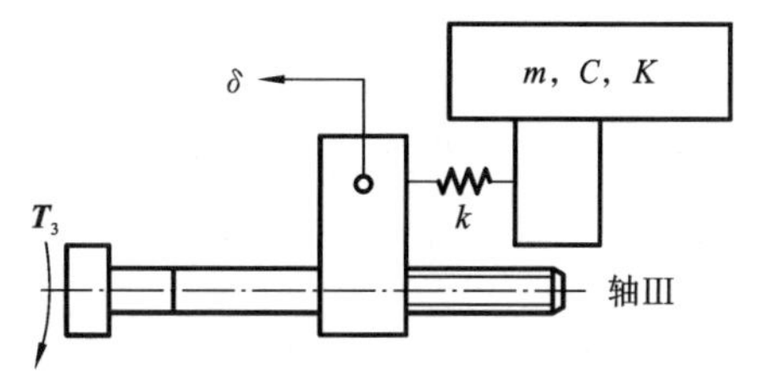

图 2-5　弹性变形的等效示意图

2）扭转刚度系数的折算

设 θ_1、θ_2、θ_3 分别为轴Ⅰ、轴Ⅱ、轴Ⅲ在输入转矩 $\boldsymbol{T}_1$、$\boldsymbol{T}_2$、$\boldsymbol{T}_3$ 的作用下产生的扭转角，根据动力平衡原理和传动关系，有

$$\theta_1=\frac{T_1}{K_1}$$

$$\theta_2=\frac{T_2}{K_2}=\left(\frac{z_2}{z_1}\right)\frac{T_1}{K_2}$$

$$\theta_3=\frac{T_3}{K_3}=\left(\frac{z_2}{z_1}\frac{z_4}{z_3}\right)\frac{T_1}{K_3}$$

由于丝杠和工作台之间的轴向弹性变形使轴Ⅲ附加了一个扭转角 $\Delta\theta_3$，因此轴Ⅲ上的实际扭转角 $\theta_{Ⅲ}$ 为

$$\theta_{Ⅲ}=\theta_3+\Delta\theta_3$$

将 θ_3、$\Delta\theta_3$ 值代入，有

$$\theta_{Ⅲ}=\frac{T_3}{K_3}+\frac{T_3}{K'}=\left(\frac{z_2}{z_1}\frac{z_4}{z_3}\right)\left(\frac{1}{K_3}+\frac{1}{K'}\right)T_1$$

将各轴的扭转角折算到轴Ⅰ上，得轴Ⅰ的总扭转角为

$$\theta=\theta_1+\left(\frac{z_2}{z_1}\right)\theta_2+\left(\frac{z_2}{z_1}\frac{z_4}{z_3}\right)\theta_{Ⅲ}$$

将 θ_1、θ_2、$\theta_{Ⅲ}$ 值代入上式，有

$$\theta=\frac{T_1}{K_1}+\left(\frac{z_2}{z_1}\right)^2\frac{T_1}{K_2}+\left(\frac{z_2}{z_1}\frac{z_4}{z_3}\right)^2\left(\frac{1}{K_3}+\frac{1}{K'}\right)T_1=\left[\frac{1}{K_1}+\left(\frac{z_2}{z_1}\right)^2\frac{1}{K_2}+\left(\frac{z_2}{z_1}\frac{z_4}{z_3}\right)^2\left(\frac{1}{K_3}+\frac{1}{K'}\right)\right]T_1=\frac{T_1}{K_\Sigma} \tag{2-19}$$

式中：K_Σ——折算到轴Ⅰ上的总扭转刚度系数，

$$K_\Sigma=\frac{1}{\frac{1}{K_1}+\left(\frac{z_2}{z_1}\right)^2\frac{1}{K_2}+\left(\frac{z_2}{z_1}\frac{z_4}{z_3}\right)^2\left(\frac{1}{K_3}+\frac{1}{K'}\right)} \tag{2-20}$$

4. 建立机械系统的数学模型

根据以上的参数折算，建立机械系统的动力平衡方程，推导机械系统的数学模型。

设输入量为轴Ⅰ的输入转角 X_i，输出量为工作台的线位移 X_o，根据传动原理，把 X_o 折算成轴Ⅰ的输出角位移 φ，根据动力平衡原理，在轴Ⅰ上有

$$J_\Sigma\frac{d^2\varphi}{dt^2}+C'\frac{d\varphi}{dt}+K_\Sigma\varphi=K_\Sigma X_i \tag{2-21}$$

又因为

$$\varphi=\left(\frac{2\pi}{L}\right)\left(\frac{z_2}{z_1}\frac{z_4}{z_3}\right)X_o \tag{2-22}$$

所以动力平衡关系可以写成

$$J_\Sigma\frac{d^2X_o}{dt^2}+C'\frac{dX_o}{dt}+K_\Sigma X_o=\left(\frac{z_1}{z_2}\frac{z_3}{z_4}\right)\left(\frac{L}{2\pi}\right)K_\Sigma X_i \tag{2-23}$$

这就是数控机床进给传动系统的数学模型，它是一个二阶线性微分方程，其中 J_Σ、C'、K_Σ 均为常数。通过对式(2-23)进行拉氏变换求得该机械系统的传递函数为

$$G(s)=\frac{X_o(s)}{X_i(s)}=\frac{\left(\frac{z_1}{z_2}\frac{z_3}{z_4}\right)\left(\frac{L}{2\pi}\right)K_\Sigma}{J_\Sigma s^2+C's+K_\Sigma}=\left(\frac{z_1}{z_2}\frac{z_3}{z_4}\right)\left(\frac{L}{2\pi}\right)\frac{\omega_n^2}{s^2+2\xi\omega_n s+\omega_n^2} \tag{2-24}$$

式中：ω_n——机械系统的固有频率，

$$\omega_n=\sqrt{\frac{K_\Sigma}{J_\Sigma}} \tag{2-25}$$

ξ——机械系统的阻尼比，

$$\xi=\frac{C'}{2\sqrt{\frac{K_\Sigma}{J_\Sigma}}} \tag{2-26}$$

ω_n 和 ξ 是二阶系统的两个特征参量，它们是由惯量（质量）、摩擦阻力系数、弹性变形系数等结构参数决定的。对于电气系统，ω_n 和 ξ 由 R、C、L 物理量组成，它们具有相似的特性。

将 $s=\mathrm{j}\omega$ 代入式(2-24)可求出 $A(\omega)$ 和 $\varphi(\omega)$，即该机械系统的幅频特性和相频特性。由 $A(\omega)$ 和 $\varphi(\omega)$ 可以分析出该机械系统不同频率的输入（或干扰）信号对输出幅值和相位的影响，从而反映出该机械系统在不同精度要求下的工作频率和对不同频率干扰信号的衰减能力。

2.3.2　机械性能参数对机械系统性能的影响

机电一体化机械系统要求精度高、运动平稳、工作可靠，这不是静（稳）态设计（机械传动和结构）能解决的问题，而要通过对机械传动部分与伺服电动机的动态特性进行分析，调节相关机械性能参数，达到优化机械系统性能的目的。

通过以上的分析可知，机械系统的性能与机械系统本身的阻尼比 ξ、固有频率 ω_n 有关。ω_n、ξ 又与机械系统的结构参数密切相关。因此，机械系统的结构参数对伺服系统的性能有很大的影响。

1. 阻尼的影响

一般的机械系统均可简化为二阶系统，机械系统中阻尼的影响可以由二阶系统单位阶跃响应曲线来说明。由图 2-6 可知，阻尼比不同，机械系统的时间响应特性也不同。

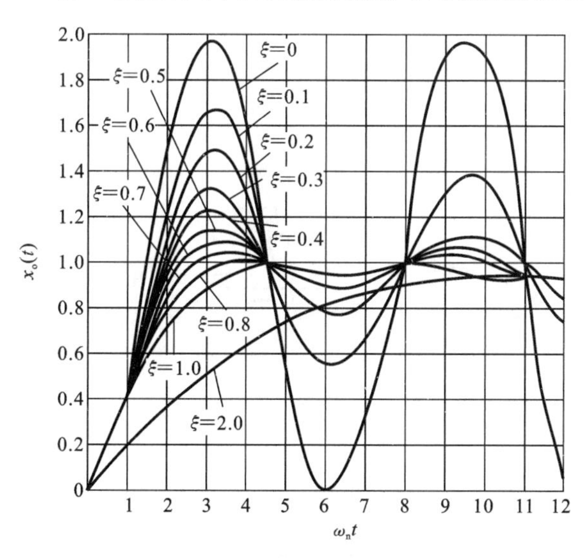

图 2-6　二阶系统单位阶跃响应曲线

(1) 当阻尼比 $\xi=0$ 时，机械系统处于等幅持续振荡状态，因此系统不能无阻尼。

(2) 当 $\xi\geqslant 1$ 时，机械系统为临界阻尼或过阻尼系统。此时，机械系统在过渡过程中无振荡，但响应时间较长。

(3) 当 $0<\xi<1$ 时，机械系统为欠阻尼系统。此时，机械系统在过渡过程中处于减幅振荡状态，且幅值衰减的快慢取决于衰减系数 $\xi\omega_n$。在 ω_n 确定以后，ξ 越小，机械系统的振荡越剧烈，过渡过程越长。相反，ξ 越大，机械系统的振荡越小，过渡过程越平稳，稳定性越好，但响应时间较长，灵敏度降低。

因此，设计机械系统时，应综合考机械系统的性能指标，一般取 $0.5<\xi<0.8$，这样既能保证振荡在一定的范围内，使过渡过程较平稳，使过渡过程时间较短，又能使机械系统具有较高的灵敏度。

2. 摩擦的影响

当两物体产生相对运动或有相对运动的趋势时，它们的接触面产生摩擦。摩擦力可分为黏性摩擦力、库仑摩擦力和静摩擦力三种。摩擦力的方向与相对运动或相对运动趋势的方向相反。

图 2-7 反映了三种摩擦力与物体运动速度之间的关系。当负载处于静止状态时，摩擦力为静摩擦力 $\boldsymbol{F}_s$，最大值发生在运动开始前的一瞬间；运动一开始，静摩擦力即消失，此时摩擦力立即下降为动摩擦(库仑摩擦)力 $\boldsymbol{F}_c$，库仑摩擦力是接触面对运动物体的阻力，大小为一常数；随着运动速度的增加，摩擦力呈线性增加，此时摩擦力为黏性摩擦力 $\boldsymbol{F}_v$。由此可见，只有物体运动后的黏性摩擦力是线性的，而物体静止时和刚开始运动时，摩擦力是非线性的。摩擦对伺服系统的影响主要有：引起动态滞后，降低伺服系统响应的速度，导致伺服系统产生误差和低速爬行。

图 2-8 所示为一个机械系统，设该机械系统的弹簧刚度为 K，如果该机械系统开始处于静止状态，当输入轴以一定的角速度转动时，在 $\theta_i \leqslant \left|\frac{T_s}{K}\right|$ (T_s 为静摩擦力矩)范围内，输出轴不动，θ_i 值范围即为静摩擦引起的传动死区。在传动死区内，该机械系统将在一段时间内对输入信号无响应，从而产生误差。

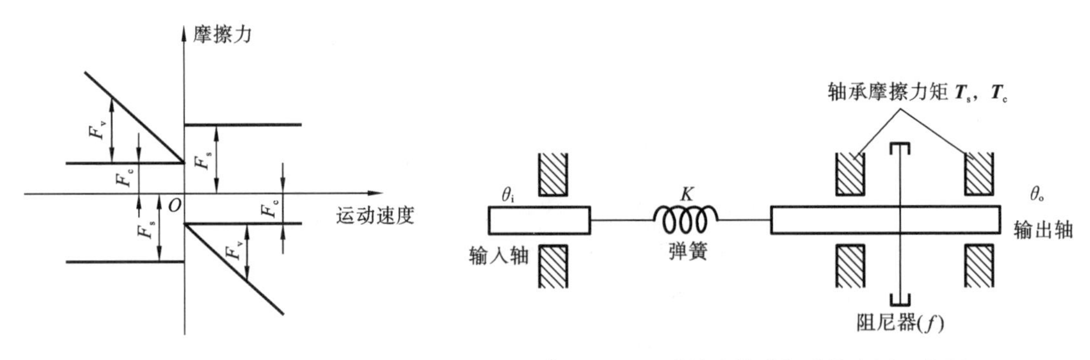

图 2-7　三种摩擦力与物体运动速度之间的关系　　　图 2-8　弹性力传递与弹性变形示意图

当输入轴以恒速 Ω 继续运动时，在 $\theta_i > \left|\frac{T_s}{K}\right|$ 后，输出轴也以恒速 Ω 运动，但始终滞后输入轴一个角度 θ_{ss}，若黏性摩擦系数为 f，则有

$$\theta_{ss}=\frac{f\Omega}{K}+\frac{T_c}{K} \tag{2-27}$$

式中：$\frac{f\Omega}{K}$——黏性摩擦引起的动态滞后；

$\frac{T_c}{K}$——库仑摩擦引起的动态滞后，T_c 为库仑摩擦力矩；

θ_{ss}——机械系统的稳态误差。

由以上分析可知，当静摩擦力大于库仑摩擦力，且机械系统低速运行时（忽略黏性摩擦引起的动态滞后），在驱动力引起弹性变形的作用下，机械系统处于启动、停止的交替变化之中，该现象称为低速爬行。低速爬行导致机械系统运行不稳定。爬行一般出现在某个临界转速以下，而在机械系统高速运行时并不出现。

设计机械系统时，应尽量减小静摩擦力和降低动、静摩擦力之差值，以提高机械系统的精度、稳定性和快速响应性。因此，机电一体化系统中，常常采用摩擦性能良好的滑动导轨、滚动导轨、滚珠丝杠、静压导轨、动压导轨，以及静压轴承、动压轴承、磁轴承等新型传动件和支承件，并进行良好的润滑。

此外，适当地增大系统的惯量 J 和黏性摩擦系数 f 也有利于改善低速爬行现象，但增大惯量 J 将引起伺服系统响应性能的降低；增大黏性摩擦系数 f 会增大伺服系统的稳态误差，故设计时必须权衡利弊，妥善处理。

3. 弹性变形的影响

机械系统的结构弹性变形是引起机械系统不稳定和产生动态滞后的主要因素，稳定性是机械系统正常工作的首要条件。当伺服电动机带动机械负载按指令运动时，机械系统所有的元件都会因受力而产生程度不同的弹性变形。由前文可知，机械系统的固有频率与机械系统的阻尼、惯量、摩擦、弹性变形等结构因素有关。当机械系统的固有频率接近或落入伺服系统带宽之中时，机械系统将产生谐振而无法工作。为了避免机械系统由于弹性变形而使整个伺服系统发生结构谐振，一般要求机械系统的固有频率 ω_n 要远远高于伺服系统的工作频率。通常采取提高机械系统的刚度、增大阻尼、调整机械构件的质量和自振频率等方法来提高机械系统的抗振性，防止谐振的发生。

采用弹性模量大的材料、合理选择零件的截面形状和尺寸、对轴承和丝杠等支承件施加预加载荷等方法均可以提高零件的刚度。在多级齿轮传动中，增大末级减速比可以有效地提高末级输出轴的折算刚度。

另外，在不改变机械系统固有频率的情况下，通过增大阻尼也可以有效地抑制谐振。因此，许多机电一体化系统都设有阻尼器，以使振荡迅速衰减。

4. 惯量的影响

惯量对伺服系统的精度、稳定性、动态响应都有影响。惯量大，伺服系统的机械常数大，响应慢。由式(2-26)可以看出，惯量大，ξ 值小，从而使伺服系统的振荡增强，稳定性下降；由式(2-25)可知，惯量大，会使伺服系统的固有频率下降，容易产生谐振，因而限制了伺服带宽，影响了伺服精度和响应速度。惯量的适当增大只有在改善低速爬行时有利。因此，进行机械设计时，在不影响机械系统刚度的条件下，应尽量减小惯量。

2.3.3　间隙对机械系统性能的影响

机械系统中存在着许多间隙，如齿轮传动间隙（即齿轮齿隙）、螺旋传动间隙等。这些间隙对伺服系统的性能有很大的影响，下面以齿轮齿隙为例进行分析。

图 2-9 所示为一典型的旋转工作台伺服系统框图。图中所用齿轮根据不同要求有不同的

用途，有的用于传递信息(G_1，G_3)，有的用于传递动力(G_2，G_4)，且有的在伺服系统闭环之内(G_2，G_3)，有的在伺服系统闭环之外(G_1，G_4)。齿轮在伺服系统中的位置不同，齿轮齿隙产生的影响也不同。

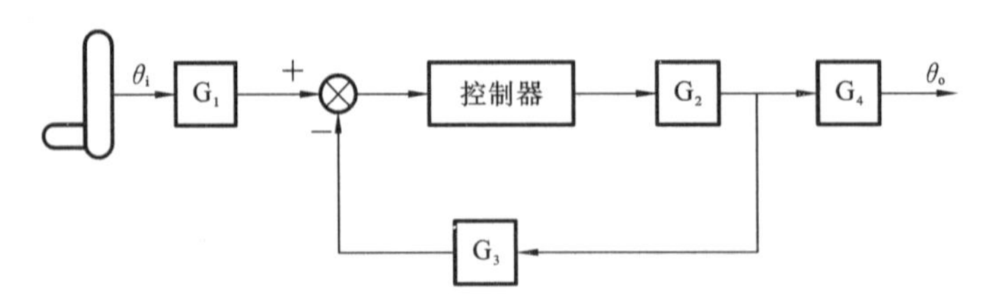

图 2-9　旋转工作台伺服系统框图

(1) 闭环之外的齿轮 G_1，G_4 的齿隙，对伺服系统的稳定性无影响，但影响伺服系统的精度。由于齿隙的存在，传动装置逆运行时产生回程误差，使输出轴与输入轴之间呈非线性关系，输出滞后于输入，影响伺服系统的精度。

(2) 闭环之内传递动力的齿轮 G_2 的齿隙，对伺服系统的静态精度无影响，这是因为伺服系统有自动校正的作用。又由于齿轮副的啮合间隙会造成传动死区，若伺服系统的稳定裕度较小，则会使伺服系统产生自激振荡，因此闭环之内动力传递齿轮的齿隙对伺服系统的稳定性有影响。

(3) 反馈回路上数据传递齿轮 G_3 的齿隙既影响伺服系统的稳定性，又影响伺服系统的精度。

因此，应尽量减小或消除间隙，目前在机电一体化系统中，广泛采取各种机械消隙机构来消除齿轮副、螺旋副等传动副的间隙。

2.4　机械系统的运动控制

机电一体化系统要求具有较高的响应速度。除控制系统的信息处理速度和信息传输滞后因素外，机械系统的机械性能参数对机电一体化系统响应速度的影响也非常大。本节就机械系统的启动、制动过程进行详细的介绍。

2.4.1　机械系统的动力学原理

图 2-10 所示是带有制动装置的电动机驱动机械运动装置。图中，$\boldsymbol{T}$ 为电动机的驱动力矩(N·m)，加速时 T 为正值，减速时 T 为负值；J 为负载和电动机转子的转动惯量(kg·m^2)；n 为轴的转速(r/min)。根据动力学平衡原理，有

$$T=J\frac{\mathrm{d}\omega}{\mathrm{d}t}\tag{2-28}$$

若 T 恒定，可求得

$$\omega=\int\frac{T}{J}\mathrm{d}t=\frac{T}{J}t+\omega_0\tag{2-29}$$

用转速 n 表示式(2-29)，得

$$n=\frac{30T}{\pi J}t+n_0 \tag{2-30}$$

ω_0 为初始角速度，n_0 是初始转速。

由式(2-30)即可求出加速或减速所需时间为

$$t=\frac{\pi J(n-n_0)}{30T} \tag{2-31}$$

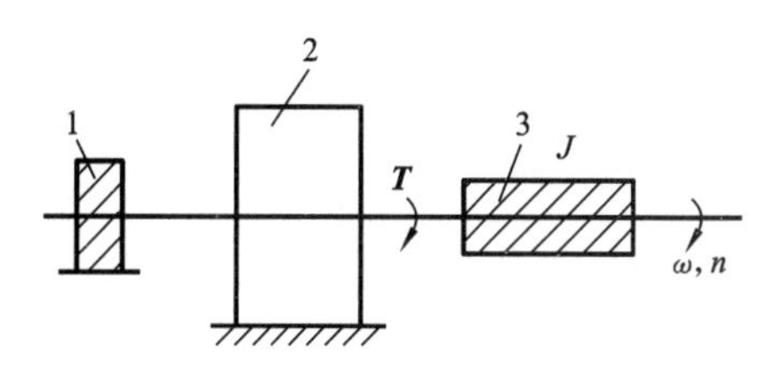

图 2-10　带有制动装置的电动机驱动机械运动装置

1—制动器；2—电动机；3—负载

式(2-28)至式(2-31)中 T 和 J 都是与时间无关的函数，但在实际问题中二者均是与时间有关的函数。若考虑力矩 T 与 J 是时间的函数，则

$$T=f_1(t),\quad J=f_2(t)$$

由式(2-28)得

$$\frac{d\omega}{dt}=\frac{f_1(t)}{f_2(t)}$$

积分后得

$$\omega=\int\frac{f_1(t)}{f_2(t)}dt+\omega_0$$

或

$$n=\frac{30}{\pi}\int\frac{f_1(t)}{f_2(t)}dt+n_0 \tag{2-32}$$

2.4.2　机械系统的制动控制

机械系统的制动就是指在一定的时间内把机械装置减速至预定的速度或减速到停止。

制动过程比较复杂，是一个动态过程。为了简化计算，以下将制动过程近似地作为等减速过程来处理。

1. 制动力矩

当已知控制轴的速度(转速)、制动时间、等效负载力矩 M_L、等效摩擦阻力矩 M_f 以及装置的等效转动惯量 J 时，可计算制动时所需的力矩。因负载力矩也起制动作用，所以也看作制动力矩。下面分析将某一控制轴的转速在一定的时间内由初始转速 n_0 减至预定的转速 n 的情况。由式(2-31)得

$$M_B+M_L+M_f=\frac{\pi J(n_0-n)}{30t}$$

即

$$M_B=\frac{\pi J(n_0-n)}{30t}-M_L-M_f \tag{2-33}$$

式中：M_B——控制轴设置的制动力矩(N·m)；

t——制动时间(s)。

在式(2-33)中 M_L 与 M_f 均以绝对值代入。若已知装置的机械效率 η，则可以通过机械效率反映等效阻力矩，即 $M_L+M_f=M_L/\eta$，于是式(2-33)可写成

$$M_B=\frac{\pi J}{30}\frac{n_0-n}{t}-\frac{M_L}{\eta} \tag{2-34}$$

2. 制动时间

在制动器选定后，就可计算出机械装置停止所需要的时间。这时，设制动力矩 M_B、等效负载力矩 M_L、等效摩擦阻力矩 M_f、装置的等效转动惯量 J 以及制动速度是已知条件。制动开始后，总的制动力矩 $\sum M_B$ 为

$$\sum M_B = M_B + M_L + M_f \tag{2-35}$$

由式(2-33)得

$$t = \frac{\pi J}{30} \frac{n_0 - n}{\sum M_B} \tag{2-36}$$

3. 制动距离(制动转角)

开始制动后，工作台或转臂因自身的惯性作用，往往不是停在预定的位置上。为了提高运动部件停止的位置精度，设计时应确定制动距离以及制动时间。

设控制轴的转速为 n_0(r/min)，工作台直线运动的速度为 v_0(m/min)。当装在控制轴上的制动器动作后，控制轴减速到 n(r/min)，工作台减速到 v(m/min)，试求在减速时间内控制轴总的转角和工作台的移动距离。

根据式(2-36)得

$$n = \frac{1}{60}\left(\frac{30t}{\pi J}\sum M_B + n_0\right)$$

上式中，n 的单位为 r/s。以初始转速 n_0(r/min)转动的控制轴上作用有 $\sum M_B$ 的制动力矩，控制轴在 t 秒钟内转了 n_B 转，n_B 为

$$\begin{aligned} n_B &= \int_0^t n\mathrm{d}t = \frac{1}{60}\int\left(\frac{30t}{\pi J}\sum M_B + n_0\right)\mathrm{d}t = \frac{1}{60}\left(\frac{30t}{\pi J}\sum M_B \frac{t^2}{2} + n_0 t\right) \\ &= \frac{1}{60} \times \frac{1}{2}\left(\frac{30t}{\pi J}\sum M_B t + 2n_0\right)t \end{aligned}$$

于是有

$$n_B = \frac{1}{2}\frac{n + n_0}{60}t \tag{2-37}$$

将式(2-36)代入式(2-37)后得

$$n_B = \frac{\pi J}{3\ 600} \frac{n_0^2 - n^2}{\sum M_B} \tag{2-38}$$

由式(2-38)可求出总回转角 φ_B(单位为 rad)为

$$\varphi_B = 2\pi n_B = \frac{\pi^2 J}{1\ 800} \frac{n_0^2 - n^2}{\sum M_B} \tag{2-39}$$

用类似的方法可推导有关直线运动的制动距离。设初速度为 v_0(m/min)，终速度为 v(m/min)，制动时间为 t，且认为是匀减速制动，则制动距离 s_B 为

$$s_B = \frac{1}{2}\frac{v + v_0}{60}t \tag{2-40}$$

当 t 为未知值时，将式(2-36)代入式(2-40)，求得 s_B 为

$$s_B = \frac{\pi J}{3\ 600} \frac{(v + v_0)(n_0 - n)}{\sum M_B} \tag{2-41}$$

例 2-2　图 2-11 所示为一进给工作台。电动机 M、制动器 B、工作台 A、齿轮 G_1～G_4 以及轴 1 和轴 2 的数据如表 2-2 所示。试求：

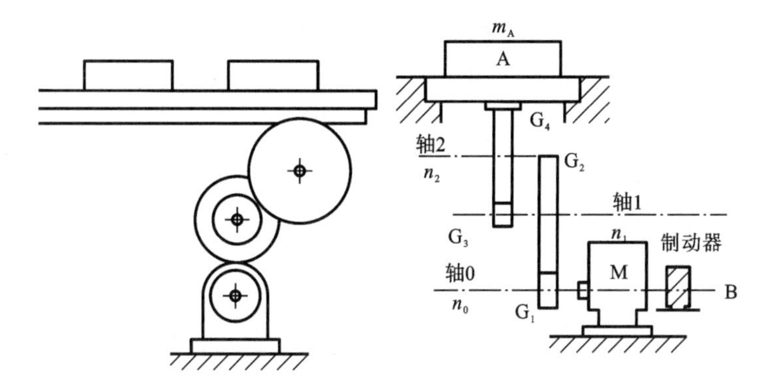

图 2-11　进给工作台

(1) 该工作台换算至电动机轴的等效转动惯量。

(2) 设控制轴上制动器 B(M_B=50 N·m)动作后，希望该工作台停止在所要求的位置上，试求制动器开始动作的位置(摩擦阻力矩可忽略不计)。

(3) 设该工作台导轨面摩擦系数 μ=0.05，此导轨面的滑动摩擦考虑在内时，工作台制动距离变化多少？

表 2-2　进给工作台已知参数

项　　目	齿　　轮				轴		工作台 A	电动机 M	制动器 B
	G_1	G_2	G_3	G_4	1	2			
速度/(r/min)	720	180	180	102	180	102	90	720	
J/(kg·m²)	J_{G_1}	J_{G_2}	J_{G_3}	J_{G_4}	J_{s_1}	J_{s_2}	J_A	J_M	J_B
	0.002 8	0.606	0.017	0.153	0.000 8	0.000 8		0.040 3	0.005 5

注：工作台质量(包括工件在内)m_A=300 kg。

解　(1) 求等效转动惯量。

该工作台回转部分对轴 0 的等效转动惯量$[J_1]_0$为

$$[J_1]_0=J_M+J_B+J_{G_1}+(J_{G_2}+J_{G_3}+J_{s_1})\left(\frac{n_1}{n_0}\right)^2+(J_{G_4}+J_{s_2})\left(\frac{n_2}{n_0}\right)^2$$

$$=\left[0.0403+0.0055+0.0028+(0.606+0.017+0.0008)\times\left(\frac{180}{720}\right)^2+(0.153+0.0008)\times\left(\frac{102}{720}\right)^2\right]\text{ kg}\cdot\text{m}^2$$

$$=0.0907\text{ kg}\cdot\text{m}^2$$

该工作台的直线运动部分对轴 0 的等效转动惯量$[J_2]_0$为

$$[J_2]_0=\frac{m_A v^2}{4\pi^2 n_0^2}=\frac{300\times90^2}{4\pi^2\times720^2}\text{ kg}\cdot\text{m}^2=0.1187\text{ kg}\cdot\text{m}^2$$

因此，与该工作台的电动机轴有关的等效转动惯量为

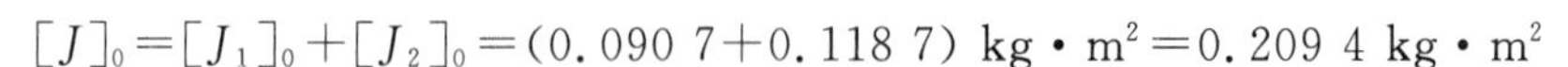

$$[J]_0=[J_1]_0+[J_2]_0=(0.0907+0.1187)\ \text{kg}\cdot\text{m}^2=0.2094\ \text{kg}\cdot\text{m}^2$$

(2) 求停止距离。

停止距离可由式(2-41)求出，已知 $n=0$，$v=0$，有

$$s=\frac{\pi[J]_0}{3\,600}\frac{v_0 n_0}{M_B}=\frac{\pi\times0.209\,4}{3\,600}\times\frac{90\times720}{50}\ \text{m}=0.236\,8\ \text{m}$$

即该工作台运动停止位置之前 236.8 mm 时制动器应开始工作。

(3) 求停止距离的变化量。

考虑该工作台导轨间有摩擦力时，换算到电动机轴上的等效摩擦阻力矩 M_f 可以由下式求得：

$$[M_f]_0=\mu m_A g\frac{v}{2\pi n_0}=0.05\times300\times9.8\times\frac{90}{2\pi\times720}\ \text{N}\cdot\text{m}=2.924\,5\ \text{N}\cdot\text{m}$$

开始制动到停止所移动的距离 s_B 可由式(2-41)求出：

$$s_B=\frac{\pi[J]_0}{3\,600}\frac{vn_0}{M_B+M_f}=\frac{0.209\,4\pi}{3\,600}\times\frac{90\times720}{50+2.924\,5}\ \text{m}=0.223\,7\ \text{m}$$

所以计入滑动部分的摩擦力后的停止距离比忽略滑动部分的摩擦力时的停止距离短 13.1 mm。

2.4.3 机械系统的加速控制

进行力学分析时，加速与减速的运动形态是相似的。但对于实际控制问题来说，驱动源一般使用电动机，而电动机的加速特性和减速特性有差异。此外，制动控制时将制动力矩当作常值一般问题不大，而在加速控制时电动机的启动力矩并不一定是常值，所以加速控制的计算要复杂一些。

下面分别讨论加速力矩为常值和加速力矩随时间(控制轴的转速)而变化这两种情况。

1. 加速(启动)时间

计算加速时间分为加速力矩为常值和加速力矩随时间而变化两种情况。计算时应知道加速力矩、等效负载力矩、等效摩擦阻力矩、装置的等效转动惯量以及转速(速度)。

1) 加速力矩为常值的情况

设 $[M_A]_i$ 为控制轴的净加速力矩(N·m)、$[M_M]_i$ 为控制轴上电动机的加速力矩(N·m)，则 $[M_A]_i$ 可表示为

$$[M_A]_i=[M_M]_i-[M_L]_i-[M_f]_i \tag{2-42}$$

概略计算时可用机械效率 η 来估算等效阻力矩，得

$$[M_A]_i=[M_M]_i-\frac{[M_L]_i}{\eta} \tag{2-43}$$

加速时间为

$$t=\frac{\pi[J]}{30}\frac{n-n_0}{[M_A]_i} \tag{2-44}$$

式中：$[J]$——控制轴的等效转动惯量(kg·m^2)；

n_0、n——控制轴的初始转速与加速后的转速(r/min)。

2) 加速力矩随时间而变化

为了简化计算，一般先求出平均加速力矩，再计算加速时间。计算平均加速力矩的方法有两种：一是种把开始加速时的电动机输出力矩和电动机最大输出力矩的平均值作为平均加速力

矩；另一种是根据电动机输出力矩-转速(时间)曲线和负载-转速曲线来求出平均加速力矩。

设 M_{M0} 为开始加速时电动机的输出力矩(N·m)，M_{Mmax} 为加速时间内电动机最大输出力矩(N·m)，M_{Lmax} 为加速时间内最大负载力矩(含摩擦阻力矩，N·m)，M_{Lmin} 为加速时间内最小负载力矩(含摩擦阻力矩，N·m)。

平均加速力矩 M_{Mm} 和平均负载力矩 M_{Lm} 的计算公式分别为

$$M_{Mm}=\frac{1}{2}(M_{M0}+M_{Mmax}) \tag{2-45}$$

$$M_{Lm}=\frac{1}{2}(M_{Lmin}+M_{Lmax}) \tag{2-46}$$

平均有效加速力矩 M'_{Mm} 可按下式求出：

$$M'_{Mm}=M_{Mm}-M_{Lm}$$

电动机启动力矩-转速(时间)曲线可以从样本上查到，也可用电流表测量电流来推定。当电动机电流一定时，电动机的启动力矩与电流成正比，即

$$\frac{\text{启动电源}}{\text{标称电源}}=\frac{\text{启动力矩}}{\text{标称力矩}}$$

根据测得的电流值的变化就可推定启动力矩-转速(时间)曲线。

2. 加速距离

设控制轴的转速为 n_0(r/min)，直线运动部分的速度为 v_0(m/min)。当控制轴增速到转速为 n，直线运动部分增速到速度为 v 时，求此时间内控制轴的总转数 n_A、总回转角 φ_A 和直线运动部分的移动距离 s_A。

当平均加速力矩为一常数时，加速过程中 n_A、φ_A 和 s_A 的计算公式与制动过程中类似。加速时间内控制轴的总转数为

$$n_A=\frac{1}{60}\left[\left(\frac{30}{\pi[J]_i}\right)M'_{Mm}\frac{t^2}{2}+n_0t\right]$$

或

$$n_A=\frac{1}{2}\frac{n+n_0}{60}t$$

借鉴式(2-44)，消去 t 后得

$$n_A=\frac{\pi[J]_i}{3\ 600}\frac{n^2-n_0^2}{M'_{Mm}} \tag{2-47}$$

将 $M'_{Mm}=M_{Mm}-M_{Lm}$ 代入式(2-47)得

$$n_A=\frac{\pi[J]_i}{36\ 00}\frac{n^2-n_0^2}{M_{Mm}-M_{Lm}} \tag{2-48}$$

加速过程中控制轴的回转角 $\varphi_A=2\pi n_A$，即

$$\varphi_A=\frac{\pi^2[J]_i}{1\ 800}\frac{n^2-n_0^2}{M_{Mm}-M_{Lm}} \tag{2-49}$$

式(2-49)中，φ_A 的单位为 rad。

与制动过程类似，加速过程中直线运动部件的移动距离 s_A(单位为 m)为

$$s_A=\frac{1}{2}\frac{v+v_0}{60}t$$

或

$$s_A = \frac{\pi[J]_i}{3\ 600}\frac{(v+v_0)(n-n_0)}{M_{Mm}-M_{Lm}} \tag{2-50}$$

2.5 机械系统的精度

大多数机电一体化系统均有较高的精度要求，属于精密设备。它们的基本特点是精密、效率和自动化程度要求高，结构比较复杂，具有共同的基础，即精密机械技术。与普通机械技术相比，精密机械技术在机械原理、功用和重要性方面并无多大变化。二者的主要区别体现在精度、分辨力和灵敏度等性能指标上。这就需要以充分的科学理论和实验为依据，进行有效的精度设计。

精度的高低是用误差的大小来衡量的。误差理论研究影响测量或设备精度的误差来源及其特性，误差的评定和估计方法，误差的传递、转化与相互作用的规律，以及误差的合成和分配原则等，从而为精密测量和精度设计提供科学依据。

2.5.1 误差和精度概念

误差是指对某个物理量进行测量时，所得数值与真值的差值。误差的特点是：任何测量手段无论精度多高，误差总是存在的；多次重复测量某物理量时，各次的测量值是不等的，总会存在重复测量误差。

误差可分为随机误差、系统误差和粗大误差三类。随机误差是许多独立因素微量变化综合作用的结果，它的大小和方向随机变化，从表面来看无规律，但随着测量次数的增加和测量值的增多，它服从一定的统计规律，多数随机误差呈正态分布。系统误差的大小和方向在测量过程中按一定的规律变化，系统误差一般可通过理论计算或实验方法求得，且可以预测、调节和修正。粗大误差是由于测量人员的疏忽或错误，在测得值中出现的异常误差，经认真判定后可剔除。

精度与误差是相反的概念，对于测量的某一物理量，如果测得的误差大，则精度低；如果测得的误差小，则精度高。精度可分为准确度、精密度和精确度。其中：准确度用系统误差的大小表示，反映了测量值偏离真值的程度；精密度用随机误差的大小表示，反映了测量值与真值的离散程度；精确度是系统误差和随机误差大小的综合反映。

2.5.2 机械产品精度名称的含义

(1) 机械精度：机械在未受外载荷作用下的原始精度，包括几何精度、传动精度、定位精度等。

(2) 几何精度：机械、仪器在运动部件静止或运动速度较低时的精度。它规定了主要零部件的相对位置允差。

(3) 传动精度：单向传动时，传动链输入端与输出端瞬时传动比的实际值与理论值之差。例如，旋转传动链输入轴单向旋转时，输出轴转角的实际值与理论值之差。

(4) 运动精度：设备主要零部件以工作速度运动时的精度，常用运动误差来表示。

(5) 定位精度：机械主要部件在运动终点所能达到的实际位置的精度。

(6) 测量精度：计量仪器或系统的使用精度，常用测得值和被测值的偏差程度来衡量。

(7) 重复精度：在同一测量方法和测量条件下，在不太长的时间间隔内，连续多次测量同一物理参数，所得数据的分散程度。它是常用的产品精密度指标。

(8) 复现精度：在不同的测量方法和测量条件下，以较长的时间间隔对同一物理参数进行多次测量所得数据的接近程度。复现精度一般低于重复精度，二者差别太大时，应立即找出原因。

(9) 动态精度：系统的动态参数误差。动态精度不仅与设备的几何尺寸有关，而且与设备的机械特性，如刚度、惯性、摩擦、阻尼等有关。直接测量设备的动态精度较困难，常通过对典型的工作对象进行加工与测量，间接地对设备的动态精度做出评价。

(10) 加工精度：机械在加工工作对象时所能达到的精确度，是一项综合性的精度指标。例如，机床的加工精度受到机床-夹具-工件-刀具这一整个系统的影响。

2.5.3　随机误差和系统误差的评定

1. 随机误差

随机误差常用均方根误差、算术平均误差作为评定尺度。均方根误差对大的随机误差比较敏感，能灵敏地反映出随机误差数列的离散程度，应用较多。

1) 均方根误差 RMSE

均方根误差 RMSE 可按下式计算：

$$\mathrm{RMSE}=\sqrt{\frac{\sum_{i=1}^{n}\varepsilon_i^2}{n}}=\sqrt{\frac{\sum_{i=1}^{n}(x_i-x_0)^2}{n}} \tag{2-51}$$

式中：x_i——第 i 次测得值；

x_0——被测量真值；

n——测量次数；

ε_i——第 i 次测量的随机误差。

上述均方根误差定义不仅适用于正态分布，也适用于其他分布，它的应用条件是 ε_i 为随机误差，不包括系统误差及粗大误差。式(2-51)只适用于等精度测量，即测量数列中每一个数据的精确度相等。

2) 极限误差 $\Delta_{\max}$

极限误差是误差的极限范围。由于在 $\pm3\sigma$ 区间内，根据随机误差正态分布曲线，误差出现的概率达 99.73%，即在 370 次测量中只有一次误差绝对值超出 3σ 范围，而在一般测量中，测量次数一般为几十次，故可认为绝对值大于 3σ 的误差几乎不可能出现，故常将该误差称为单次测量的极限误差，即

$$\Delta_{\max}=\pm3\sigma \tag{2-52}$$

3) 标准偏差 σ

在均方根误差 RMSE 的计算中，由于随机误差的真值无法求得，所以常用残余误差(简称残差)代替随机误差，计算所得的结果称为标准偏差。常用计算精度较高的贝塞尔公式计算标准偏差：

$$\sigma=\sqrt{\frac{\sum_{i=1}^{n}v_i^2}{n-1}}=\sqrt{\frac{\sum_{i=1}^{n}(x_i-\bar{x})^2}{n-1}} \tag{2-53}$$

式中：v_i——第 i 次测得值的残余误差；

$\bar{x}$——n 次测得值的算术平均值，即

$$\bar{x}=\frac{1}{n}\sum_{i=1}^{n}x_i$$

2. 系统误差

系统误差由原理误差和制造误差两个部分组成。它是由固定不变的或按确定规律变化的因素造成的。按变化规律，系统误差可分为定值系统误差和变值系统误差。

1）定值系统误差

设 $x_i(i=1,2,\cdots,n)$ 为被测量 x 的一组等精度测得值的数列，被测量 x 的真值为 x_0，在 x_i 中包含定值系统误差 δ_0 和随机误差 ε_i，所以有

$$x_i=x_0+\delta_0+\varepsilon_i \tag{2-54}$$

它的算术平均值 $\bar{x}$ 为

$$\bar{x}=\frac{1}{n}\sum_{i=1}^{n}x_i=x_0+\delta_0+\frac{1}{n}\sum_{i=1}^{n}\varepsilon_i \tag{2-55}$$

当 n 足够大时，有

$$\bar{x}=x_0+\delta_0 \tag{2-56}$$

可见，当 n 足够大时，随机误差 ε_i 对 $\bar{x}$ 的影响可忽略不计。定值系统误差不影响随机误差分布曲线的形状，即不影响随机误差的分布范围，只影响随机误差分布的位置。

2）变值系统误差

设变值系统误差为 δ_i，则

$$x_i=x_0+\delta_i+\varepsilon_i \tag{2-57}$$

它的算术平均值 $\bar{x}$ 为

$$\bar{x}=\frac{1}{n}\sum_{i=1}^{n}x_i=x_0+\frac{1}{n}\sum_{i=1}^{n}\delta_i+\frac{1}{n}\sum_{i=1}^{n}\varepsilon_i \tag{2-58}$$

当 n 足够大时，有

$$\bar{x}=x_0+\frac{1}{n}\sum_{i=1}^{n}\delta_i=x_0+\bar{\delta} \tag{2-59}$$

式中：$\bar{\delta}$——变值系统误差 δ_i 的算术平均值。

变值系统误差不仅影响随机误差分布曲线的位置，也影响随机误差分布曲线的分散范围，使随机误差分布曲线产生平移和变形。

3. 精度设计中的主要原理和原则

在进行精度设计时，应遵循以下原理和原则。

1）阿贝误差原理

进行长度测量时，被测尺寸与标准尺寸必须处在测量方向上的同一直线上，或者两者彼此处在对方的延长线上。采用阿贝误差原理，能避免产生一阶误差，只有二阶误差，从而得到较高的测量精度。阿贝误差原理既是测量原理，又是精密设备中测量系统总体分布时的基本原则，具有重要意义。

2）运动学设计原则

一个空间物体具有 6 个自由度，要使它定位，需要适当配置 6 个约束加以限制，这是六点定

位原理。六点定位原理要求约束条件为点接触。相反，要使物体相对固定的坐标运动，只能配置少于 6 个约束才能实现。因此，运动学设计原则应遵守下列条件。

(1) 物体相对运动数等于自由度数减去约束数。

(2) 约束条件为点接触，且约束面垂直于欲限制自由度的方向。另外，在同一平面或直线上点接触之间的距离尽可能大些，以免运动到端部造成不稳定。

运动学设计原则一般仅适用于高精度、承载小及运动行程不大的场合。当零件质量较大或受到载荷作用时，接触应力较大，点接触就会变成小面积接触，因此，理想的点接触实际上是不存在的。为了克服这一点，产生了半运动学设计原则。

3) 半运动学设计原则

半运动学设计原则是指以小面积接触或短线接触代替点接触来约束运动方向。它适用于运动零件质量较大或受到载荷作用的场合。

4) 平均效应原则

在运动副和定位机构设计中，采用运动学设计原则和六点定位原理，可避免产生静不定和相互干涉。但是，用单点定位约束某个自由度时，由于定位点的误差，定位精度始终低于该定位点的精度。而且，由于单点定位的接触应力较大，产生相应的接触变形，随着时间的推移，磨损增加，定位精度会降低。为了克服这一缺点，产生了多点定位原理。采用多点定位，应用平均效应作用，使误差得到均化，可以提高机构的运动精度或定位精度。在精密设备中，平均效应原则的应用很广，如导轨副、密珠轴承、分度和定位机构、光栅尺、感应同步器等都应用此原则。

5) 变形最小原则

精密设备的零部件受自重、外载、温度变化、工艺内应力以及振动等因素作用而产生的变形误差应尽可能小。

6) 基面统一原则

进行零件设计时，设计基面、工艺基面、测量基面和装配基面应尽可能统一于同一基面，这样可避免因基面不同而造成的制造误差、测量误差和装配误差。若因零件结构等原因不符合基面统一原则，则可选择精度较高的面作为辅助基面。例如，测量齿轮周节时，周节仪以齿轮中心孔定位来测量，就符合基面统一原则；以齿根作为辅助基面，就不符合基面统一原则，但测量误差比用齿顶圆(误差较大)作为辅助基面的测量误差要小些。

7) 误差缩小和放大原则(速比原则)

在机械传动系统中，经常采用齿轮减速或增速传动装置，各轴在装置中有不同的转速，使传动误差放大或缩小(取决于两轴之间的传动比或减速比)。对于齿轮减速传动系统，由于误差缩小原则，输出轴转角的总误差主要取决于末级的传动误差，其余各级传动误差的影响较小或可忽略不计。例如，高精度滚齿机、磨齿机、圆刻线机等的减速传动，末级采用传动比很大的蜗杆蜗轮传动机构，其余各级传动误差的影响就很小了。对于百分表、千分表等的增速传动系统，它们的总精度主要取决于测量杆上齿条与小齿轮的精度，即第一级传动误差的大小。

8) 误差配置原则

一台设备或部件，如果各部分的误差配置得当，就可提高装配成品的总精度。例如：机床主轴系统两端轴承的精度如果得到合理配置，就可减小主轴工作端的径向跳动；机械传动系统中末级齿轮精度最高。主轴轴承相位差的误差配置原则，也可用于其他产品的主轴装配，如精密仪器、机械手表、录音机的机芯等。

4. 数控机床的精度分析

数控机床是典型的机电一体化设备，精度要求较高。数控机床的误差可分三类：加工前的误差、机床本身的误差、运行时的误差。

1）加工前的误差

（1）编程误差。

编程误差是由程序控制原理决定的误差，出现在编程阶段。编程误差由圆整误差、近似计算误差和插补计算误差构成。

（2）机床调整误差。

机床调整误差是在数控机床调零点及机外调刀时产生的。由于数控机床是按封闭的自动循环工作的，因此数控机床按程序工作的整个时间内的加工精度取决于调整精度。

（3）自动换刀误差。

自动换刀误差是在数控机床上进行多刀加工时所特有的。自动换刀误差是随机的，取决于许多因素，如换刀原理、换刀装置的结构特点以及换刀装置的制造质量和换刀装置的装配质量。

2）机床本身的误差

（1）机床几何形状误差（几何精度）。

数控机床的几何精度是综合反映数控机床关键机械零部件及其组装后的几何形状的误差。这种由于几何不精确性引起的误差，在加工时对工件的尺寸、形状误差以及表面粗糙度都有影响。

例如，立式加工中心有下列几何精度指标。

① 工作台面的平面度。

② 各坐标方向移动的相互垂直度。

③ X 坐标方向移动时工作台面的平行度。

④ Y 坐标方向移动时工作台面的平行度。

⑤ X 坐标方向移动时工作台面 T 形槽侧面的平行度。

⑥ 主轴的轴向窜动。

⑦ 主轴孔的径向跳动。

⑧ 主轴箱沿 Z 坐标方向移动时主轴轴线的平行度。

⑨ 主轴回转轴线对工作台面的垂直度。

⑩ 主轴箱在 Z 坐标方向移动的直线度。

在上述 10 项精度要求中，一类是对机床各运动大部件，如床身、立柱、拖板、主轴箱等的直线度、平行度和垂直度要求；另一类是对执行切削工作的主要部件——主轴自身的回转精度和直线运动精度要求；还有一类是对作为定位、夹紧基准用的工作台面的平面度要求与 T 形槽侧面的平行度要求。这三类精度要求确定切削加工运动所需的坐标系的几何精度。

（2）弹性变形引起的误差。

这是由数控机床刚度不足造成的误差。数控加工时的切削用量由于是严格规定的，所以可以认为是定常的。例如，二级齿轮传动装置各轴弹性扭转角为 θ_1、θ_2、θ_3，齿轮副传动比为 i_1、i_2，将各轴弹性扭转角换算到末级输出轴上的总弹性扭转角近似为

$$\theta=\theta_3+\frac{\theta_2}{i_2}+\frac{\theta_1}{i_1 i_2} \tag{2-60}$$

3）运行时的误差

数控机床在运行过程中可能出现下列误差。

（1）定位误差。

定位误差出现在数控机床受控执行机构到达预定的位置时，是反映数控机床特点的基本误差。定位误差的影响因素很多，主要有机电伺服系统误差和控制系统误差等。

（2）各种运行速度下的误差。

① 快速运行过程引起的误差。快速运行过程呈几分之一秒的周期性变化。快速运行过程引起的误差是在数控机床工作时，由部件的振动、机床及其控制系统的过渡过程、可动连接件间摩擦力的变化、工作载荷的变动等导致的，具有随机性和分散性。

② 中速运行过程引起的误差。中速运行过程引起的误差是指在数控机床连续工作（持续时间以分或小时计）时，由刀具的磨损、机床及其数控系统元件的温度变化引起的误差。它对加工精度的影响很大，具有随机性和分散性。

③ 缓慢速度运行过程引起的误差。缓慢速度运行过程主要用于周期性检查或修理。缓慢速度运行过程引起的误差是指由导轨和滚珠丝杠传动机构等的磨损、零件的锈蚀、电子元件的老化等引起的误差，是定常的。

5. 数控机床精度分析结论

根据以上对数控机床精度进行的分析，可得出以下结论。

（1）表面粗糙度、形状和表面相互位置精度基本上是由机床机械部分形成的，取决于机床机械部分的几何精度和刚度、主轴部件的制造精度等。

（2）沿 X 轴、Y 轴、Z 轴的尺寸精度反映了数控机床的特点，是由机床机械部分及数控系统共同形成的。它与作用在机床机械部分与数控系统上的各种速度过程有关，取决于几何与运动精度、刚度、定位精度、热变形等。一般在数控机床上，定位误差和热变形误差大大超过其他的误差。

（3）轮廓加工时，要考虑各坐标轴尺寸精度对轮廓加工的不同影响。例如，在数控机床上进行的较为普遍的工序是在 XOY 平面内进行轮廓加工，因此，沿 X 轴和 Y 轴的尺寸精度对加工精度的影响较大，而沿 Z 轴的尺寸精度对加工精度的影响较小，因为沿 Z 轴的位移比沿 X 轴的位移和沿 Y 轴的位移小得多。此外，Y 轴上的热变形通常比 X 轴上的热变形大得多。

（4）在进给传动的闭环控制系统中，执行机构的位移精度在很大程度上取决于反馈系统中测量传感器的分辨力和安装位置。

（5）计算机数控系统一般具有校正机床误差和诊断机床及其数控系统状态的能力，机床加工精度与此有很大的关系。

习　　题

2-1　机电一体化产品对机械系统的要求有哪些？

2-2　机电一体化机械系统由哪几部分组成？对各部分的要求是什么？

2-3　影响机电一体化机械系统性能的参数有哪些？

2-4　转动惯量对传动机构有哪些影响？如何计算机械传动部件的转动惯量？

2-5　机电一体化机械系统中有哪些常用的传动机构？它们各有何特点？

2-6　机械运动中的摩擦和阻尼会降低效率，但是设计中要适当选择二者的参数，而不是越小越好，为什么？

2-7　从系统的动态特性角度来分析系统零部件的制造精度和装配精度高，系统的精度并不一定就高的原因。

2-8　机电系统在精度设计时，应遵循哪些原理和原则？

2-9　以至少 2 种测量装备为例，详细分析阿贝误差原理在精度及测量中的重要性。

2-10　详述运动学设计原则和半运动学设计原则的适用场合。

第3章　机电系统的建模与仿真

机电系统组成上的复杂性和技术上的复杂性给机电系统设计带来了新的问题，单一学科的人员难以完成一个完整的机电系统设计，机电系统设计一般由以多学科小组形式组成的开发团队完成。计算机辅助设计（computer aided design，CAD）成为机电系统开发的必备工具。机电系统计算机仿真是目前对复杂机电系统进行分析的重要手段与方法。

在进行机电系统分析与设计的过程中，除了需要进行理论分析外，还要对机电系统的特性进行实验研究。机电系统的性能指标与参数是否达到预期的要求？机电系统的经济性能如何？这些都需要在机电系统设计中给出明确的结论。当在实际调试过程中存在很大的风险或实验费用昂贵时，一般不允许对设计好的机电系统直接进行实验，然而没有经过实验研究是不能将设计好的机电系统直接放到生产实际中去的，因此就必须对设计好的机电系统进行模拟实验研究。当然在有些情况下可以构造一套物理模拟装置来进行实验，但这种方法十分费时而且费用较高，而在有的情况下物理模拟几乎是不可能的。近年来随着计算机的迅速发展，采用计算机对机电系统进行数学仿真的方法已被人们采纳。所谓机电系统计算机仿真，就是指以机电系统的数学模型为基础，借助计算机对机电系统的静态、动态过程进行实验研究。这里讲的机电系统计算机仿真是指借助数字计算机实现对机电系统的仿真分析。这种实验研究的特点是：将实际机电系统的运动规律用数学表达式加以描述（通常是一组常微分方程或差分方程），然后利用计算机来求解这一数学模型，以达到对机电系统进行分析研究的目的。

对机电系统进行计算机仿真的基本过程包括：首先建立机电系统的数学模型，因为数学模型是进行机电系统仿真的基本依据，所以数学模型极为重要；然后根据机电系统的数学模型建立相应的仿真模型，一般需要通过一定的算法或数值积分方法对原机电系统的数学模型进行离散化处理，从而建立起相应的仿真模型，这是进行机电系统仿真分析的关键步骤；最后根据机电系统的仿真模型编制相应的仿真程序，在计算机上进行仿真实验研究，并对仿真结果加以分析。

3.1　机电系统的数学模型及其转换方法

机电系统计算机仿真与辅助设计是建立在机电系统数学模型基础之上的。对于各类机电系统，利用仿真手段进行分析与设计，首先需要建立相应的数学模型，此后，需要研究如何将机电系统的数学模型转换为适合借助计算机进行分析和计算的仿真模型，即数值算法模型。在此基础上，即可通过对数学模型的求解分析，实现对机电系统静态、动态特性的分析与设计。显然，进行上述工作的重要基础就是机电系统的数学模型。

3.1.1　机电系统的数学描述

机电系统通常可以用微分方程、传递函数、状态空间表达式这三种数字模型进行描述。下面简单回顾一下这几种数学模型，同时给出它们的 MATLAB 表示方法。

1. 微分方程

一个系统的动态特性通常可用高阶微分方程加以描述，因此描述一个系统较为常用的数学模型就是微分方程。假设连续系统为单入-单出（简称 SISO）系统，它的输入与输出分别用 $u(t)$、$y(t)$加以表示，则描述该连续系统的高阶微分方程为

$$\frac{d^n y(t)}{dt^n}+a_1\frac{d^{n-1}y(t)}{dt^{n-1}}+a_2\frac{d^{n-2}y(t)}{dt^{n-2}}+\cdots+a_{n-1}\frac{dy(t)}{dt}+a_n y(t)$$

$$=c_1\frac{d^{n-1}u(t)}{dt^{n-1}}+c_2\frac{d^{n-2}u(t)}{dt^{n-2}}+\cdots+c_n u(t) \tag{3-1}$$

初始条件为

$$y(t_0)=y_0,\dot{y}(t_0)=\dot{y}_0,\cdots;\quad u(t_0)=u_0,\dot{u}(t_0)=\dot{u}_0,\cdots$$

如果引入微分算子 $p=\frac{d}{dt}$，则式(3-1)可以写成

$$p^n y(t)+a_1p^{n-1}y(t)+\cdots+a_{n-1}py(t)+a_ny(t)=c_1p^{n-1}u(t)+c_2p^{n-2}u(t)+\cdots+c_nu(t)$$

即

$$\sum_{j=0}^{n}a_{n-j}p^jy(t)=\sum_{i=0}^{n-1}c_{n-i}p^iu(t)$$

对上式稍加整理并令 $a_0=1$，可以得到

$$\frac{y(t)}{u(t)}=\frac{\sum_{i=0}^{n-1}c_{n-i}p^i}{\sum_{j=0}^{n}a_{n-j}p^j} \tag{3-2}$$

2. 传递函数(包括零极点模型)

1）传递函数

对式(3-1)等号两边进行拉氏变换，并假设 $y(t)$与 $u(t)$的各阶导数的初始值均为零，则存在

$$s^nY(s)+a_1s^{n-1}Y(s)+\cdots+a_{n-1}sY(s)+a_nY(s)=c_1s^{n-1}U(s)+c_2s^{n-2}U(s)+\cdots+c_nU(s) \tag{3-3}$$

式中：$Y(s)$——输出 $y(t)$的拉氏变换；

$U(s)$——输入 $u(t)$的拉氏变换。

于是得式(3-1)所描述的系统的传递函数为

$$G(s)=\frac{Y(s)}{U(s)}=\frac{c_1s^{n-1}+c_2s^{n-2}+c_{n-1}s+c_n}{s^n+a_1s^{n-1}+a_2s^{n-2}+\cdots+a_{n-1}s+a_n} \tag{3-4}$$

对照式(3-2)与式(3-4)可以清楚地看出，当描述系统的微分方程的初始值为零时，用微分算子 p 所表示的式子与传递函数 $G(s)$在形式上完全相同。

传递函数是经典控制理论描述系统的数学模型之一，它表达了系统输入量和输出量之间的关系。它只与系统本身的结构、特性和参数有关，而与输入量的变化无关。传递函数是研究线性系统动态响应和性能的重要手段与方法。在 MATLAB 中，可以利用分别定义的传递函数分子、分母多项式系数向量方便地对连续系统加以描述。例如，对于式(3-4)，系统可以分别定义传递函数的分子、分母多项式系数向量为

$$\mathbf{num}=[c_1, c_2, \cdots, c_{n-1}, c_n]$$
$$\mathbf{den}=[1, a_1, a_2, \cdots, a_{n-1}, a_n]$$

传递函数分子、分母多项式系数向量中的系数均按 s 的降幂排列，由于传递函数 $G(s)$ 的最高次项系数为 1，所以分母多项式系数向量 **den** 中第一个元素为 1。在 MATLAB 中可以用 tf 来建立传递函数的系统模型，基本格式为

```
sys= tf(num,den)
```

由不同版本的 MATLAB 建立的传递函数有所不同，但结果是一致的。

例 3-1　已知某系统的传递函数为

$$G(s)=\frac{7(2s+3)}{s^2(3s+1)(s+2)^2(5s^3+3s+8)}$$

解　可以利用 MATLAB 建立该系统相应的传递函数。

```
num=7* [2 3];
den=conv(conv(conv([1 0 0],[3 1]),conv([1 2],[1 2])),[5 0 3 8]);
model=tf(num,den)
```

运行结果为

```
Transfer function:
                              14s+21
    ------------------------------------------------------------------
    15s^8+65s^7+89s^6+83s^5+152s^4+140s^3+32s^2
```

在这里使用了 conv 函数，它是 MATLAB 中的标准函数，用来求取两个向量的卷积分。因此当两个多项式相乘，需两个多项式系数向量相乘时，可利用 conv 函数来进行。conv 函数允许多重嵌套，由上例已清楚地看到这一点。

对于连续时间系统，可以用传递函数加以表示；而对于离散时间系统，应采用脉冲传递函数进行描述。脉冲传递函数一般可表示为关于 z 的降幂多项式分式形式，即

$$G(z)=\frac{Y(z)}{U(z)}=\frac{c_m z^m+c_{m-1}z^{m-1}+\cdots+c_1 z+c_0}{a_n z^n+a_{n-1}z^{n-1}+\cdots+a_1 z+a_0} \tag{3-5}$$

在 MATLAB 中对离散系统同样可以建立相应的系统模型，基本格式为

```
num=[ cm,cm-1,…,c1,c0];
den=[ an,an-1,…,a1,a0];
sys=tf(num,den,T)
```

其中，“T”为系统采样周期。

2）零极点模型

系统的传递函数还可表示成另一种形式，即零极点形式。这种形式的传递函数比标准形式的传递函数更加直观，可清楚地反映系统零极点的分布情况。系统的零极点模型一般可表示为

$$G(s)=K\frac{(s-z_1)(s-z_2)\cdots(s-z_m)}{(s-p_1)(s-p_2)\cdots(s-p_n)} \tag{3-6}$$

其中：$z_i(i=1,2,\cdots,m)$ 和 $p_j(j=1,2,\cdots,n)$ 分别为系统的零点和极点，z_i、p_j 既可以是实数也可以是复数；K 为系统增益。MATLAB 可以使用 zpk 函数建立零极点形式的系统模型，基本格

式为

```
sys=zpk([z],[p],[k])
```

其中,[z]、[p]、[k]分别为系统的零点、极点、增益。

3. 状态空间表达式

状态方程是研究系统最为有效的系统数学描述之一,不论是单入-单出系统还是多入-多出(简称 MIMO)系统,若可用一组一阶微分方程加以表示,则在引进相应的状态变量后,可将这一组一阶微分方程写成紧凑形式,即状态空间表达式(也称状态方程模型)。通常一个线性定常系统可以表示为

$$\begin{cases}\dot{\boldsymbol{X}}=\boldsymbol{AX}+\boldsymbol{BU}\\ \boldsymbol{Y}=\boldsymbol{CX}+\boldsymbol{DU}\end{cases} \tag{3-7}$$

其中,$\dot{\boldsymbol{X}}=\boldsymbol{AX}+\boldsymbol{BU}$ 由 n 个一阶微分方程构成,称为系统的状态方程表达式;$\boldsymbol{Y}=\boldsymbol{CX}+\boldsymbol{DU}$ 由 l 个线性代数方程组构成,称为系统的输出方程。式(3-7)中,$\boldsymbol{X}$ 为 n 维状态向量;$\boldsymbol{U}$ 为 m 维输入向量;$\boldsymbol{Y}$ 为 l 维输出向量;$\boldsymbol{A}$ 为 $n\times n$ 维的系统状态阵,由系统的参数决定;$\boldsymbol{B}$ 为 $n\times m$ 维的系统输入阵;$\boldsymbol{C}$ 为 $l\times n$ 维输出阵;$\boldsymbol{D}$ 为 $l\times m$ 维直接传输阵。

应用 MATLAB 可以方便地表示系统的状态空间表达式,只要按照矩阵输入方式建立相应的系统系数阵即可。例如,容易在 MATLAB 工作空间中建立 SISO 系统的系数阵,形式为

```
A=[a11 a12 … a1n;a21 a22 … a2n;…;an1 an2 … ann];
B=[b1;b2;…;bn];
C=[c1 c2 … cn];
D=d;
```

当然,也完全可以在 MATLAB 工作空间中建立 MIMO 系统的系数阵。根据系统状态空间表达式的系数阵,可在 MATLAB 中建立相应的系统模型,基本格式为

```
sys= ss(A,B,C,D)
```

对于离散系统,状态空间表达式可表示成

$$\boldsymbol{X}(k+1)=\boldsymbol{AX}(k)+\boldsymbol{BU}(k)$$
$$\boldsymbol{Y}(k)=\boldsymbol{CX}(k)+\boldsymbol{DU}(k)$$

在 MATLAB 中同样可建立相应的系统模型,格式为

```
sys=ss(A,B,C,D,T)
```

其中,“T”为系统采样周期。

3.1.2 系统数学模型的相互转换

在前文中介绍了描述一个机电系统的数学模型主要有三种形式,即微分方程、传递函数(包括零极点模型)、状态空间表达式。显然,系统不同形式的数学模型之间存在着内在的联系,虽然它们的外在形式不同,但它们的实质内容是等价的。人们在进行系统分析、研究时,往往根据不同的要求选择不同形式的系统数学模型,因此研究不同形式的数学模型之间的转换具有重要意义。

1. 向传递函数或零极点增益形式的转换

1）状态空间表达式向传递函数形式的转换

由式(3-7)可以得到等效的系统传递函数模型：

$$G(s)=\frac{\mathbf{num}(s)}{\mathbf{den}(s)}=\boldsymbol{C}(s\boldsymbol{I}-\boldsymbol{A})^{-1}\boldsymbol{B}+\boldsymbol{D} \tag{3-8}$$

显然在进行这种转换的过程中，求取$(s\boldsymbol{I}-\boldsymbol{A})$阵的逆比较困难，而MATLAB有一系列的函数可以完成各种转换，其中就包括进行这种转换的ss2tf函数，它的基本格式为

```
[num,den]=ss2tf(A,B,C,D,iu)
```

利用该函数即可实现将状态空间表达式转换为传递函数的形式，iu用于指定转换所使用的输入量。为了获得传递函数的系统形式，还可以采用下述方式进行：

```
G1=ss(A,B,C,D);
G2=tf(G1)
```

可以证明，将给定的状态空间表达式转换为传递函数的结果是唯一的。

对于多输入系统，应用ss2tf函数可以进行指定的模型转换。

2）向零极点模型的转换

系统的零极点模型实际上是传递函数的另一种形式，也是对系统进行分析的一类常用模型，因此在MATLAB中，提供了实现将系统各类数字模型转换为零极点模型的函数，且基本格式为

```
[z,p,k]=ss2zp(A,B,D,iu)
[z,p,k]=tf2zp(num,den)
Gzp=zpk(sys)
```

上述第一式是将状态空间表达式根据指定研究的输入转换为零极点模型；第二式是将传递函数转换为零极点模型；第三式十分简洁，用该函数可将非零极点模型转换为零极点模型。

2. 向状态空间表达式的转换

利用MATLAB函数可以实现系统数学模型向状态空间表达式的转换，基本格式为

```
[A,B,C,D]=tf2ss(num,den)
[A,B,C,D]=zp2ss(z,p,k)
syss=ss(sys)
```

3.1.3　系统状态空间表达式方程的变换与实现

1. 状态空间表达式的相似变换

前文已经述及，将系统的状态空间表达式转换为传递函数，结果是唯一的；然而由于状态变量的选取不同，将系统的传递函数转换为状态空间表达式不能保证结果唯一。换言之，一个系统的传递函数对应着众多的状态空间表达式。这样，对于同一个系统有不同的状态空间表达式的描述，因此也就存在着它们之间的相互变换，MATLAB中的ss2ss函数可以实现对系统状态空间表达式的相似变换，基本格式为

```
GT=ss2ss(G,T)
```

其中,“G”为原系统的状态空间表达式,“T”为非奇异变换阵。

2. 规范型状态空间表达式的实现

MATLAB 为用户提供了一个状态空间表达式的规范实现函数 cannon,以进行 LTI 系统模型 sys 的规范型状态空间表达式的实现。该函数的基本格式为

```
G1=cannon(sys,type)
```

同时,状态空间表达式的规范实现函数 cannon 还具有可以返回状态变换阵的形式,即

```
[G1,T]=cannon(sys,type)
```

其中,“sys”表示原系统的状态空间表达式;字串“type”确定规范形式的类型,它可以是模态(modal)规范型(约当标准型),也可以是伴随矩阵(companion)形式;“T”是状态变换阵返回变量;“sys”为状态空间表达式。

3. 系统的均衡实现

系统 $\Sigma(\boldsymbol{A},\boldsymbol{B},\boldsymbol{C},\boldsymbol{D})$的系数阵分别为

$$\boldsymbol{A}=\begin{bmatrix}-10 & 0\\ 0 & -25\end{bmatrix},\quad \boldsymbol{B}=\begin{bmatrix}10^{-5}\\ 10^{5}\end{bmatrix},\quad \boldsymbol{C}=[10^{5}\quad 10^{-5}],\quad \boldsymbol{D}=\boldsymbol{O}$$

在该系统中,系数阵各个元素的值大小极为悬殊,显然对这类问题直接进行求解必然会在数值运算过程中由于舍入处理而带来严重的误差,一般将这类系统称为不均衡系统。MATLAB 为用户提供了可以进行系统均衡变换的函数,从而使不均衡系统的系数变得相对均衡,以降低计算中舍入处理所造成的严重误差影响。均衡变换函数的具体格式为

```
[Ab,Bb,Cb,G,T]=balreal(A,B,C)
```

其中,“T”为均衡变换阵,“G”为均衡系统的 Gram 矩阵,并且满足下述变换关系:

$$\boldsymbol{A}_{\mathrm{b}}=\boldsymbol{T}^{-1}\boldsymbol{AT},\quad \boldsymbol{B}_{\mathrm{b}}=\boldsymbol{T}^{-1}\boldsymbol{B},\quad \boldsymbol{C}_{\mathrm{b}}=\boldsymbol{CT},\quad \boldsymbol{D}_{\mathrm{b}}=\boldsymbol{D}$$

另外,系统的状态变量也满足 $\boldsymbol{X}_{\mathrm{b}}=\boldsymbol{TX}$ 关系。

经过均衡变换后,系统的系数阵实现了系数均衡处理,从而大大降低了数值计算时因舍入处理而带来的误差影响。应该注意的是,只有稳定的系统才能进行均衡变换。

4. 系统的降阶实现

在机电控制系统的研究中,模型的降阶技术是简化系统分析的重要手段,模型降阶的实质就是将相对低阶的模型近似成一个高阶系统,从而使高阶模型可以采用低阶模型的仿真与设计方法进行仿真和设计。MATLAB 为用户提供了实现系统降阶处理的专用函数,如 modred 函数,它的基本格式为

```
RSYS=modred(sys,ELIM)
RSYS=modred(sys,ELIM,'mdc')
RSYS=modred(sys,ELIM,'del')
```

其中,“ELIM”为待消去的状态,“'mdc'”表示在降阶中保证增益的匹配,“'del'”表示在降阶中不能保证增益的匹配。

显然,直接利用 modred 函数进行系统降阶处理具有一定的盲目性,为此往往将 balreal 函数与 modred 函数相结合使用:先应用 balreal 函数进行均衡变换,根据 Gram 矩阵确定对系统

影响较小的状态，再应用 modred 函数求出降阶后的系统。

MATLAB 还给出了最小实现函数 minreal，它的基本格式为

```
[Am,Bm,Cm,Dm]= minreal(A,B,C,D)
[numm,denm]=minreal(num,den)
```

该函数消去了不必要的状态，从而得到系统的最小实现。

3.1.4　控制系统模型的建立与典型连接

1. 基本系统模型的建立

MATLAB 为用户提供了一些建立基本系统或模型，如建立二阶系统、随机 n 阶系统模型等的函数。

1）二阶系统的生成

在机电控制系统中，二阶系统占有相当的比例，即或是高阶系统往往也需要先对其进行简化降阶处理，然后对其进行分析研究。因此，研究与讨论二阶系统具有重要的意义。

MATLAB 提供了二阶系统生成函数 ord2，它的基本格式为

```
[A,B,C,D]=ord2(Wn,z)
```

其中，“Wn”为自然角频率，“z”为阻尼因子，返回变量“A”“B”“C”“D”描述了连续二阶系统。

应用该函数可以生成所期望的以状态空间表达式描述的二阶系统。

上述自然角频率与阻尼因子的意义表示为

$$G(s)=\frac{1}{s^2+2\xi\omega_n s+\omega_n^2}$$

ω_n 表示“Wn”，ξ 表示“z”。

另外，MATLAB 还提供了生成以传递函数描述的二阶系统的 ord2 函数，它的基本格式为

```
[num,den]=ord2(Wn,z)
```

返回变量为传递函数的分子、分母多项式系数向量。

2）随机 n 阶系统模型的建立

MATLAB 为用户提供了建立随机 n 阶系统模型的函数，且基本格式为

```
[num,den]=rmodel(n)
[num,den]=rmodel(n,p)
[A,B,C,D]=rmodel(n)
[A,B,C,D]=rmodel(n,p,m)
[num,den]=drmodel(n)
[num,den]=drmodel(n,p)
[A,B,C,D]=drmodel(n)
[A,B,C,D]=drmodel(n,p,m)
```

其中，“[num,den]=rmodel(n)”可以随机生成 n 阶稳定传递函数，“[num,den]=rmodel(n,p)”可以随机生成单入 p 出的 n 阶稳定传递函数，“[A,B,C,D]=rmodel(n)”可以随机生成 n 阶稳定 SISO 状态空间表达式，“[A,B,C,D]=rmodel(n,p,m)”可以随机生成 n 阶稳定 p 出 m

入状态空间表达式,“drmodel(n)”函数可以生成相应的离散模型。

如果欲生成一随机三阶二输入单输出状态空间表达式,则可应用“[A,B,C,D]=rmodel(n,p,m)”。

3) 系统模型的重构

(1) 子系统的选取与删除。

MATLAB 提供了一个从大系统中选择子系统的函数 ssselect,它的基本格式为

```
[Ae,Be,Ce,De]=ssselect(A,B,C,D,inputs,outputs)
```

利用指定的输入向量、输出向量建立状态方程子系统。向量“inputs”指定系统输入,向量“outputs”指定系统输出。

```
[Ae,Be,Ce,De]=ssselect(A,B,C,D,inputs,outputs,states)
```

利用指定的输入向量、输出向量及状态向量构建子系统。

ssselect 函数既可应用于连续函数,也可应用于离散系统。

MATLAB 还提供了与 ssselect 函数进行相反操作的函数,它的基本格式为

```
[Ar,Br,Cr,Dr]=ssdelete(A,B,C,D,inputs,outputs)
[Ar,Br,Cr,Dr]=ssdelete(A,B,C,D,inputs,outputs,states)
```

利用该函数可从状态空间系统($\boldsymbol{A},\boldsymbol{B},\boldsymbol{C},\boldsymbol{D}$)中删除分别由“inputs”“outputs”“states”指定的输入、输出与状态。

(2) 状态的增广。

在对系统进行分析研究时,往往需要在系统(输出)中增广状态。例如,对系统进行全状态反馈研究时,一般需要在输出方程中增广状态。可见,状态增广有时具有十分重要的实际用途。MATLAB 特别为用户提供了一种状态增广函数 augstate,它的基本格式为

```
asys=augstate(sys)
```

augstate 函数将状态增广到状态空间系统中,产生一个新的状态空间系统:

$$\begin{cases}\dot{\boldsymbol{X}}=\boldsymbol{A}\boldsymbol{X}+\boldsymbol{B}\boldsymbol{U}\\ \begin{bmatrix}\boldsymbol{Y}\\ \boldsymbol{X}\end{bmatrix}=\begin{bmatrix}\boldsymbol{C}\\ \boldsymbol{I}\end{bmatrix}\boldsymbol{X}+\begin{bmatrix}\boldsymbol{D}\\ \boldsymbol{O}\end{bmatrix}\boldsymbol{U}\end{cases} \tag{3-9}$$

新状态空间系统的输入和状态与原系统相同,但输出增加了全部的状态。

2. 系统组合与连接

所谓系统组合与连接,就是指将两个或更多个子系统按一定的方式加以连接形成新的系统。系统组合与连接的方式主要有串联、并联、反馈等。MATLAB 提供了进行这类组合与连接的相关函数。

1) 模型串联

MATLAB 提供了模型串联连接函数 series。该函数用于两个线性模型的串联,基本格式为

```
sys=series(sys1,sys2)
```

该函数实现了 sys1 和 sys2 相串联形成新系统 sys,运行后形成

```
sys=sys1*sys2
```

如果相串联的两个系统(环节)sys1(s)和 sys2(s)的状态空间表达式系数阵分别为 $\boldsymbol{A}_1$，$\boldsymbol{B}_1$，$\boldsymbol{C}_1$，$\boldsymbol{D}_1$和 $\boldsymbol{A}_2$，$\boldsymbol{B}_2$，$\boldsymbol{C}_2$，$\boldsymbol{D}_2$，则串联后整个系统的系数阵将变为

$$\boldsymbol{A}=\begin{bmatrix}\boldsymbol{A}_1 & \boldsymbol{O}\\ \boldsymbol{B}_1\boldsymbol{C}_1 & \boldsymbol{A}_2\end{bmatrix},\quad \boldsymbol{B}=\begin{bmatrix}\boldsymbol{B}_1\\ \boldsymbol{B}_2\boldsymbol{D}_1\end{bmatrix},\quad \boldsymbol{C}=[\boldsymbol{D}_2\boldsymbol{C}_1 \quad \boldsymbol{C}_2],\quad \boldsymbol{D}=\boldsymbol{D}_1\boldsymbol{D}_2$$

对于多入多出系统，串联连接函数的格式为

```
sys=series(sys1,sys2,ouputs1,inputs2)
```

应用上述函数可实现将由“outputs1”指定的 sys1 输出端连接到由“inputs2”指定的 sys2 输入端，其中“inputs2”和“outputs1”分别为 sys2、sys1 的输入向量和输出向量。

2）模型并联

MATLAB 提供了并联连接函数 parallel，它的基本格式为

```
sys=parallel(sys1,sys2,in1,in2,out1,out2)
```

该函数将两个线性系统以并联方式加以连接，“in1”与“in2”指定了相连接的输入端，“out1”与“out2”指定了进行信号相加的输出端，最终得到以“v1”“u”“v2”作为输入，以“z1”“y”“z2”作为输出的系统 sys。“in1”“in2”分别为 sys1、sys2 的输入向量，“out1”“out2”分别为 sys1、sys2 的输出向量。当 sys1、sys2 为 SISO 系统时，上述格式可简化为

```
sys=parallel(sys1,sys2)
```

这是标准并联连接的形式。sys1 与 sys2 这两个系统在共同的输入信号的作用下，将产生两个输出信号，而并联系统的输出就是这两个系统的输出之和。若用传递函数对系统加以描述，系统总的传递函数 $G(s)=G_1(s)+G_2(s)$。若考虑

$$G_1(s)=\frac{\mathbf{num}_1(s)}{\mathbf{den}_1(s)},\quad G_2(s)=\frac{\mathbf{num}_2(s)}{\mathbf{den}_2(s)}$$

则系统总传递函数为

$$G(s)=\frac{\mathbf{num}_1(s)\mathbf{den}_2(s)+\mathbf{num}_2(s)\mathbf{den}_1(s)}{\mathbf{den}_1(s)\mathbf{den}_2(s)}$$

3）反馈连接

反馈系统是系统中较为重要与常见的一类系统。MATLAB 为用户提供了一种方便构造反馈系统的函数 feedback，它的一般格式为

```
sys=feedback(sys1,sys2,sign)
```

执行该语句将实现两个系统的反馈连接，“sign”缺省时为负反馈，“sign”等于 1 时为正反馈。

若分别由 sys1 和 sys2 表示的前向系统和反馈系统用传递函数描述，则反馈系统的传递函数为

$$\mathrm{sys}(s)=\frac{\mathrm{sys}_1(s)}{1\pm \mathrm{sys}_1(s)\mathrm{sys}_2(s)}$$

若分别由 sys1 和 sys2 表示的前向系统和反馈系统分别以状态空间表达式的形式给出($\boldsymbol{A}_1$，$\boldsymbol{B}_1$，$\boldsymbol{C}_1$，$\boldsymbol{D}_1$)，($\boldsymbol{A}_2$，$\boldsymbol{B}_2$，$\boldsymbol{C}_2$，$\boldsymbol{D}_2$)，则反馈系统的状态空间表达式系数阵可表示为

$$A=\begin{bmatrix} A_1-B_1D_2C_1W & -B_1C_2W \\ B_2C_1Q & A_2-B_2D_1C_2W \end{bmatrix},\quad B=\begin{bmatrix} B_1W \\ B_2D_1W \end{bmatrix}$$

$$C=[QC_1 \quad -D_1C_2W],\quad D=D_1W$$

其中，$W=(I+D_1D_2)^{-1}$，$Q=I-D_1WD_2$。

对于 MIMO 系统，可以建立更加复杂的反馈系统，格式为

```
sys=feedback(sys1,sys2,feedin,feedout,sign)
```

其中，“feedin”与“feedout”均为向量，“feedin”为 sys1 的输入向量，指定 sys1 的哪些输入端与反馈环相连接，“feedout”指定 sys1 的哪些输出端用于反馈。最终实现的反馈系统与 sys1 具有相同的输入端、输出端。

4）系统的复杂连接

实际分析与研究时，往往会遇到一些十分复杂的控制系统，采用上述组合与连接方式有时会感到难以处理，这时需要采用更加有力的手段和方法。MATLAB 为进行这种工作提供了必要的选择，如可利用由函数 connect 以及 nblocks-blkbuild 所构造的程序模块，将众多环节组合与连接成复杂系统。

3.1.5　连续线性系统的计算机辅助分析与设计

在经典控制理论中，频率特性法和根轨迹法是分析和设计连续系统的基本方法。分析自动控制系统的工作性能时，最直观的方法是求出它的时域响应特性。但是，对于高阶控制系统的时域特性，很难用分析方法确定，而频域中的一些图解法可以比较方便地用于控制系统的分析和设计。用频率特性法对控制系统做出分析和设计之后，再根据时域和频域之间的关系就能确定系统的时域响应特性。因此，用频率特性法分析和设计控制系统有以下优点。

（1）不必求解闭环系统的特征方程，只要用一些较为简单的图解法就可以研究它的绝对稳定性和相对稳定性。

（2）系统的频率特性可以用实验方法测出，这对于某些很难确定动态方程的系统或环节来说是非常有用的。

（3）用频率特性法设计系统，对不希望的噪声可忽略不计，在规定的程度之内，频率特性法还可以用于某些非线性系统。

在控制系统分析中，为了避开直接求解高阶特征方程的根时遇到的困难，在实践中提出了一种图解求根法，即根轨迹法。所谓根轨迹，是指当系统的某一个（或几个）参数从 $-\infty$ 变化到 $+\infty$ 时，闭环特征方程的根在根平面上描绘的一些曲线。应用这些曲线，可以根据某个参数确定相应的特征根。使用根轨迹法时，一般取系统的开环传递系数 K（又称开环系统的放大倍数）作为可变参数。

由于根轨迹是以 K 为可变参数，根据开环系统的零极点画出来的，因而它能反映出开环系统零极点与闭环系统极点（特征根）之间的关系。利用根轨迹，不仅可以分析系统参数和结构已定的闭环系统的时域响应特性，以及参数变化对时域响应特性的影响，而且可以根据对时域响应特性的要求确定可变参数、调整开环系统的零极点位置，并改变它们的个数。也就是说，根轨迹法可用于解决线性系统的分析和综合问题。

根轨迹法和频率特性法都具有直观的特点。由于根轨迹和闭环系统的动态响应有着直

接的联系，所以只要对根轨迹进行观察，用不着进行复杂计算，就可以看出动态响应的主要特征。

3.2　机电系统的计算机辅助分析方法基础

3.2.1　数值积分方法

1. 基本数值积分方法

连续系统的动态特性一般可由一个微分方程或一组一阶微分方程进行描述，因此对系统进行计算机仿真，就需要研究如何利用计算机对微分方程进行求解，目前采用的方法是应用数值积分方法对微分方程求数值解。欧拉法、梯形法、龙格-库塔法等是基本的几种数值积分方法。

在机电系统仿真中，连续系统一般都可用微分方程描述，高阶系统往往可由状态空间表达式加以表示。求解这些微分方程较为有效和常用的方法就是数值积分方法。但采用数值积分方法时，为了研究系统的动态过程，往往需要进行大量的递推求解，以得到系统在一定输入作用下的变化过程。显然，要完成这样大量的计算工作，必须借助计算机进行编程。近年来，在机电领域的分析、研究中，较有影响也较为有效的编程语言是美国 MathWorks 公司开发的 MATLAB。虽然最初 MATLAB 语言并不是为机电系统的设计者开发的，但是它的强大绘图功能、数值与矩阵运算能力以及灵活的编程方式，征服了众多的机电系统设计与研究人员，因此借助 MATLAB 语言进行数值积分方法编程，实现控制系统仿真是非常重要的。

欧拉法是最简单的一种数值积分方法，精度差，实际应用很少。不过由于欧拉法算法简单且具有明显的几何意义，有利于初学者学习应用数值积分方法求解微分方程，因此在讨论数值积分方法时通常先介绍欧拉法。

假设一阶微分方程为

$$\frac{\mathrm{d}y}{\mathrm{d}t}=f(t,y) \tag{3-10}$$

初始条件为

$$y(t_0)=y_0$$

欧拉法的基本思想是将式(3-10)中的积分曲线解用由直线段组成的折线加以近似。根据导数的定义可知，存在

$$\frac{\mathrm{d}y}{\mathrm{d}t}=\lim_{\Delta t\to 0}\frac{y(t+\Delta t)-y(t)}{\Delta t}$$

故

$$\lim_{\Delta t\to 0}\frac{y(t+\Delta t)-y(t)}{\Delta t}=f[t,y(t)] \tag{3-11}$$

成立。当 Δt 足够小时，式(3-11)可近似表示为

$$\frac{y(t+\Delta t)-y(t)}{\Delta t}\approx f[t,y(t)] \tag{3-12}$$

若令 $\Delta t=h,t=t_0$，则得到

$$y(t_0+h)\approx y(t_0)+hf[t_0,y(t_0)] \tag{3-13}$$

其中，h 称为计算步长。

因为 $y(t_0)=y_0, t_0+h=t_1$，所以有

$$y(t_1)\approx y_0+hf(t_0,y_0)$$

由此可得到解在 $t=t_1$ 处的近似值 y_1 为

$$y_1=y(t_0)+hf[t_0,y(t_0)] \tag{3-14}$$

这样就可由已知点 (t_0,y_0) 去确定微分方程在 t-y 平面上的另一点 (t_1,y_1)。设 P_0 点是初始给定点，且微分方程的精确解 $y(t)$ 经过 P_0 点，对应 $t_1=t_0+h$ 的 $y(t)$ 的精确解为 $y(t_1)$，即 P 点，而由式(3-14)求得的 y_1 值所对应的点为 P_1 点，坐标为 (t_1,y_1)，它是在 P_0 点所作的斜率为 $f(t_0,y_0)$ 的线段与直线 $t=t_1$ 的交点。

若从 $P_1(t_1,y_1)$ 点出发，可求解在 $t=t_2=t_0+2h$ 上的近似值 y_2 为

$$y_2=y_1+hf(t_1,y_1) \tag{3-15}$$

即在 P_1 点所作的斜率等于 $f(t_1,y_1)$ 的线段与直线 $t=t_2$ 相交而得到 P_2 点。根据此思想，由式(3-15)不难推出：

$$y_{k+1}=y_k+hf(t_k,y_k) \tag{3-16}$$

利用式(3-16)不断对微分方程求近似解，直至 $t=t_N$（点 P_N）。将 $P_0,P_1,P_2,\cdots,P_N$ 连成一条折线，即得到所求微分方程精确解 $y(t)$ 的近似曲线解。式(3-16)称为欧拉法递推公式。

欧拉法简单，计算量小，由前一点即可推出后一点，属于单步法。欧拉法从初始值即可开始进行递推运算，无需其他条件要求，因此能够自启动。欧拉法精度低，适当减小计算步长 h 有助于提高计算精度。下面举例说明欧拉法的运用。

例 3-2 已知二阶系统为

$$\begin{bmatrix}\dot{x}_1\\ \dot{x}_2\end{bmatrix}=\begin{bmatrix}-0.557\,2 & -0.781\,4\\ 0.7814 & 0\end{bmatrix}\begin{bmatrix}x_1\\ x_2\end{bmatrix}+\begin{bmatrix}1\\ 0\end{bmatrix}u$$

$$\boldsymbol{y}=[1.9691 \quad 6.4493]\begin{bmatrix}x_1\\ x_2\end{bmatrix}+[0]u$$

解 根据欧拉法递推公式 $y_{k+1}=y_k+hf(t_k,y_k)$，应用 MATLAB 编写相应的仿真程序。在此计算步长取 $h=0.01$，初始值均为零，输入为阶跃信号，取 $u=20$，研究系统 25 秒的动态过程。用 MATLAB 编写的程序如下，仿真结果如图 3-1 所示。

```
h=0.01;Tf=28;x10=0;x20=0;u=25;t=0;
m=Tf/h;
for i=1:m
    x1(i)=x10+h*(-0.5572*x10-0.7814*x20+u);
    x2(i)=x20+0.7814*h*x10;
    y(i)=1.9691*x1(i)+6.4493*x2(i);
    x10=x1(i);
    x20=x2(i);
    t=[t,t(i)+h];
    y=[y,y(i)];
end
plot(t,y)
grid
```

当取计算步长 $h=0.65$ 时，仿真结果如图3-2所示。比较图3-1与图3-2可以发现，当其他参数保持不变，仅改变计算步长，使 h 增大到0.65时，系统的阶跃响应开始趋于发散。继续增大计算步长 h，将导致仿真结果发散。这一点在前面已进行了讨论，在此验证了这一点。

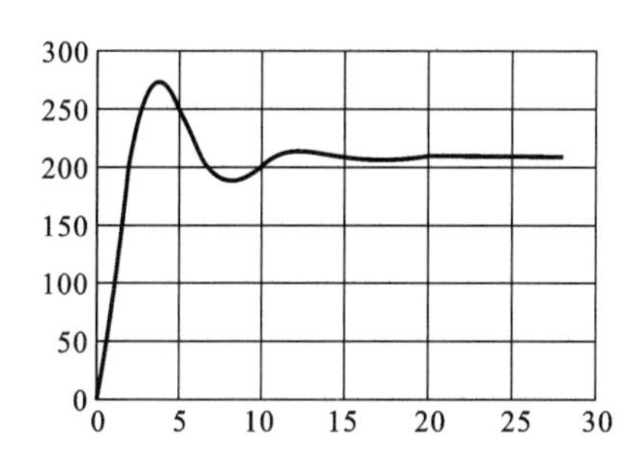

图3-1　例3-2系统阶跃响应（$h=0.01$）

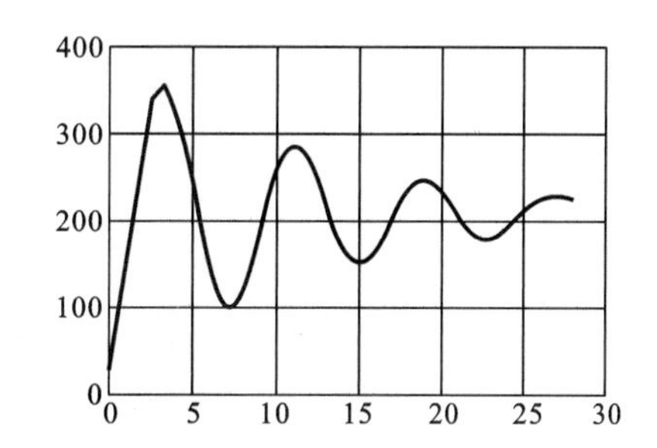

图3-2　例3-2系统阶跃响应（$h=0.65$）

2. 梯形法

1）欧拉法误差原因的分析

由前文可知，欧拉法简单但精度差。考虑下述微分方程：

$$\frac{\mathrm{d}y}{\mathrm{d}t}=f(t,y),\quad y(t_0)=y_0$$

它存在精确解

$$y(t)=y_0+\int_{t_0}^{t}f(t,y)\mathrm{d}t$$

当 $t=t_1$ 时，

$$y(t_1)=y_0+\int_{t_0}^{t_1}f(t,y)\mathrm{d}t \tag{3-17}$$

由前述推导可知

$$y(t_1)\approx y_0+(t_1-t_0)f(t_0,y_0) \tag{3-18}$$

对照式(3-17)与式(3-18)发现，在欧拉法中存在

$$\int_{t_0}^{t_1}f(t,y)\mathrm{d}t\approx f(t_0,y_0)(t_1-t_0)$$

用 $f(t_0,y_0)$ 代替变量，由矩形近似曲边梯形，造成欧拉法误差较大。

2）改进的欧拉法——梯形法

由前述分析可以看出，改进欧拉法的方法是利用梯形面积代替矩形面积，以逼近曲边梯形面积，即

$$\int_{t_0}^{t_1}f(t,y)\mathrm{d}t\approx\frac{h}{2}(f_0+f_1)$$

推而广之，得到梯形法公式为

$$y_{k+1}=y_k+\frac{h}{2}[f(t_k,y_k)+f(t_{k+1},y_{k+1})] \tag{3-19}$$

由式(3-19)可以看出，计算 y_{k+1} 时，在等式右边存在 y_{k+1}，因此无法求出 y_{k+1}。在这种情况下，一般采用欧拉法进行一次迭代，求出 y_{k+1} 的预估值，然后将该值代入梯形法公式计算出 y_{k+1}

真值，从而构成梯形法预报、校正公式，分别为

$$y_{k+1}^{0}=y_k+hf(t_k,y_k) \tag{3-20}$$

$$y_{k+1}=y_k+\frac{h}{2}[f(t_k,y_k)+f(t_{k+1},y_{k+1}^{0})] \tag{3-21}$$

式(3-20)称为预报式，式(3-21)称为校正式。

3. 龙格-库塔(Runge-Kutta)法

考虑下述一阶微分方程：

$$\frac{\mathrm{d}y}{\mathrm{d}t}=f(t,y),\quad y(t_0)=y_0$$

设 $t_1=t_0+h$，这里 h 为计算步长，在 t_1 时刻的解为 $y_1=y(t_0)+h$。$y_1=y(t_0)+h$ 可在 t_0 附近展成泰勒级数形式，取展开式的前三项，得到

$$y_1=y_0+h\left.\frac{\mathrm{d}y}{\mathrm{d}t}\right|_{t=t_0}+\frac{1}{2}h^2\left.\frac{\mathrm{d}^2y}{\mathrm{d}t^2}\right|_{t=t_0}=y_0+hf(t_0,y_0)+\frac{h^2}{2}\left.\left(\frac{\partial f}{\partial t}+f\frac{\partial f}{\partial y}\right)\right|_{\substack{t=t_0\\y=y_0}} \tag{3-22}$$

假设式(3-22)的解可表示为

$$y_1=y_0+(a_1K_1+a_2K_2)h \tag{3-23}$$

$$K_1=f(t_0,y_0) \tag{3-24}$$

$$K_2=f(t_0+b_1h,y_0+b_2K_1h) \tag{3-25}$$

将 $K_2=f(t_0+b_1h,y_0+b_2K_1h)$ 在 (t_0,y_0) 附近展开成泰勒级数形式，并取前三项，得到

$$K_2\approx f(t_0,y_0)+b_1h\frac{\partial f}{\partial t}+b_2K_1h\frac{\partial f}{\partial y} \tag{3-26}$$

将式(3-24)、式(3-26)代入式(3-23)中，经整理得

$$y_1=y_0+a_1hf(t_0,y_0)+a_2h\left[f(t_0,y_0)+b_1h\frac{\partial f}{\partial t}+b_2hK_1\frac{\partial f}{\partial y}\right] \tag{3-27}$$

将式(3-27)与式(3-22)相比较，得到$\begin{cases}a_1+a_2=1\\2a_2b_1=1\\2a_2b_2=1\end{cases}$。若取 $b_1=b_2=1$，则得到 $a_1=a_2=\frac{1}{2}$，于是有

$$\begin{cases}y_1=y_0+\frac{h}{2}(K_1+K_2)\\K_1=f(t_0,y_0)\\K_2=f(t_0+h,y_0+K_1h)\end{cases} \tag{3-28}$$

将式(3-28)写成递推形式：

$$\begin{cases}y_{k+1}=y_k+\frac{h}{2}(K_1+K_2)\\K_1=f(t_k,y_k)\\K_2=f(t_k+h,y_k+K_1h)\end{cases} \tag{3-29}$$

由于式(3-29)只取了级数展开式的前三项，略去了 h^2 以上的高阶无穷小，截断误差正比于 h^2，所以这种方法称为二阶龙格-库塔法。由于二阶龙格-库塔法的计算精度不高，因此在实际应用中往往采用精度更高的四阶龙格-库塔法，它的截断误差也正比于 h^2，由于推导过程与二阶龙格-库塔法类似，在此就不再推导，而直接给出四阶龙格-库塔法的递推公式，即

$$\begin{cases} y_{k+1}=y_k+\dfrac{h}{6}(K_1+2K_2+2K_3+K_4) \\ K_1=f(t_k,y_k) \\ K_2=f\left(t_k+\dfrac{h}{2},y_k+\dfrac{h}{2}K_1\right) \\ K_3=f\left(t_k+\dfrac{h}{2},y_k+\dfrac{h}{2}K_2\right) \\ K_4=f(t_k+h,y_k+hK_3) \end{cases} \tag{3-30}$$

考察式(3-30)可以清楚地看出，它与前面导出的梯形法公式是相同的，因而可以知道梯形法的精度也是二阶的。当对级数展开式只取前两项时，可以得到 $y_{k+1}=y_k+hf(t_k,y_k)$，这就是前面得到的欧拉法递推公式。通过对龙格-库塔法的分析与推导，可以将欧拉法、梯形法与龙格-库塔法这三种数值积分方法统一起来，它们都可归于龙格-库塔法，只不过阶次不同。从理论上讲，可以构造任意阶的计算方法，但截断误差的阶数与所计算函数数值 f 的次数并不是等值关系。对于四阶以上龙格-库塔法，所需计算的 f 次数将高于误差阶数，这将大大增加计算工作量，因而选择这种高阶龙格-库塔法是不适当的。实际上，工程中应用四阶龙格-库塔法已完全能够满足仿真精度要求，所以四阶龙格-库塔法在实际应用中具有重要地位。

4. 四阶龙格-库塔法的向量表示

在前文推导过程中假设系统为一阶系统，然而实际上系统往往是高阶的，因而一般采用一组一阶微分方程或状态空间表达式来描述实际系统，所以介绍求解状态空间表达式的四阶龙格-库塔法的向量表示是非常有必要的。

设某 n 阶系统的状态空间表达式为

$$\dot{Y}=F(t,Y),\quad Y(t_0)=Y_0$$

则该 n 阶系统状态空间表达式的四阶龙格-库塔法向量表示为

$$\begin{cases} Y_{k+1}=Y_k+\dfrac{h}{6}(K_1+2K_2+2K_3+K_4) \\ K_1=F(t_m,Y_k) \\ K_2=F\left(t_m+\dfrac{h}{2},Y_m+\dfrac{h}{2}K_1\right) \\ K_3=F\left(t_m+\dfrac{h}{2},Y_m+\dfrac{h}{2}K_2\right) \\ K_4=F(t_m+h,Y_m+hK_3) \end{cases} \tag{3-31}$$

其中，$K_j=(K_{1,j},K_{2,j},\cdots,K_{r,j})$，$K_{i,j}(i=1,2,\cdots,n;j=1,2,3,4)$是微分方程组中第 i 个方程的第 j 个 RK 系数。有时考虑到计算方便，又可将式(3-31)展为

$$\begin{cases} y_{i,k+1}=y_{i,k}+\dfrac{h}{6}(K_{i,1}+2K_{i,2}+2K_{i,3}+K_{i,4}) \\ K_{i,1}=f_i(t_k,y_{1,k},y_{2,k},\cdots,y_{n,k}) \\ K_{i,2}=f_i\left(t_k+\dfrac{h}{2},y_{1,k}+\dfrac{h}{2}K_{1,1},y_{2,k}+\dfrac{h}{2}K_{2,1},\cdots,y_{n,k}+\dfrac{h}{2}K_{n,1}\right) \\ K_{i,3}=f_i\left(t_k+\dfrac{h}{2},y_{1,k}+\dfrac{h}{2}K_{1,2},y_{2,k}+\dfrac{h}{2}K_{2,2},\cdots,y_{n,k}+\dfrac{h}{2}K_{n,2}\right) \\ K_{i,4}=f_i\left(t_k+\dfrac{h}{2},y_{1,k}+\dfrac{h}{2}K_{1,3},y_{2,k}+\dfrac{h}{2}K_{2,3},\cdots,y_{n,k}+\dfrac{h}{2}K_{n,3}\right) \end{cases}$$

其中，$i=1,2,\cdots,n$（n 为系统阶数）；下标 k 为递推下标。

5. 亚当斯(Adams)法

前面所介绍的数值积分方法的特点是，在计算 $k+1$ 时刻的值 y_{k+1} 时，只用到第 k 时刻 y_k 和 f_k 的值。但实际上在逐步递推的过程中计算 y_{k+1}。之前已经获得了一系列的近似值 $y_0,y_1,\cdots,y_k$ 以及 $f_0,f_1,\cdots,f_k$，如果能够充分利用历史上的一些数据来求解 y_{k+1}，则有望既可加快仿真速度又能获得较高的仿真精度，这就是构造多步法的基本思路。亚当斯法就是利用已经得到的这些信息实现对 y_{k+1} 的计算。它由于充分利用了前面得到的信息，所以在加快仿真速度的同时提高了仿真精度。在各种多步法中，亚当斯法具有代表性，应用较为普遍。

亚当斯法的显式表达式为

$$y_{k+1}=y_k+\frac{h}{24}(55f_k-59f_{k-1}+37f_{k-2}-9f_{k-3}) \tag{3-32}$$

它的截断误差为

$$R_k=\frac{251}{720}h^5y^{(5)}(\xi),\quad \xi\in(t_{k-1},t_k)$$

式(3-32)称为四阶亚当斯法显式表达式。

亚当斯法的隐式表达式为

$$y_{k+1}=y_k+\frac{h}{24}(9f_{k+1}+19f_k-5f_{k-1}+f_{k-2}) \tag{3-33}$$

它的截断误差为

$$R_k=\frac{19}{120}h^5y^{(5)}(\xi),\quad \xi\in(t_{k-1},t_k)$$

隐式亚当斯法的优点主要在于精度较高，然而它无法实现自身递推，需要由亚当斯法显式表达式提供一个估计值，式(3-34)给出了由亚当斯法显式表达式提供的估计值，隐式加以校正的四阶亚当斯法预估-校正公式为

$$\begin{cases} y_{k+1}^p=y_k+\dfrac{h}{24}(55f_k-59f_{k-1}+37f_{k-2}-9f_{k-3}) \\ y_{k+1}^c=y_k+\dfrac{h}{24}(9f_{k+1}^p+19f_k-5f_{k-1}+f_{k-2}) \\ f_{k+1}^p=f(t_{k+1},y_{k+1}^p) \end{cases} \tag{3-34}$$

显然，式(3-34)除了需要由亚当斯法显式表达式所提供的估计值外，还需要通过使用其他方法如四阶龙格-库塔法计算出的 f_k、f_{k-1}、f_{k-2} 等初始值。

3.2.2 数值积分方法的计算稳定性

1. 数值积分方法计算稳定性的概念

数值积分方法的计算稳定性与机电系统的稳定性是两个不同的概念。对于一个稳定的系统，当用某种数值积分方法进行仿真计算时，若该方法不适用或应用该方法时所选参数不适当，则会产生意想不到的结果——仿真结论出错，这是由数值积分方法的计算稳定性引起的。不同的数值积分方法对应于不同的差分方程，一个数值解是否稳定取决于该差分方程的特征根是否满足稳定的要求。对于不同的数值积分方法，表明计算稳定性和约束条件的量是仿真过程中的重要参数。

例 3-3　已知某系统的微分方程为

$$\frac{\mathrm{d}y}{\mathrm{d}t}=-30y,\quad 0\leqslant t\leqslant 1.5$$

$$y(0)=\frac{1}{3}$$

它的精确解为

$$y(t)=\frac{1}{3}\mathrm{e}^{-30t}$$

对应的结果曲线如图 3-3 所示。

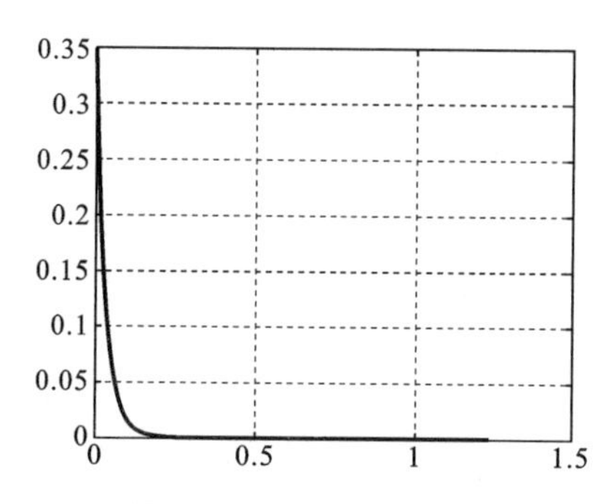

图 3-3　例 3-3 的解析解

现在分别取计算步长 $h=0.1$、0.075、0.05，用欧拉法和四阶龙格-库塔法计算 $t=1.5$ 时的 $y(t)$ 值，所得结果曲线即解曲线如图 3-4 所示。

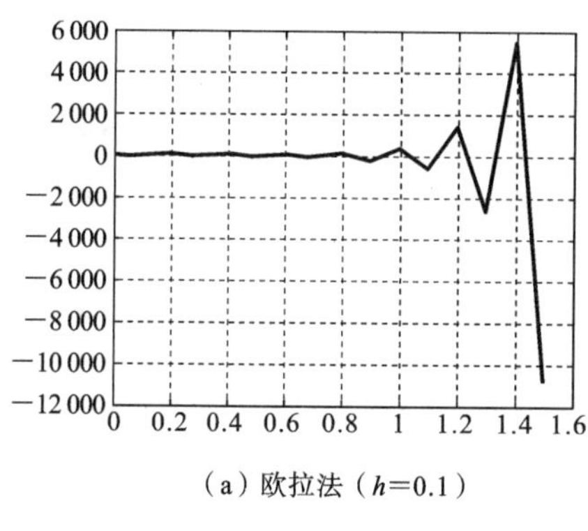

（a）欧拉法（$h=0.1$）

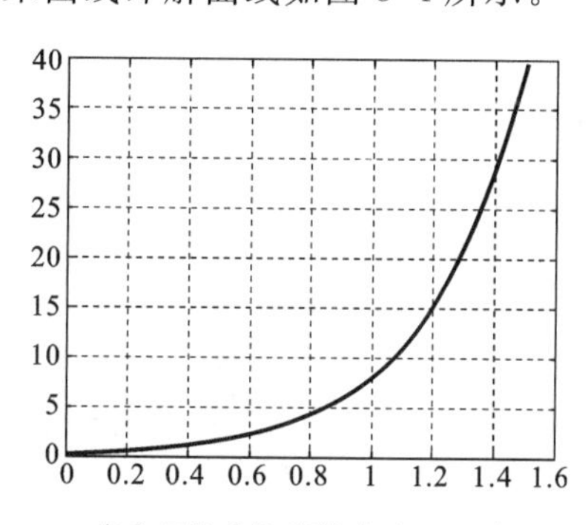

（b）四阶龙格-库塔法（$h=0.1$）

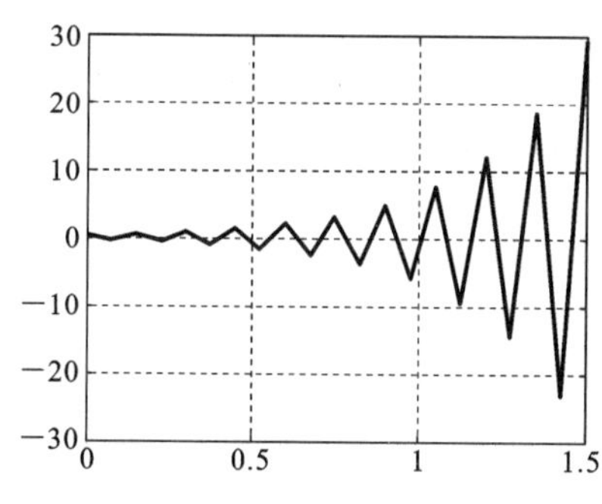

（c）欧拉法（$h=0.075$）

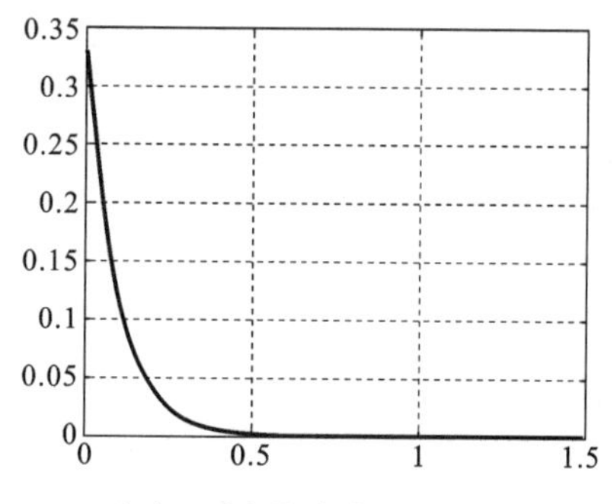

（d）四阶龙格-库塔法（$h=0.075$）

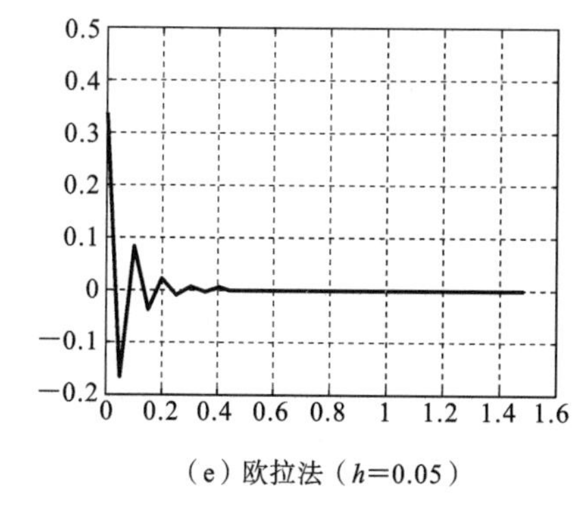

（e）欧拉法（$h=0.05$）

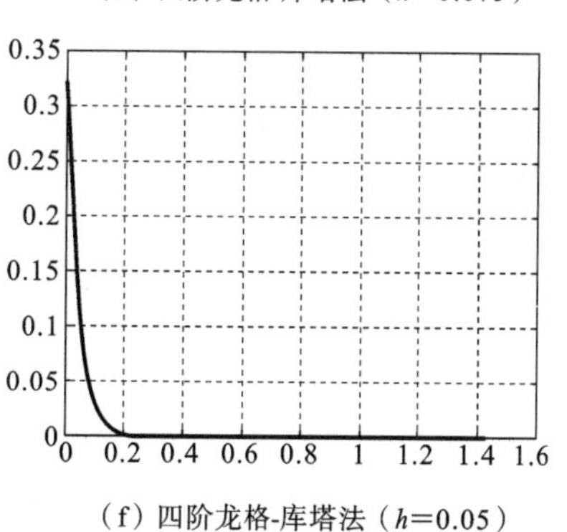

（f）四阶龙格-库塔法（$h=0.05$）

图 3-4　例 3-3 解曲线

从图3-4中可以看出，当 $h=0.1$ 时，欧拉法和四阶龙格-库塔法的解曲线均发散，对应的解是错误的。当 $h=0.075$ 时，欧拉法的解曲线仍然发散，对应的解是错误的；四阶龙格-库塔法的解曲线单调下降并收敛到零，对应的解是正确的。当 $h=0.05$ 时，欧拉法和四阶龙格-库塔法的解曲线均收敛到零（虽然欧拉法的解曲线是振荡收敛的），如果只要求得到 $t=1.5$ 处 $y(t)$ 的解，则两种数值积分方法的解都可以认为是正确的。事实上，此时有

欧拉法：

$$y(1.5)=3.104\ 408\ 5\times10^{-10}$$

四阶龙格-库塔法：

$$y(1.5)=4.252\ 271\ 5\times10^{-18}$$

精确解析解：

$$y(1.5)=9.541\ 73\times10^{-21}$$

为什么会出现上述情况呢？这是因为数值积分方法只是一种近似积分方法，在反复的递推计算中会引入误差（通常由初始数据的误差及计算过程中的舍入误差产生）。随着积累的误差越来越大，计算出现不稳定，从而得到错误的结果。所以系统的稳定性与数值积分方法的计算稳定性是不同的概念。对于系统稳定性的讨论，使用微分方程或传递函数；而微分方程和传递函数的计算稳定性问题需要使用相应的差分方程来讨论。由于对高阶微分方程的计算稳定性进行全面的分析十分困难，所以通常用简单的一阶微分方程来考察其相应的差分方程的计算稳定性问题。一般将微分方程

$$\frac{\mathrm{d}y}{\mathrm{d}t}=\lambda y(t),\quad y(0)=y_0 \tag{3-35}$$

称为测试方程。根据稳定性理论，该微分方程的特征方程的根在 S 平面的左半部，即根的实部 $\mathrm{Re}(\lambda)<0$ 时，该微分方程稳定。现在以这种条件来讨论数值积分方法的计算稳定性问题。

2. 欧拉法的计算稳定性分析

根据欧拉法由测试方程得到

$$y_{k+1}=y_k+h\lambda y_k \tag{3-36}$$

对式(3-36)进行 z 变换，得

$$zy(z)=(1+h\lambda)y(z)$$

显然，$zy(z)=(1+h\lambda)y(z)$ 的特征方程为

$$z-(1+h\lambda)=0$$

根据控制理论可知，式(3-36)的稳定域在 z 平面上是单位圆。式(3-36)稳定的条件是它的特征方程的根处于单位圆内，即

$$|z|=|1+h\lambda|<1$$

设原微分方程的特征根 $\lambda=\alpha+\mathrm{j}\beta$，代入 $|z|=|1+h\lambda|<1$ 得到

$$|1+h\alpha+\mathrm{j}h\beta|<1$$

经整理得

$$\left(\alpha+\frac{1}{h}\right)^2+\beta^2<\frac{1}{h^2}$$

由 $\left(\alpha+\frac{1}{h}\right)^2+\beta^2<\frac{1}{h^2}$ 易见，在 α-β 坐标系下，即 λ 平面上的一个圆与 z 平面上的稳定域是一一对

应的，或者说 z 平面上的稳定域映射到原微分方程的参数平面 λ 上也是一个圆，圆心在 $\left(-\frac{1}{h},0\right)$ 处，半径为 $\frac{1}{h}$，如图3-5所示。

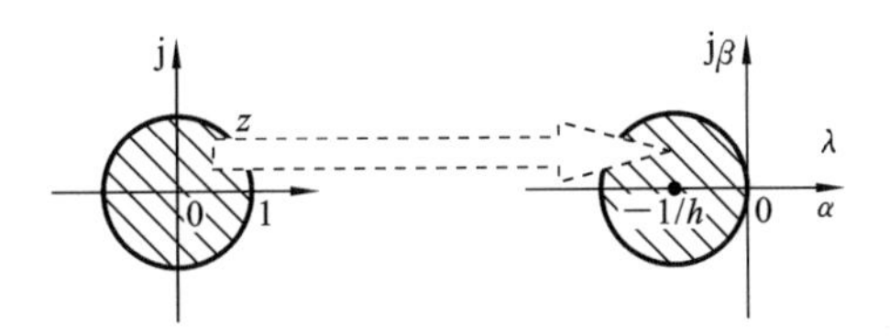

图3-5　λ 平面与 z 平面的映射关系

由此可以看出，若原微分方程的计算是稳定的，且它的特征根在 λ 平面中映射到单位圆内，则对应的差分方程的计算是稳定的；若原微分方程的计算是稳定的，但它的特征根处于 λ 平面映射圆外，则对应的差分方程的计算是不稳定的。显然，λ 平面中稳定域的大小与计算步长 h 有关，h 越大稳定域越小，若考虑 λ 为负实根，即 $\lambda=\alpha<0,\beta=0$，则 $h<-2/\alpha$。因此，当采用欧拉法仿真时，应合理地选择计算步长 h，使计算步长 h 满足 $|1+h\lambda|<1$，否则欧拉法将会出现计算不稳定现象。

3. 梯形法的计算稳定性分析

将测试方程（式(3-35)）代入梯形法递推公式，可以得到

$$y_{k+1}=y_k+\frac{h}{2}\lambda(y_k+y_{k+1}) \tag{3-37}$$

对式(3-37)进行 z 变换，可得

$$zy(z)\left(1-\frac{h}{2}\lambda\right)=\left(1+\frac{h}{2}\lambda\right)y(z)$$

于是得原微分方程的特征根为

$$z=\frac{1+\frac{h\lambda}{2}}{1-\frac{h\lambda}{2}} \tag{3-38}$$

将 $\lambda=\alpha+\mathrm{j}\beta$ 代入式(3-38)，可得

$$|z|=\frac{\left(1+\frac{h\alpha}{2}\right)^2+\left(\frac{h\beta}{2}\right)^2}{\left(1-\frac{h\alpha}{2}\right)^2+\left(\frac{h\beta}{2}\right)^2} \tag{3-39}$$

考察式(3-39)可知，当原微分方程的计算稳定，且它的特征根存在负实部，即 $\alpha<0$ 时，必存在 $|z|<1$。因此，只要原微分方程的计算稳定，则应用梯形法计算也必稳定，故梯形法属于恒稳定数值积分方法。

4. 龙格-库塔法的计算稳定性分析

与欧拉法、梯形法的计算稳定性分析相类似，将测试方程（式(3-35)）代入四阶龙格-库塔法递推公式后，经过整理变形得

$$y_{k+1}=\left(1+\mu+\frac{\mu^2}{2}+\frac{\mu^3}{6}+\frac{\mu^3}{24}\right)y_k \tag{3-40}$$

其中，$\mu=h\lambda$。

对式(3-40)进行 z 变换,得到特征根为

$$z=1+\mu+\frac{\mu^2}{2}+\frac{\mu^3}{6}+\frac{\mu^4}{24}$$

根据稳定的条件 $|z|<1$,得到 μ 平面上稳定域的边界参数方程为

$$1+\mu+\frac{\mu^2}{2}+\frac{\mu^3}{6}+\frac{\mu^4}{24}=e^{j\theta}$$

显然,四阶龙格-库塔法的稳定域与计算步长 h 有关。如果 h 过大,μ 值有可能落在稳定域外,因此四阶龙格-库塔法是条件稳定的。

3.3 典型机械系统的建模与分析

机械系统遍及工程技术和社会各个领域。除用于机械设备与装置外,机械系统还是构成其他复杂系统的基础和基本环节,如控制系统的执行机构、飞机舵面传动装置、导弹发射架、飞行模拟器的运动平台等。机械系统的建模目标多是建立选定参考坐标系下的系统运动方程和动力学方程,属于"白箱"问题。因此,机械系统采用的建模方法不外乎是机理分析法或图解法,对复杂的机械系统还可能应用辨识方法。

对于机械系统,主要利用牛顿运动定律、拉格朗日函数,并结合能量守恒定律及有关近似理论等进行建模。

3.3.1 基于力学理论的机械系统建模

由理论力学可知,空间任意力系平衡的必要和充分条件是:力系中所有力在各坐标轴上的投影和均等于零,且对各坐标轴的力矩的代数和均等于零。数学表达式为

$$\begin{cases}\sum F_x=0, \quad \sum F_y=0, \quad \sum F_z=0\\ \sum M_{ox}(F)=0, \quad \sum M_{oy}(F)=0, \quad \sum M_{oz}(F)=0\end{cases}$$

由牛顿第二定律可知:物体受外力作用时,所获得的加速度大小与合力大小成正比,与物体的质量成反比,加速度的方向与合外力的方向相同。数学表达式为

$$\sum \boldsymbol{F}=m\boldsymbol{a}=m\frac{d^2\boldsymbol{s}}{dt}=m\frac{d\boldsymbol{v}}{dt} \tag{3-41}$$

在直角坐标系中有

$$\begin{cases}\sum F_x=m\frac{d^2x}{dt}\\ \sum F_y=m\frac{d^2y}{dt}\\ \sum F_z=m\frac{d^2z}{dt}\end{cases}$$

在极坐标系中有

$$\begin{cases}F_r=m(\ddot{r}+r\dot{\theta}^2)\\ F_\theta=m(r\ddot{\theta}^2+2r\theta)\end{cases}$$

例 3-4 测量转动惯量实验装置图如图 3-6 所示。转动物体的质量为 m,它由两根垂直的

绳索(无弹性)挂起,每根绳索的长度为 h,绳索之间的距离为 $2a$。设连接两绳索与转动物体的连接点所形成的线段的中点为 O,则转动物体的重心 C 位于通过点 O 的垂线上。假设使转动物体绕通过重心的垂直轴转一个小的角度,然后释放,求摆动周期 T 和转动物体绕通过重心的垂直轴转动的惯量 J。

解　假设转动物体绕通过重心的垂直轴转一个小的角度 θ 时,夹角 ϕ 和夹角 θ 间存在下列关系:

$$a\theta=h\phi$$

于是有

$$\phi=\frac{a\theta}{h}$$

注意,每根绳索的受力 $\boldsymbol{F}$ 的垂直分量为 $\boldsymbol{F}_1$($F_1=mg/2$)。$\boldsymbol{F}$ 的水平分量为 $\boldsymbol{F}_2$($F_2=mg\phi/2$)。$\boldsymbol{F}$ 的水平分量产生扭矩 $mg\phi a$,使转动物体转动。因此,转动的运动方程为

$$J\ddot{\theta}=-mg\phi a=-mg\,\frac{a^2\theta}{h}$$

或写成

$$\ddot{\theta}+\frac{a^2mg}{Jh}\theta=0$$

图 3-6　测量转动惯量实验装置图

由此求得摆动周期为

$$T=\frac{2\pi}{\sqrt{\dfrac{a^2mg}{Jh}}}$$

得到转动惯量 J:

$$J=\left(\frac{T}{2\pi}\right)\frac{a^2mg}{h}$$

例 3-5　图 3-7(a)所示为人手保持倒摆平衡的问题,相应的平衡条件为 $\theta(t)=0$ 和 $\mathrm{d}\theta/\mathrm{d}t=0$。图 3-7(b)表示的是小车上的倒摆控制问题。小车(质量为 M)必须处于运动状态才能保持质量为 m 的物体始终处于小车上方。系统状态变量应当与旋转角 $\theta(t)$ 以及小车的位移有关。

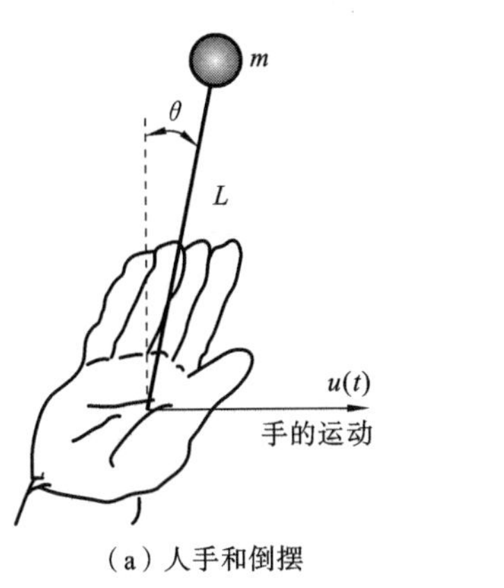

(a) 人手和倒摆

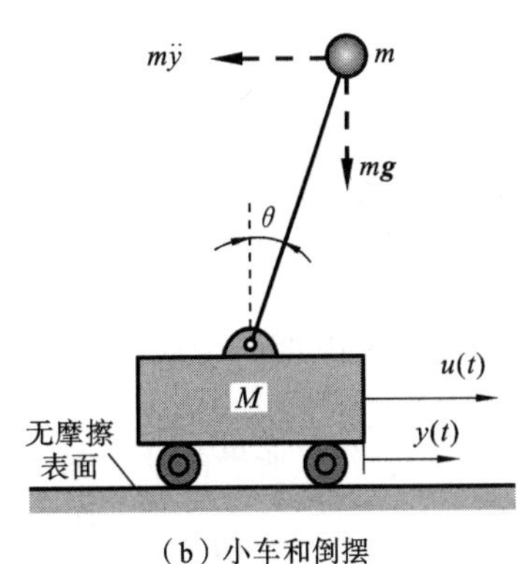

(b) 小车和倒摆

图 3-7　例 3-5 图

解 对于3-7(b)，设$M\gg m$，旋转角θ足够小，于是可以对运动方程做线性近似处理。这样，系统水平方向受力之和将为

$$M\ddot{y}+ml\ddot{\theta}-u(t)=0 \tag{a}$$

其中，$u(t)$等于施加在小车上的外力，l是物体m到铰接点的距离。

铰接点处的转矩之和为

$$ml\ddot{y}+ml^2\ddot{\theta}-mlg\theta=0 \tag{b}$$

选定两个二阶系统的状态变量为

$$(x_1,x_2,x_3,x_4)=(y,\dot{y},\theta,\dot{\theta})$$

将式(a)、式(b)写成状态变量的形式，可得

$$M\dot{x}_2+ml\dot{x}_4-u(t)=0 \tag{c}$$

$$\dot{x}_2+l\dot{x}_4-gx_3=0 \tag{d}$$

为得到一阶微分方程组，解出式(d)中的$\dot{x}_4$并代入式(c)。由于$M\gg m$，于是有

$$M\dot{x}_2+mgx_3=u(t) \tag{e}$$

解出式(c)中的$\dot{x}_2$，并代入式(d)，可得

$$Ml\dot{x}_4-Mgx_3+u(t)=0$$

于是，四个一阶微分方程为

$$\dot{x}_1=x_2$$

$$\dot{x}_2=\frac{-mg}{M}x_3+\frac{1}{M}u(t)$$

$$\dot{x}_3=x_4$$

$$\dot{x}_4=\frac{g}{l}x_3-\frac{1}{Ml}u(t)$$

系统状态方程为

$$\dot{\boldsymbol{X}}=\boldsymbol{AX}+\boldsymbol{B}u$$

$$\boldsymbol{A}=\begin{bmatrix}0&1&0&0\\0&0&\dfrac{-mg}{M}&0\\0&0&0&1\\0&0&\dfrac{g}{l}&0\end{bmatrix},\quad \boldsymbol{B}=\begin{bmatrix}0\\\dfrac{1}{M}\\0\\\dfrac{-1}{Ml}\end{bmatrix},\quad \dot{\boldsymbol{X}}=\begin{bmatrix}\dot{x}_1\\\dot{x}_2\\\dot{x}_3\\\dot{x}_4\end{bmatrix},\quad \boldsymbol{X}=\begin{bmatrix}x_1\\x_2\\x_3\\x_4\end{bmatrix}$$

3.3.2 能量法推导运动方程

如果力被认为是努力的度量，那么功就是成就的度量，而能量就是做功的能力。功的概念没有考虑时间的因素，于是出现了功率的概念。机械系统中的功等于力与力作用距离的乘积(或力矩与角位移的乘积)，力与力作用距离要在同一方向上度量。设力$\boldsymbol{F}$作用于a至b连接路径中运动的质点m上，那么$\boldsymbol{F}$所做的功一般可描述为

$$W=\int_a^b \boldsymbol{F}\,\mathrm{d}\boldsymbol{s}=\int_a^b (F_x\mathrm{d}x+F_y\mathrm{d}y+F_z\mathrm{d}z)$$

一般情况下，能量可以定义为做功的能力。在机械系统中，能有势能和动能两种形式。

功率是做功的速率，即

$$功率=P=\frac{dW}{dt}$$

dW 表示在 dt 时间间隔内所做的功。

能量法推导运动方程的根本就是能量守恒定律。如果系统没有能量输入和输出，则可从系统总能量保持相等这一事实出发来推导运动方程。

例 3-6　图 3-8 中有一个半径为 R、质量为 m 的均质圆柱体，它可以绕其转轴自由转动并通过一根弹簧与墙壁连接。假设圆柱体纯滚动而无滑动，求系统的动能和势能并导出系统运动方程。

解　圆柱体的动能等于质心移动动能和绕质心转动的动能之和，即

$$动能=T=\frac{1}{2}m\dot{x}^2+\frac{1}{2}J\dot{\theta}^2$$

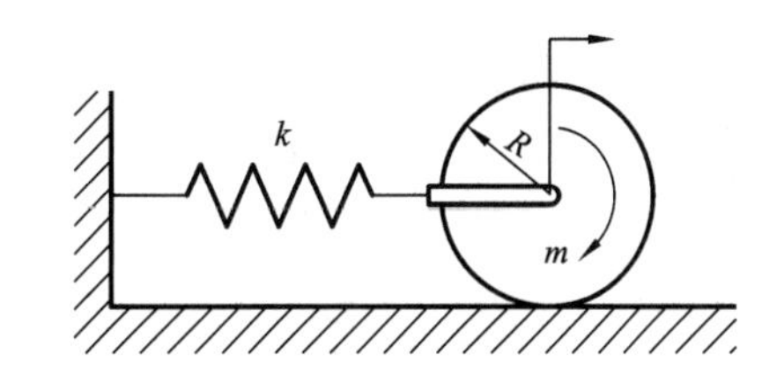

图 3-8　例 3-6 图

系统由于弹簧变形所产生的势能为

$$势能=U=\frac{1}{2}kx^2$$

系统总能量为

$$T+U=\frac{1}{2}m\dot{x}^2+\frac{1}{2}J\dot{\theta}^2+\frac{1}{2}kx^2$$

考虑到圆柱体作无滑动的滚动运动，有 $x=R\theta$。转动惯量 J 等于 $\frac{1}{2}mR^2$，得到

$$T+U=\frac{3}{4}m\dot{x}^2+\frac{1}{2}kx^2$$

考虑到能量守恒定律，总能量为常数，即总能量导数为零，得到

$$\frac{d(T+U)}{dt}=\frac{3}{2}m\dot{x}\ddot{x}+kx\dot{x}=\left(\frac{3}{2}m\ddot{x}+kx\right)\dot{x}=0$$

由于 $\dot{x}$ 并不总为 0，因此 $\frac{3}{2}m\ddot{x}+kx$ 必须恒等于 0，即

$$\frac{3}{2}m\ddot{x}+kx=0$$

也即

$$\ddot{x}+\frac{2k}{3m}x=0$$

由 $x=R\theta$ 又可得到

$$\ddot{\theta}+\frac{2k}{3m}\theta=0$$

3.3.3　拉格朗日方程(多自由度系统)

将 $x_1,x_2,\cdots,x_n$ 作为 n 自由度系统的一套广义坐标，系统的运动由 n 个微分方程表示，其中广义坐标是因变量，时间为自变量。

设 $P(x_1,x_2,\cdots,x_n)$ 为系统在任意瞬时的势能，$K(x_1,x_2,\cdots,x_n,\dot{x}_1,\dot{x}_2,\cdots,\dot{x}_n)$ 为系统在同一瞬时的动能，则拉格朗日函数 $L(x_1,x_2,\cdots,x_n,\dot{x}_1,\dot{x}_2,\cdots,\dot{x}_n)$ 定义为

$$L=K-P \tag{3-42}$$

设广义坐标是独立的，令 $\delta x_1,\delta x_2,\cdots,\delta x_n$ 是广义坐标的变分，非保守力(外力和摩擦力等)

在广义坐标上所做的虚功可以写成

$$\delta W = \sum_{i=1}^{n} Q_i \delta x_i$$

拉格朗日方程为

$$\frac{\mathrm{d}}{\mathrm{d}t}\left(\frac{\partial L}{\partial \dot{x}_i}\right)-\frac{\partial L}{\partial x_i}=Q_i,\quad i=1,2,\cdots,n \tag{3-43}$$

例 3-7 用拉格朗日方程建立图 3-9 所示系统运动的微分方程，将 θ_1、θ_2 和 x 作为广义坐标，以矩阵的形式写出微分方程。

解 系统在任意时刻的动能为

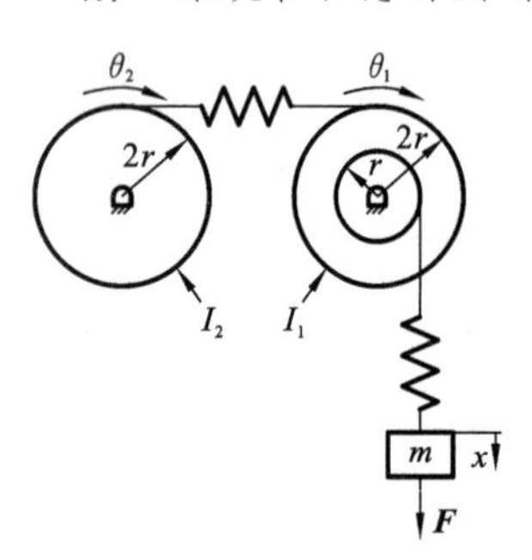

图 3-9 例 3-7 图

$$K=\frac{1}{2}I_1\dot{\theta}_1^2+\frac{1}{2}I_2\dot{\theta}_2^2+\frac{1}{2}m\dot{x}^2$$

系统在同一时刻的势能为

$$P=\frac{1}{2}k(x-r\theta_1)^2+\frac{1}{2}\times 3k(2r\theta_1-2r\theta_2)^2+mgx$$

拉格朗日函数为

$$\begin{aligned}L&=K-P\\&=\frac{1}{2}I_1\dot{\theta}_1^2+\frac{1}{2}I_2\dot{\theta}_2^2+\frac{1}{2}m\dot{x}^2-\frac{1}{2}kx^2+krx\theta_1-\frac{1}{2}kr^2\theta_1^2\\&\quad-6kr^2\theta_1^2-6kr^2\theta_2^2+12kr^2\theta_1\theta_2-mgx\end{aligned}$$

利用拉格朗日方程，有

$$\frac{\mathrm{d}}{\mathrm{d}t}\left(\frac{\partial L}{\partial \dot{\theta}_1}\right)-\frac{\partial L}{\partial \theta_1}=0 \Rightarrow I_1\ddot{\theta}_1+13kr^2\theta_1-12kr^2\theta_2-krx=0$$

$$\frac{\mathrm{d}}{\mathrm{d}t}\left(\frac{\partial L}{\partial \dot{\theta}_2}\right)-\frac{\partial L}{\partial \theta_2}=0 \Rightarrow I_2\ddot{\theta}_2-12kr^2\theta_1+12kr\theta_2=0$$

$$\frac{\mathrm{d}}{\mathrm{d}t}\left(\frac{\partial L}{\partial \dot{x}}\right)-\frac{\partial L}{\partial x}=F \Rightarrow m\ddot{x}-kr\theta_1+kx=F-mg$$

以矩阵的形式写出，为

$$\begin{bmatrix}I_1&0&0\\0&I_2&0\\0&0&m\end{bmatrix}\begin{bmatrix}\ddot{\theta}_1\\\ddot{\theta}_2\\\ddot{x}\end{bmatrix}+\begin{bmatrix}13kr^2&-12kr^2&-kr\\-12kr^2&12kr^2&0\\-kr&0&0\end{bmatrix}\begin{bmatrix}\theta_1\\\theta_2\\x\end{bmatrix}=\begin{bmatrix}0\\0\\F-mg\end{bmatrix}$$

3.4 机器人静力分析与动力学

机器人是一个多刚体系统。与刚体静力平衡一样，整个机器人系统在外载荷和关节驱动力矩（驱动力）的作用下将取得静力平衡；与刚体在外力的作用下发生运动变化一样，整个机器人系统在关节驱动力矩（驱动力）的作用下将发生运动变化。要研究机器人，必须对机器人运动学和动力学有一个基本的了解。

机器人运动学分析只限于静态位置问题的讨论，未涉及机器人运动的力、速度、加速度等动态过程。实际上，机器人系统是一个复杂的动力学系统，机器人系统在外载荷和关节驱动力矩（驱动力）的作用下将取得静力平衡，在关节驱动力矩（驱动力）的作用下将发生运动变化。机器人的动态性能不仅与运动学因素有关，还与机器人的结构形式、质量分布、执行机构的位置、传动装置等因素有关。

本节首先介绍机器人雅可比矩阵，然后在此基础上进行机器人静力分析，讨论机器人动力学的基本问题。

3.4.1　机器人雅可比矩阵

1. 机器人雅可比矩阵的推导

机器人雅可比矩阵简称雅可比，它不仅表示操作空间与关节空间的速度映射关系，也表示二者之间力的传递关系，为确定机器人的静态关节力矩以及不同坐标系间速度、加速度和静力的变换提供了便捷的方法。

在机器人学中，雅可比矩阵是一个把关节速度向量 $\dot{\boldsymbol{q}}$ 变换为手爪相对于基坐标的广义速度向量 $\boldsymbol{v}$ 的变换矩阵。机器人速度分析和静力分析中都用到雅可比矩阵，现以二自由度平面关节型机器人为例，说明机器人雅可比矩阵的推导过程。图 3-10 所示为二自由度平面关节型机器人简图，端点位置 X、Y 是关节变量 θ_1、θ_2 的函数，即

$$\begin{cases}X=l_1c_1+l_2c_{12}\\Y=l_1s_1+l_2s_{12}\end{cases}\tag{3-44}$$

其中，c_1 表示 $\cos\theta_1$，c_{12} 表示 $\cos(\theta_1+\theta_2)$，s_1 表示 $\sin\theta_1$，s_{12} 表示 $\sin(\theta_1+\theta_2)$。没有特殊说明，下同。

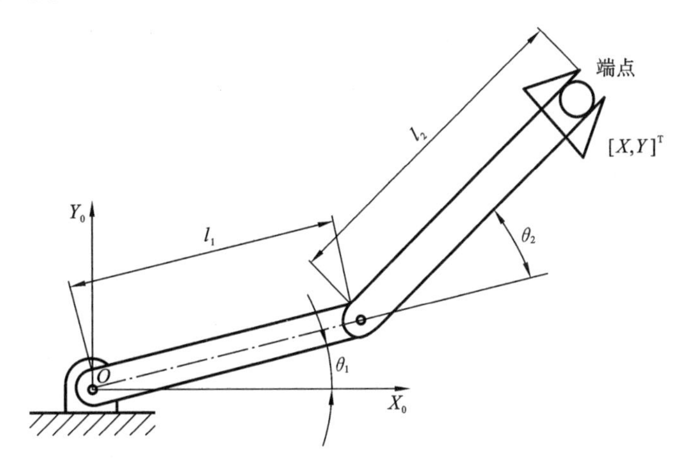

图 3-10　二自由度平面关节型机器人简图(一)

对式(3-44)进行微分，得

$$\begin{cases}\mathrm{d}X=\dfrac{\partial X}{\partial\theta_1}\mathrm{d}\theta_1+\dfrac{\partial X}{\partial\theta_2}\mathrm{d}\theta_2\\[2ex]\mathrm{d}Y=\dfrac{\partial Y}{\partial\theta_1}\mathrm{d}\theta_1+\dfrac{\partial Y}{\partial\theta_2}\mathrm{d}\theta_2\end{cases}\tag{3-45}$$

将式(3-45)写成矩阵的形式，为

$$\begin{bmatrix}\mathrm{d}X\\\mathrm{d}Y\end{bmatrix}=\begin{bmatrix}\dfrac{\partial X}{\partial\theta_1}&\dfrac{\partial X}{\partial\theta_2}\\[2ex]\dfrac{\partial Y}{\partial\theta_1}&\dfrac{\partial Y}{\partial\theta_2}\end{bmatrix}\begin{bmatrix}\mathrm{d}\theta_1\\\mathrm{d}\theta_2\end{bmatrix}$$

设 $\boldsymbol{J}=\begin{bmatrix}\dfrac{\partial X}{\partial\theta_1} & \dfrac{\partial X}{\partial\theta_2}\\ \dfrac{\partial Y}{\partial\theta_1} & \dfrac{\partial Y}{\partial\theta_2}\end{bmatrix}$，$\mathrm{d}\boldsymbol{X}=\begin{bmatrix}\mathrm{d}X\\ \mathrm{d}Y\end{bmatrix}$，$\mathrm{d}\boldsymbol{\theta}=\begin{bmatrix}\mathrm{d}\theta_1\\ \mathrm{d}\theta_2\end{bmatrix}$，则有

$$\mathrm{d}\boldsymbol{X}=\boldsymbol{J}\mathrm{d}\boldsymbol{\theta} \tag{3-46}$$

式(3-46)中，$\boldsymbol{J}$ 称为二自由度平面关节型机器人的速度雅可比，它反映了关节空间微小运动 $\mathrm{d}\boldsymbol{\theta}$ 与手部作业空间微小位移 $\mathrm{d}\boldsymbol{X}$ 的关系。

可以推导出图 3-10 所示二自由度平面关节型机器人的速度雅可比为

$$\boldsymbol{J}=\begin{bmatrix}-l_1s_1-l_2s_{12} & -l_2s_{12}\\ l_1c_1+l_2c_{12} & l_2c_{12}\end{bmatrix} \tag{3-47}$$

由 $\boldsymbol{J}$ 的组成元素可见，$\boldsymbol{J}$ 是关于 θ_1 和 θ_2 的函数。

推而广之，对于 n 自由度机器人，关节变量可用广义关节变量 $\boldsymbol{q}(\boldsymbol{q}=[q_1, q_2, \cdots, q_n]^{\mathrm{T}})$ 表示，当关节为转动关节时，$q_i=\theta_i$；当关节为移动关节时，$q_i=d_i$，$\mathrm{d}\boldsymbol{q}=[\mathrm{d}q_1, \mathrm{d}q_2, \cdots, \mathrm{d}q_n]^{\mathrm{T}}$，反映了关节空间的微小运动。机器人末端在操作空间的位置和方位可用末端手爪的位姿 $\boldsymbol{X}$ 表示，它是关节变量的函数，$\boldsymbol{X}=\boldsymbol{X}(\boldsymbol{q})$，并且是一个六维列矢量。$\mathrm{d}\boldsymbol{X}=[\mathrm{d}X, \mathrm{d}Y, \mathrm{d}Z, \Delta\varphi_X, \Delta\varphi_Y, \Delta\varphi_Z]^{\mathrm{T}}$ 反映了操作空间的微小运动，它由机器人末端微小线位移和微小角位移(微小转动)组成。因此，n 自由度机器人的运动微分方程可写为

$$\mathrm{d}\boldsymbol{X}=\boldsymbol{J}(\boldsymbol{q})\mathrm{d}\boldsymbol{q} \tag{3-48}$$

式(3-48)中：$\boldsymbol{J}(\boldsymbol{q})$是 $6\times n$ 维偏导数矩阵，称为 n 自由度机器人的速度雅可比，可表示为

$$\boldsymbol{J}(\boldsymbol{q})=\frac{\partial\boldsymbol{X}}{\partial\boldsymbol{q}}=\begin{bmatrix}\dfrac{\partial X}{\partial q_1} & \dfrac{\partial X}{\partial q_2} & \cdots & \dfrac{\partial X}{\partial q_n}\\ \dfrac{\partial Y}{\partial q_1} & \dfrac{\partial Y}{\partial q_2} & \cdots & \dfrac{\partial Y}{\partial q_n}\\ \dfrac{\partial Z}{\partial q_1} & \dfrac{\partial Z}{\partial q_2} & \cdots & \dfrac{\partial Z}{\partial q_n}\\ \dfrac{\partial\varphi_X}{\partial q_1} & \dfrac{\partial\varphi_X}{\partial q_2} & \cdots & \dfrac{\partial\varphi_X}{\partial q_n}\\ \dfrac{\partial\varphi_Y}{\partial q_1} & \dfrac{\partial\varphi_Y}{\partial q_2} & \cdots & \dfrac{\partial\varphi_Y}{\partial q_n}\\ \dfrac{\partial\varphi_Z}{\partial q_1} & \dfrac{\partial\varphi_Z}{\partial q_2} & \cdots & \dfrac{\partial\varphi_Z}{\partial q_n}\end{bmatrix} \tag{3-49}$$

2. 机器人速度分析

利用机器人速度雅可比可对机器人进行速度分析。对式(3-48)左、右两边各除以 $\mathrm{d}t$ 得

$$\frac{\mathrm{d}\boldsymbol{X}}{\mathrm{d}t}=\boldsymbol{J}(\boldsymbol{q})\frac{\mathrm{d}\boldsymbol{q}}{\mathrm{d}t}$$

或表示为

$$\boldsymbol{v}=\dot{\boldsymbol{X}}=\boldsymbol{J}(\boldsymbol{q})\dot{\boldsymbol{q}} \tag{3-50}$$

式(3-50)中：$\boldsymbol{v}$ 为机器人末端在操作空间中的广义速度，$\dot{\boldsymbol{q}}$ 为机器人关节在关节空间中的关节速度，$\boldsymbol{J}(\boldsymbol{q})$为确定关节空间速度 $\dot{\boldsymbol{q}}$ 与操作空间速度 $\boldsymbol{v}$ 之间关系的雅可比矩阵。

对于图 3-10 所示的二自由度平面关节型机器人而言，$\boldsymbol{J}(\boldsymbol{q})$是 2×2 矩阵。若令 $\boldsymbol{J}_1$，$\boldsymbol{J}_2$ 分别为 $\boldsymbol{J}(\boldsymbol{q})$的第 1 列矢量和第 2 列矢量，则

$$v = J_1\dot{\theta}_1 + J_2\dot{\theta}_2 \tag{3-51}$$

式(3-51)右边第一项表示仅由第一个关节运动引起的端点速度，右边第二项表示仅由第二个关节运动引起的端点速度，总的端点速度为这两个速度矢量的合成。因此，机器人速度雅可比的每一列表示其他关节不动而某一关节运动产生的端点速度。

图 3-10 所示二自由度平面关节型机器人手部的速度为

$$v = \begin{bmatrix} v_X \\ v_Y \end{bmatrix} = \begin{bmatrix} -l_1 s_1 - l_2 s_{12} & -l_2 s_{12} \\ l_1 c_1 + l_2 c_{12} & l_2 c_{12} \end{bmatrix} \begin{bmatrix} \dot{\theta}_1 \\ \dot{\theta}_2 \end{bmatrix}$$

$$= \begin{bmatrix} -(l_1 s_1 + l_2 s_{12})\dot{\theta}_1 - l_2 s_{12}\dot{\theta}_2 \\ (l_1 c_1 + l_2 c_{12})\dot{\theta}_1 + l_2 c_{12}\dot{\theta}_2 \end{bmatrix}$$

假如已知的 $\dot{\theta}_1$ 和 $\dot{\theta}_2$ 是时间的函数，即 $\dot{\theta}_1 = f_1(t)$，$\dot{\theta}_2 = f_2(t)$，则可求出该机器人手部在某一时刻的速度 $v = f(t)$，即手部瞬时速度。

反之，假如给定机器人手部速度，可解出相应的关节速度为

$$\dot{q} = J^{-1} v \tag{3-52}$$

式(3-52)中，J^{-1} 称为机器人逆速度雅可比。

通常机器人逆速度雅可比会在以下两种情况下出现奇异解。

(1) 工作域边界上奇异。当机器人臂全部伸展开或全部折回而使手部处于机器人工作域的边界上或边界附近时，出现逆速度雅可比奇异，这时机器人相应的形位叫作奇异形位。

(2) 工作域内部奇异。奇异并不一定发生在工作域边界上，也可以是由两个或更多个关节轴线重合引起的。

机器人处在奇异形位时，会产生退化现象，丧失一个或更多的自由度。这意味着在空间某个方向上，不管机器人关节速度怎样选择，手部都不可能实现移动。

3.4.2　机器人静力分析

机器人作业时与外界环境的接触会在机器人与环境之间引起相互的作用力和力矩。机器人各关节的驱动装置提供关节力矩(或力)，并通过连杆传递到末端执行器，克服外界作用力和力矩。各关节的驱动力矩(或力)与末端执行器施加的力(广义力，包括力和力矩)之间的关系是机器人操作臂力控制的基础。这里讨论机器人操作臂在静止状态下力的平衡关系。我们假定各关节“锁住”，机器人成为一个机构。这种“锁定用”的关节力矩与手部所支持的载荷或受到外界环境作用的力取得静力平衡。求解这种“锁定用”的关节力矩，或求解在已知驱动力矩作用下手部的输出力就是对机器人操作臂的静力计算。

1. 机器人操作臂中的静力

这里以机器人操作臂中单个杆件为例分析受力情况。如图 3-11 所示，杆 i 通过关节 i 和 $i+1$ 分别与杆 $i-1$ 和 $i+1$ 相连接，建立两个坐标系 $\{i-1\}$ 和 $\{i\}$。

定义以下变量：

$f_{i-1,i}$ 和 $n_{i-1,i}$——杆 $i-1$ 通过关节 i 作用在杆 i 上的力和力矩；

$f_{i,i+1}$ 和 $n_{i,i+1}$——杆 i 通过关节 $i+1$ 作用在杆 $i+1$ 上的力和力矩；

$-f_{i,i+1}$ 和 $-n_{i,i+1}$——杆 $i+1$ 通过关节 $i+1$ 作用在杆 i 上的反作用力和反作用力矩；

$f_{n,n+1}$ 和 $n_{n,n+1}$——机器人最末杆对外界环境的作用力和力矩；

$-f_{n,n+1}$ 和 $-n_{n,n+1}$——外界环境对机器人最末杆的作用力和力矩；

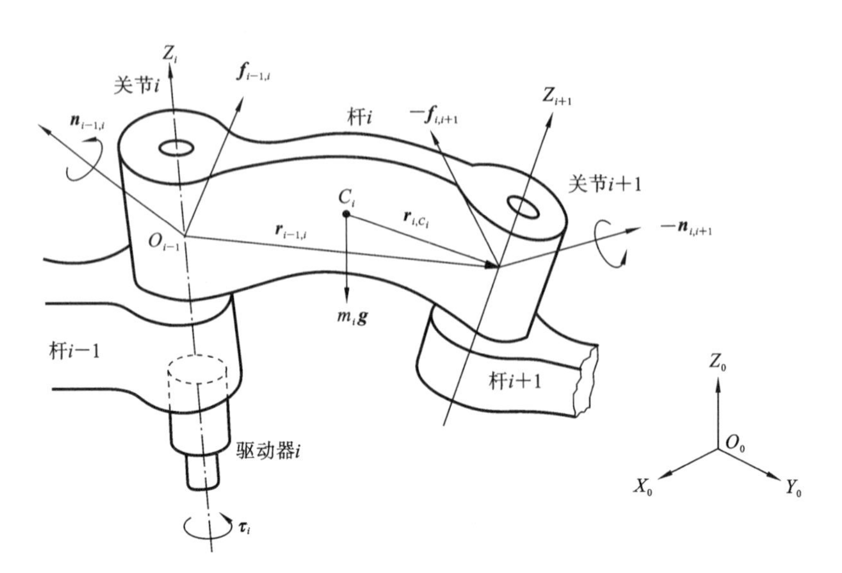

图 3-11　杆 i 上的力和力矩

$\boldsymbol{f}_{0,1}$和 $\boldsymbol{n}_{0,1}$——机器人机座对杆 1 的作用力和力矩；

$m_i\boldsymbol{g}$——连杆 i 的重力，作用在质心 C_i上。

杆 i 的静力平衡条件为杆 i 上所受的合力和合力矩均为零，因此力和力矩平衡方程式为

$$\begin{cases}\boldsymbol{f}_{i-1,i}+(-\boldsymbol{f}_{i,i+1})+m_i\boldsymbol{g}=0\\ \boldsymbol{n}_{i-1,i}+(-\boldsymbol{n}_{i,i+1})+(\boldsymbol{r}_{i-1,i}+\boldsymbol{r}_{i,C_i})\times\boldsymbol{f}_{i-1,i}+\boldsymbol{r}_{i,C_i}\times(-\boldsymbol{f}_{i,i+1})=0\end{cases} \tag{3-53}$$

式(3-53)中，$\boldsymbol{r}_{i-1,i}$为坐标系$\{i\}$的原点相对于坐标系$\{i+1\}$的位置矢量，$\boldsymbol{r}_{i,C_i}$为质心 C_i 相对于坐标系$\{i\}$的位置矢量。

假如已知外界环境对机器人最末杆的作用力和力矩，那么可以由最后一个连杆向零连杆(机座)依次递推，从而计算出每个连杆上的受力情况。

为了便于表示机器人手部端点的力和力矩(简称为端点广义力 $\boldsymbol{F}$)，可将 $\boldsymbol{f}_{n,n+1}$和 $\boldsymbol{n}_{n,n+1}$合并写成六维矢量的形式，即

$$\boldsymbol{F}=\begin{bmatrix}\boldsymbol{f}_{n,n+1}\\ \boldsymbol{n}_{n,n+1}\end{bmatrix} \tag{3-54}$$

各关节驱动器的驱动力或力矩可写成 n 维矢量的形式，即

$$\boldsymbol{\tau}=\begin{bmatrix}\tau_1\\ \tau_2\\ \vdots\\ \tau_n\end{bmatrix} \tag{3-55}$$

式(3-55)中，n 为关节的个数；$\boldsymbol{\tau}$ 为关节力矩(或关节力)矢量，简称广义关节力矩。对于转动关节，τ_i 表示关节驱动力矩；对于移动关节，τ_i 表示关节驱动力。

2. 机器人力雅可比

假定关节无摩擦，并忽略各杆件的重力，现利用虚功原理推导机器人手部端点广义力 $\boldsymbol{F}$ 与广义关节力矩 $\boldsymbol{\tau}$ 的关系。

如图 3-12 所示，设各关节虚位移为 $\delta\boldsymbol{q}_i$，末端执行器的虚位移为 $\delta\boldsymbol{X}$，则

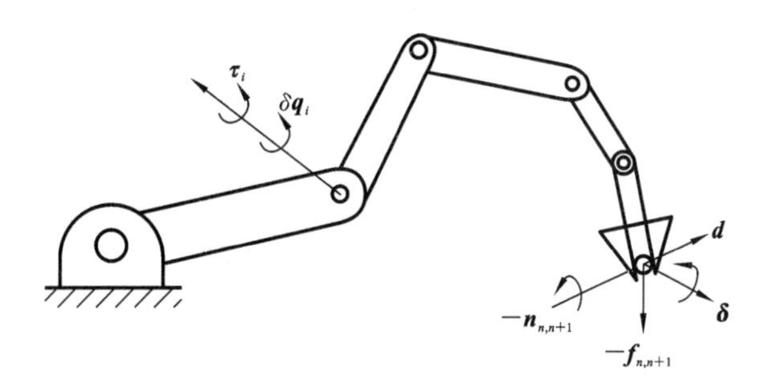

图 3-12　末端执行器及各关节的虚位移

$$\delta \boldsymbol{X}=\begin{bmatrix}\boldsymbol{d}\\ \boldsymbol{\delta}\end{bmatrix} \tag{3-56}$$

式(3-56)中，$\boldsymbol{d}=[d_X, d_Y, d_Z]^{\mathrm{T}}$ 和 $\boldsymbol{\delta}=[\delta\varphi_X, \delta\varphi_Y, \delta\varphi_Z]^{\mathrm{T}}$ 分别对应于末端执行器的线虚位移和角虚位移；

$$\delta \boldsymbol{q}=[\delta q_1, \delta q_2, \cdots, \delta q_n]^{\mathrm{T}}$$

$\delta \boldsymbol{q}$ 为由各关节虚位移 δq_i 组成的机器人关节虚位移矢量。

假设发生上述虚位移时，各关节力矩为 $\tau_i (i=1,2,\cdots,n)$，环境作用在机器人手部端点上的力和力矩分别为 $-\boldsymbol{f}_{n,n+1}$ 和 $-\boldsymbol{n}_{n,n+1}$。由上述力和力矩所做的虚功可以由下式求出：

$$\delta W=\tau_1\delta q_1+\tau_2\delta q_2+\cdots+\tau_n\delta q_n-\boldsymbol{f}_{n,n+1}\boldsymbol{d}-\boldsymbol{n}_{n,n+1}\boldsymbol{\delta}$$

或写成

$$\delta W=\boldsymbol{\tau}^{\mathrm{T}}\delta\boldsymbol{q}-\boldsymbol{F}^{\mathrm{T}}\delta\boldsymbol{X}$$

根据虚位移原理，机器人处于平衡状态的充分必要条件是对任意符合几何约束的虚位移有 $\delta W=0$，并注意到虚位移 $\delta\boldsymbol{q}$ 和 $\delta\boldsymbol{X}$ 之间符合杆件的几何约束条件。利用式 $\delta\boldsymbol{X}=\boldsymbol{J}\delta\boldsymbol{q}$，则

$$\delta W=\boldsymbol{\tau}^{\mathrm{T}}\delta\boldsymbol{q}-\boldsymbol{F}^{\mathrm{T}}\boldsymbol{J}\delta\boldsymbol{q}=(\boldsymbol{\tau}-\boldsymbol{J}^{\mathrm{T}}\boldsymbol{F})^{\mathrm{T}}\delta\boldsymbol{q} \tag{3-57}$$

式(3-57)中，$\delta\boldsymbol{q}$ 表示从几何结构上允许位移的关节独立变量。对任意的 $\delta\boldsymbol{q}$，欲使 $\delta W=0$ 成立，必有

$$\boldsymbol{\tau}=\boldsymbol{J}^{\mathrm{T}}\boldsymbol{F} \tag{3-58}$$

式(3-58)表示了在静态平衡状态下，手部端点广义力 $\boldsymbol{F}$ 和广义关节力矩 $\boldsymbol{\tau}$ 之间的线性映射关系。式(3-58)中，$\boldsymbol{J}^{\mathrm{T}}$ 与手部端点广义力 $\boldsymbol{F}$ 和广义关节力矩 $\boldsymbol{\tau}$ 之间的力传递有关，称为机器人力雅可比。显然，机器人力雅可比 $\boldsymbol{J}^{\mathrm{T}}$ 是速度雅可比 $\boldsymbol{J}$ 的转置矩阵。

3. 机器人静力计算

由操作臂手部端点广义力 $\boldsymbol{F}$ 与广义关节力矩 $\boldsymbol{\tau}$ 之间的关系式 $\boldsymbol{\tau}=\boldsymbol{J}^{\mathrm{T}}\boldsymbol{F}$ 可知，机器人操作臂静力计算可分为两类问题。

(1) 已知外界环境对机器人手部的作用力 $\boldsymbol{F}'$，(即手部端点广义力 $\boldsymbol{F}=-\boldsymbol{F}'$)，利用式(3-58)求相应的满足静力平衡条件的广义关节力矩 $\boldsymbol{\tau}$。

(2) 已知广义关节力矩 $\boldsymbol{\tau}$，确定机器人手部对外界环境的作用力或负载的质量。

第二类问题是第一类问题的逆解。逆解的关系式为

$$\boldsymbol{F}=(\boldsymbol{J}^{\mathrm{T}})^{-1}\boldsymbol{\tau}$$

机器人的自由度不是 6 时，如 $n>6$ 时，力雅可比矩阵就不是方阵，从而 $\boldsymbol{J}^{\mathrm{T}}$ 就没有逆解。所以，对第二类问题的求解就困难得多，一般情况不一定能得到唯一的解。如果 $\boldsymbol{F}$ 的维数比 $\boldsymbol{\tau}$ 的

维数低，且 $\boldsymbol{J}$ 满秩，则可利用最小二乘法求得 $\boldsymbol{F}$ 的估计值。

例 3-8 图 3-13 所示为二自由度平面关节型机械手简图，已知手部端点广义力 $\boldsymbol{F}=[10,20]^{\mathrm{T}}$（单位为 N），$l_1=1$ m，$l_2=2$ m，忽略摩擦，求 $\theta_1=0°$、$\theta_2=90°$ 时的广义关节力矩。

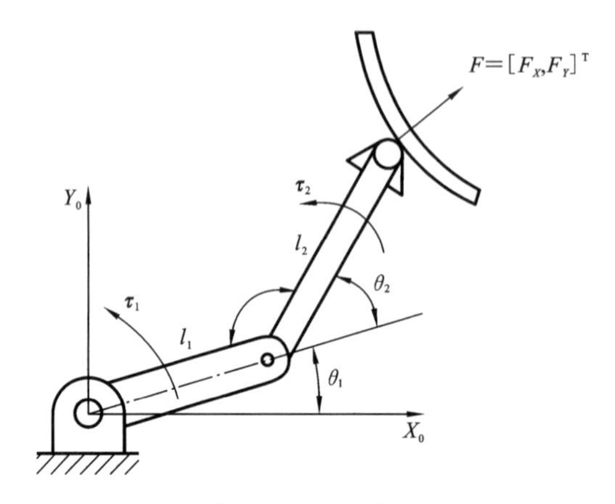

图 3-13 二自由度平面关节型机械手简图

解 已知该机械手的速度雅可比为

$$\boldsymbol{J}=\begin{bmatrix} -l_1 s_1 - l_2 s_{12} & -l_2 s_{12} \\ l_1 c_1 + l_2 c_{12} & l_2 c_{12} \end{bmatrix}$$

于是得该机械手的力雅可比为

$$\boldsymbol{J}^{\mathrm{T}}=\begin{bmatrix} -l_1 s_1 - l_2 s_{12} & l_1 c_1 + l_2 c_{12} \\ -l_2 s_{12} & l_2 c_{12} \end{bmatrix}$$

根据 $\boldsymbol{\tau}=\boldsymbol{J}^{\mathrm{T}}\boldsymbol{F}$ 得

$$\begin{aligned}\boldsymbol{\tau}=\begin{bmatrix}\tau_1\\ \tau_2\end{bmatrix}&=\begin{bmatrix} -l_1 s_1 - l_2 s_{12} & l_1 c_1 + l_2 c_{12} \\ -l_2 s_{12} & l_2 c_{12} \end{bmatrix}\begin{bmatrix}F_X\\ F_Y\end{bmatrix}\\ &=\begin{bmatrix} -(l_1 s_1 + l_2 s_{12})F_X + (l_1 c_1 + l_2 c_{12})F_Y \\ -l_2 s_{12} F_X + l_2 c_{12} F_Y \end{bmatrix}\end{aligned}$$

将杆长和瞬时角度代入上式，求得与手部端点广义力相对应的广义关节力矩为 $\tau_1=0$ N·m，$\tau_2=-20$ N·m。

3.4.3 机器人动力学分析

机器人动力学主要研究机器人运动和受力之间的关系，目的是对机器人进行控制、优化设计和仿真。机器人是一个复杂的非线性动力学系统。机器人动力学问题的求解比较困难，而且需要较长的运算时间。因此，简化解的过程，最大限度地减少机器人动力学在线计算的时间是一个受到关注的研究课题。

机器人动力学问题有以下两类。

（1）给出已知轨迹点上的 $\theta,\dot{\theta},\ddot{\theta}_2$，即机器人关节位置、速度和加速度，求相应的关节力矩向量 $\boldsymbol{\tau}$，主要用于实现对机器人的动态控制。

（2）已知关节驱动力矩，求机器人系统相应的各瞬时的运动。也就是说，给出关节力矩向量 $\boldsymbol{\tau}$，求机器人所产生的运动 $\theta,\dot{\theta},\ddot{\theta}_2$，主要实现对机器人的运动仿真。

机器人动力学的研究方法有牛顿-欧拉(Newton-Euler)法、拉格朗日(Lagrange)法、高斯(Gauss)法、凯恩(Kane)法及罗伯逊-魏登堡(Roberson-Wittenburg)法等。拉格朗日法不仅能以较简单的形式求得非常复杂的系统动力学方程，而且具有显式结构，物理意义比较明确，有助于理解机器人动力学。

1. 拉格朗日方程

1）拉格朗日函数

对于机器人的机械系统，拉格朗日函数 L 定义为系统总动能 K 与总势能 P 之差，即

$$L=K-P$$

令 $q_i(i=1,2,\cdots,n)$ 是使系统具有完全确定位置的广义关节变量，$\dot{q}_i$ 是相应的广义关节速度。由于系统动能 K 是 q_i 和 $\dot{q}_i$ 的函数，系统势能 P 是 q_i 的函数，因此拉格朗日函数也是 $\dot{q}_i$ 的函数。

2）拉格朗日方程

$$F_i=\frac{\mathrm{d}}{\mathrm{d}t}\left(\frac{\partial L}{\partial \dot{q}_i}\right)-\frac{\partial L}{\partial q_i},\quad i=1,2,\cdots,n \tag{3-59}$$

式(3-59)中：L 为拉格朗日函数(又称拉格朗日算子)，n 为连杆数目，q_i 为系统选定的广义坐标，$\dot{q}_i$ 为广义速度(广义坐标 q_i 对时间的一阶导数)，F_i 为作用在第 i 个坐标上的广义力或力矩。

3）用拉格朗日法建立机器人动力学方程的步骤

用拉格朗日法建立机器人动力学方程的步骤如下。

(1) 选取坐标系，选定完全而且独立的广义关节变量 $q_i(i=1,2,\cdots,n)$。

(2) 选定相应关节上的广义力 F_i。当 q_i 是位移变量时，则 F_i 为力；当 q_i 是角度变量时，则 F_i 为力矩。

(3) 求出机器人各构件的动能和势能，构造拉格朗日函数。

(4) 根据拉格朗日方程求得机器人的动力学方程。

2. 二自由度平面关节型机器人动力学方程

下面以图3-14所示的二自由度平面关节型机器人为例，说明机器人动力学方程的推导过程。已知杆1和杆2的关节变量分别是转角 θ_1 和 θ_2，关节1和关节2相应的力矩是 τ_1 和 τ_2。杆1和杆2的质量分别是 m_1 和 m_2，杆长分别为 l_1 和 l_2，假设每个连杆的质量都集中在连杆末端。

(1) 选取坐标系，选定完全而且独立的广义关节变量。

选取笛卡儿坐标系，如图3-14所示，两个关节都是转动关节，广义关节变量为 $q_i(i=1,2)$。

(2) 选定相应关节上的广义力 F_i。

因为 q_i 是角度变量，所以广义力 F_i 为力矩。

(3) 求出机器人各构件的动能和势能。

① 求出机器人各构件的动能和总动能。

杆1的动能为

$$K_1=\frac{1}{2}m_1 l_1^2\dot{\theta}_1^2$$

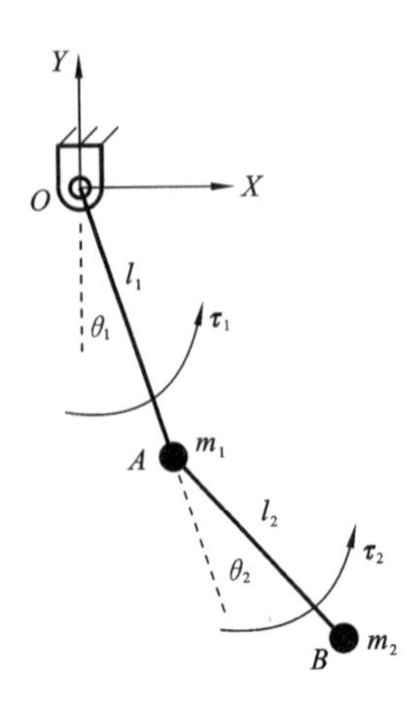

图 3-14　二自由度平面关节型机器人简图(二)

为了计算杆 2 的动能 K_2,列出杆 2 质心的位置坐标,为

$$\begin{cases} X_2 = l_1 s_1 + l_2 s_{12} \\ Y_2 = -l_1 c_1 - l_2 c_{12} \end{cases}$$

对杆 2 质心的位置求导,得到杆 2 的速度为

$$\begin{cases} \dot{X}_2 = l_1 c_1 \dot{\theta}_1 + l_2 c_{12} (\dot{\theta}_1 + \dot{\theta}_2) \\ \dot{Y}_2 = l_1 s_1 \dot{\theta}_1 + l_2 s_{12} (\dot{\theta}_1 + \dot{\theta}_2) \end{cases}$$

杆 2 质心处速度的平方为

$$v_2^2 = l_1^2 \dot{\theta}_1^2 + l_2^2 (\dot{\theta}_1^2 + \dot{\theta}_2^2 + 2\dot{\theta}_1 \dot{\theta}_2) + 2 l_1 l_2 c_2 (\dot{\theta}_1^2 + \dot{\theta}_1 \dot{\theta}_2)$$

于是,杆 2 的动能为

$$K_2 = \frac{1}{2} m_2 v_2^2 = \frac{1}{2} m_2 l_1^2 \dot{\theta}_1^2 + \frac{1}{2} m_2 l_2^2 (\dot{\theta}_1^2 + \dot{\theta}_2^2 + 2\dot{\theta}_1 \dot{\theta}_2) + m_2 l_1 l_2 c_2 (\dot{\theta}_1^2 + \dot{\theta}_1 \dot{\theta}_2)$$

所以,系统的总动能为

$$\begin{aligned} K &= K_1 + K_2 \\ &= \frac{1}{2} (m_1 + m_2) l_1^2 \dot{\theta}_1^2 + \frac{1}{2} m_2 l_2^2 (\dot{\theta}_1^2 + \dot{\theta}_2^2 + 2\dot{\theta}_1 \dot{\theta}_2) + m_2 l_1 l_2 c_2 (\dot{\theta}_1^2 + \dot{\theta}_1 \dot{\theta}_2) \end{aligned}$$

② 求出机器人各构件的势能和总势能。

杆 1 的势能为

$$P_1 = -m_1 g l_1 c_1$$

杆 2 的势能为

$$P_2 = -m_2 g l_1 c_1 - m_2 g l_2 c_{12}$$

所以,系统的总势能为

$$P = -(m_1 + m_2) g l_1 c_1 - m_2 g l_2 c_{12}$$

③ 构造拉格朗日函数。

$$\begin{aligned} L &= K - P \\ &= \frac{1}{2} (m_1 + m_2) l_1^2 \dot{\theta}_1^2 + \frac{1}{2} m_2 l_2^2 (\dot{\theta}_1^2 + \dot{\theta}_2^2 + 2\dot{\theta}_1 \dot{\theta}_2) + m_2 l_1 l_2 c_2 (\dot{\theta}_1^2 + \dot{\theta}_1 \dot{\theta}_2) \\ &\quad + (m_1 + m_2) g l_1 c_1 + m_2 g l_2 c_{12} \end{aligned}$$

(4) 根据拉格朗日方程求得机器人的动力学方程。

根据拉格朗日方程

$$F_i=\frac{\mathrm{d}}{\mathrm{d}t}\left(\frac{\partial L}{\partial \dot{\theta}_i}\right)-\frac{\partial L}{\partial \theta_i}$$

计算各关节上的力矩，得到系统动力学方程。

① 计算关节 1 上的力矩 τ_1。

$$\frac{\partial L}{\partial \dot{\theta}_1}=(m_1+m_2)l_1^2\dot{\theta}_1+m_2l_2^2(\dot{\theta}_1+\dot{\theta}_2)+2m_2l_1l_2c_2\dot{\theta}_1+m_2l_1l_2c_2\dot{\theta}_2$$

$$\frac{\mathrm{d}}{\mathrm{d}t}\left(\frac{\partial L}{\partial \dot{\theta}_1}\right)=[(m_1+m_2)l_1^2+m_2l_2^2+2m_2l_1l_2c_2]\ddot{\theta}_1+(m_2l_2^2+m_2l_1l_2c_2)\ddot{\theta}_2$$
$$-2m_2l_1l_2s_2\dot{\theta}_1\dot{\theta}_2-m_2l_1l_2s_2\dot{\theta}_2^2$$

$$\frac{\partial L}{\partial \theta_1}=-(m_1+m_2)gl_1s_1-m_2gl_2s_{12}$$

所以

$$\tau_1=[(m_1+m_2)l_1^2+m_2l_2^2+2m_2l_1l_2c_2]\ddot{\theta}_1+(m_2l_2^2+m_2l_1l_2c_2)\ddot{\theta}_2$$
$$-2m_2l_1l_2s_2\dot{\theta}_1\dot{\theta}_2-m_2l_1l_2s_2\dot{\theta}_2^2+(m_1+m_2)gl_1s_1+m_2gl_2s_{12}$$

② 计算关节 2 上的力矩 τ_2。

$$\frac{\partial L}{\partial \dot{\theta}_2}=m_2l_2^2(\dot{\theta}_1+\dot{\theta}_2)+m_2l_1l_2c_2\dot{\theta}_1$$

$$\frac{\mathrm{d}}{\mathrm{d}t}\left(\frac{\partial L}{\partial \dot{\theta}_2}\right)=m_2l_2^2(\ddot{\theta}_1+\ddot{\theta}_2)+m_2l_1l_2c_2\ddot{\theta}_1-m_2l_1l_2s_2\dot{\theta}_1\dot{\theta}_2$$

$$\frac{\partial L}{\partial \theta_2}=-m_2l_1l_2s_2(\dot{\theta}_1^2+\dot{\theta}_1\dot{\theta}_2)-m_2gl_2s_{12}$$

所以

$$\tau_2=(m_2l_2^2+m_2l_1l_2c_2)\ddot{\theta}_1+m_2l_2^2\ddot{\theta}_2+m_2l_1l_2s_2\dot{\theta}_1^2+m_2gl_2s_{12}$$

对 τ_1，τ_2 的表达式进行分析，可得到以下结论：第一，含有 $\ddot{\theta}_1$ 或 $\ddot{\theta}_2$ 的项表示由加速度引起的关节力矩项；第二，含有 $\dot{\theta}_1^2$ 和 $\dot{\theta}_2^2$ 的项表示由向心力引起的关节力矩项；第三，含有 $\dot{\theta}_1\dot{\theta}_2$ 的项表示由科氏力引起的关节力矩项；第四，只含关节变量 $\dot{\theta}_1$、$\dot{\theta}_2$ 的项表示由重力引起的关节力矩项。

由上面的推导可以看出，很简单的二自由度平面关节型机器人的动力学方程已经很复杂，包含了很多因素，这些因素都在影响机器人的动力学特性。对于比较复杂的多自由度机器人，动力学方程更庞杂，推导过程更复杂，不利于机器人的实时控制。因此，进行动力学分析时，通常进行下列简化：第一，当杆件长度不太长、质量很轻时，动力学方程中的重力矩项可以省略；第二，当关节速度不太大，机器人不是高速机器人时，含有 $\dot{\theta}_1^2$、$\dot{\theta}_2^2$ 及 $\dot{\theta}_1\dot{\theta}_2$ 的项可以省略；第三，当关节加速度不太大，即关节电动机的升降速比较平稳时，含有 $\ddot{\theta}_1$、$\ddot{\theta}_2$ 的项有时可以省略，但关节加速度减小会引起速度升降的时间增加，延长机器人作业循环的时间。

习　　题

3-1　机电系统常用的计算机仿真软件有哪些？试述这些软件的主要功能和应用领域。

3-2 简述建模和仿真在机电系统设计与开发中的作用。

3-3 有一质量-弹簧-阻尼系统如图 3-15 所示，运用力学方法建立该系统的数学模型。

3-4 用拉格朗日方程建立图 3-16 所示系统运动的微分方程，用 θ_1、θ_2 和 x 作为广义坐标，以矩阵的形式写出微分方程。

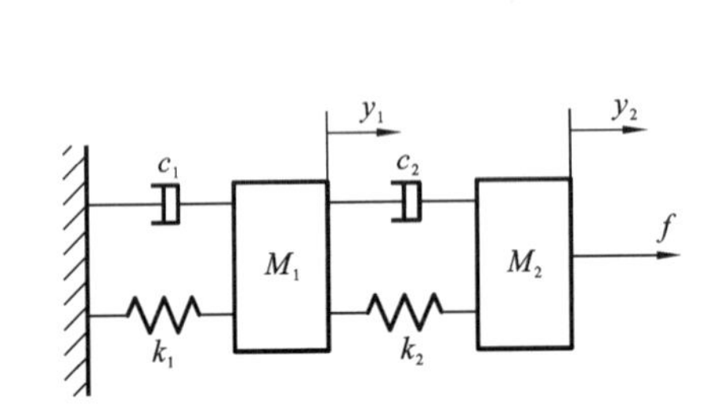

图 3-15　第 3 章习题图(一)

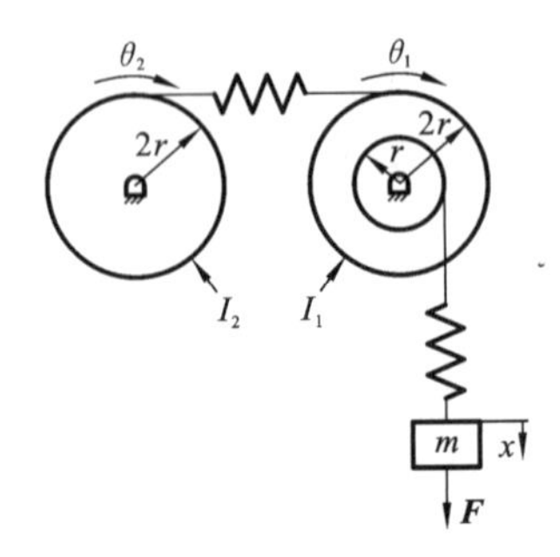

图 3-16　第 3 章习题图(二)

3-5 一个机器人系统的雅可比矩阵是什么？

3-6 在机器人的分析中，奇异性有什么作用？

3-7 写出图 3-17 所示 SCARA 机器人的雅可比矩阵。

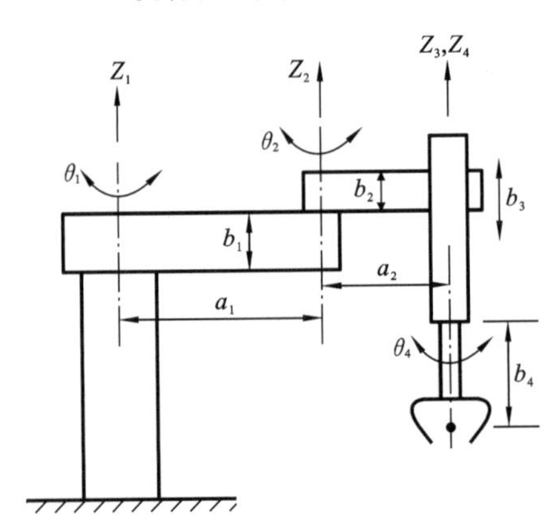

图 3-17　第 3 章习题图(三)

3-8 如何定义虚功和虚位移？

第4章　机电系统的传感与检测

4.1　概　　述

人是靠视觉器官、听觉器官、嗅觉器官、味觉器官和触觉器官这些感觉器官来接收外界信息的，一台机电一体化的自动化设备在运行中也有大量的信息需要准确地被“感受”，以便能按照设计要求实现自动化控制。自动化设备用于“感受”信息的装置就是传感器。传感技术是实现自动化的关键技术之一。目前，传感器，特别是物联网(IoT，internet of things)技术已广泛地应用于工业、农业、环境保护、交通运输、国防以及日常工作与生活等各个领域中，并伴随着现代科技的发展而发展，尤其是新材料、新制造技术的不断研究与发展，对传感器的发展起到了重要的推动作用。

开发新的敏感材料是研制新型传感器的关键。半导体材料及技术的发展使传感器技术跃上了一个新的台阶，基于半导体材料的传感器有各种光电式传感器、热电式传感器、热释电式传感器、气体传感器、离子传感器、生物传感器等。半导体的光热探测器具有灵敏度高、精度高、非接触的特点，由此发展出现了红外传感器、激光传感器、光线传感器等现代传感器。尤其是以硅为基体的许多半导体材料，易于实现传感器的微型化、集成化、多功能化和智能化，而且工艺技术成熟，因此，半导体材料广泛用作传感器敏感材料。

传感器是借助检测元件接收一种形式的信息，并按一定规律和精确度将该种形式的信息转换成易于精确处理和测量的另一种形式的信息的装置。它主要用于检测机电一体化系统自身与作业对象、作业环境的状态(电压、电流、温度、压力、流量、位置、位移、速度、加速度等)，为有效地控制机电一体化系统的动作提供信息，使机电一体化系统保持最佳工作状况。机电一体化对检测系统在性能方面的基本要求是：精度、灵敏度和分辨力高；线性、稳定性和重复性好；抗干扰能力强；静态特性、动态特性好。除此之外，为了适应机电一体化产品的特点并满足机电一体化设计的需要，还对传感器及其检测系统提出了一些特殊要求，如体积小、质量轻、价格便宜、便于安装与维修、耐环境性能好等。

4.1.1　传感器的组成

关于传感器的定义，众说不一，根据我国的国家标准(GB/T 7665—2005)，传感器(transducer/sensor)的定义是：“能感受被测量并按照一定的规律转换成可用输出信号的器件或装置，通常由敏感元件和转换元件组成。”有的学者将传感器定义为：传感器是一种以一定的精确度把被测量转换为与之有确定对应关系的、便于应用的另一种量的测量装置。还有的学者将传感器定义为：传感器是指那些对被测对象的某一确定的信息具有感受(或响应)与检出功能，并使之按照一定的规律转换成与之对应的有用输出信号的元件或装置。

以上这些定义都包含了以下几方面的意思：传感器是测量装置，能完成检测任务；传感器的输入量是某一种被测量，可能是物理量，也可能是化学量、生物量等；传感器的输出量是某种物理量，这种量应便于传输、转换、处理、显示等，这种量不一定是电量，还可以是气压、光强等物理量，但主要是电物理量；传感器的输出与输入之间有确定的对应关系，且能达到一定的精度。

关于传感器，我国曾出现过许多种名称，如“变送器”“传送器”“换能器”“探测器”等，它们的内涵相同或者相似，近年来已逐步趋向统一，基本上统一到“传感器”这一名称上了。一般来说，传感器由敏感元件和转换元件组成，并辅以必要的基本转换电路和辅助电路，如图 4-1 所示。

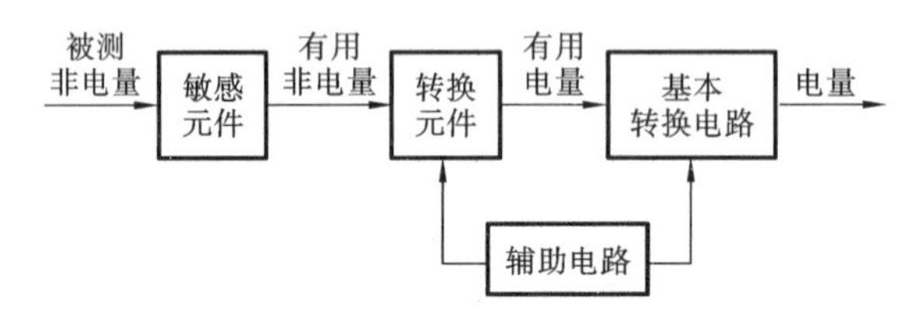

图 4-1　传感器的组成

(1) 敏感元件：直接感受或响应被测非电量，并以确定对应关系输出某一有用非电量，如弹性元件将力转换为位移或应变输出。

(2) 转换元件：将敏感元件输出的有用非电量(如位移、应变、光强等)转换成电路参数(如电阻、电感、电容等)。

(3) 基本转换电路：将电路参数转换成便于测量的电信号，如电压、电流、频率等。

(4) 辅助电路：通常包括电源等。

可见，传感器有两个功能：一是感受或响应被测量；二是对感受或响应的被测量进行转换，得到一种与被测量有确定函数关系的信号。由于电信号易于处理和便于传输，所以目前大多数传感器将获取的信息转换为电信号。

实际中应用的传感器有的很简单，有的较复杂。有些传感器(如热电偶)只有敏感元件，在测温时直接输出电动势。有些传感器由敏感元件和转换元件组成，无需基本转换电路，如压电式加速度传感器。还有些传感器由敏感元件和基本转换电路组成，如电容式位移传感器。有些传感器，转换元件不止一个，要经过若干次转换才能输出电量。多数传感器是开环系统，但也有个别传感器是带反馈的闭环系统。

4.1.2　传感器的分类

传感器种类繁多，主要按工作原理、用途(被测量)、输出信号等进行分类。

1. 根据工作原理分类

根据传感器敏感元件的工作原理分类，常用传感器可以分为应变式传感器、压电式传感器、压阻式传感器、电感式传感器、电磁式传感器、电容式传感器、光电式传感器、热电式传感器等。这种分类方法表明了传感器信息转换的方式，有利于传感器行业的从业者从原理、设计和应用上做归纳性的分析和研究，也便于传感器使用者学习和研究。

2. 根据用途分类

根据被测量(输入信号)的不同，能够很方便地表示传感器的功能。根据被测量(输入信号)的不同，常用传感器可以分为温度传感器、压力传感器、流量传感器、位移传感器、速度传感器、加速度传感器、力传感器、力矩传感器等。这种分类方法明确表示了传感器的用途，如位移传感器用于测量位移、温度传感器用于测量温度等。生产厂家和机电一体化系统（或产品）的设计人员都习惯于这种分类方法。

3. 根据输出信号分类

根据传感器的输出信号分类，常用传感器可以分为模拟式传感器、数字式传感器和开关式传感器。因为输出信号形式不同，传感器相应的测量电路以及与计算机的接口也不同。这种分类方法是检测系统设计人员必须掌握的，如图 4-2 所示。

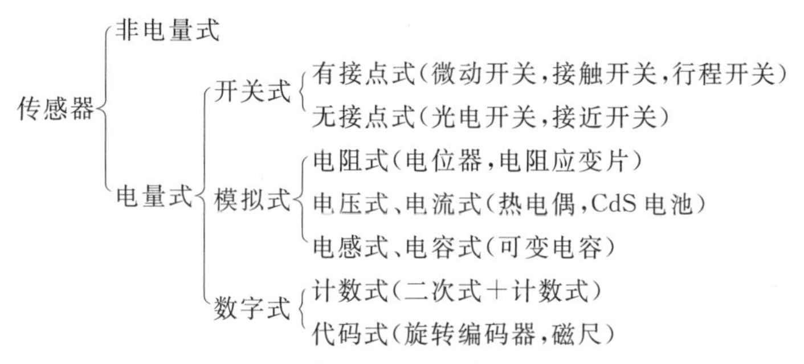

图 4-2　传感器根据输出信号分类

开关式传感器的二值就是“1”和“0”或开（ON）和关（OFF）。这种“1”和“0”数字信号可直接传送到微机进行处理，使用方便。模拟式传感器的输出是与输入的变化相对应的连续变化的电量。例如，电位器、电容式位移传感器、电阻应变片的输入与输出可以是线性的，也可以是非线性的。线性的可以直接使用，非线性的需经过线性化处理，模拟量经 A/D 转换后输入微机。

数字式传感器又分为计数式和代码式两大类。计数式传感器又称脉冲数字式传感器，它可以是任何一种脉冲发生器，所发出的脉冲数与输入量成正比，加上计数器就可对输入量进行计数，如可用来检测输送带上的产品个数，也可用来检测运行机构的位移量，这时运行机构每移动一定距离或转动一定角度就会发出一个脉冲信号，如增量式光电码盘和检测光栅。

代码式传感器又称编码器，它输出的信号是数字代码，每一代码相当于一个一定的输入量的值，代码“1”为高电平、“0”为低电平。高、低电平可用光电元件或机械接触式元件输出。代码式传感器常用来检测执行元件的位置或速度，如绝对式光电编码器、接触式编码板等。

4.1.3　传感器的静态特性和动态特性

1. 传感器的静态特性

传感器的静态特性是指在静态标准条件下（传感器的输入信号不随时间变化或变化非常缓慢），利用一定等级的标准设备，对传感器进行往复循环测试，得到的传感器输入/输出特性。通常希望这个特性（曲线）为线性，以便于进行标定和数据处理。但传感器实际的输出与输入特性只是接近线性，与理论直线有偏差。

描述传感器静态特性的主要技术指标有线性度、灵敏度、迟滞性、重复性、分辨力、漂移和精度等。

1）线性度

传感器线性度示意图如图 4-3 所示。传感器输入/输出特性实际曲线与其两个端尖的连线（称理论直线）之间的偏差称为传感器的非线性误差。取其中最大值与输出满度值之比即线性

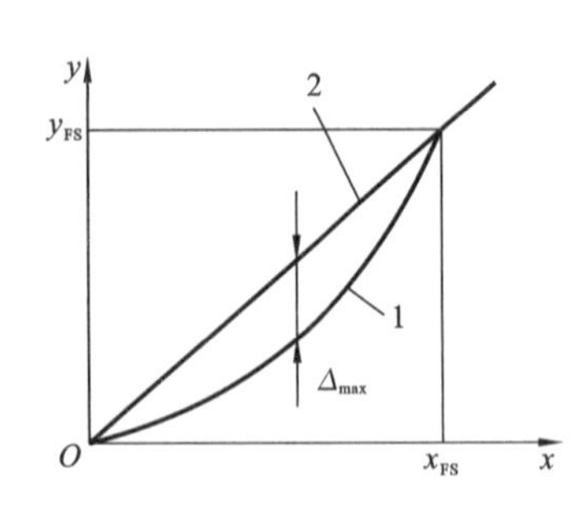

图 4-3　传感器线性度示意图

1—实际曲线；2—理想直线

度作为评价非线性误差的指标，即线性度的计算公式为

$$\gamma_L=\pm\frac{\Delta_{max}}{y_{FS}}\times 100\% \tag{4-1}$$

式中：γ_L——线性度；

Δ_{max}——最大非线性绝对误差；

y_{FS}——输出满度值。

2）灵敏度

在静态标准条件下，传感器输出变化对输入变化的比值称为灵敏度，用 S_0 表示，即

$$S_0=\frac{输出量的变化量}{输入量的变化量}=\frac{\Delta y}{\Delta x} \tag{4-2}$$

线性传感器的灵敏度 S_0 是一个常数。

3）迟滞性

迟滞性是指传感器在正（输入量增大）、反（输入量减小）行程中输出/输入特性曲线的不重合程度。迟滞性误差一般以满量程输出的百分数表示，即

$$\gamma_H=\frac{\Delta H_m}{y_{FS}}\times 100\% \quad 或 \quad \gamma_H=\pm\frac{1}{2}\frac{\Delta H_m}{y_{FS}}\times 100\% \tag{4-3}$$

式中：γ_H——迟滞性误差；

ΔH_m——输出值在正、反行程间的最大差值。

迟滞性一般由实验方法确定。传感器的迟滞性如图 4-4 所示。

4）重复性

在同一条件下，对传感器被测输入量按同一方向做全量程连续多次重复测量时，所得输出/输入特性曲线的不一致程度，称为重复性，如图 4-5 表示。重复性误差用满量程输出的百分数表示，即

$$\gamma_R=\pm\frac{\Delta R_m}{y_{FS}}\times 100\%$$

式中：γ_R——重复性误差；

ΔR_m——输出最大重复性误差。

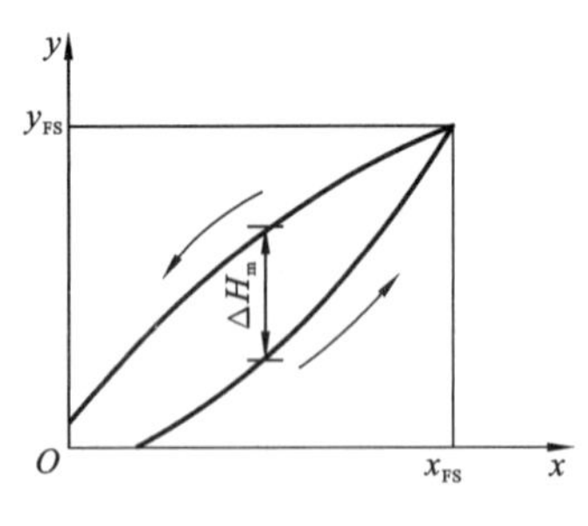

图 4-4　传感器的迟滞性

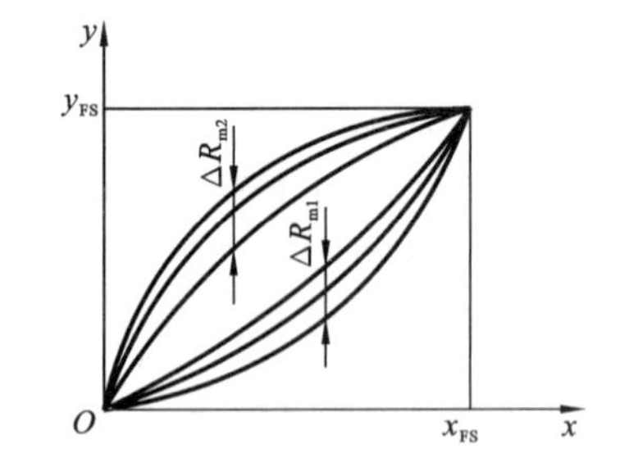

图 4-5　传感器的重复性

重复性也用实验方法确定，常用绝对误差表示。

5）分辨力

传感器能检测到的最小输入增量称为分辨力，在输入零点附近的分辨力称为阈值。分辨力

与满度输入比的百分数称为分辨率。

6）漂移

在传感器内部因素或外界干扰的作用下，传感器的输出变化称为漂移。输入状态为零时的漂移称为零点漂移。在其他因素不变的情况下，输出随着时间的变化产生的漂移称为时间漂移，随着温度的变化产生的漂移称为温度漂移。

7）精度

精度表示测量结果和被测“真值”的靠近程度。精度一般通过校验或标定的方法来确定，此时“真值”靠其他更精确的仪器或工作基准给出。国家标准中规定了传感器和测试仪表的精度等级。例如，电工仪表精度分七级，分别是 0.1 级、0.2 级、0.5 级、1.0 级、1.5 级、2.5 级、5 级。精度等级的确定方法是：算出绝对误差与输出满度量程之比的百分数，靠近该百分数且比该百分数小的国家标准等级即为该仪器的精度等级。

2. 传感器的动态特性

传感器的动态特性是指测量动态信号时，传感器的输出对输入的响应特性。传感器测量静态信号时，由于被测量不随时间变化，所以测量和记录过程不受时间的限制。而实际中大量的被测量是随时间变化的动态信号，传感器的输出不仅需要精确地显示被测量的大小，还要显示被测量随时间变化的规律，即被测量的波形。传感器能测量动态信号的能力用动态特性表示。

动态特性好的传感器，输出量随时间变化的规律将再现输入量随时间变化的规律，即它们具有同一个时间函数。但是，除了理想情况外，实际传感器的输出信号与输入信号不会具有相同的时间函数，由此引启动态误差。

动态特性一般都用阶跃信号输入状态下的输出特性及不同频率信号输入状态下的幅值变化和相位变化来表示。传感器的动态特性参数有最大超调量、上升时间、调整时间、频率响应范围、临界频率等。

4.2　常用的机械量传感器

4.2.1　位置传感器

在机械系统中，较简单且应用较广泛的传感器是位置传感器。与位移传感器不一样，位置传感器不是测量一段距离的变化量，而是通过检测，确定执行元件是否已到某一位置，因此，它只需要产生能反映某种状态的开关量就可以了。位置传感器以通断式应用较广。位置传感器的检测精度可从以 mm 为单位的低精度到以 μm 为单位的高精度。

位置传感器分为接触式和非接触式（接近式）两种。接触式位置传感器是能获取两个物体是否已接触信息的一种传感器，如限位开关和接触开关；而非接触式位置传感器是用来判别在某一范围内是否有某一物体的一种传感器，如接近开关和光电开关等。

1. 接触式位置传感器

接触式位置传感器用微动开关之类的触点器件便可构成，它又细分为以下两种。

图 4-6 微动开关位置传感器

1）微动开关位置传感器

用微动开关制成的位置传感器称为微动开关位置传感器，如图 4-6 所示。微动开关位置传感器用于检测机电设备中移动部件的位置。它的工作原理是：外机械力通过传动元件（按销、按钮、杠杆、滚轮等）作用于动作簧片上，当动作簧片位移到临界点时产生瞬时动作，使动作簧片末端的动触点与定触点快速接通或断开。

微动开关位置传感器有图 4-7 所示的几种构造和分布形式。

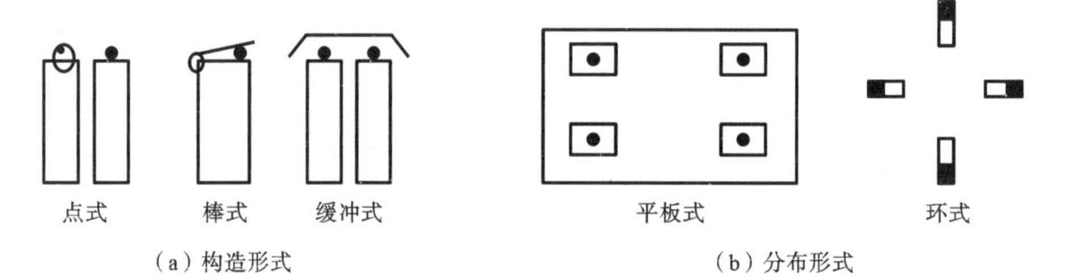

图 4-7 微动开关位置传感器的构造和分布形式

2）二维矩阵式位置传感器

二维矩阵式位置传感器如图 4-8 所示。它一般用于机器人手掌内侧。在机器人手掌内侧常安装有多个二维矩阵式位置传感器，用以检测自身与某一物体的接触位置、被握物体的中心位置和倾斜度，或识别物体的大小和形状。二维矩阵式位置传感器的构造如图 4-9 所示。

图 4-8 二维矩阵式位置传感器

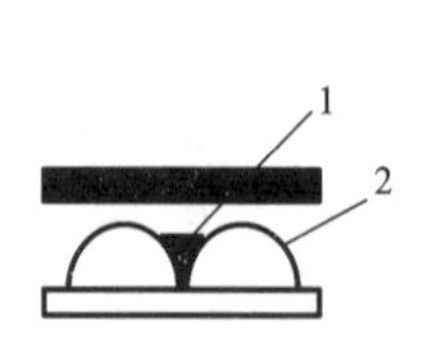

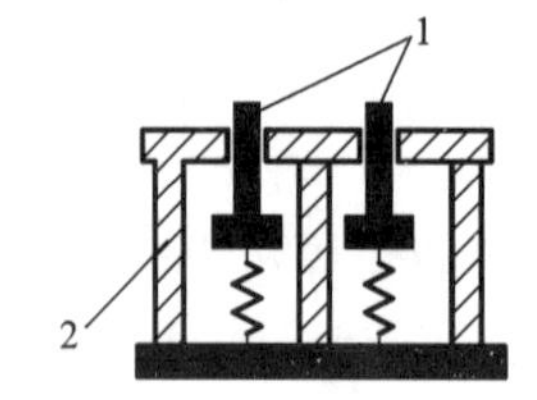

图 4-9 二维矩阵式位置传感器的构造

1—柔性电极；2—柔软绝缘体

2. 非接触式位置传感器

非接触式位置传感器按工作原理主要分为电磁式、电感式、光电式、静容式、气压式、超声波式等。非接触式位置传感器的基本工作原理可用图 4-10 表示出来。这里重点介绍三种较常用的非接触式位置传感器：电磁式传感器、变磁路气隙式电感传感器和光电式传感器。

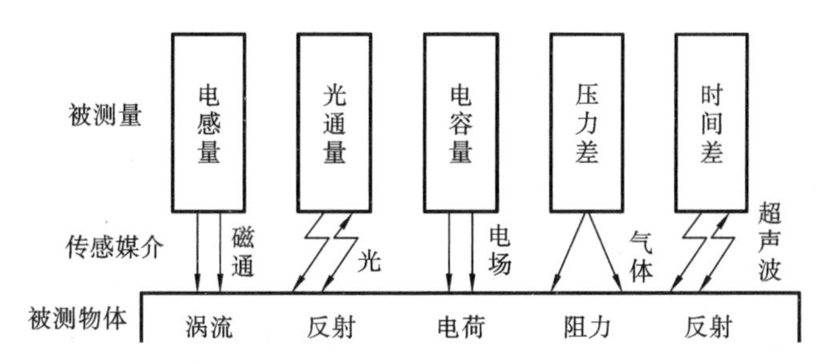

图 4-10　非接触式位置传感器的分类与基本工作原理图

1）电磁式传感器

当一个永久磁铁或一个通有高频电流的线圈接近一个铁磁体时，它们的磁力线分布将发生变化，因此，可以用另一组线圈检测这种变化。当铁磁体靠近或远离磁场时，它所引起的磁通量变化将在线圈中感应出一个电流脉冲，且该电流脉冲的幅值正比于磁通量的变化率。电磁式传感器正是基于上述原理制成的。

2）变磁路气隙式电感传感器

变磁路气隙式电感传感器的结构形式如图 4-11 所示。衔铁 3 和铁芯 2 都由截面积相等的高导磁材料做成，线圈 1 绕在铁芯 2 上，衔铁 3 和铁芯 2 间有一气隙 δ。当衔铁 3 发生纵向位移时，气隙 δ 发生变化，从而使铁芯 2 磁路中的磁阻发生变化，磁阻的变化将使线圈 1 的电感量发生变化。这样，衔铁 3 的位移量与线圈 1 的电感量之间存在一定的对应关系，只要得知线圈 1 的电感量变化就可以得知位移量的大小，这就是变磁路气隙式电感传感器的工作原理。

3）光电式传感器

光电式传感器如图 4-12 所示。这种传感器具有体积小、可靠性高、检测精度高、响应速度快、易与 TTL 电路和 CMOS 电路兼容等优点。它又细分为透光式和反射式两种。

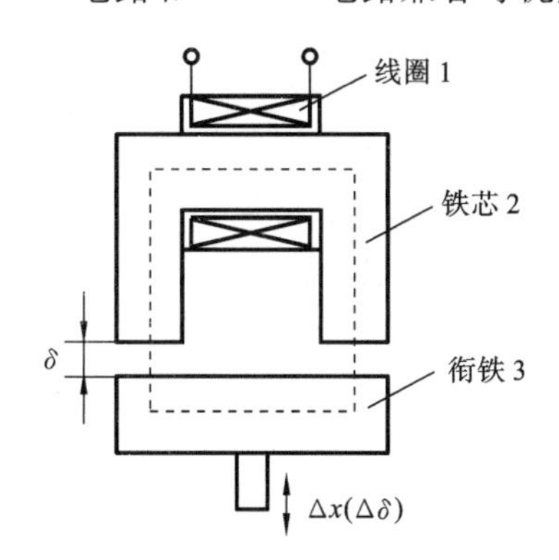

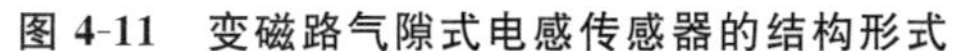

图 4-11　变磁路气隙式电感传感器的结构形式

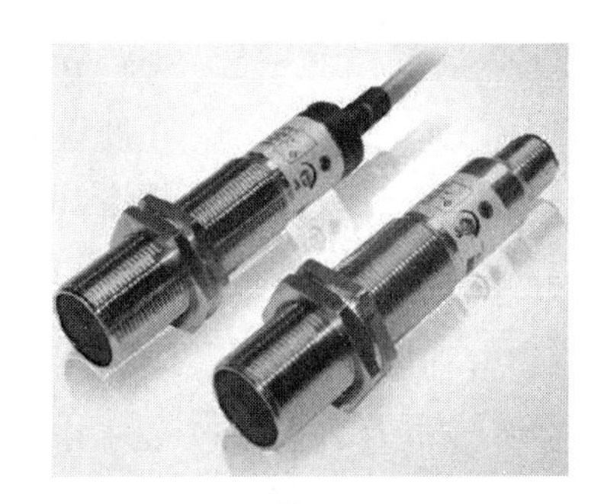

图 4-12　光电式传感器

在透光式光电传感器中，发光元件和接收元件（光敏元件）相对放置，中间留有间隙。当被测物体到达这一间隙时，发射光被遮住，从而接收元件便可检测出物体已经到达，如图 4-13(a)

所示。

反射式光电传感器发出的光经被测物体反射后再落到检测元件上，它的基本工作情况大致与透光式光电传感器相似，只是检测的是反射光，所以得到的输出电流较小。另外，对于不同的物体表面，信噪比也不一样，因此，设定限幅电平显得非常重要。图 4-13(b)所示为反射式光电传感器的结构形式，它的电路和透光式光电传感器大致相同，只是接收元件发射极的电阻较大且可调，这主要是因为反射式光电传感器的光电流较小且有很大的分散性。

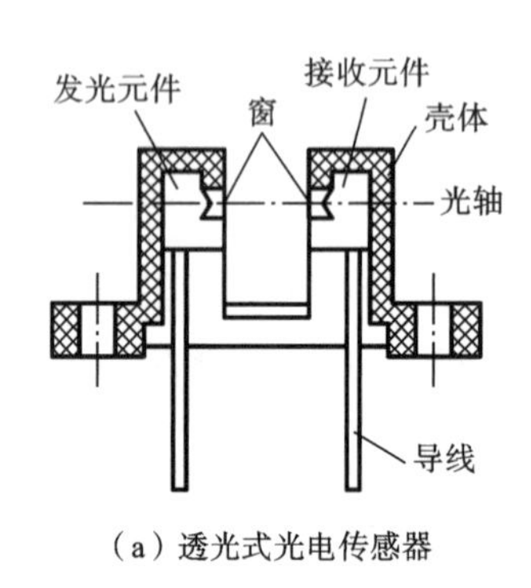

（a）透光式光电传感器

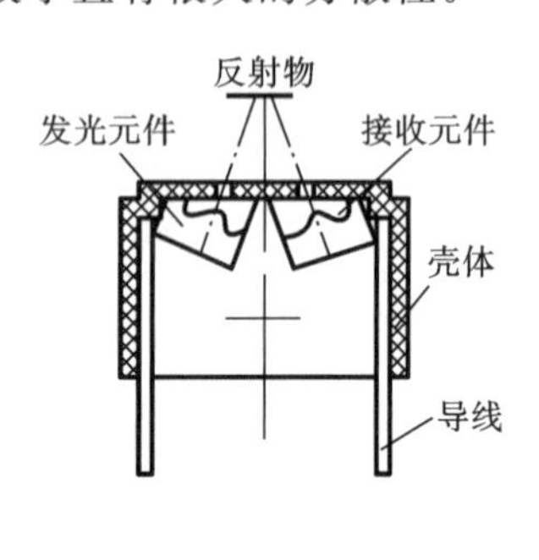

（b）反射式光电传感器

图 4-13　光电式传感器

4.2.2　位移传感器

在很多情况下，机电一体化系统是一个实现输出变量精确地跟随或复现输入变量的伺服系统，即可以使输出的机械位移或位移速度、加速度等准确地跟踪输入的目标值，因此必须有检测机械系统运动部件位移、速度和加速度的传感器。常用的位移传感器有光电编码器、光栅、感应同步器、磁栅和旋转变压器等。常用的速度传感器有测速发电机、光电编码器等。

图 4-14　光电编码器

1. 光电编码器

光电编码器如图 4-14 所示。它是一种旋转式测量装置，通常安装在被测轴上，随被测轴一起转动，可将被测轴的角位移转换成增量脉冲形式或绝对式的代码形式。

1）增量式光电编码器

增量式光电编码器也称脉冲编码器。增量式光电编码器通常与电动机做在一起，或者安装在电动机的非轴伸端，电动机可直接与滚珠丝杠相连，或通过减速比为 i 的减速齿轮与滚珠丝杠相连，每个脉冲对应机床工作台移动的距离可用下式计算：

$$\delta=\frac{P_{\mathrm{h}}}{iM} \tag{4-4}$$

式中：δ——脉冲当量(mm/p)；

P_{h}——滚珠丝杠的导程(mm)；

i——减速齿轮的减速比；

M——增量式光电编码器每转的脉冲数(p/r)。

图 4-15 所示为增量式光电编码器结构示意图。增量式光电编码器由光源、聚光镜、光电盘、圆盘、光电元件和信号处理电路等组成。光电盘用玻璃材料经研磨抛光制成，玻璃表面在真

空中镀上一层不透光的铬，然后用照相腐蚀法在上面制成向心透光窄缝，向心透光窄缝在圆周上等分，等分数量从几百条到几千条不等。圆盘也用玻璃材料经研磨抛光制成，它的透光窄缝有两条，每一条后面安装有一个光电元件。

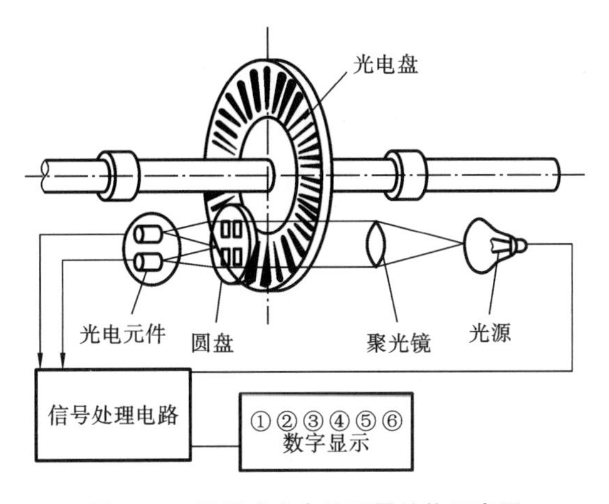

图 4-15　增量式光电编码器结构示意图

光电盘与工作轴连在一起，光电盘转动时，每转过一个缝隙就发生一次光线的明暗变化，光电元件把通过光电盘和圆盘射来的忽明忽暗的光信号转换为近似正弦波的电信号，经整形、放大和微分处理后，输出脉冲信号。

通过记录脉冲的数目，就可以测出转角。测出单位时间脉冲的数目，就可以求出速度。增量式光电编码器的测量精度取决于它所能分辨的最小角度，而这与光电盘圆周的条纹数有关，即增量式光电编码器的分辨角 $\alpha=360°/$条纹数，如条纹数为 1 024，则分辨角 $\alpha=360°/1\ 024=0.352°$。

实际应用的增量式光电编码器的圆盘上有 A 组（A、$\overline{A}$）和 B 组（B、$\overline{B}$）两组条纹，每组条纹的间隙与光电盘相同，而 A 组与 B 组的条纹彼此错开 1/4 节距，两组条纹相对应的光电元件所产生的信号彼此相差 90°相位，由此可辨向。

如图 4-16 所示，A、B 信号为具有 90°相位差的正弦波，经放大和整形分别变为方波 A_1、B_1。设 A 相比 B 相超前 90°时为正方向旋转，则 B 相超前 A 相 90°就是负方向旋转，利用 A 相与 B 相的相位关系可以判别旋转方向。此外，在光电盘里圈的不透光圆环上还刻有一条透光条纹 Z，用以产生零位脉冲信号（每转一个），零位脉冲信号是轴每旋转一周在固定位置上产生的一个脉冲，是用来找机床基准点的。通常数控机床的原点与各轴增量式光电编码器发零位脉冲信号的位置是一致的。数控车床切削螺纹时，可将这种脉冲信号当作车刀进刀点和退刀点的信号使用，以保证切削螺纹时不会乱扣。同时 A、B 相脉冲信号经频率-电压变换后，得到与转轴转速成正比的电压信号，该电压信号是速度反馈信号，供给速度控制单元，以便进行速度调节。

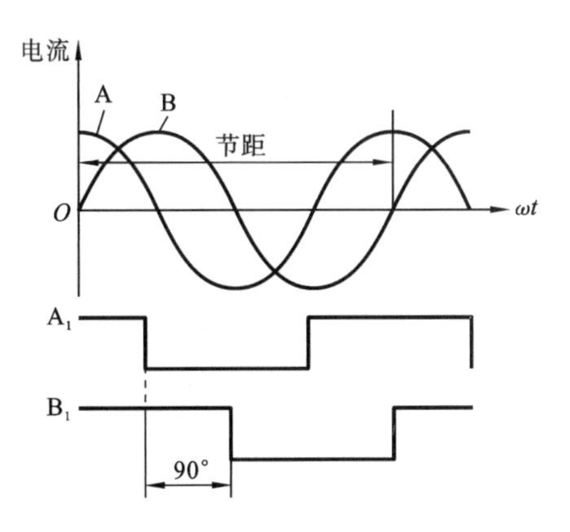

图 4-16　增量式光电编码器输出波形

在数控机床上，增量式光电编码器作为位置检测装置用在数字比较伺服系统中，用于将位置检测信号反馈给 CNC 装置。

图 4-17 所示为增量式光电编码器辨向环节框图和波形图。增量式光电编码器输出的交变信号 A、$\overline{A}$、B、$\overline{B}$ 经差分驱动后进入 CNC 装置，再经整形放大电路变成两个方波系列：A_1、B_1。将 A_1 和它的反向信号 $\overline{A}_1$ 微分（上升沿微分）后得到 A_1' 和 $\overline{A_1'}$ 脉冲系列，作为加、减计数脉冲。B_1 路方波信号被用作加、减计数脉冲的控制信号，正走（A 超前 B）时，由 Y_2 门输出加计数脉冲，此时 Y_1 门输出为低电平；反走（B 超前 A）时，由 Y_1 门输出加计数脉冲，此时 Y_2 门输出为低电平。这种读数方法每次反映的都是相对于上一次读数的增量，而不能反映转轴在空间的绝对位置，所以是增量读数法。

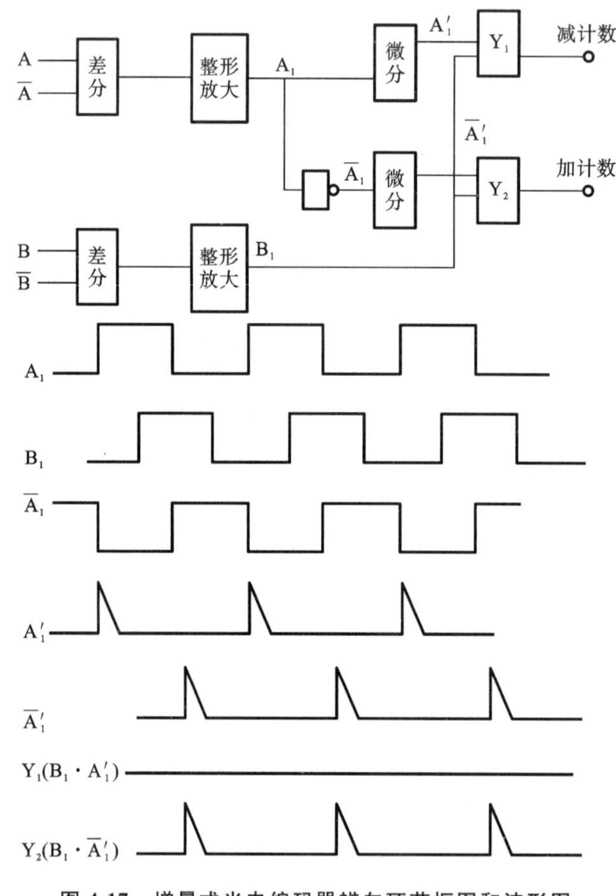

图 4-17　增量式光电编码器辨向环节框图和波形图

增量式光电编码器的输出信号 A、$\overline{A}$ 和 B、$\overline{B}$ 为差动信号，差动信号大大提高了传输的抗干扰能力。在数控系统中，常对上述信号进行倍频处理，以进一步提高分辨力。例如，配置 2 000 p/r 增量式光电编码器的伺服电动机直接驱动螺距为 8 mm 的滚珠丝杠，经数控系统 4 倍频处理后，得到 8 000 p/r 的角度分辨力，对应工作台的直线分辨力由倍频前的 0.004 mm 提高到 0.001 mm。

2）绝对式光电编码器

绝对式光电编码器可直接将被测角用数字代码表示出来，且每一个角度位置均有对应的测量代码，因此绝对式光电编码器即使断电也能读出被测轴的角度位置，即具有断电记忆功能。

图 4-18 所示为光电码盘光路。由光源发出的光经聚光透镜(柱面透镜)变成一束平行光或会聚光,照射到码盘上。光电码盘用光学玻璃制成,上面刻有许多同心码道,每圈码道上按一定规律排列若干亮区(透光)和暗区(不透光)。透过亮区的光线经狭缝形成一束很窄的光束照射在光电器件上。光电器件的排列与码道一一对应。亮区与暗区分别对应光电器件输出的信号,即“1”与“0”。光电器件输出信号的组合,代表按一定规律编码的数字量。

图 4-19 所示是 6 位二进制码盘。从图中可以看出,码道的圈数就是二进制的位数,且高位在内,低位在外。

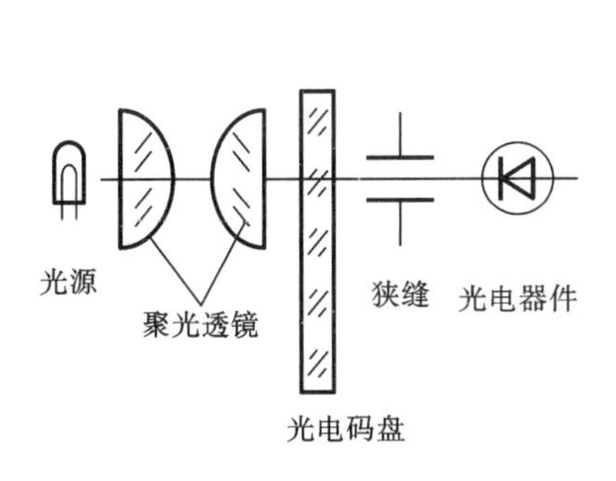

图 4-18　光电码盘光路

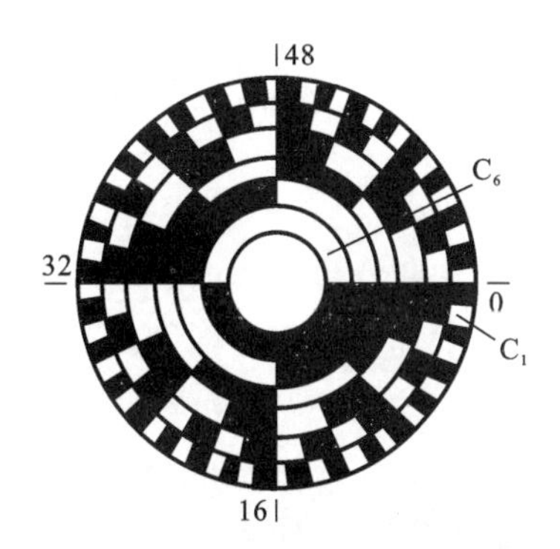

图 4-19　6 位二进制码盘

二进制码盘的分辨角为

$$\theta=\frac{360^\circ}{2^n} \tag{4-5}$$

式中,n 为码道数,n 越大,二进制码盘位数越多,所能分辨的角度越小,测量精度越高,但制作越困难。

二进制码盘各码道刻线位置线不准,造成一个码道上的亮区或暗区相对其余码道提前或滞后改变,造成数码误读,带来输出粗大误差。消除输出粗大误差的常用办法是采用循环码,它的特点是任何两个相邻数码间只有一位是变化的。

绝对式光电编码器在高精度伺服系统中分辨力可达 163 840 p/r,最大输出频率可达 9.557 MHz,控制分辨率可达 1/264。例如,具有高分辨力、快速响应的绝对式光电编码器,每转可分辨 10 万个等分,能用在 10 000 r/min 的高速运转系统中。

3) 光电编码器在数控机床位移测量中的应用

光电编码器可用于数控机床工作台或刀架的直线位移测量。在数控机床中,光电编码器一般有两种安装方式:一是将光电编码器和伺服电动机同轴连接在一起(称为内装式编码器),然后将伺服电动机和滚珠丝杠连接,光电编码器在进给传动链的前端,如图 4-20(a)所示;二是光电编码器连接在滚珠丝杠末端(称为外装式编码器),如图 4-20(b)所示。由于后者包含的进给传动链误差比前者大,因此,在半闭环伺服系统中,后者的位置控制精度比前者高。

由于增量式光电编码器每转过一个分辨角就发出一个脉冲信号,因此根据脉冲的数量、传动比及滚珠丝杠的螺距即可得出移动部件的直线位移。例如,某带增量式光电编码器的伺服电动机与滚珠丝杠直接连接(传动比 1∶1),在中断计数时间内,工作台移动的位移量 l 的计算公式为

$$l=\frac{mP_{\mathrm{h}}}{M} \tag{4-6}$$

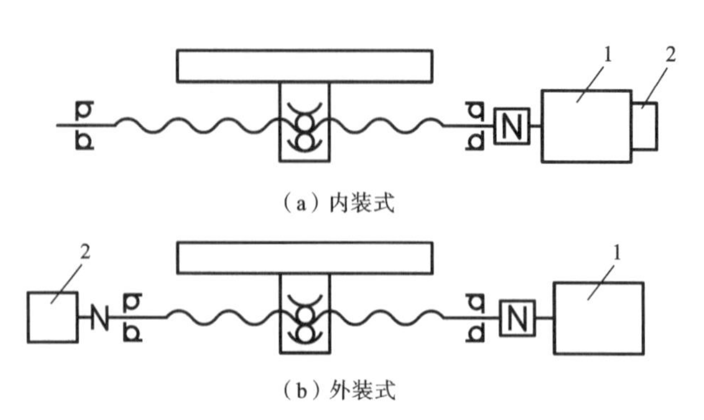

图 4-20　光电编码器在数控机床中的安装方式

1—伺服电动机；2—光电编码器

式中：m —— 中断计时时间内的脉冲数；

P_h —— 滚珠丝杠的导程(mm)；

M ——增量式光电编码器每转的脉冲数(p/r)。

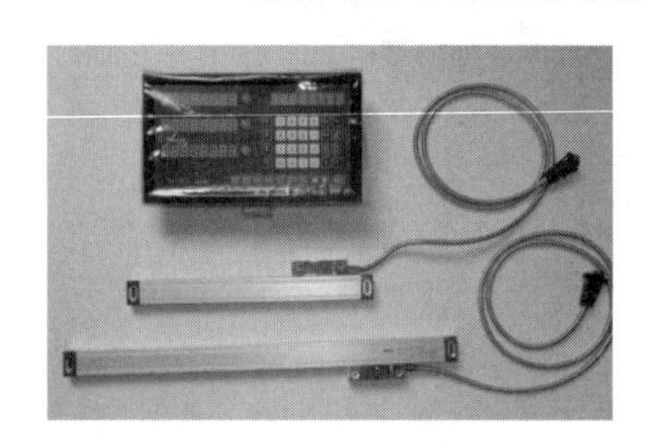

图 4-21　光栅实物图

在数控机床回转工作台上通过在回转轴末端安装光电编码器，可直接测量回转工作台的角位移。在交流电动机变频控制中，与电动机同轴连接的光电编码器可检测电动机转子磁极相对定子绕组的角度位置，用于变频控制。

2. 光栅

光栅实物图如图 4-21 所示。光栅是一种高精度的直线位移传感器，在数控机床上用于测量工作台的位移(属直接测量)，并组成位置闭环伺服系统。图 4-22 所示是光栅在车床上的安装示意图。

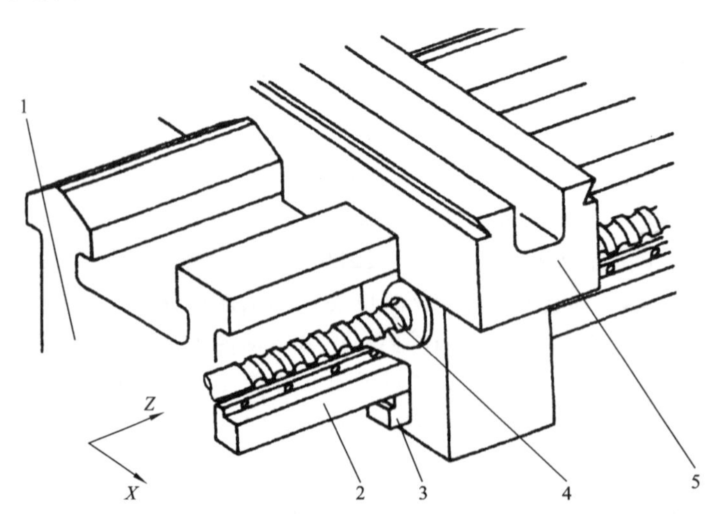

图 4-22　光栅在车床上的安装示意图

1—Z 向导轨；2—定光栅尺；3—动光栅尺；4—滚珠丝杠；5—X 向导轨

光栅有透射光栅和反射光栅两类。透射光栅是在透明的光学玻璃板上，刻制平行且等距的密集线纹，利用光的透射现象制成的；反射光栅一般是在不透明的金属材料，如不锈钢板或铝板上刻制平行且等距的密集线纹，利用光的全反射或漫反射制成的。

这里以常用的透射光栅为例，介绍光栅的工作特点和工作原理。光栅位置检测装置由光源、长光栅、短光栅、光电元件等组成。长光栅固定在数控机床的固定部件上，长度相当于工作台移动的全行程，又称为标尺光栅。短光栅装在数控机床的活动部件上，称为指示光栅。标尺光栅和指示光栅都是由窄矩形不透明的线纹和与其等宽的透明间隔组成的。

光栅的输出信号与光电编码器相似，光栅输出 A、B 正交逻辑信号和零位信号，主要用于测量直线位移和线速度。它的测量精度很高，可以精确到微米级。光栅尺的精度一般用线数来表示，指每毫米输出脉冲的个数。

例如，某光栅尺的线数为 $n=50$，光栅尺的接口卡一般有 4 倍频功能，则光栅尺的测量精度为

$$\Delta l=\frac{1}{50\times 4}\text{mm}=0.005\ \text{mm}$$

光栅检测元件一般用玻璃制成，容易受外界气温的影响而产生误差。另外，灰尘、切屑、油污等容易浸入，使光栅系统受到杂质的污染，影响光栅信号的幅值和精度，甚至因光栅的相对运动而损坏刻线。因此，光栅必须采用与机床材料膨胀系数接近的玻璃材料制作，并且加强对光栅系统的维护和保养。对测量精度较高的光栅应进行密封，或者将测量精度较高的光栅用在环境条件较好的恒温场所。

3. 感应同步器

1) 感应同步器的组成和工作原理

感应同步器实物图如图 4-23 所示。感应同步器是利用两个平面绕组的互感随两者的相对位置变化而变化，测量线位移和角位移的传感器。测线位移的感应同步器称为长感应同步器，它由定尺和滑尺组成。测角位移的感应同步器称作圆感应同步器。它由转子和定子组成。本节以长感应同步器为例，介绍感应同步器的工作原理和使用方法。

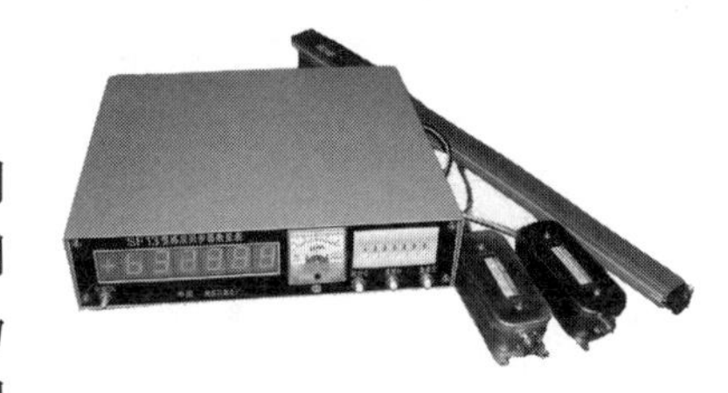

图 4-23　感应同步器实物图

感应同步器是一个耦合系数随相对位移量的变化而变化的变压器，它的输出感应电动势与位移 X 之间具有正弦或余弦关系。感应同步器多采用滑尺或定尺(分段绕组)励磁，由定尺或转子得到感应电动势信号。

图 4-24 所示为长感应同步器的安装形式和绕组。定尺安装在机床床身上，滑尺安装在机床移动部件上，随移动部件一起移动，两者平行放置，保持 0.2～0.3 mm 的间隙。标准的定尺长 250 mm，尺上是单向、均匀、连续的感应绕组；滑尺长 100 mm，尺上有两组励磁绕组，一组为正弦励磁绕组，另一组为余弦励磁绕组，绕组的节距与定尺感应绕组的节距相同，均为 2 mm，用 T 表示。当正弦励磁绕组与定尺的感应绕组对齐时，余弦励磁绕组与定尺的感应绕组相差 1/4 节距。由于定尺的感应绕组是均匀的，故滑尺上的两个励磁绕组在空间位置上相差 1/4 节距，即 $\pi/2$ 相位角。当励磁绕组与感应绕组间发生相对位移时，由于电磁耦合的变化，感应绕组中的感应电压随位移的变化而变化。

2) 感应同步器的特点

感应同步器的特点如下。

(1) 精度高。

因为定尺的节距误差有平均自补偿作用，所以定尺本身的精度能做得较高。直线式感应同

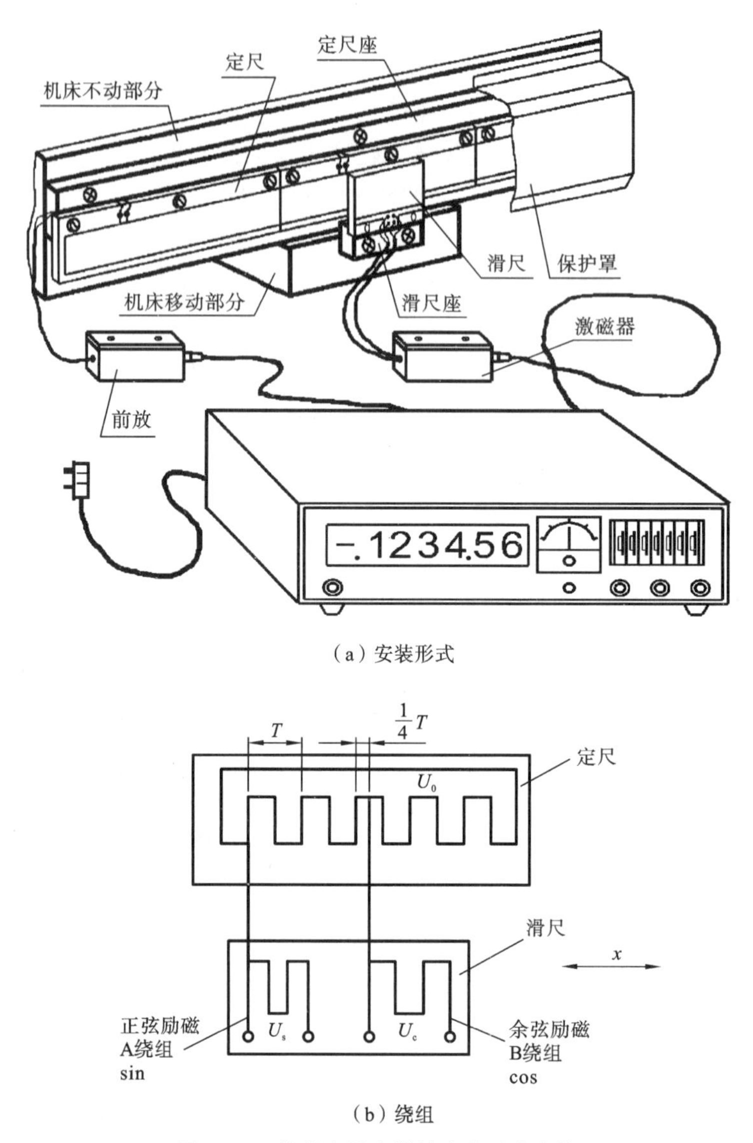

（a）安装形式

（b）绕组

图 4-24　长感应同步器的安装形式和绕组

步器对机床位移的测量是直接测量，不经过任何机械传动装置，测量精度主要取决于定尺的精度。

感应同步器的灵敏度（或称分辨力）取决于一个周期进行电气细分的程度，灵敏度的提高受到电子细分电路中信噪比的限制，但是通过线路的精心设计和采取严密的抗干扰措施，可以把电磁噪声降到很低，并获得很高的稳定性。

（2）测量长度不受限制。

当测量长度大于 250 mm 时，可以用多块定尺接长，相邻定尺的间隔可用块规或激光测长仪进行调整，使总长度上的累积误差不大于单块定尺的最大偏差。工作台行程为几米到几十米的机床中，工作台位移的直线测量大多数采用直线式感应同步器来实现。

（3）对环境的适应件较强。

因为感应同步器金属基板和床身铸铁的热膨胀系数相近，所以当温度变化时，还能获得较高的重复精度。另外，感应同步器是非接触式的空间耦合器件，所以对尺面的防护要求低，而且可选择耐温性能良好的非导磁性涂料做保护层，加强感应同步器的抗温防湿能力。

(4) 维护简单、寿命长。

由于感应同步器的定尺和滑尺互不接触，无任何摩擦、磨损，所以感应同步器使用寿命很长，不怕灰尘、油污和冲击振动。另外，由于是电磁耦合器件，所以感应同步器不需要光源、光电元件，不存在元件老化和光学系统故障等问题。

3) 对感应同步器的基本要求

对感应同步器的基本要求如下。

(1) 在安装感应同步器时，必须保持两尺平行，两平面间的间隙约为0.25 mm，倾斜度小于0.5°，装配面波纹度在0.01 mm/250 mm以内。滑尺移动时，晃动的间隙和不平行度误差的变化小于0.1 mm。

(2) 感应同步器大多装在容易被切屑和切削液浸入的地方，所以必须加以防护，否则切屑夹在间隙内，会导致滑尺和定尺的绕组刮伤或短路，使装置产生误动作和遭到损坏。

(3) 正弦励磁绕组和余弦励磁绕组在空间中的相位差90°应准确，要尽可能消除感应耦合中的高次谐波。同步回路中的阻抗和激滋电压不对称以及激磁电流失真度超过2%，将对测量精度产生很大的影响，因此在调整系统时，应加以注意。

(4) 由于感应同步器感应电势低、阻抗低，所以应加强屏蔽，以防止干扰。感应同步器具有较高的测量精度和分辨力，抗干扰能力强，使用寿命长。

4. 旋转变压器

旋转变压器实物图如图4-25所示。旋转变压器属于电磁式传感器，可以用于角位移的测量，是一种间接测量装置。由于具有结构简单、动作灵敏、工作可靠、对环境条件要求低、输出信号幅度大和抗干扰能力强等特点，旋转变压器在连续控制系统中得到了普遍使用。

旋转变压器在结构上与绕线式异步电动机相似，由定子和转子组成，励磁电压接到定子绕组上，励磁频率通常为400 Hz、500 Hz、1 000 Hz或5 000 Hz，转子输出感应电压，该感应电压随被测角位移的变化而变化。旋转变压器可单独和滚珠丝杠相连，也可与伺服电动机组成一体。

常用的旋转变压器为正余弦旋转变压器，它的定子和转子各有相互垂直的两个绕组，如图4-26所示。其中：定子上的两个绕组分别为正弦励磁绕组和余弦励磁绕组，励磁电压用u_{1s}和u_{1c}表示；转子上一个绕组输出感应电压u_2，另一个绕组接高阻抗作为补偿，θ为转子的转角。定子接入不同的励磁电压，可得到两种工作方式，即鉴相工作方式和鉴幅工作方式。在鉴相工作方式下，转子输出的感应电压的相位角和转子的转角之间有严格的对应关系，只要检测出转子输出的感应电压的相位角，就可以知道转子的转角。由于旋转变压器的转子与被测轴连接在一起，故被测轴的角位移就得到了。在鉴幅工作方式下，转子输出的感应电压的幅值随转子的转角θ的变化而变化，测出幅值即可求得转子的转角θ。

旋转变压器一般根据转子输出感应电压的方式分为有刷和无刷两种。无刷旋转变压器一般为多级旋转变压器。所谓多级旋转变压器，就是增加定子和转子的极对数，使电气转角为机械转角的倍数。用多级旋转变压器来代替单级旋转变压器，不需要升速齿轮，从而提高了定位精度。

将旋转变压器装在数控机床的丝杠上，当角从0°变化到360°时，表示丝杠的螺母走了一个螺距，这样就间接地测量了丝杠的直线位移(螺距)的大小。在数控机床伺服系统中，旋转变压器往往用来测量机床主轴和伺服轴的运动参数等。用旋转变压器测全长时，可加装一个计数器，用以将累计所走的螺距数折算成位移总长度。为区别正反向，可再加装一个相敏检测器，以区别不同的转向。另外，还可以用三个旋转变压器按 1∶1、10∶1 和 100∶1 的比例相互配合串接，组成精、中、粗三级旋转变压器测量装置。这样，如果转子以半周期直接与丝杠耦合(即“精”同步)，结果使丝杠位移 10 mm，则“中”旋转变压器工作范围为 100 mm，“粗”旋转变压器的工作范围为 1 000 mm。为了使机床滑板按要求到达一定的位置，需要接入电气转换电路，在实际不断接近要求值的过程中使旋转变压器从“粗”转换到“精”，最后位置检测精度由“精”旋转变压器决定。

图 4-25 旋转变压器实物图

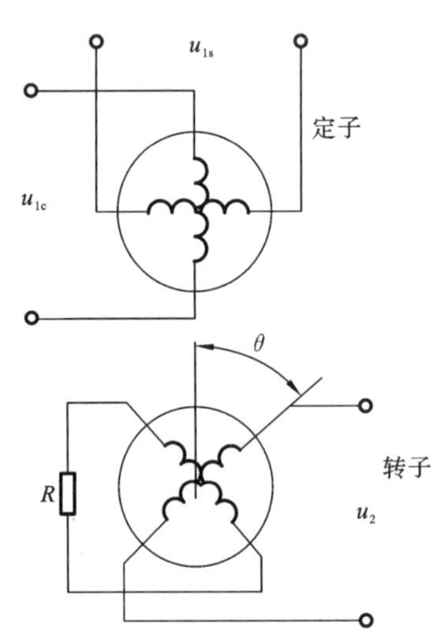

图 4-26 正余弦旋转变压器原理图

4.2.3 速度传感器

1. 测速发电机

测速发电机实物图如图 4-27 所示。测速发电机是一种利用电磁作用，把机械转速转换为电信号的传感器。测速发电机分交流和直流两大类，其中交流测速发电机又有同步和异步之分。在机电一体化控制系统中常用的测速发电机有直流测速发电机和异步交流测速发电机。

1) 直流测速发电机

直流测速发电机一般都做成永磁式，它的工作原理如图 4-28 所示，在恒定磁场 Φ_0 中，当电枢以转速 n 旋转时，电枢上的导体切割磁力线，从而在电刷间产生空载感应电势 E_0，它的值由下式确定：

$$E_0 = C_e \Phi_0 n \tag{4-7}$$

式中，C_e 为电势常数，Φ_0 为磁通量。

由式(4-7)可以看出，空载输出电压 $U = E_0$，它与转速 n 成正比。当存在负载电阻 R_1 和电枢回路总电阻 R_a 时，有

$$U = E_0 - IR_a = E_0 - \frac{U}{R_1} R_a$$

图 4-27　测速发电机实物图

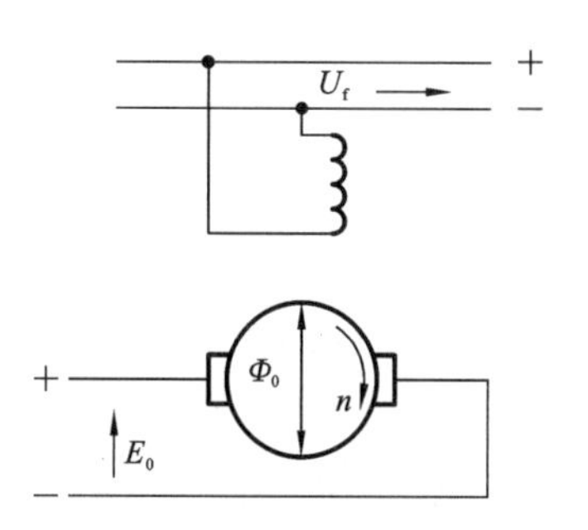

图 4-28　直流测速发电机的工作原理

$$U=\frac{E_0}{1+\dfrac{R_a}{R_1}}=\frac{C_e\Phi_0}{1+\dfrac{R_a}{R_1}}n \tag{4-8}$$

由式(4-8)可以看出,当 Φ_0、R_a、R_1 不变时,测速发电机的输出电压 U 与转速 n 成正比。

直流测速发电机的特点可归纳如下。

(1) 输出信号是恒定的直流电压,它的极性随旋转方向而定。

(2) 输出电压与转速之间具有线性关系,通常在不同负载下线性输出特性的斜率是不一样的。但是,实际上,由于电枢反应的存在和温度的变化,输出特性产生非线性,以致直流测速发电机产生转速误差。

(3) 输出的直流电压存在波动分量和不灵敏区。

(4) 输出信号的误差、波动和不灵敏区可以通过电路来改善,以满足高性能的使用要求。

(5) 直流测速发电机具有良好的动态特性,即频率响应范围较宽。

(6) 直流测速发电机的环境适应性、工作可靠性较好。

2) 交流测速发电机

同步交流测速发电机的种类很多,输出交流电压的频率及幅值均随转速而变,导致输出特性变坏,线性精度较差,不能适应控制系统要求,仅用于转速的指示。

在交流测速发电机中,杯形转子异步交流测速发电机输出信号的幅值正比于转速,而交变频率不随转速而变。杯形转子异步交流测速发电机由于结构十分简单,而且没有机械接触,输出信号的误差又小,剩余电压低,所以在控制系统中得到广泛应用。

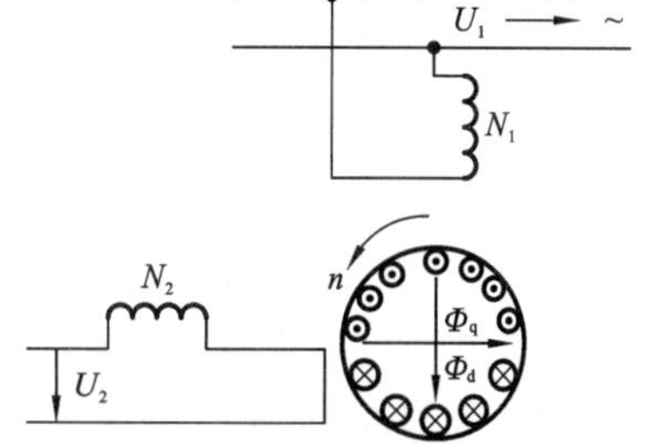

图 4-29　杯形转子异步交流测速发电机的工作原理

杯形转子异步交流测速发电机的定子由两个在空间相互成 90°角安置的绕组构成,其中一个为励磁绕组,另一个为输出绕组,转子采用杯形结构,如图 4-29 所示。

频率为 f 的交流励磁电压 U_1 加在励磁绕组 N_1 之后,沿励磁绕组 N_1 轴线产生频率为 f 的脉振磁通 Φ_d。当转子旋转后,杯形转子切割脉振磁通 Φ_d,随之产生电动势和电流。转子电流将沿着输出绕组 N_2 轴线方向产生频率为 f 的脉振磁通 Φ_q。脉振磁通 Φ_q 在输出绕组 N_2 上感应出频率为 f 的交流输出电压 U_2。交流输出电压 U_2 的幅值与转速成正比;交流输出电压 U_2 的频率与励磁电压的频率相等,不随转速而变。当转子转速改变方向时,交流输出电压 U_2 的相位随之改变。

交流输出电压 U_2 为

$$U_2 = C_e \Phi_d n \tag{4-9}$$

式中：C_e——电势常数；

Φ_d——测速发电机的合成磁通量；

n——电枢转速。

2. 光电编码器

光电编码器输出脉冲的频率与它的转速成正比，因此，光电编码器可代替模拟测速的测速发电机而成为数字测速装置。光电编码器的转速 n 可用下式计算：

$$n = \frac{60m}{Mt} \tag{4-10}$$

式中：n ——测量时间(s)；

m ——在时间 t(s)内测得的脉冲数；

M ——光电编码器每转的脉冲数(p/r)。

当利用光电编码器的脉冲信号进行速度反馈时，若伺服驱动装置为模拟式的，则脉冲信号需由频率-电压转换器转换成正比于频率的电压信号；若伺服驱动装置为数字式的，则可直接进行数字测速反馈。

4.2.4 加速度传感器

测量加速度时可在上述测速基础上进行微分，或者经转换得到力，进而求得加速度。加速度传感器有多种形式，它们的工作原理是利用惯性质量受加速度所产生的惯性力引起各种物理效应，经转换得到电量，间接度量被测加速度。使用加速度传感器可以检测振动，可以对机械故障进行诊断，通过微机保证加工过程的安全。因为振动信号是模拟信号，所以在读入信号之前需要由 A/D 转换器进行从模拟量到数字量的转换，另外，像齿轮的缺齿、轴承的损伤等也可用加速度传感器来检查。最常用的加速度传感器有电阻应变式加速度传感器、压电式加速度传感器、电磁感应式加速度传感器等。

1. 电阻应变式加速度传感器

电阻应变式加速度传感器的结构如图 4-30 所示。它由重块、悬臂梁、应变片和充以阻尼液体的壳体等构成。当有加速度时，重块受力，悬臂梁弯曲，根据固定在悬臂梁上的应变片的变形便可测出力的大小，在已知重块质量的情况下即可算出被测加速度。壳体内灌满的黏性液体用作阻尼。电阻应变式加速度传感器的固有频率可做得很低。

2. 压电式加速度传感器

压电式加速度传感器的结构如图 4-31 所示。使用时，压电式加速度传感器固定在被测物体上，感受被测物体的振动，重块产生惯性力，使压电元件产生变形。压电元件产生的变形和由此产生的电荷与加速度成正比。压电式加速度传感器可以做得很小，质量很轻，对被测物体的影响很小。压电式加速度传感器的频率范围广、动态范围宽、灵敏度高，应用较为广泛。

压电式加速度传感器分电荷输出型和电压输出型，在构成测试系统时，要注意后续测量仪器的配置。

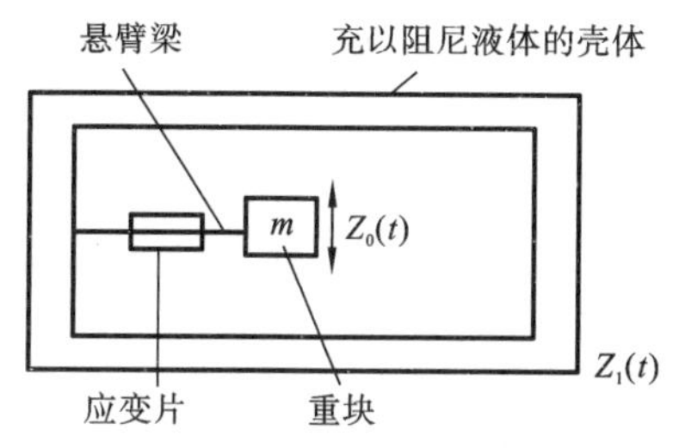

图 4-30　电阻应变式加速度传感器的结构

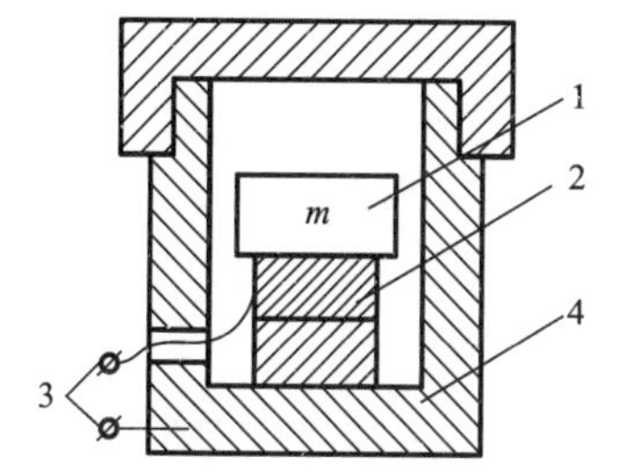

图 4-31　压电式加速度传感器的结构

1—重块；2—压电元件；3—接线；4—基座

4.3　常用传感器的性能指标

传感器检测是非电量电测的首要环节，传感器是非电量电测的关键部件。传感器质量的好坏，一般通过若干个性能指标来表示。如表 4-1 所示，传感器的主要性能指标有基本参数、环境参数、可靠性、使用条件、经济性。其中，基本参数包括量程、灵敏度、静态精度、动态频率特性、动态阶跃特性等。

表 4-1　传感器的主要性能指标

<table>
<tr><th colspan="3">项　目</th><th colspan="3">相应指标</th></tr>
<tr><td rowspan="7">基本参数</td><td colspan="2" rowspan="3">量程</td><td>测量范围</td><td colspan="2">允许误差极限内传感器被测量值的范围</td></tr>
<tr><td>量程</td><td colspan="2">测量范围的上限(最大)值和下限(最小)值之差</td></tr>
<tr><td>过载能力</td><td colspan="2">传感器在不致引起规定性能指标永久改变的条件下，允许超过测量范围的能力，一般用允许超过测量上限(或下限)的被测量值与量程的百分比表示</td></tr>
<tr><td colspan="2">灵敏度</td><td colspan="3">灵敏度、分辨力、阈值、满量程输出</td></tr>
<tr><td colspan="2">静态精度</td><td colspan="3">精确度、线性度、重复性、迟滞性、灵敏度误差</td></tr>
<tr><td rowspan="2">动态性能</td><td>频率特性</td><td colspan="2">频率响应范围、临界频率、幅频特性、相频特性</td><td rowspan="2">时间常数、固有频率、阻尼比、动态误差</td></tr>
<tr><td>阶跃特性</td><td colspan="2">过冲量、临界速度、稳定时间</td></tr>
<tr><td rowspan="3">环境参数</td><td>温度</td><td colspan="4">工作温度范围、温度误差、温度漂移、温度系数、热滞后</td></tr>
<tr><td>振动、冲击</td><td colspan="4">允许各向抗冲击振动的频率、振幅及加速度，冲击振动所允许引入的误差</td></tr>
<tr><td>其他</td><td colspan="4">抗潮湿能力、抗介质腐蚀能力、抗电磁场干扰能力等</td></tr>
<tr><td colspan="2">可靠性</td><td colspan="4">工作寿命、平均无故障时间、保险期、疲劳性能、绝缘电阻、耐压性</td></tr>
<tr><td colspan="2">使用条件</td><td colspan="4">电源(直流、交流、电压范围、频率、功率、稳定度)、外形尺寸、质量、条件、壳体材质、结构特点、安装方式、馈线电缆、出厂日期、保修期、校准周期</td></tr>
<tr><td colspan="2">经济性</td><td colspan="4">价格、性价比</td></tr>
</table>

应根据实际需要，确定传感器的主要性能指标，有些性能指标可以要求低些或不予考虑。应注意稳定性指标，这样才有可能利用电路或微机对传感器误差进行补偿和修正，既降低传感器的成本，又使传感器达到较高的精度。

虽然各种传感器的转换原理、结构、使用目的、环境条件不相同，但对它们主要性能指标的要求是一致的。这些主要性能指标要求如下。

(1) 高精度，低成本。

(2) 高灵敏度。

(3) 工作可靠。

(4) 稳定性好，长期工作稳定，抗腐蚀性好。

(5) 抗干扰能力强。

(6) 动态特性良好，即动态测量具有良好的动态特性。

(7) 结构简单、小巧，使用与维护方便，通用性强，功耗低等。

机电系统常用位置传感器和速度传感器比较如表4-2、表4-3和表4-4所示。在设计检测方案时，应对被测对象进行分析，如在测量范围、精度、分辨力、灵敏度、动态特性以及开/闭环的检测等方面进行分析，选择合适的检测装置。

表4-2 机电系统常用角位移传感器比较

类型	测量范围/(°)	精确度	分辨力	特点
光电编码器	0～360	0.7″	±1个二进制数	分辨力和精度高，易数字化，非接触式，寿命长，功耗小，可靠性高；电路复杂；间接测量；半闭环检测中常用
感应同步器	0～360	±(0.5″～1″)	0.1″	精度较高，易数字化，能动态测量；体积大，结构简单，对环境要求低，常用于开环、闭环系统中
旋转变压器	0～360	2′～5′	±0.01°	对环境要求低，有标准系列，使用方便，抗干扰能力强，性能稳定，常用于开环系统中

表4-3 机电系统常用线位移传感器比较

类型	测量范围/mm	线性度	分辨力	特点
光电编码器	1～1 000	0.5%～1%	±1个二进制数	精度较高，易数字化，非接触式，寿命长，功耗小，可靠性高；电路复杂；间接测量；半闭环检测中常用
光栅	30～30 000	0.5～3 μm/m	0.1～10 μm	精度最高，易数字化，能动态测量；结构复杂，对环境要求较高，直接测量；高精度、闭环检测中常用
感应同步器	200～4×10^4	2.5 μm/m	0.1 μm	在机床加工和自动控制中应用广泛，结构简单，动态范围宽，精度高，直接测量；体积大，安装不方便；开环、闭环系统，大型机床中常用
旋转变压器	± 60°	±0.01 μm		对环境要求低，有标准系列，使用方便，抗干扰能力强，性能稳定，间接测量，常用于开环系统中

表4-4 机电系统常用速度传感器比较

类型	测量范围	线性度	分辨力	特点
测速发电机	20～400 r/min	0.2～0.5%Fs	0.4～5 mV·min/r	结构简单，线性度高，灵敏度高，性能稳定，输出信号大，直接测量
光电编码器	0～10 000 r/min		163 840 p/r	精度高，易数字化，非接触式，寿命长，功耗小，可靠性高；电路复杂，直接测量

4.4　传感器与计算机的接口

4.4.1　传感器的基本转换电路

在机电系统中，传感器获取系统的有关信息并通过检测系统进行处理，以实施对系统的控制。传感器处于被测对象与检测系统的界面位置，是信号输入的主要窗口，为检测系统提供必需的原始信号。

基本转换电路将传感器敏感元件输出的电参数信号转换成易于测量或处理的电压或电流等电量信号。通常，这种电量信号很微弱，需要由基本转换电路进行放大、调制解调、A/D 转换、D/A 转换等处理，以满足信号传输、微机处理的要求，根据需要还必须进行必要的阻抗匹配、线性化及温度补偿等处理。基本转换电路的种类和构成由传感器的类型决定，不同的传感器要求匹配的基本转换电路具有不同的特色。

需要指出的是，在机电系统设计中，所选用的传感器多数已由生产厂家配好基本转换电路而不需要用户设计，除非现有传感器产品在精度或尺寸、性能等方面不能满足设计要求，用户才自己选用传感器的敏感元件并设计与之相匹配的基本转换电路。根据传感器的输出信号（如模拟信号、数字信号和开关信号）的不同，基本转换电路分为模拟型基本转换电路、数字型基本转换电路和开关型基本转换电路。

1. 模拟型基本转换电路

模拟型基本转换电路适用于输出模拟信号的电阻式传感器、电感式传感器、电磁式传感器、电热式传感器等。当传感器为电参量式传感器，即被测量的变化引起敏感元件的电阻、电感或电容等参数变化时，需通过基本转换电路将该参数的变化转换成电量（电压、电流等）的变化。若传感器的输出已是电量，则不需要基本转换电路。

为了使测量信号具有区别于其他杂散信号的特征，提高测量信号的抗干扰能力，常采用基本转换电路对信号进行调制，未调制的信号不需要解调，也不需要振荡器提供调制载波信号和解调参考信号。为适应不同测量范围的需要，还可以引入量程切换电路。基本转换电路的种类和具体构成由传感器的类型决定，常用的模拟型基本转换电路有电桥、放大电路、调制与解调电路、D/A 与 A/D 转换电路等。

1）电桥

电桥适用于电参量式传感器。它的作用是将被测量的变化引起的敏感元件电阻、电感或电容等参数的变化，转换为电量（电压、电流等）的变化。

2）放大电路

放大电路通常由运算放大器、晶体管等组成，用来放大来自传感器的微弱信号。为得到高质量的模拟信号，要求放大电路具有抗干扰、高输入阻抗等性能。常用的抗干扰措施有屏蔽、滤波、正确接地等。屏蔽是抑制场干扰的主要措施，而滤波是抑制干扰，特别是导线耦合电路中的干扰最有效的一种手段。对于信号通道中的干扰，可根据测量中的有效信号频谱和干扰信号频谱，设计滤波器，以保留有用信号，剔除干扰信号。接地的目的之一是给系统提供一个基准电位，若接地方法不正确则会引入干扰。

3）调制与解调电路

传感器输出的电信号多为微弱的、变化缓慢的、类似直流信号的信号，若采用一般直流放大器进行放大和传输，则零点漂移及干扰等会影响测量精度。因此，首先用调制器把直流信号转换成某种频率的交流信号，经交流放大器放大后再通过解调器将此交流信号重新恢复为原来的直流信号形式。

4）A/D与D/A转换电路

在机电系统中，如果传感器输出的信号是连续变化的模拟量，则为了满足系统信息传输、运算处理、显示和控制的需要，应将模拟量转换为数字量（A/D）。有时，还需要将数字量转换为模拟量（D/A）。

2. 数字型基本转换电路

数字式传感器有绝对码数字式和增量码数字式两种。绝对码数字式传感器输出的编码与被测量一一对应，每一码道的状态由相应的光电元件读出，经光电转换、放大、整形后，得到与被测量相对应的编码。

输出的信号为增量码数字信号的传感器，如光栅、磁栅、容栅、感应同步器、激光干涉器等传感器均使用增量码数字型基本转换电路。为了提高传感器的分辨力，常采用细分的方法，使传感器的输出变化 $1/n$ 周期时计一个数，n 被称为细分数。细分电路还常同时完成整形。有时为了便于读出，还需要进行脉冲当量变换。辨向电路用于辨别运动部件的运动方向，以正确进行加法或减法计算。

3. 开关型基本转换电路

开关信号，如光电开关和电触点开关的通断信号等的基本转换电路的实质为功率放大电路。

4.4.2 传感器与计算机的接口

输入计算机的信息必须是计算机能够处理的数字量信息。传感器的输出形式可分为模拟量、数字量和开关量，与此相应的基本接口方式及其基本方法如表4-5所示。

表4-5 传感器与计算机的基本接口方式及其基本方法

接口方式	基本方法
模拟量接口方式	传感器输出信号→放大→采样/保持→模拟多路开关→A/D转换→I/O接口→计算机
数字量接口方式	数字式传感器输出数字量（脉冲序列）→光电隔离→计数器→计算机
	数字式传感器输出数字量（二进制代码、BCD码）→三态缓冲器→I/O接口→计算机
开关量接口方式	开关式传感器输出→二进制信号（逻辑1或0）→光电隔离→三态缓冲器→计算机

下面以增量式光电旋转编码器为例，说明数字式传感器与计算机的接口。

增量式光电旋转编码器有各种不同类型的输出电路可供选择，如带上拉电阻的NPN型电路、集电极开路NPN型电路、推挽输出型电路、差分输出型电路。图4-32给出了差分输出型电路的六个通道输出信号A、$\overline{A}$、B、$\overline{B}$、Z、$\overline{Z}$。

在六种输出信号中，Z相信号提供准确的零点信息，非常有用。如果A相超前B相，则增量式光电旋转编码器顺时针旋转；如果B相超前A相，则增量式光电旋转编码器逆时针旋转。

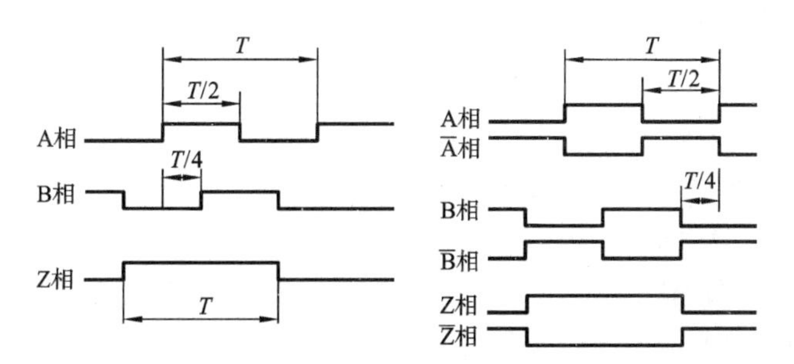

图 4-32　增量式光电旋转编码器的输出波形(输出电路为差分输出型)

增量式光电旋转编码器每旋转一圈,输出一个基准脉冲(即 Z 相),基准脉冲的波形中心对准通道 A 输出的波形中心。

增量式光电旋转编码器与 MCS-51 单片机的接口电路(未用 Z 相)如图 4-33 所示。

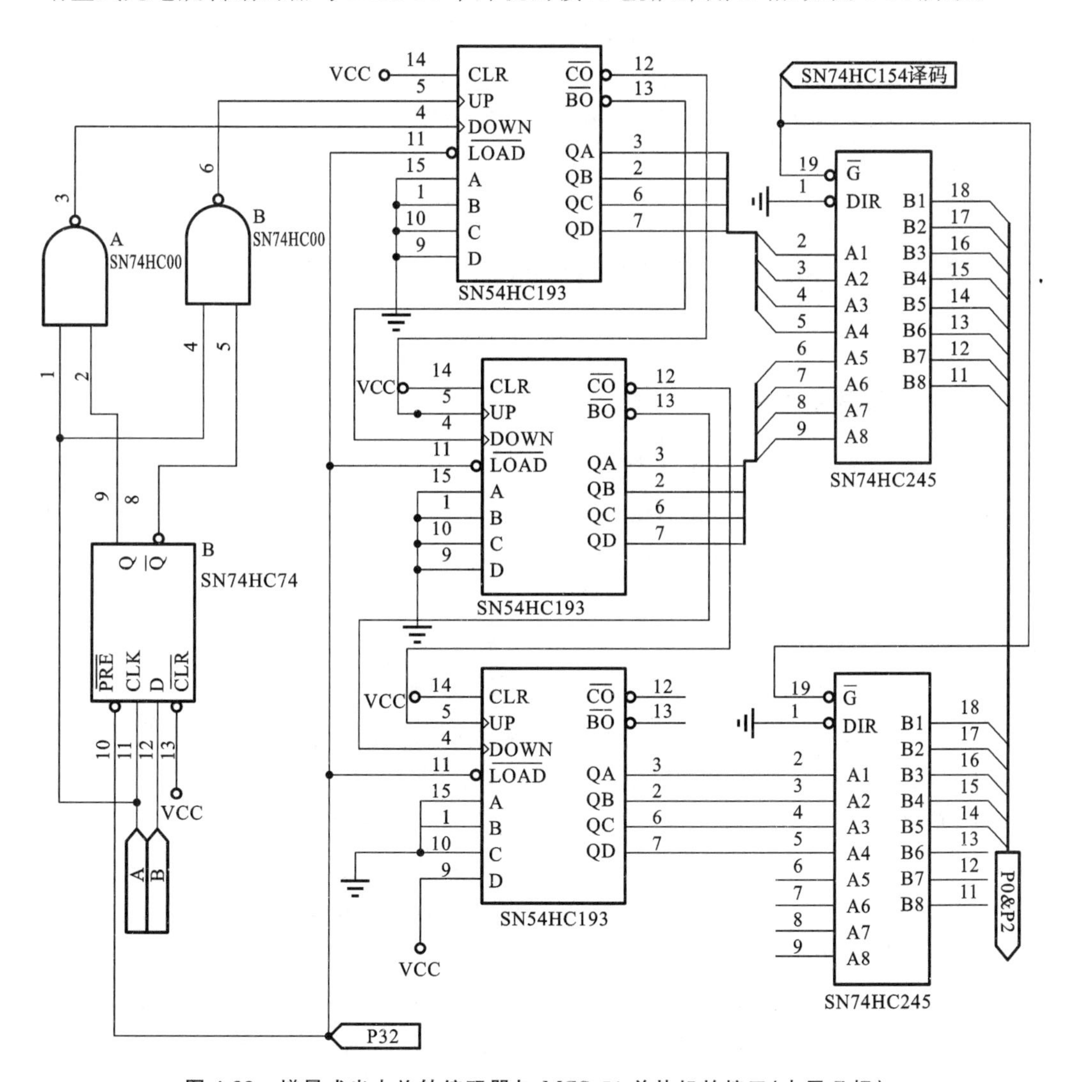

图 4-33　增量式光电旋转编码器与 MCS-51 单片机的接口(未用 Z 相)

图 4-33 中给出了增量式光电旋转编码器实际使用的鉴相电路与双向计数电路的一路。鉴相电路由 1 个 D 触发器和 2 个与非门组成，双向计数电路用 3 片 SN54HC193 组成，最终的计数输出经 SN74HC245 接到 MCS-51 单片机的总线上。图 4-33 中未使用 Z 相零位信号，如果需要使用 Z 相零位信号，则可将该信号的通道直接接到 MCS-51 单片机上，或者利用 Z 相的归零功能接到 SN54HC193 的清零端，视具体情况而定。

当增量式光电旋转编码器顺时针旋转时，A 相输出超前 B 相输出，A 的上升沿到来时 B 为低电平，D 触发器的输出 $\overline{Q}$ 为高电平、Q 为低电平，与非门 B 打开，计数脉冲通过，送至双向计数器 SN54HC193 的加脉冲输入端 UP，进行加法计数。此时，与非门 A 关闭，输出高电平。当增量式光电旋转编码器逆时针旋转时，A 相输出迟于 B 相输出，A 的上升沿到来时 B 为高电平，D 触发器的输出 $\overline{Q}$ 为低电平、Q 为高电平，与非门 B 关闭，输出高电平。此时，与非门 A 打开，计数脉冲通过，送至双向计数器 SN54HC193 的减脉冲输入端 DOWN，进行减法计数。图 4-33 中使用的计数电路用 3 片 SN54HC193 组成，在系统上电初始化时，先对 SN54HC193 进行初始值加载（LOAD 信号），本系统中初始值设为 800H，即 2048。双向计数电路的数据输出 D0～D11 送至数据处理电路。最终的计数值经 SN74HC245 由 MCS-51 单片机读出，多路时由 SN74HC154 译码加以区分。

4.5 物联网传感器技术及应用

4.5.1 物联网基本概念

1998 年 MIT 的 Kevin Ashton 首次提及“internet of things”（物联网）——将 RFID 技术与传感器技术应用于日常物品中将会创建一个 internet of things。2005 年，国际电信联盟（ITU）发表报告称，internet of things（物联网）是通过 RFID 技术和智能计算技术等技术实现全世界设备互联的网络。2008 年，欧盟委员会的 CERP-IoT 工程给出新的物联网定义：“物联网是物理和数字世界融合的网络，每个物理实体都有一个数字的身份；物体具有上下文感知能力——它们可以感知、沟通与互动。它们对物理事件进行即时反映，对物理实体的信息进行即时传送，使得实时做出决定成为可能。”2009 年 8 月 7 日，国务院总理温家宝到无锡物联网产业研究院（当时为中科院无锡高新微纳传感网工程技术研发中心）考察，提出建设“感知中国”中心。2009 年 11 月 13 日，国务院正式批准同意支持无锡建设国家传感网创新示范区（国家传感信息中心）。2010 年政府工作报告对物联网的定义是：“是指通过信息传感设备，按照约定的协议，把任何物品与互联网连接起来，进行信息交换和通讯，以实现智能化识别、定位、跟踪、监控和管理的一种网络。它是在互联网基础上延伸和扩展的网络。”

现在对物联网较为普遍的理解是：物联网是将各种信息传感设备，如射频识别（RFID）装置、红外传感器、全球定位系统、激光扫描器等种种装置与互联网结合起来而形成的一个巨大网络；物联网是通过装置在各类物体上的射频识别标签（即电子标签）、传感器、二维码等经接口与无线网络相连，从而对物体赋予智能，按约定的协议实现人与人、人与物、物与物在任意时间、任意地点的连接(anything、anytime、anywhere),实现信息交换和通信,实现智能化识别、定位、跟踪、监控和管理的庞大网络系统。广义物联网的构成如图 4-34 所示。

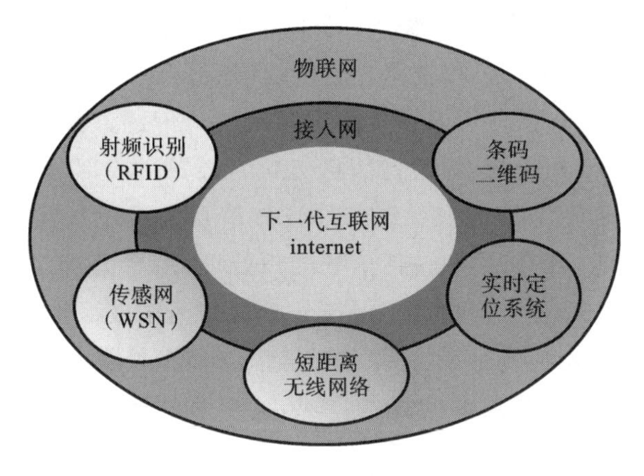

图 4-34　广义物联网的构成

4.5.2　物联网的核心技术

物联网本身的结构复杂,主要包括图 4-35 所示的三大部分:首先是感知层,承担信息的采集,可以应用的技术包括智能卡技术、射频识别技术、识别码技术、传感器技术等;其次是传输层,承担信息的传输,借用现有的无线网、移动网、固联网、互联网、广电网等即可实现;第三是应用层,实现人与人之间、人与物之间、物与物之间的识别与感知,发挥智能作用。

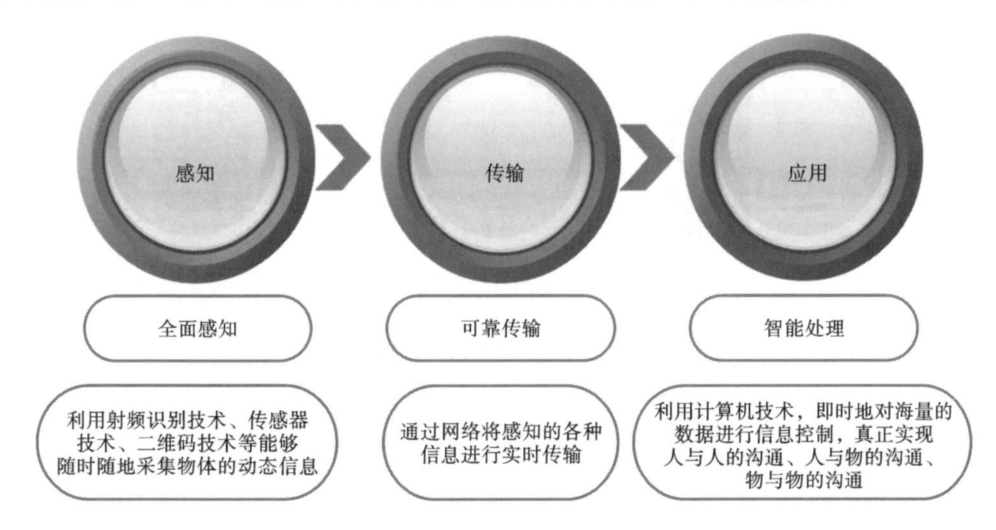

图 4-35　物联网的三层结构

物联网中具体的核心是感知层中的技术。从现阶段来看,物联网发展的瓶颈就在感知层。国际电信联盟将传感器技术、射频识别技术、微机电系统(MEMS)技术、智能嵌入技术列为物联网的关键技术。

1. 传感器技术

传感器技术同计算机技术与通信技术一起被称为信息技术的三大支柱。从仿生学角度来看,如果把计算机看成处理和识别信息的“大脑”,把通信系统看成传递信息的“神经系统”,那么传感器就是“感觉器官”。

传感器技术是一门主要研究从自然信源获取信息,并对获取的信息进行处理(转换)和识别的多学科交叉的现代科学与工程技术,它涉及传感器(又称换能器)、信息处理和识别的规划设计、开发、制/建造、测试、应用及评价改进等活动。传感器技术的核心即传感器,它是负责实现物联网中人与人、人与物、物与物信息交互的必要组成部分。获取信息靠各类传感器。传感器的功能与品质决定了传感系统获取自然信息的数量和质量,是高品质传感器技术系统构造的第一个关键。信息处理包括信号的预处理、后置处理、特征提取与选择等。识别的主要任务是对经过处理的信息进行辨识与分类。它利用被识别(或诊断)对象与特征信息间的关联关系模型对输入的特征信息集进行辨识、比较、分类和判断。因此,传感器技术遵循信息论和系统论原则,涉及众多的高新技术,被众多的产业广泛采用,是现代科学技术发展的基础条件。

微型无线传感器技术以及以此组建的传感网是物联网感知层的重要技术保证。无线传感器网络(wireless sensor network,简称 WSN)的基本功能是将一系列空间分散的传感器单元通过自组织的无线网络进行连接,从而将各自采集的数据通过无线网络进行传输汇总,以实现对空间分散范围内的物理或环境状况的协作监控,并根据这些信息进行相应的分析和处理。WSN 技术贯穿物联网的三个层面,是结合了计算机技术、通信技术、传感器技术三项技术的一门新兴技术,对物联网其他产业具有显著的带动作用。

图 4-36 所示为微型智能网络化无线传感器的技术构成。

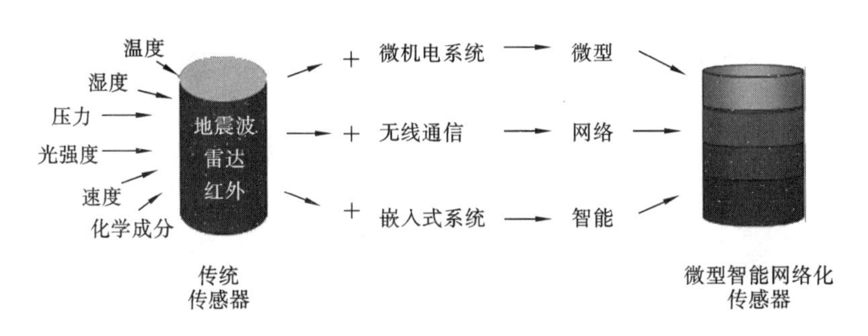

图 4-36 微型智能网络化无线传感器的技术构成

2. 射频识别技术

射频识别(radio frequency identification,RFID)技术是 20 世纪 90 年代开始兴起的一种非接触式自动识别技术。该技术的商用促进了物联网的发展。它通过射频信号自动识别目标对象并获取相关数据,有利于人们在不同状态下对各类物体进行识别与管理。

射频识别系统通常由射频识别标签和阅读器组成。射频识别标签内存有一定格式的标识物体信息的电子数据。射频识别标签具有一定的优势:能够轻易嵌入或附着,并对所附着的物体进行追踪定位;读取距离更远,存取数据时间更短;数据存取有密码保护,安全性更高。射频识别目前有很多频段,集中在 13.56 MHz 频段和 900 MHz 频段的无源射频识别标签应用较多。13.56 MHz 频段通常用于短距离识别;而 900 MHz 频段多用于远距离识别,如车辆管理、产品防伪等领域。阅读器与射频识别标签可按通信协议互传信息，即阅读器向射频识别标签发送命令，射频识别标签根据命令将内存的标识性数据回传给阅读器。

射频识别技术与互联网技术、通信技术等相结合，可实现全球范围内的物品跟踪与信息共享。射频识别技术在发展过程中也遇到了一些问题，其中主要是芯片成本。另外，射频识别反碰撞防冲突、射频识别天线研究、射频识别工作频率的选择和安全隐私等问题，也在一定程度上制约了射频识别技术的发展。

射频识别系统侧重于识别，能够实现对目标的标识和管理，具有读写距离有限、抗干扰性差、实现成本较高的不足；无线传感器网络侧重于组网，实现数据的传递，具有部署简单、实现成本低廉等优点，但一般无线传感器网络并不具有节点标识功能。射频识别系统和无线传感器网络的结合存在很大的契机。射频识别系统和无线传感器网络可以在两个不同的层面进行融合：物联网架构下射频识别系统和无线传感器网络的融合，如图 4-37 所示；传感器网络架构下射频识别系统和无线传感器网络的融合，如图 4-38 所示。

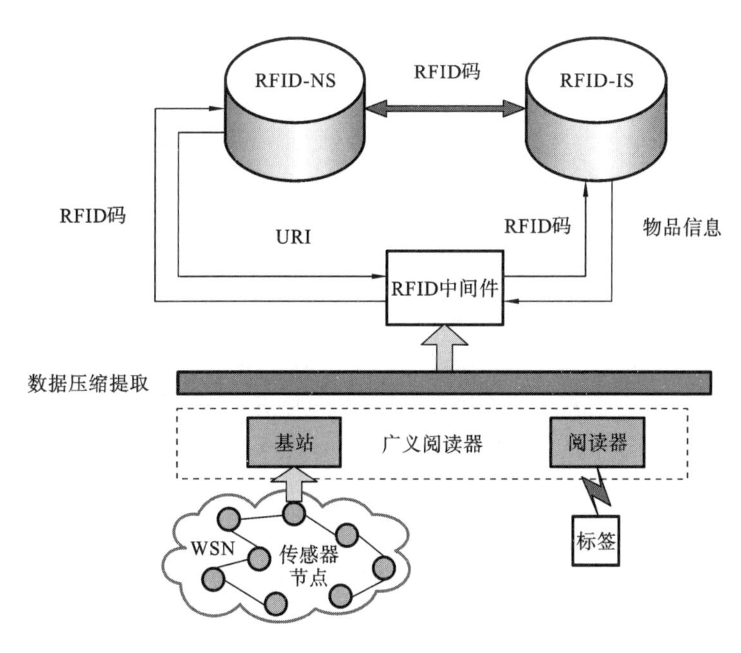

图 4-37　物联网架构下射频识别系统和无线传感器网络的融合

3. 微机电系统技术

微机电系统(micro electro mechanical systems，简称 MEMS) 是指利用大规模集成电路制造工艺，经过微米级加工，得到的集微型传感器、微型执行器、信号处理和控制电路、接口电路、通信和电源于一体的微型机电系统。

微机电系统技术近几年飞速发展，为传感器节点的智能化、小型化、功率的不断降低创造了成熟的条件，目前已经在全球形成百亿美元规模的庞大市场，近年更是出现了集成度更高的纳机电系统(nano-electro mechanical system，简称 NEMS)。纳机电系统具有微型化、智能化、多功能、高集成度和适合大批量生产等特点。微机电系统技术属于物联网的感知技术。

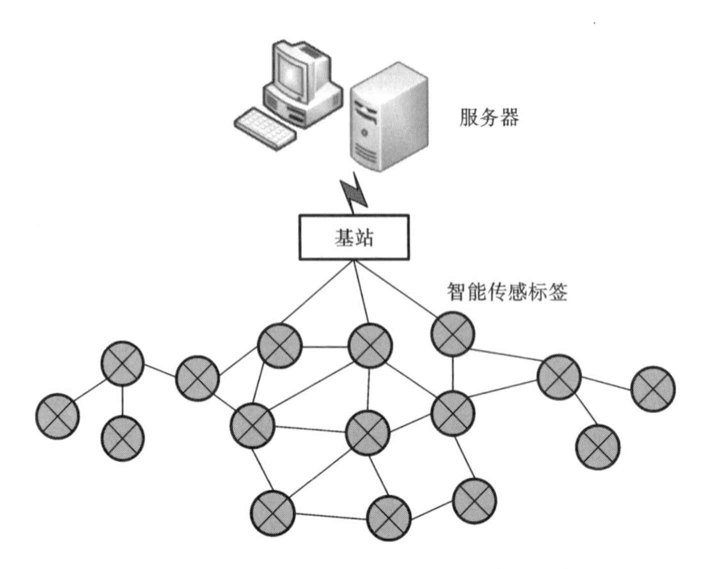

图 4-38　传感器网络架构下射频识别系统和无线传感器网络的融合

4. 智能嵌入技术

嵌入式系统以应用为中心，以计算机技术为基础，并且软硬件可裁剪，适用于应用系统对功能、可靠性、成本、体积、功耗有严格要求的专用计算机系统。它一般由嵌入式微处理器、外围硬件设备、嵌入式操作系统以及用户的应用程序等四个部分组成，用于实现对其他设备的控制、监视或管理等功能。

目前，大多数嵌入式系统还处于单独应用的阶段，以控制器(MCU)为核心，与一些监测、伺服、指示设备配合实现一定的功能。互联网现已成为社会重要的基础信息设施之一，是信息流通的重要渠道，如果嵌入式系统能够连接到互联网中，则几乎可以方便、低廉地将信息传输到世界上的任何一个地方。

4.5.3　物联网在工业领域的应用

工业是物联网应用的重要领域。图 4-39 所示是物联网在工业领域的全方位应用平台图。具有环境感知能力的各类终端、基于泛在技术的计算模式、移动通信等不断融入工业生产的各个环节，可大幅提高制造效率，改善产品质量，降低产品成本和资源消耗，将传统工业提升到智能工业的新阶段。

1. 物联网在工业领域的应用简述

从当前技术发展和应用前景来看，物联网在工业领域的应用主要集中在以下几个方面。

1) 制造业供应链管理

物联网应用于企业原材料采购、库存、销售等领域，通过完善和优化供应链管理体系，提高了供应链效率，降低了成本。空中客车公司通过在供应链管理体系中应用物联网技术，构建了全球制造业中规模较大、效率较高的供应链管理体系。

2) 产品设备监控管理

物联网技术将各种传感器技术与制造技术相融合，实现了对产品设备操作使用记录、设

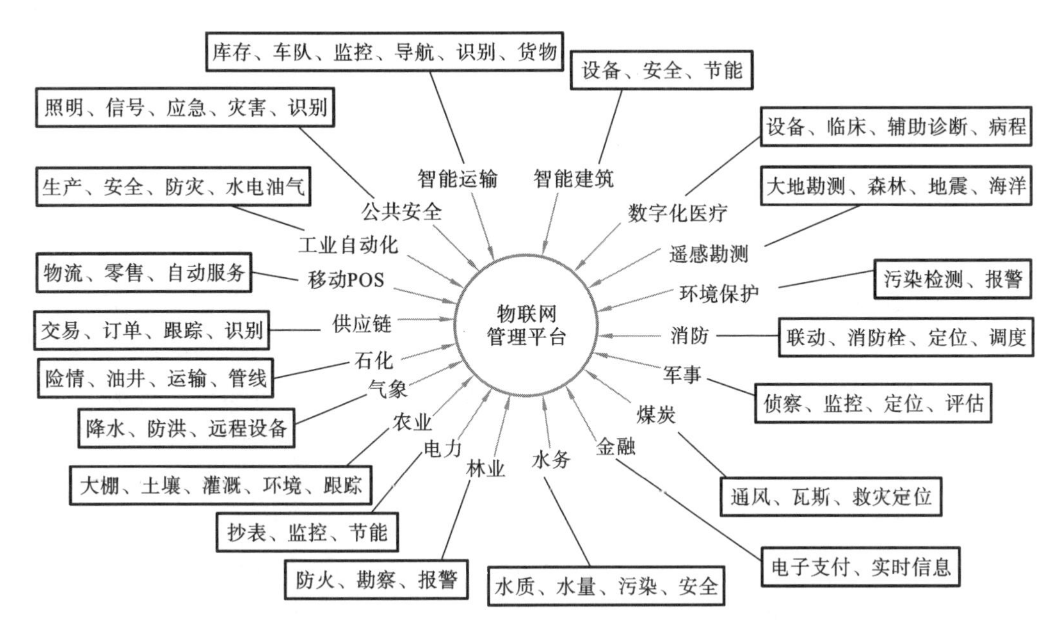

图4-39 物联网在工业领域的全方位应用平台图

备故障诊断的远程监控。GE Oil&Gas集团在全球建立了多个面向不同产品的i-Center，通过传感器和网络对设备进行在线监测和实时监控，并提供设备维护和故障诊断的解决方案。

3）生产过程工艺优化

物联网技术的应用提高了生产线过程检测、实时参数采集、生产设备监控、材料消耗监测的能力和水平。生产过程的智能检测、智能控制、智能诊断、智能决策、智能维护水平不断提高。钢铁企业应用各种传感器和通信网络，在生产过程中实现对加工产品宽度、厚度、温度的实时监控，从而提高了产品质量，优化了生产流程。

4）环保监测及能源管理

物联网与环保设备的融合实现了对工业生产过程中产生的各种污染源及污染治理各环节关键指标的实时监控。在重点排污企业排污口安装无线传感设备，不仅可以实时监测企业排污数据，而且可以远程关闭排污口，防止突发性环境污染事故的发生。已经有不少企业开始推广应用基于物联网的污染治理实时监测解决方案。

5）工业安全生产管理

把感应器嵌入和装备到矿山设备、油气管道、矿工设备中，可以感知危险环境中工作人员、设备机器、周边环境等方面的安全状态信息，将现有分散、独立、单一的网络监管平台提升为系统、开放、多元的综合网络监管平台，实现实时感知、准确辨识、快捷响应、有效控制。

2. 物联网与先进制造技术的结合

与未来先进制造技术相结合是物联网应用的生命力所在。物联网是信息通信技术发展的新一轮制高点，正在工业领域广泛渗透和应用，并与先进制造技术相结合，形成新的智能化的制造体系。这一制造体系仍在不断发展和完善之中。概括起来，物联网与先进制造技术的结合主要体现在以下方面。

1）泛在制造信息处理技术

建立以泛在信息处理为基础的新型制造模式，提升制造行业的整体实力和水平。目前，泛在信息制造及泛在信息处理尚处于概念和实验阶段，不少国家均将此列入国家发展计划，并大力推动实施。

2）泛在网络技术

建立服务于智能制造的泛在网络技术体系，为制造中的设计、设备、过程、管理和商务提供无处不在的网络服务。目前，面向未来智能制造的泛在网络技术的发展还处于初始阶段。

3）虚拟现实技术

采用真三维显示与人机自然交互的方式进行工业生产，进一步提高制造业的效率。目前，虚拟环境已经在许多重大工程领域得到了广泛的应用和研究。未来，虚拟现实技术的发展方向是三维数字产品设计、数字产品生产过程仿真、真三维显示和装配维修等。

4）人机交互技术

传感器技术、传感器网、工业无线网和空间协同技术的发展目标是以泛在网络、人机交互、泛在信息处理和制造系统集成为基础，突破现有制造系统在信息获取、监控、控制、人机交互和管理方面集成度差、协同能力弱的局限，提高制造系统的敏捷性、适应性、高效性。

5）新材料技术

材料的发展提高了人机交互的效率和水平。目前制造业处在一个信息有限的时代，人要服从和服务于机器。随着人机交互技术的不断发展，我们将逐步进入基于泛在感知的信息化制造人机交互时代。

6）电子商务技术

目前制造与商务过程一体化的特征日趋明显，整体呈现出纵向整合和横向联合两种趋势。未来要建立健全先进制造业中的电子商务技术框架，发展电子商务，以提高制造企业在动态市场中的决策与适应能力，构建和谐、可持续发展的先进制造业。

7）平行管理技术

未来的制造系统将由某一个实际制造系统和对应的一个或多个虚拟的人工制造系统组成。平行管理技术旨在实现实际制造系统与虚拟的人工制造系统的有机融合，不断提升企业认识和预防非正常状态的能力，提高企业的智能决策和应急管理水平。

8）系统集成制造技术

系统集成制造技术是由智能机器人和专家共同组成的人机共存、协同合作的工业制造。它集自动化、集成化、网络化和智能化于一身，使制造具有修正或重构自身结构和参数的能力，具有自组织和协调能力，可满足瞬息万变的市场需求，能积极应对激烈的市场竞争。

3. 解决工业领域物联网应用面临的关键技术问题

从整体上来看，物联网还处于起步阶段。物联网在工业领域的大规模应用还面临一些关键技术问题。工业领域物联网应用面临的关键技术问题概括起来主要有以下几个。

1）工业用传感器

工业用传感器是一种检测装置，能够测量或感知特定物体的状态和变化，并转换为可传输、可处理、可存储的电子信号或其他形式的信息。工业用传感器是实现工业自动检测和自动控制的首要环节。

在现代工业生产尤其是自动化生产过程中，要用各种传感器来监视和控制生产过程中的各个参数，使设备工作在正常状态或最佳状态，并使产品达到最好的质量。可以说，没有众多质优价廉的工业用传感器，就没有现代化工业生产体系。

2）工业无线网络技术

工业无线网络是一种由大量随机分布的、具有实时感知和自组织能力的传感器节点组成的网状网络，综合了传感器技术、嵌入式计算技术、现代网络及无线通信技术、分布式信息处理技术等，具有低耗自组、泛在协同、异构互联的特点。

工业无线网络技术是继现场总线技术之后工业控制系统领域的又一热点技术，是降低工业测控系统成本、扩大工业测控系统应用范围的革命性技术，也是未来几年工业自动化产品新的增长点，已经引起学术界和工业界的高度重视。

3）工业过程建模

没有模型就不可能实施先进有效的控制，传统的集中式、封闭式的仿真系统结构已不能满足现代工业发展的需要。工业过程建模是系统设计、分析、仿真和先进控制必不可少的基础。

此外，物联网在工业领域的大规模应用还面临工业集成服务代理总线技术、工业语义中间件平台等关键技术问题。

4. 从垂直和聚合两个方面推动物联网在工业领域的应用

物联网的发展进程是一个规模庞大的复杂技术革新过程，可以从垂直和聚合两个方面推动物联网的应用。

垂直应用是指企业结合自身的特点、行业的特点进行生产过程的控制。垂直应用与行业生产和业务流程紧密结合，通过提供集成化的行业解决方案，为行业内企业的生产管理提供各种服务。例如，在汽车行业中，产业链环节中的企业各自建立物联网应用系统，感知车辆实时状态，车载控制模块汇聚和发送车辆信息，完成对车辆的控制。

物联网可以服务于生产流程和设备管理等辅助支持管理，同时高效支持仓储和物流供应链管理。

聚合应用是跨行业的应用，是基于公共服务平台的信息化服务。聚合应用是运营商和解决方案提供商围绕行业用户、家庭用户和个人用户，规模化推广和普及基于物联网的相关业务和服务。

例如，集成应用车载传感网技术、GPS定位技术、通信技术等技术的汽车，可以提供全方位和全天候的检测、导航、娱乐、呼救等信息服务，再通过公共服务平台完成信息维护和综合服务运营。消费者、整车厂、维修商、车辆管理机构均可共享信息和服务，从而进一步完善整车和零部件的设计和工艺流程，实现车辆全生命周期管理。

我国工业领域行业众多，推进物联网应用必须坚持以业务驱动为主，找准工业领域关键环节的切入点。当前，可在部分需求迫切、技术成熟、效益明显、带动性强的工业领域，围绕关键环节开展物联网的应用试点，催生和推进中国智能工业的发展。

装备制造业供应链管理借助射频识别技术等物联网技术实现对装备产品的数字化物流管理，推动上下游协作厂商共同应用先进物流管理技术，建设一个相互支持的装备制造现代物流群，提高整个供应链的协调性，实现现代物流与装备制造的联动发展。

石化设备智能测控将物联网技术推广应用到石油勘探、开采、运输等环节，建立油井生产智能远程测控系统，实现对石化生产设备的智能测控和管理，促进化工企业的安全生产和科学管理。

工业排污实时监控在化工、轻工等部分高污染行业，支持智能排污监控系统的建立与完善，实现智能排污自动监控装置、水质数据监控装置、水质参数检测仪等设备的集成应用，对重点排污监控企业实行实时监测、自动报警，并远程关闭排污口，防止突发性环境污染事故的发生。图4-40所示为物联网技术在智慧水利系统环境监控中的应用架构。

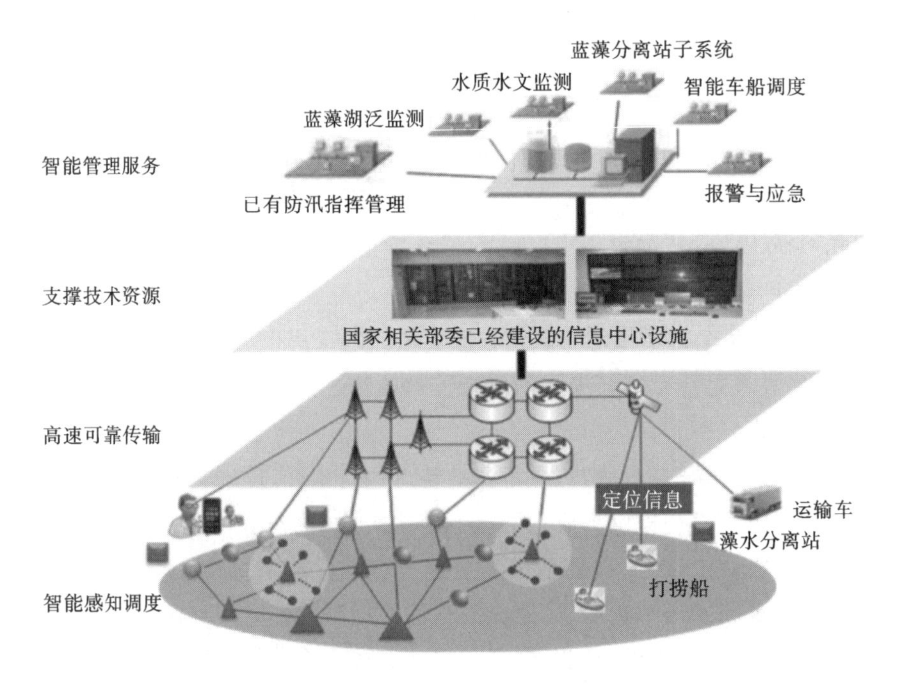

图4-40　物联网技术在智慧水利系统环境监控中的应用架构

煤矿安全生产管理重点应用传感器技术、无线射频识别技术、移动通信技术等技术实现水、火、顶板、瓦斯等煤矿重大危险源的识别与监测，建设和完善安全监测网络系统，提升煤矿安全生产过程的监控和应急响应水平。

食品安全追溯体系发挥物联网在货物追踪、识别、查询、信息等方面的作用，推进物联网技术在农业养殖、收购、屠宰、加工、运输、销售等各个环节的应用，实现对食品生产全过程关键信息的采集和管理，保障食品安全追溯，实现对问题产品的准确召回。图4-41所示为一粮食仓储物联网建设规划架构图。

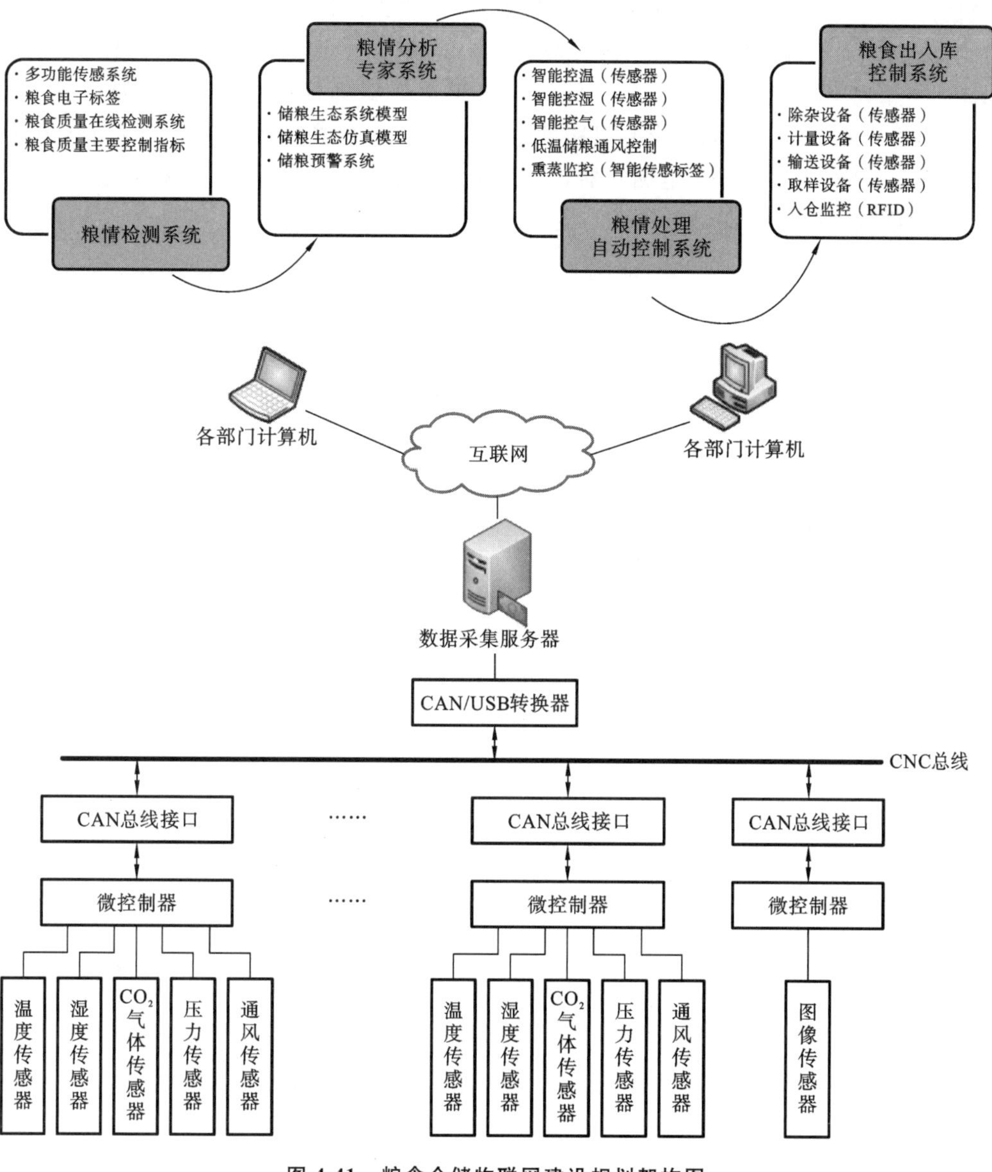

图 4-41　粮食仓储物联网建设规划架构图

习　　题

4-1　传感器是如何分类的?

4-2　测量机械设备角位移、线位移、角速度、线速度分别可以选用哪些传感器?

4-3　旋转变压器的功能是什么?工作原理是什么?

4-4　光栅尺由哪些部件构成?莫尔条纹的作用是什么?

4-5　长光栅的功能是什么?输出信号是什么?

4-6　已知数控机床的进给工作台采用齿轮和丝杠螺母传动机构,齿轮的传动比为 $i=2$,丝

杠的导程为 $P_h=4$ mm，考虑在丝杠尾端安装增量式光电编码器，分辨力为 1 000 p/r，试求工作台脉冲当量是多少？如果在计数时间内计数脉冲为 1 000 个，问工作台移动的位移量是多少？

4-7 已知数控机床的进给工作台采用齿轮和丝杠螺母传动机构，丝杠的导程为 $P_h=4$ mm，齿轮的传动比为 $i=10$，要求测量精度为 0.005 mm，考虑在丝杠尾端安装光电编码器的位移测量方案，试选择增量式光电编码器。若直接测量工作台的位移，试选择光栅。

4-8 分析物联网技术在机电领域的应用案例(1 个)。

第 5 章　机电系统的微机控制

5.1 概　　述

如果把机电系统比作人体，那么控制系统就是这个人体的大脑，它可以协调感知系统、分析系统性能、指挥和驱动执行机构，使整个机电系统实现它的功能。

机电控制系统根据控制对象不同分为两类：一类以开关量等逻辑状态作为控制对象；另一类以模拟量作为控制对象。开关量控制的理论基础是数字逻辑或布尔代数，较常见的是顺序控制和数值控制。所谓顺序控制，是指以预先规定好的时间或条件为依据，使机电系统按正确的顺序自动地工作。所谓数值控制，是指利用计算机把输入的数值处理转换为控制信号，控制机电系统按所要求的轨迹运动。模拟量控制的理论基础是自动控制理论，主要以频域分析和 PID（比例-积分-微分）控制器为基础。

机电控制系统根据是否具有反馈回路分为开环控制系统和闭环控制系统。开环控制系统的输入信号不会根据实际输出信号而做出调整。在闭环控制系统中，输出信号连续不断地与期望值比较，并将偏差转换成控制行为来修正输入信号，以使系统达到期望的输出。偏差可能随着被控状态或设定值的改变而发生变化。本章将着重研究控制器如何随着偏差信号的改变而做出相应的响应，即所谓的控制模式。常用的控制模式有以下五种。

（1）两步控制模式：控制器本质上是一个开关，由偏差信号激励，实施控制。

（2）比例(P)控制模式：该控制模式产生的控制动作与偏差相关。偏差信号越大，控制信号就越大。控制信号随着偏差信号的减弱而减弱，同时控制过程也逐渐减慢。

（3）积分(I)控制模式：该控制模式产生的控制动作与偏差随时间的积分相关，因此固定的偏差信号将会产生递增的控制信号。只要偏差存在，控制就会持续。

（4）微分(D)控制模式：该控制模式产生的控制动作与偏差的变化率相关。当偏差信号突然改变时，控制器给出一个很大的控制信号；当偏差逐渐改变时，只有很小的控制信号产生。微分控制被认为是一种超前控制，通过测量实时的偏差变化率，控制器能够预测较大的偏差，并在较大偏差出现前执行控制。微分控制不能单独使用，常与比例控制或积分控制组合。

（5）组合控制模式：比例-微分（PD）控制模式、比例-积分（PI）控制模式、比例-积分-微分(PID)控制模式。PID 控制规律是闭环控制中应用较为广泛的一种控制规律。

5.2 机电控制系统的性能指标

通常从快速性、准确性和稳定性三个方面评价机电控制系统的品质。

(1) 快速性。

快速性是指被控量迅速达到设定值或跟随设定值变化。

(2) 准确性。

机电控制系统的被控量与设定值之间偏差较小,说明机电控制系统的准确性较好。

(3) 稳定性。

机电控制系统的稳定性可以用超调量或者进入误差带前的振荡次数来表示。

为了便于比较不同控制策略下机电控制系统的品质,常采用综合性能指标表示机电控制系统的品质。在综合性能指标中,常用的误差性能指标有以下四种。

5.2.1 绝对误差积分

绝对误差积分(integral of absolute error,IAE)是常用的综合性能指标之一。

$$\mathrm{IAE}=\int_0^{\infty}|e(t)|\mathrm{d}t \tag{5-1}$$

绝对误差积分越小,机电控制系统的品质越好。它包含系统从 $t=0$ 时刻起全部的偏差绝对值,当快速性、准确性、稳定性中任何一项不好时,都会使绝对误差积分增大。机电控制系统设计和调试中,往往要选择控制策略或选取参数,以使指定的综合性能指标达到最优或者令人满意。

绝对误差积分是较容易应用的一项误差性能指标,尤其是在系统具有适当的阻尼和比较满意的瞬态响应的时候。但对于欠阻尼和过阻尼的系统,应用绝对误差积分这一误差性能指标不一定能达到满意的效果,而且当系统参数的选择不同时,在性能指标上的反应不明显。

5.2.2 平方误差积分

平方误差积分(integral of squared error,ISE)着重考虑大的偏差信号而不太考虑小的偏差信号。

$$\mathrm{ISE}=\int_0^{\infty}|e^2(t)|\mathrm{d}t \tag{5-2}$$

平方误差积分以能量消耗作为评价机电控制系统性能的准则。按照这种误差性能指标设计的机电控制系统,通常具有较快的响应速度和较大的振荡,相对稳定性差。

5.2.3 时间加权绝对误差积分

时间加权绝对误差积分(integral of time weighted absolute error,ITAE)是指在闭环控制动态过程中时间加权的误差绝对值之和。

$$\mathrm{ITAE}=\int_0^{\infty}t|e(t)|\mathrm{d}t \tag{5-3}$$

5.2.4 时间加权平方误差积分

时间加权平方误差积分(integral of time weighted squared error,ITSE)着重考虑瞬态响应后期出现的误差。

$$\mathrm{ITSE}=\int_0^{\infty}t|e^2(t)|\mathrm{d}t \tag{5-4}$$

5.3　两步控制模式

两步控制模式只有两个状态，即打开和关闭，典型案例是双金属片温度解调器（见图 5-1）。双金属片温度解调器是一个感温开关，主要用于简单的温度控制系统。如果实际温度高于设定温度，双金属片就处于关闭状态，加热器关闭；反之，双金属片处于打开状态，加热器工作，如图 5-1(a)所示。

在两步控制模式下，控制动作是不连续的，这就导致被控量在期望值附近振荡。机电控制系统响应需要耗费一定的时间，导致存在时滞。例如温度控制系统，当实际温度高于设定温度时，从机电控制系统响应到加热器关闭消耗一定的时间。机电控制系统的时滞以及加热器的冷却所需要的时间，导致实际温度超过期望值。反之亦然。所以，实际温度在设定温度处上下振荡，如图 5-1(b)所示。

当实际温度在设定温度附近振荡时，为了响应细微的温度变化，恒温器可能不断地打开或关闭。为了避免这种情况，一般采用高、低双温度设定值来代替单温度值。当温度低于低温度值时，加热器打开；高于高设定值时，加热器关闭，如图 5-1(c)所示，这样可以避免在一个值附近反复启停加热器。

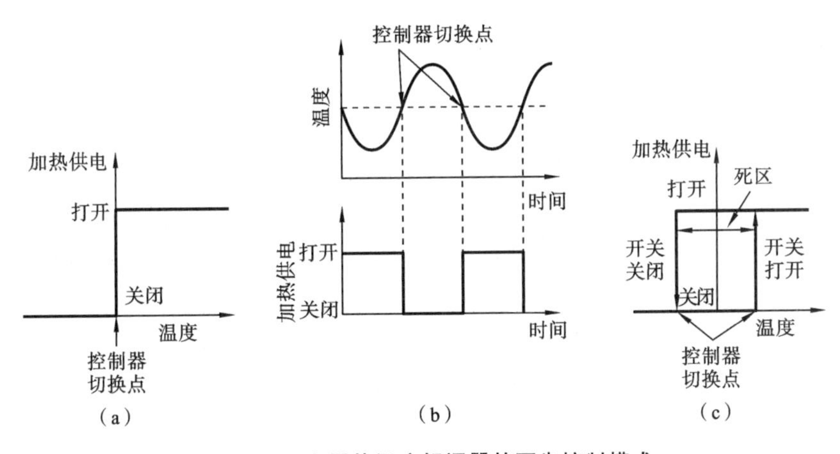

图 5-1　双金属片温度解调器的两步控制模式

两步控制模式主要用于变化缓慢的控制中，控制精度不高，适用于结构简单的设备，具有成本低廉的优点。

5.4　比例控制模式

无论偏差大小，在两步控制模式下，控制器产生非开即关的控制作用。在比例控制模式下，控制器对当前的偏差信号 $e(t)$进行比例运算后作为控制信号 $u(t)$输出。只要偏差信号 $e(t)$存在，比例控制器就能即时产生与偏差信号成正比的控制信号。比例控制参数（又称比例增益、比例系数）K_p 越大，比例控制作用越强。在阶跃响应早期，偏差信号 $e(t)$很大，所以控制信号 $u(t)$

很大，可以使被控量$y(t)$上升加快，改善机电控制系统的快速性。但是，被控量上升过快可能产生较大的超调，甚至引起振荡，使机电控制系统的稳定性劣化。在图 5-2 中，对反馈通道做了简化，将包含对象在内的前向通道合并成了一个环节，只有一个系数 K，控制器中只有比例控制一项。

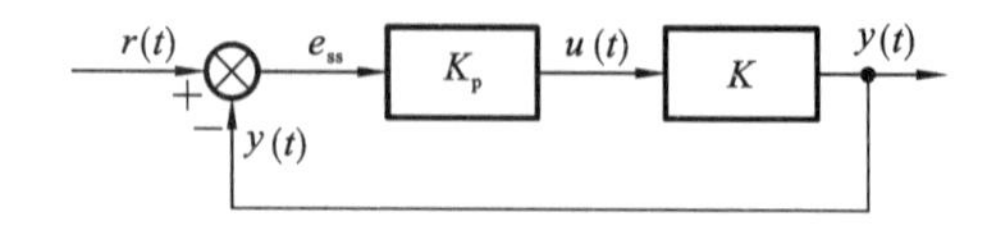

图 5-2　比例控制模式

比例控制对机电控制系统准确性的改善主要是在稳态时段。机电控制系统进入稳态后，偏差就是静差 e_{ss}。

控制信号 $u(t)$与静差 e_{ss}成比例，即

$$u(t)=K_p e_{ss}=K_p[r(t)-y(t)] \tag{5-5}$$

被控量 $y(t)$为

$$y(t)=Ku(t)=KK_p e_{ss}=KK_p[r(t)-y(t)] \tag{5-6}$$

解出被控量 $y(t)$，为

$$y(t)=\frac{KK_p}{1+KK_p}r(t) \tag{5-7}$$

代入静差 e_{ss}的公式(即 $e_{ss}=r(t)-y(t)$)，可得

$$e_{ss}=\frac{1}{1+KK_p}r(t) \tag{5-8}$$

由式(5-8)可见，如果增大比例控制参数 K_p，则可以使静差 e_{ss}减小，但仅仅靠比例控制参数 K_p 无法消除静差 e_{ss}。K_p 过大，使 $u(t)$超出控制器的允许范围，不能输出更大的控制信号 $u(t)$，这一现象称为控制器饱和。控制器饱和时，无法起到减小偏差的作用，偏差可能很大并且在控制器退出饱和之前继续存在。所以，比例控制参数 K_p 必须适当。

一个带反相运算功能的加法运算放大器可用作一个比例控制器，如图 5-3 所示。对于加法运算放大器，输入信号就是一个零误差电压值 U_0(即设定值)和经过 R_1 的误差输入信号 U。当反馈电阻为 R_2 时，有

$$U_{out}=-\frac{R_2}{R_1}U_e-U_0 \tag{5-9}$$

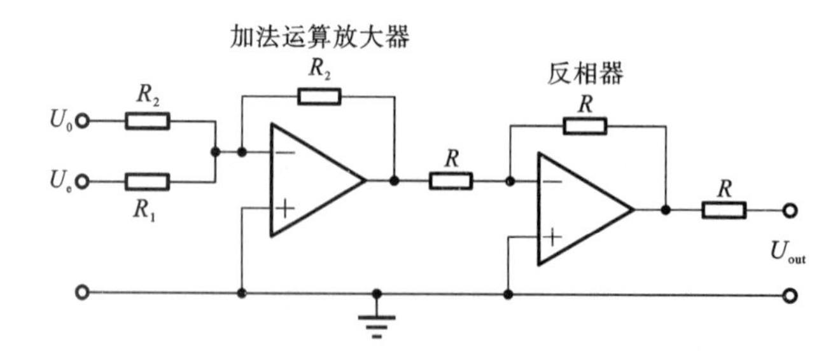

图 5-3　比例控制电路

如果加法运算放大器的输出信号通过反相器，那么

$$U_{out}=\frac{R_2}{R_1}U_e+U_0 \tag{5-10}$$

$$U_{out}=K_pU_e+U_0 \tag{5-11}$$

其中，K_p 是比例控制参数。

5.5　积分控制模式

在积分控制模式下，输出 I 的变化率与输入偏差信号 $e(t)$ 成正比，即

$$\frac{dI}{dt}=K_ie(t) \tag{5-12}$$

积分控制可以累积机电控制系统从 $t=0$ 时刻到当前时刻偏差 $e(t)$ 的全部历史过程。机电控制系统进入稳态后，静差 e_{ss} 往往很长时间不变号，经过足够长的时段，静差 e_{ss} 的积分结果终将能够输出足够大的控制信号 $u(t)$，进而消除静差 e_{ss}。因此，引入积分控制的目的是消除静差。但是，如果对象的响应较慢，则在阶跃响应早期，可能出现长时间不变号的大偏差，产生过大的偏差积分值，导致控制器饱和。要适当选取积分控制参数 K_i。

图 5-4 所示为电子积分控制器的电路形式。它包括积分运算放大器和加法运算放大器，把零时刻控制器的输出与积分器的输出相加，K_i 等于 $1/(R_1C)$。

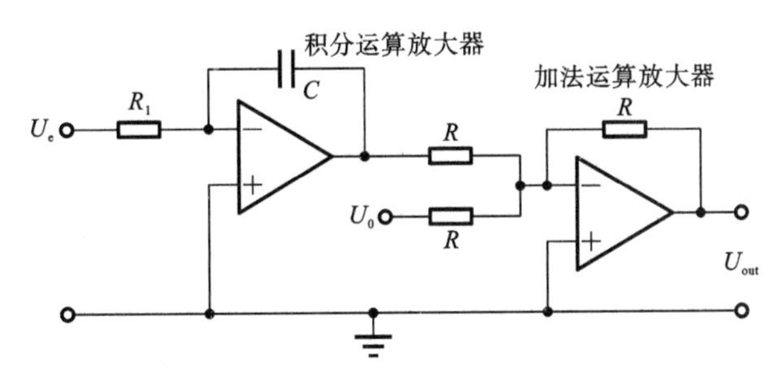

图 5-4　积分控制电路

积分控制模式通常不单独使用，常与比例控制模式配合使用。

5.6　微分控制模式

微分控制作用正比于偏差信号 $e(t)$ 的当前变化率 $\frac{de(t)}{dt}$，由当前的偏差变化率能够预见未来的偏差，决定控制信号的符号和大小。图 5-5 所示为当偏差信号以均匀速率变化时控制器的输出结果。控制器的输出信号是伴随着偏差信号的出现而产生的，而且，因为偏差变化率 $\frac{de(t)}{dt}$ 是常量，所以控制器的输出也是常量。但是，微分控制器对静差信号是没有响应的，这是因为静差随时间的变化率为零。由于上述原因，微分控制器与比例控制器一起使用，比例控制部分对所有偏差都能够产生响应，而微分控制部分只对偏差变化率产生响应。微分控制也存在一个问

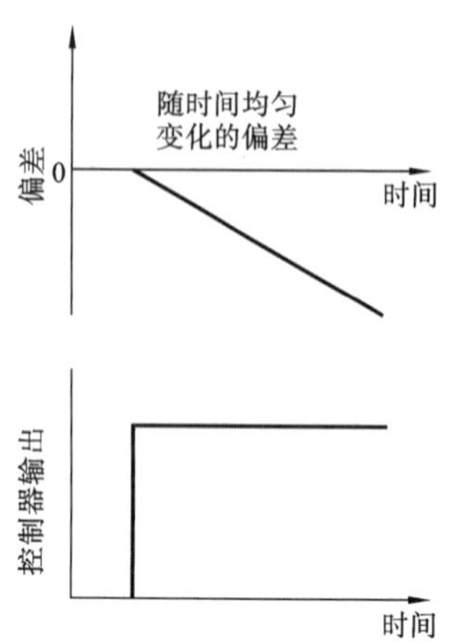

图 5-5　当误差信号以均匀速率变化时控制器的输出结果

题：如果过程变量的测量过程有噪声，则噪声的快速波动会导致输出信号的产生，控制器会将该输出信号视为快速变化的偏差信号，从而引起控制器的输出信号显著变大。

对于设定值的阶跃变化，微分控制能减小超调，抑制振荡，改进机电控制系统的稳定性。但是，当机电控制系统受到高频干扰时，对于快速变化的偏差信号 $e(t)$，微分控制的作用可能过于强烈，不利于机电控制系统的稳定性。如果 $u(t)$ 中的微分项过大，则还可能导致控制器饱和，机电控制系统阶跃响应可能很迟缓。因此，采用微分控制应十分谨慎，微分控制参数 K_d 取值不宜很大。

图 5-6 所示为电子微分控制器的电路形式，其中包括含一个作为微分运算放大器，后面有一个作为反相器的运算放大器。微分控制参数 K_d 等于 R_2C。

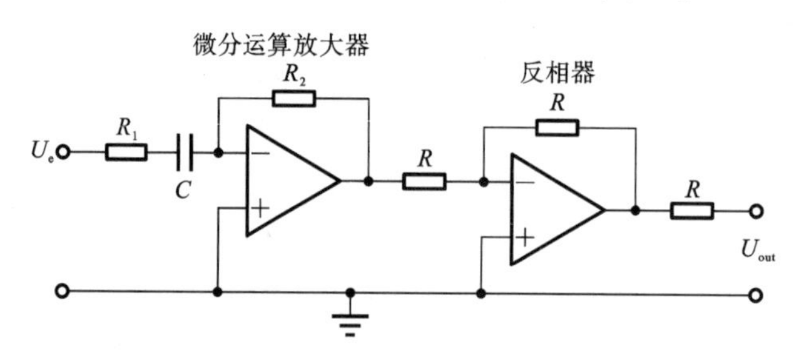

图 5-6　微分控制电路

5.7　PID 控制模式

5.7.1　常规 PID 控制

三种控制器——比例控制器、积分控制器和微分控制器结合形成的控制器称为三项控制器或者 PID 控制器，将比例控制模式、积分控制模式、微分控制模式相结合是较常用的一种根据偏差信号 $e(t)$ 生成控制信号 $u(t)$ 的策略。PID 控制器如图 5-7 所示，K_p、K_i 和 K_d 是非负的实数，其中 K_p 是对偏差信号 $e(t)$ 进行比例(proportional)运算的系数；K_i 是对偏差信号 $e(t)$ 进行积分(integral)运算的系数；K_d 是对偏差 $e(t)$ 进行微分(differential)运算的系数。因此，PID 控制的比例运算、积分运算和微分运算三种运算都是针对偏差信号 $e(t)$ 进行的。PID 控制策略归结为 K_p、K_i、K_d 的选取。

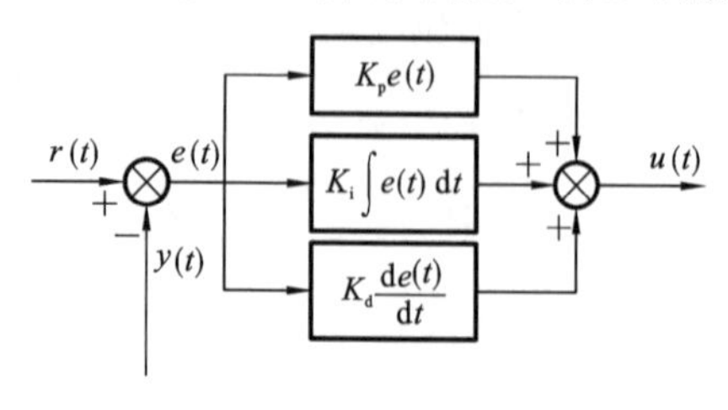

图 5-7　PID 控制器

PID 控制器的输入是偏差信号 $e(t)$，输出是控制信号 $u(t)$，机电控制系统的设定输入为 $r(t)$，被控量为 $y(t)$，于是有

$$e(t)=r(t)-y(t) \tag{5-13}$$

模拟 PID 控制器的数学表达式为

$$
\begin{aligned}
u(t) &= K_p\left[e(t)+\frac{1}{T_i}\int_0^t e(t)\mathrm{d}t+T_d\frac{\mathrm{d}e(t)}{\mathrm{d}t}\right] \\
&= K_p e(t)+K_i\int_0^t e(t)\mathrm{d}t+K_d\frac{\mathrm{d}e(t)}{\mathrm{d}t}
\end{aligned}
\tag{5-14}
$$

在实际工业过程中调节器的性能主要靠整定比例控制参数 K_p、积分时间常数 T_i、微分时间常数 T_d 这三个参数来完成。

如图 5-8 所示，用一个运算放大器可得到一个 PID 控制器。比例控制参数 $K_p=\frac{R_I}{R+R_D}$，微分控制参数 $K_d=R_D C_D$，积分控制参数 $K_i=\frac{1}{R_I C_I}$。

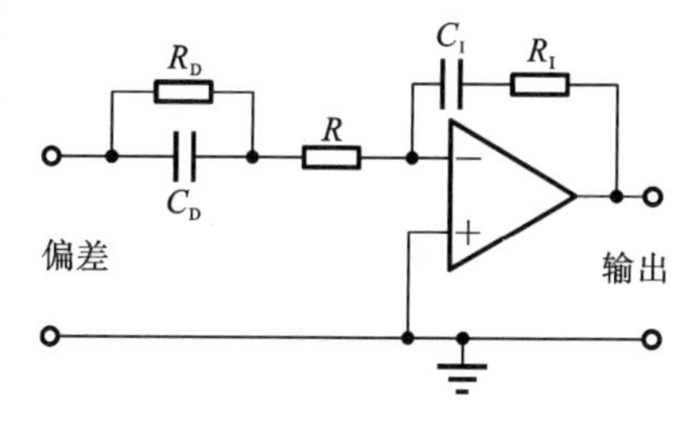

图 5-8　PID 控制电路

5.7.2　分离式 PID 控制

在阶跃扰动下，机电控制系统在短时间内会产生很大的偏差，此时往往引起积分饱和、微分项急剧增加的现象，机电控制系统很容易产生振荡，调节性能很差。为克服这一缺点，可采用分离式的 PID 控制方法，即当偏差很大时，减小积分与微分的加权系数。这样既能迅速减小偏差，又能保持调节过程平稳。具体的做法是判断偏差信号 $e(t)$ 是否大于临界值 e_m，并使得：

当 $e(t)>e_m$ 时，

$$K_i=K_1K_i,\quad K_d=K_2K_d$$

当 $e(t)\leqslant e_m$ 时，

$$K_i=K_i,\quad K_d=K_d$$

式中，$0<K_1<1$，$0<K_2<1$。

5.7.3　PID 整定

PID 控制器的参数整定是机电控制系统设计的核心内容。它是根据被控过程的特性确定 PID 控制器的 K_p、K_i 和 K_d 三个参数值，使机电控制系统的品质达到满意，或者使机电控制系统某个综合性能指标达到最优，如使绝对误差积分(IAE)最小，这个过程称为 PID 整定。K_p、K_i 和 K_d 的值不依赖机电控制系统的数学模型，可以用于得不到数学模型的对象，因此 PID 控制是应用较为广泛的一种控制策略。PID 整定常用的方法有调试法、阶跃响应法、临界比例度法、衰减曲线法。

1. 调试法

调试通常在阶跃设定下进行，调试步骤大致如下。

1) 调试比例部分

为了减少调试次数，可利用在选 PID 控制器的参数时已取得的经验，把 K_p 定在某一范围内，将控制器选为纯比例控制器，使机电控制系统对信号输入的响应达到临界振荡状态(稳定边缘)。具体做法为：首先去掉 PID 控制中的积分项和微分项，一般是将 K_i 和 K_d 置为 0，只将比例控制参数 K_p 逐次由小变大，并观察机电控制系统的阶跃响应，兼顾响应快、超调小、振荡衰减快、静差小。如果静差已在允许范围内，并且被控量能在衰减到最大超调的 1/4 时就已进入允许的静差范围内，此时的 K_p 就较满意。通常认为 1/4 衰减度能兼顾快速性和稳定性。

2）加入积分环节

如果通过比例控制不能使静差达到要求，必须加入积分控制来消除静差。先给一个不大的 K_i 值，再将由第一步所得的 K_p 值略微减小，然后逐步减小 K_i，直到消除静差，同时机电控制系统保持良好的动态品质。在此过程中，可反复微调 K_p。

3）加入微分环节

若使用比例-积分控制器消除了静差，但动态过程经反复调整仍不能让人满意，则可以加入微分环节。应先给一个很小的微分控制参数 K_d，视机电控制系统动态品质的改善情况，渐次增大 K_d，还可同时微调 K_p 和 K_i，直到机电控制系统的动态品质和静态品质都让人满意。

调试工作常常要靠经验，在一个机电控制系统上让人满意的参数值，一般不能照搬到另一个机电控制系统上。

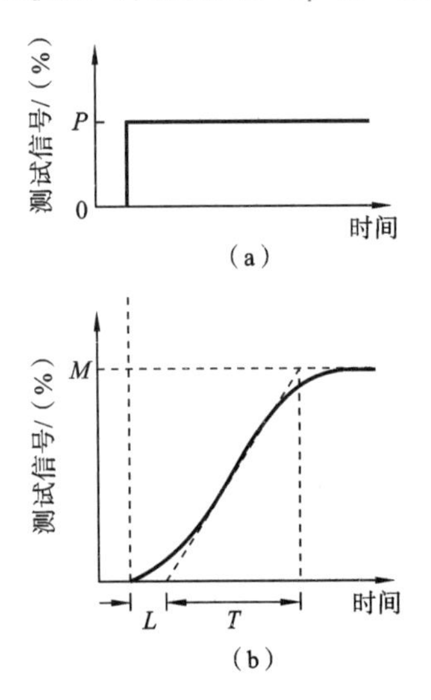

图 5-9　阶跃信号及阶跃响应曲线

2. 阶跃响应法

在一般情况下，在控制器与校正单元之间，控制回路是开环的，所以没有控制动作发生。将一个尽可能小的测试信号输入校正单元，被控量的响应就确定了。图 5-9 所示是测试信号的形式及一种典型响应。测试信号为阶跃信号，阶跃大小为校正单元中的变化百分比 P，如图 5-9(a)所示。被控量关于时间的曲线称为阶跃响应曲线，如图 5-9(b)所示。被控量用满量程的百分比表示。

在图 5-9(b)中最大斜率处作切线，最大斜率 $R=M/T$。从测试信号输入点到切线与时间轴的相交点这段时间称为滞后 L，对于基于 P、R 和 L 值的控制参数设定，可参考表5-1 给出的齐格勒-尼科尔斯建议的标准。

表 5-1　阶跃响应法标准

控制模式	K_p	T_i	T_d
P 控制	$\frac{P}{RL}$		
PI 控制	$\frac{0.9P}{RL}$	$3.33L$	
PID 控制	$\frac{1.2P}{RL}$	$2L$	$0.5L$

例如，当测试信号为控制阀门位置 6%变化的信号时，过程响应曲线如图 5-10 所示。在图 5-10 最大斜率处作切线，得到滞后 $L=150$ s，斜率为 $R=\frac{M}{T}=\frac{5}{300}$ s$=0.017/\text{s}$，所以有

$$K_p=\frac{1.2P}{RL}=\frac{1.2\times 6}{0.017/\text{s}\times 150\ \text{s}}=2.82$$

$$T_i=2L=2\times 150\ \text{s}=300\ \text{s}$$

$$T_d=0.5L=0.5\times 150\ \text{s}=75\ \text{s}$$

3. 临界比例度法

采用临界比例度法，积分控制参数和微分控制参数先取最小值，比例控制参数逐渐由设定的

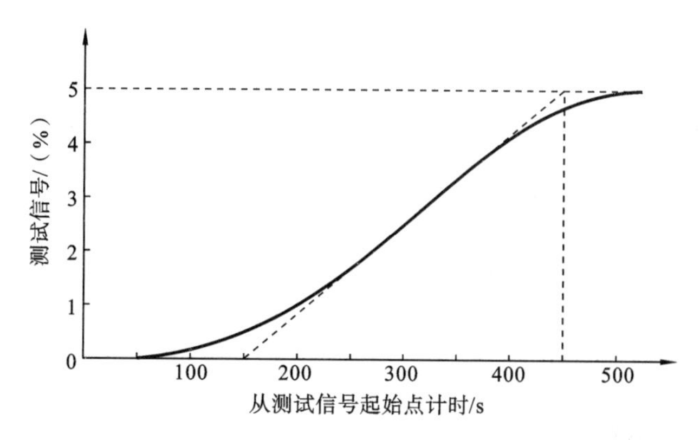

图 5-10　过程响应曲线(当测试信号为控制阀门位置 6%变化的信号时)

低值向高值递增,直到出现周期振荡,此时的 K_p 为比例控制参数临界值 K_{pc},并得到振荡周期 T_c。表 5-2 显示了齐格勒-尼科尔斯标准建议的控制器参数与 K_{pc} 的关系,临界比例带为 $\frac{100}{K_{pc}}$。

表 5-2　临界比例度法标准

控制模式	K_p	T_i	T_d
P 控制	$0.5K_{pc}$		
PI 控制	$0.45K_{pc}$	$\frac{T_c}{1.2}$	
PID 控制	$0.6K_{pc}$	$\frac{T_c}{2}$	$\frac{T_c}{8}$

例如用临界比例度法整定 PID 控制系统,当 $K_{pc}=3.33$ 时出现振荡,振荡周期为 500 s,根据表 5-2 所示的标准,可得

$$K_p=0.6K_{pc}=0.6\times3.33=2.0$$

$$T_i=\frac{T_c}{2.0}=\frac{500\ \text{s}}{2.0}=250\ \text{s}$$

$$T_d=\frac{T_c}{8}=\frac{500\ \text{s}}{8}=62.5\ \text{s}$$

5.7.4　PID 控制的改进

1. 控制器饱和

无论比例、积分或微分,PID 控制器都可能计算出很大的控制信号 $u(t)$,可能在一段时间内超出 D/A 转换器的输出电压范围$[u_{min},u_{max}]$,这种现象称为控制器饱和。当电动机拖动大惯性负载启停,或温度控制系统中要求温度迅速升降时,设定值往往要大幅度地增减,初期会出现很大的偏差。当机电控制系统遇到较大的尖峰扰动时,不仅会出现很大的偏差,偏差变化率也很大。在这些情形下,PID 控制器容易出现饱和现象。

2. 防止控制器饱和的基本措施

1) 控制信号限幅法

对控制信号 $u(k)$限幅,可以防止任何原因引起的控制器饱和。如果 PID 控制器计算得到的 $u(k)$超出 D/A 转换器的输出范围$[u_{min},u_{max}]$,就将 $u(k)$限制在此范围内。方法如下。

当 $u(k)<u_{\min}$ 时，取

$$u(k)=u_{\min}$$

当 $u(k)>u_{\max}$ 时，取

$$u(k)=u_{\max}$$

2）积累补偿法

如果 PID 控制器计算得到的 $u(k)$ 超出 D/A 转换器的输出范围 $[u_{\min},u_{\max}]$，将那些因控制器饱和而未能执行的增量控制信号 $\Delta u(k)$ 积累起来，一旦控制器退出饱和，立即补充执行这些未能执行的增量控制信号 $\Delta u(k)$。

5.7.5 积分项的改进

1. 积分分离法

积分分离法是指在 $e(k)$ 较大时段取消积分控制，而在 $e(k)$ 较小的时段投入积分控制。积分分离法既可以避免对大的动态偏差进行积分，又能发挥积分控制消除静差的作用。采用积分分离法需要确定一个积分分离阈值 E，使得：

(1) 若 $|e(k)|>E$，取消积分控制，采用 PD 控制；

(2) 若 $|e(k)|\leqslant E$，投入积分控制，采用 PID 控制。

积分分离阈值 E 如果太大，则达不到积分分离的目的；如果过小，则可能没有投入积分控制的机会，机电控制系统的静差无法消除。

2. 逾限削弱积分法

为了克服积分分离法的缺点，在计算 $u(k)$ 前，先判断先前一次的控制信号 $u(k-1)$ 是否逾限，若 $u(k-1)$ 已逾限，则应判断是逾上限还是逾下限，再判断偏差是正还是负，并采用以下策略：

(1) 若 $u(k-1)\geqslant u_{\max}$，但 $e(k)<0$，积分控制参数可减小 $e(k)$；

(2) 若 $u(k-1)\geqslant u_{\max}$，但 $e(k)>0$，取消积分控制；

(3) 若 $u(k-1)\leqslant u_{\min}$，但 $e(k)>0$，积分控制参数可减小 $e(k)$；

(4) 若 $u(k-1)\leqslant u_{\min}$，但 $e(k)<0$，取消积分控制。

5.7.6 微分项的改进

1. 不完全微分法

对于快速变化的偏差，微分控制反应强烈，造成控制器饱和，不利于机电控制系统的稳定性，因此直接使用微分控制应十分谨慎。但另一方面，相对于计算机输出的控制信号，大多数执行器的动作较缓慢，变化较慢的偏差仍需要通过微分控制来消除。为兼顾这两个方面，可以在 PID 控制器输出端串联一个一阶惯性环节，如图 5-11 所示。一阶惯性环节的低通滤波作用可以滤除高频信号，仅允许低频信号通过。在一个短时快速变化的偏差发生期间，微分控制幅度先急剧增大，随后又急剧减小，信号 $u'(t)$ 中含有丰富的高频成分。信号 $u'(t)$ 的高频成分被一阶惯性环节滤除，这样 $u(t)$ 中的微分控制作用可以适中而且持续。这种办法称为不完全微分法。

图 5-11 中一阶惯性环节的微分方程是

$$T_{\mathrm{f}}\frac{\mathrm{d}u(t)}{\mathrm{d}t}+u(t)=u'(t) \tag{5-15}$$

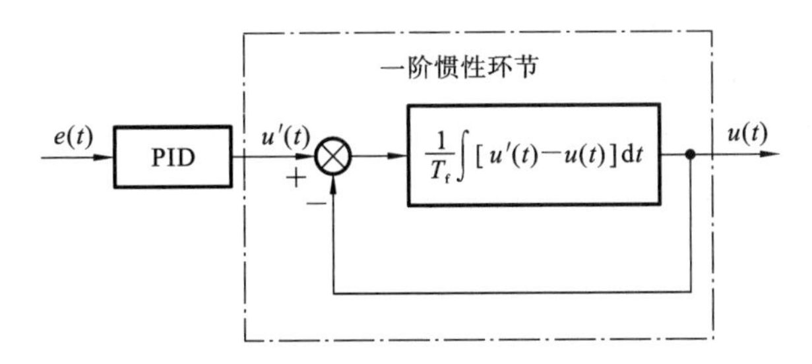

图 5-11　具有不完全微分的 PID 控制器

而

$$u'(t) = K_p e(t) + K_i \int_0^t e(t)dt + K_d \frac{de(t)}{dt} \tag{5-16}$$

所以

$$T_f \frac{du(t)}{dt} + u(t) = K_p e(t) + K_i \int_0^t e(t)dt + K_d \frac{de(t)}{dt} \tag{5-17}$$

离散化后，就是不完全微分 PID 位置型算式：

$$u(k)=\alpha u(k-1)+(1-\alpha)u'(k) \tag{5-18}$$

式中：$\alpha=\frac{T_f}{T_f+T_s}$，$T_f$ 为一阶惯性环节的延迟，T_s 为计算机的输出间隔。

$$u'(k) = K_p e(k) + K_i \sum_{n=1}^{k} e(n) T_s + K_d \frac{e(k)-e(k-1)}{T_s} \tag{5-19}$$

不完全微分 PID 也有增量型算式：

$$\Delta u(k)=\alpha \Delta u(k-1)+(1-\alpha)\Delta u'(k) \tag{5-20}$$

式中，$\Delta u'(k)=K_p[e(k)-e(k-1)]+K_i T_s e(k)+\frac{K_d}{T_s}[e(k)+2e(k-1)+e(k-2)]$。

2. 微分先行法

由于大多数工业控制对象具有较大的惯性，被控量 $y(t)$ 的变化是缓慢的。当设定值大幅度改变时，会在一个短时间段内引起偏差的大幅度变化，偏差的变化率会很大，引起 PID 控制中的微分项大幅度增加，造成控制器饱和。

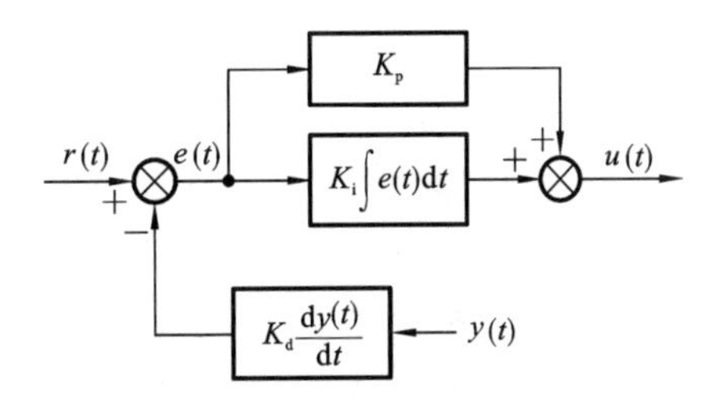

图 5-12　微分先行 PID 控制器

在图 5-12 中，在被控量 $y(t)$ 进入比较环节之前，先单独对 $y(t)$ 求微分，不至于计算出很大的变化率。不对偏差信号 $e(t)$ 求微分，也就是不对设定信号 $r(t)$ 求微分，对于设定值 $e(t)$ 频繁大幅度改变的机电控制系统来说，可以显著地改善动态品质。

5.8　自适应 PID 控制

在很多控制情况下，被控对象的参数随时间或负载等发生改变。如果被控对象的传递函数发生变化，则需要重新校正机电控制系统，以便得到优化的比例控制参数、微分控制参数和积分控制参数。至今所讨论的机电控制系统,在操作者决定调整三项控制参数之前,被校正的机电控制系统将保持原控制参数。另一种方案是采用自适应控制系统。自适应控制能够自适应改变控制参数以适应环境。自适应控制系统是基于微处理器的控制系统,可以使控制模式和控制参数适应环境,跟随环境变化而不断修正自身的控制参数。

自适应控制系统具有三个操作步骤。

(1) 用一个假想条件初始化自适应控制系统。

(2) 将系统实际性能与期望性能进行实时比较。

(3) 为了减少系统期望性能与实际性能的差异,需要自动调整自适应控制系统模型与参数。

例如,工作在比例控制模式下的自适应控制系统,比例控制参数 K_p 可以自动调整以适应环境。自适应控制系统可采用多种控制形式,常采用的控制形式有变增益控制、自校正、模型参考自适应控制。

5.8.1 变增益控制

变增益控制也称为预编程自适应控制,是指通过对某些过程变量的辅助测量,找出预先设定好的控制参数,据此改变控制器的比例控制参数。图 5-13 表示了这种方法。唯一被调整的原始控制参数是比例增益,即比例控制参数 K_p,所以被称为变增益控制。

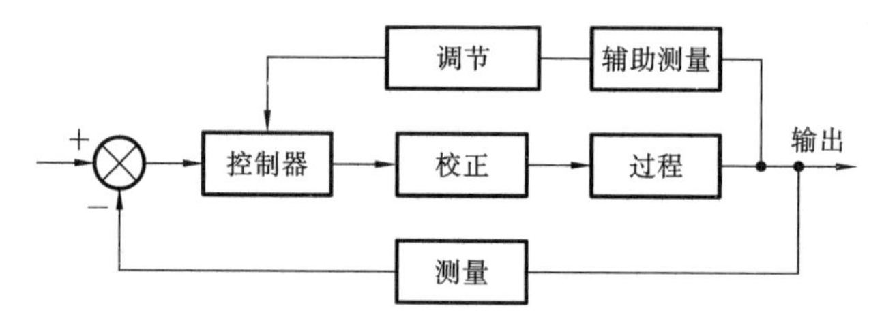

图 5-13 变增益控制

例如:对于控制负载定位的机电控制系统,系统控制参数可根据不同的负载值和一系列存入控制器存储器的数据表格计算得出;称重传感器测量实际负载,并向控制器发出信号指示一个质量,控制器根据该值选择合适的控制参数。

变增益控制的优点在于,当条件发生变化时,能够快速地修改系统控制参数。变增益控制也有一个明显的缺点,就是必须确定很多不同工作条件下的控制参数,使控制器可选择一个控制参数以适应主要工作条件。

5.8.2 自校正

自校正是指自适应控制系统根据监测的控制变量和控制器的输出连续地校正控制参数,通常也称为自动整定。如图 5-14 所示,操作者按下按钮后,控制器向自适应控制系统发出小的扰动信号,并测量自适应控制系统的响应,然后将实际响应与期望响应进行比较,采用改进的齐格勒-尼科尔斯标准调整控制参数,使实际响应接近期望响应。

5.8.3 模型参考自适应控制

在模型参考自适应控制下,有一个十分精确的系统模型。模型参考自适应控制如图 5-15

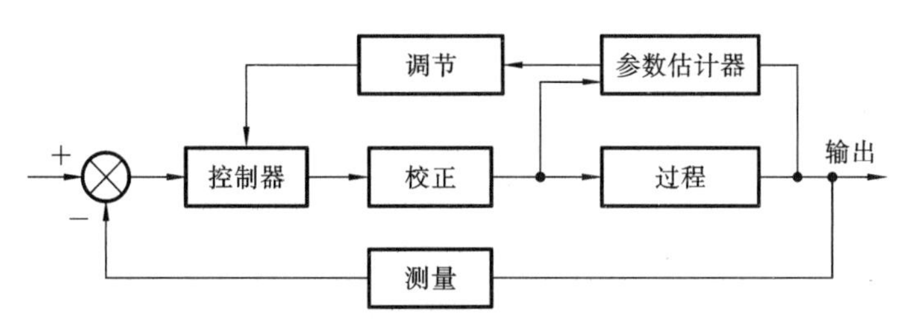

图 5-14　自校正

所示。设定值同时输入实际系统和模型系统中，实际输出与模型输出相比较，差值用于调整控制参数并缩小偏差。

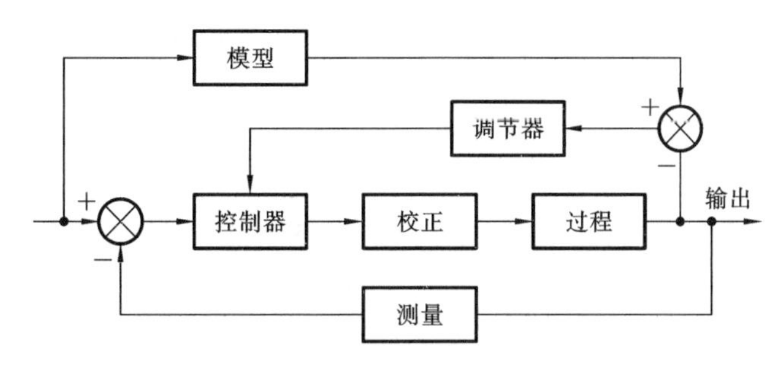

图 5-15　模型参考自适应控制

5.9　模糊控制

自从美国控制理论专家查德(Lotfi Asker Zadeh)在 1965 年提出模糊控制以来，模糊数学和模糊控制理论的应用越来越广泛。模糊控制方法的主要优点是人们不需要对被控系统有十分精确的了解，可以把精力主要放在控制器的设计上。模糊控制的本质是非线性的，因此对于一些不易获取精确数学模型的系统来说，采用模糊控制方法可以得到采用常规控制方法难以取得的效果。

5.9.1　模糊控制系统的基本原理

1. 模糊控制的基本思想

模糊控制的基本思想来源于生产实际。对于实际中一些复杂的、难以用常规控制解决的问题，有经验的操作人员进行手动控制，的确可以取得令人满意的效果，所以模糊控制的实质就是模拟人对系统的控制。人是如何进行控制的呢？图 5-16 所示是人工流量调节原理图，K 是盛水容器，出水口的流量由于进水口流量变化、水位下降等原因而不断变化，操作人员的任务是控制流量 x，使它稳定在设定值 M 附近。

在调节过程中，操作人员需要不断地观察水的流量 x，注意看它与设定值 M 之间的偏差如何。在人脑中，早已由经验生成了对偏差程度的语言描述模式。例如，当看到 x 与 M 之间的偏差为正且很大时，便用“正大”来描述；当看到 x 与 M 之间的偏差为负且很大时，便用“负大”来描述。此外，还有“正小”“零”“负小”等。操作人员便根据所看到的偏差状态相应调节阀门，对

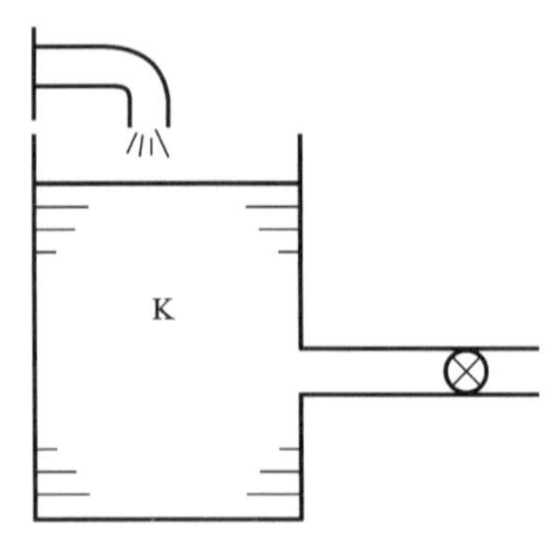

图 5-16　人工流量调节原理图

流量进行控制。称以上控制策略为控制规则,这些规则由于都是用语言形式来表达的,因而具有模糊性。操作人员将观察到的水位和偏差等具体数值转换成“正大”“负小”等语言形式的过程称为输入量的模糊化。将模糊化的输入量应用于控制规则就得到了“阀门开小”“阀门开大”等语言形式的输出,即模糊输出。根据模糊输出,再按一定的规则确定出具体的控制值,也就是执行量(阀门的开关度)。由模糊输出确定执行量的过程称为模糊判决。

上述的大和小不是用数值而是用语言来描述的,它们之间的边界并不清晰。因为人的语言具有很大的模糊性,所以这些量被称为模糊变量。

可以看出,模糊控制不需要系统的精确数学模型,而只需根据人的经验,组成一些控制规则就能进行有效的控制。

人在解决实际问题时经常是只求满意解,而不求最优解。对于复杂的不确定性系统,由于清晰度低,变量多,要列出微分方程组并求解是非常困难的,甚至是不可能的。因此,对于那些难以获得数学模型或模型非常粗略的工业系统,仍然是以人的操作经验为基础,进行人工控制,而在人的思维、语言及信息处理中,表现出许多模糊概念。可见,对一些不清晰的系统,就是要把模糊信息综合起来加以分析,用模糊数学理论与计算机技术相结合的方法,设计模糊控制器,用模糊控制来代替有经验的操作人员的人工控制,实现工业过程的智能控制。

2. 模糊控制系统的基本结构

一般模糊控制系统的结构框图如图 5-17 所示。in 为设定值,out 为输出;$\boldsymbol{e}$ 为控制偏差,$\boldsymbol{e}_c$ 为偏差变化率;$\boldsymbol{E}$ 和 $\boldsymbol{C}$ 是输入量化后的语言变量,$\boldsymbol{U}$ 为基本模糊控制器语言变量,$\boldsymbol{u}$ 为经过输出量化后的实际输出值。

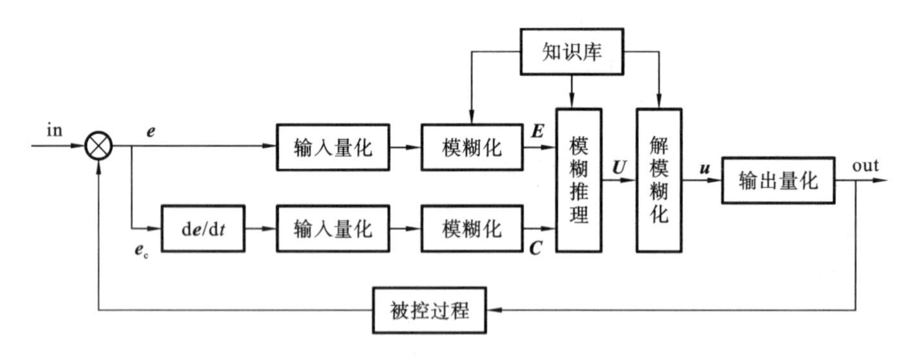

图 5-17　一般模糊控制系统的结构框图

模糊控制系统主要包括输入量化、模糊化、知识库、模糊推理、解模糊化、输出量化等部分。模糊控制器是模糊控制系统的核心部分,也是模糊控制系统和其他控制系统区别最大的环节。

1）模糊化

模糊化是指把输入的精确量转化为模糊量。输入信号映射到相应论域上的一个点后,将输入信号转化为该论域上的一个模糊子集。

2）知识库

知识库中包含了具体应用领域中的知识和系统的控制目标，通常由数据库和模糊控制规则库两个部分组成。数据库主要包括各语言变量的隶属函数、尺度变换因子和模糊控制空间的分级数等；模糊规则库包括了用模糊语言变量表示的一系列模糊控制规则，它们反映了控制专家的经验和知识。

3）模糊推理

模糊推理是模糊控制器的核心，模糊控制器具有模拟人的基于模糊概念的推理能力。模糊推理是基于模糊逻辑中的蕴含关系和推理规则进行的。

4）解模糊化

解模糊化的作用是将由模糊推理得到的控制量（模糊量）变换为实际可用于控制的精确量。它包括两部分内容：一是将模糊的控制量经解模糊化变换成表示在论域范围的精确量；二是将表示在论域范围的精确量经量程转换变成实际的控制量。

3. 模糊控制系统的工作原理

模糊控制器的控制规律由计算机的程序实现，实现过程是：计算机经过中断采样获取被控量的精确值，然后将此量与设定值进行比较得到偏差 e 的精确量，把偏差 e 的精确值进行模糊化变成模糊量，偏差 e 的模糊量可用相应的模糊语言表示。至此，得到了偏差 e 模糊语言集合中的一个子集 $\boldsymbol{E}$，再由 $\boldsymbol{E}$ 和模糊关系 $\boldsymbol{R}$ 根据推理的合成规则进行模糊决策，得到模糊的控制量 $\boldsymbol{U}$，为

$$\boldsymbol{U}=\boldsymbol{E}\boldsymbol{R} \tag{5-21}$$

为了对被控对象施加精确的控制，还需要通过非模糊化处理将模糊量 $\boldsymbol{U}$ 转换为精确量，得到精确的数字控制量后，经 D/A 转换得到模拟量并传给执行机构，对被控对象进行控制。然后计算机中断等待采样第二次信号，如此循环，从而实现对被控对象的模糊控制。

设$\underline{e}$ 为偏差 e 模糊语言集合中的一个子集（实际上是一个模糊向量），$\boldsymbol{R}$ 为模糊控制规则（模糊关系），$\underline{\boldsymbol{u}}$ 为模糊控制量。为了对被控对象施加精确的控制，需要将模糊量$\underline{\boldsymbol{u}}$ 转换为精确量 $\boldsymbol{u}$，这称为非模糊化处理（也称清晰化）。

被控对象模糊控制算法的流程如下。

（1）根据本次采样得到的系统输出值，计算出偏差 e，一般把偏差 e 当作模糊控制器的输入变量。

（2）将输入变量 e 的精确值进行模糊化，得到模糊量$\underline{e}$（实际为模糊向量）。

（3）根据$\underline{e}$ 及模糊控制规则 $\boldsymbol{R}$，按模糊推理合成规则，进行模糊决策，计算控制量$\underline{\boldsymbol{u}}$。

$$\underline{\boldsymbol{u}}=\underline{\boldsymbol{e}}\boldsymbol{R} \tag{5-22}$$

（4）由控制量（模糊量）$\underline{\boldsymbol{u}}$ 计算精确的控制量 $\boldsymbol{u}$。

5.9.2　模糊控制器的数据库

在康托尔（Georg Contor）创立的集合论中，论域中的任一元素，要么属于某个集合，要么不属于某个集合。若元素 $x\in A$，则它的特征函数 $X_A(x)$ 等于 1；若元素 $x\notin A$，则它的特征函数 $X_A(x)$ 等于 0。然而，在现实生活中存在着许多模糊的事物和模糊的概论，如“高”和“矮”、“胖”和“瘦”等，而“高”与“矮”、“胖”与“瘦”之间的边界并不分明。查德教授首次提出了“模糊集”的概念。他把模糊集合的特征函数称为隶属函数（它在[0,1]闭区间里连续取值），某个元素 x 隶

属于某一模糊集合 **A** 的程度可用它的隶属函数 $\mu_A(x)$ 来表示。图 5-18 和图 5-19 所示分别为普通集合的特征函数图形和模糊集合的隶属函数图形。

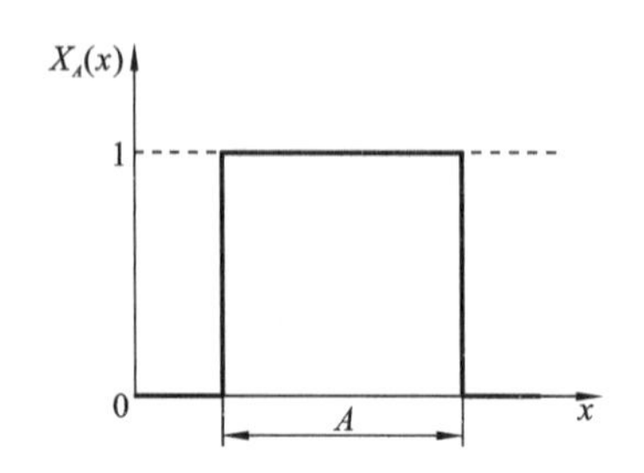

图 5-18　普通集合的特征函数图形

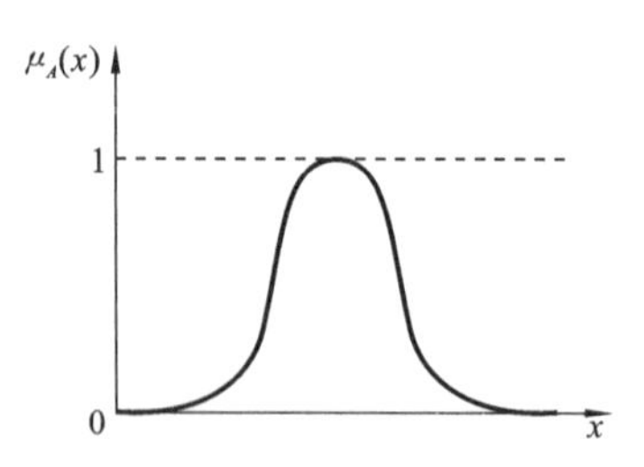

图 5-19　模糊集合的隶属函数图形

查德用人的年龄说明模糊集合的隶属函数。就一个人的年龄来说，用特征函数的概念，可以说他是年轻人，或者不是年轻人；而用隶属函数的概念，则可以说他“年轻”“不太年轻”“不年轻”等。如果考虑具体问题，范围论域为

$$\{x_1, x_2, x_3, x_4, x_5\}=\{35,60,25,27.5,32\}$$

模糊集合 **A** 表示年轻人的集合，隶属函数为

$$\mu_A(x)=\begin{cases}0, & x<15,\\ 1, & 15\leqslant x\leqslant 25,\\ \dfrac{1}{1+\left(\dfrac{x-25}{5}\right)^2}, & 25\leqslant x\leqslant 50,\\ 0, & x>50\end{cases} \tag{5-23}$$

采用查德表示法，有

$$A=\frac{0.2}{x_1}+\frac{0}{x_2}+\frac{1}{x_3}+\frac{0.8}{x_4}+\frac{0.34}{x_5} \tag{5-24}$$

式(5-24)中，“+”表示列举，$x_i(i=1,2,\cdots,5)$ 表示模糊集合的元素，0.2、0、1、0.8、0.34 表示相应元素的隶属度，于是有：$\mu_A(x_1)=0.2$；$\mu_A(x_2)=0$；$\mu_A(x_3)=1$；$\mu_A(x_4)=0.8$；$\mu_A(x_5)=0.34$。

可以说 x_1 不太年轻，x_2 不年轻，x_3 年轻。

对于一个机电控制系统来说，它的设定值和输出经过比较环节后得到系统的偏差 **E**，偏差 **E** 也可以用同样的方法来表示。通常在控制时不仅要考虑偏差 **E** 的模糊子集，而且常常要考虑偏差变化率 **C** 的模糊子集。偏差变化率 **C** 可由偏差 **E** 求出。在此，**E** 和 **C** 都是精确量。

在模糊控制中，输入变量的大小和输出变量的大小是以语言的形式描述的。一般选用“大”“中”“小”来描述模糊控制器输入变量和输出变量的状态，再加上正方向、负方向和零状态，模型控制器输入变量和输出变量都有 7 个状态，即

{负大、负中、负小、零、正小、正中、正大}

缩写为

{NL、NM、NS、0、PS、PM、PL}

为了提高机电控制系统的稳态精度，通常在偏差接近零时增大分辨力，特将零分为“正零”和“负零”，因此，描述偏差变量的词集一般取为

{负大、负中、负小、负零、正零、正小、正中、正大}

缩写为

$$\{NL、NM、NS、N0、P0、PS、PM、PL\}$$

因此,偏差和偏差变化率可以由精确量转化成模糊量。

如果观察到偏差 $\boldsymbol{E}$ 的实际变化范围在$[a,b]$区间内,则可以通过变换式

$$\boldsymbol{E}=\frac{12}{b-a}\left(\boldsymbol{e}-\frac{a+b}{2}\right) \tag{5-25}$$

把在$[a,b]$区间变化的 $\boldsymbol{e}$ 转化成在$[-6,+6]$区间变化的 $\boldsymbol{E}$,再将在$[-6,+6]$区间连续变化的 $\boldsymbol{E}$ 分为以下八挡:

(1) 正大(PL)—— +6 附近;

(2) 正中(PM)—— +4 附近;

(3) 正小(PS)—— +2 附近;

(4) 正零(P0)—— 比 0 稍大;

(5) 负零(N0)—— 比 0 稍小;

(6) 负小(NS)—— −2 附近;

(7) 负中(NM)—— −4 附近;

(8) 负大(NL)—— −6 附近。

以上八挡对应的八个模糊子集如表 5-3 所示。

表 5-3　偏差 E 的模糊子集表

变量挡		论域													
		−6	−5	−4	−3	−2	−1	−0	+0	+1	+2	+3	+4	+5	+6
		e 的隶属度													
$\boldsymbol{E}_1$	NL	1	0.8	0.4	0.1	0	0	0	0	0	0	0	0	0	0
$\boldsymbol{E}_2$	NM	0.2	0.7	1	0.7	0.2	0	0	0	0	0	0	0	0	0
$\boldsymbol{E}_3$	NS	0	0	0.1	0.5	1	0.8	0.3	0	0	0	0	0	0	0
$\boldsymbol{E}_4$	N0	0	0	0	0	0.1	0.6	1	0	0	0	0	0	0	0
$\boldsymbol{E}_5$	P0	0	0	0	0	0	0	0	1	0.6	0.1	0	0	0	0
$\boldsymbol{E}_6$	PS	0	0	0	0	0	0	0	0.3	0.8	1	0.5	0.1	0	0
$\boldsymbol{E}_7$	PM	0	0	0	0	0	0	0	0	0	0.2	0.7	1	0.7	0.2
$\boldsymbol{E}_8$	PL	0	0	0	0	0	0	0	0	0	0	0.1	0.4	0.8	1

表 5-3 表示$[-6,+6]$区间 12 个元素的隶属度。当然,模糊子集中元素的隶属度并非一定要如表 5-3 中那样规定,还可以根据实际情况来调整。

若用查德表示法表示偏差的某个模糊子集,如偏差的负大,则可写成

$$E_1=\frac{1}{-6}+\frac{0.8}{-5}+\frac{0.4}{-4}+\frac{0.1}{-3}+\frac{0}{-2}+\frac{0}{-1}+\frac{0}{-0}$$

$$+\frac{0}{+0}+\frac{0}{+1}+\frac{0}{+2}+\frac{0}{+3}+\frac{0}{+4}+\frac{0}{+5}+\frac{0}{+6}$$

对于偏差变化率 $\boldsymbol{C}$,可分七个模糊子集,如表 5-4 所示。

表 5-4　偏差变化率 C 的模糊子集表

变量挡		论域												
		−6	−5	−4	−3	−2	−1	0	+1	+2	+3	+4	+5	+6
		e的隶属度												
C_1	NL	1	0.8	0.4	0.1	0	0	0	0	0	0	0	0	0
C_2	NM	0.2	0.7	1	0.7	0.2	0	0	0	0	0	0	0	0
C_3	NS	0	0	0.2	0.7	1	0.9	0	0	0	0	0	0	0
C_4	0	0	0	0	0	0	0.5	1	0.5	0	0	0	0	0
C_5	PS	0	0	0	0	0	0	0	0.9	1	0.7	0.2	0	0
C_6	PM	0	0	0	0	0	0	0	0	0.2	0.7	1	0.7	0.2
C_7	PL	0	0	0	0	0	0	0	0	0	0.1	0.4	0.8	1

对于控制输出 U 的语言变量，一般也分成 7 挡，形成表 5-5 所示的 7 个模糊子集。可以用语言变量来描述一个机电控制系统。例如，对一个流量调节系统来说，如果流量偏小，就把阀门调得大一些，阀门开口的“大”和“小”都是语言变量，可以用与它们相对应的模糊子集来表示。与用数学解析表达式建立机电控制系统的模型相比，用语言变量来描述一个机电控制系统，对任何人来说都很容易理解，不需要对某个机电控制系统具备高深的理论知识，但确定与这些语言变量相对应模糊子集的隶属度时要根据经验来完成。“大”和“小”究竟取多少合适，有时需要多次调整才能得到满意的效果。

表 5-5　控制输出 U 的模糊子集表

变量挡		论域												
		−6	−5	−4	−3	−2	−1	0	+1	+2	+3	+4	+5	+6
		e的隶属度												
U_1	NL	1	0.8	0.4	0.1	0	0	0	0	0	0	0	0	0
U_2	NM	0.2	0.7	1	0.7	0.2	0	0	0	0	0	0	0	0
U_3	NS	0	0.1	0.4	0.8	1	0.4	0	0	0	0	0	0	0
U_4	0	0	0	0	0	0	0.5	1	0.5	0	0	0	0	0
U_5	PS	0	0	0	0	0	0	0	0.4	1	0.8	0.4	0.1	0
U_6	PM	0	0	0	0	0	0	0	0	0.2	0.7	1	0.7	0.2
U_7	PL	0	0	0	0	0	0	0	0	0	0.1	0.4	0.8	1

5.9.3　模糊控制器的设计

模糊控制是以操作人员的经验为基础的，它并不需要精确的数学模型去描述机电控制系统的动态过程。因此，模糊控制器的设计与常规控制器的设计有很大的不同。模糊控制器的设计主要考虑以下问题：输入模糊化、模糊控制规则、输出信息的模糊判决。

1. 输入模糊化

模糊控制器中的输入和输出都是精确量，但控制算法需要模糊量，因此输入的精确量（数字量）需转化为模糊量。输入模糊化就是把输入量偏差和偏差变化率转换为语言变量。对一个实际的机电控制系统来说，如果观察到它的偏差 e 在$[a,b]$区间连续变化，但希望把偏差 e 分为大、中、小和零这样几挡，则可以通过式(5-25)实现精确量 e 到$[-6,6]$区间模糊量 $\boldsymbol{E}$ 的转化（见表 5-3 偏差 $\boldsymbol{E}$ 的模糊子集表）。对偏差变化率和控制输出也可做类似变换。

2. 模糊控制规则

目前模糊控制规则的建立大致有以下四种方法。

1）专家经验法

专家经验法是指通过向专家咨询形成模糊控制规则库。

2）观察法

观察法是指通过观察人类控制行为并从人类控制的思想中提炼出一套基于模糊条件语句类型的模糊控制规则，从而建立模糊控制规则库。

3）基于模糊模型的控制法

基于模糊模型的控制法是指通过建立被控对象的模糊模型来建立模糊控制规则，即用像建立模糊控制规则一样的“IF-THEN”形式来描述被控对象的动态特性。

4）自组织法

自组织法是指在没有或有很少经验知识的情况下通过观察系统的输入/输出关系建立模糊控制规则库。

最常用的模糊控制器是两维输入、一维输出即两入一出模糊控制器，如图 5-20 所示。

图 5-20　两入一出模糊控制器

该模糊控制器的语言规则为：如果偏差为 $\boldsymbol{E}$ 且偏差变化率为 $\boldsymbol{C}$，则进行控制操作 $\boldsymbol{U}$，或

$$\text{IF}\quad \boldsymbol{E}\quad \text{AND}\quad \boldsymbol{C}\quad \text{THEN}\quad \boldsymbol{U}$$

语言推理式为

$$\text{IF}\quad \boldsymbol{E}=\boldsymbol{E}_i\quad \text{AND}\quad \boldsymbol{C}=\boldsymbol{C}_j\quad \text{THEN}\quad \boldsymbol{U}=\boldsymbol{U}_{ij}\quad i=1,2,\cdots,m\quad j=1,2,\cdots,n$$

式中，$\boldsymbol{E}_i$、$\boldsymbol{C}_j$ 和 $\boldsymbol{U}_{ij}$ 分别为定义在 X，Y，Z 上的模糊集。这些模糊条件语句可归结为一个模糊关系 $\boldsymbol{R}$，即

$$\boldsymbol{R}=\bigcup(\boldsymbol{E}_i\circ\boldsymbol{C}_j)\circ\boldsymbol{U}_{ij} \tag{5-26}$$

根据模糊数学的理论，运算符“$\circ$”的含义由下式定义：

$$\mu_R(x,y,z)=\vee[\mu_{Ei}(x)\wedge\mu_{Cj}(y)]\wedge\mu_{ij}(z),\quad x\in X,y\in Y,z\in Z \tag{5-27}$$

式(5-27)中：运算符“$\vee$”表示“并”，即运算中取较大的数；运算符“$\wedge$”表示“交”，即运算中取较小的数。

如果偏差和偏差变化率分别取 $\boldsymbol{E}$ 和 $\boldsymbol{C}$，根据模糊推理合成规则，输出控制量应是模糊集 $\boldsymbol{U}$：

$$\boldsymbol{U}=(\boldsymbol{E}\circ\boldsymbol{C})\circ\boldsymbol{R} \tag{5-28}$$

即

$$\mu_U(z)=\vee\mu_R(x,y,z)\wedge[\mu_E(x)\wedge\mu_C(y)] \tag{5-29}$$

这样，若已知 $\boldsymbol{E}$、$\boldsymbol{C}$ 和 $\boldsymbol{U}$，则可以求出模糊关系 $\boldsymbol{R}$；反之，若已知机电控制系统的模糊关系，则可以根据机电控制系统的输入 $\boldsymbol{E}$ 和 $\boldsymbol{C}$ 求出输出控制量 $\boldsymbol{U}$。

例如，若已知偏差 $E=0.5/e_1+1.0/e_2$，偏差变化率 $C=0.1/c_1+1.0/c_2+0.6/c_3$，输出 $U=0.4/u_1+1.0/u_2$，求与这条模糊控制规则相对应的模糊关系 $\boldsymbol{R}$。

根据 $\boldsymbol{R}=\bigcup(\boldsymbol{E}_i\circ\boldsymbol{C}_{ij})\circ\boldsymbol{U}_{ij}$，先求出 $\boldsymbol{D}=\boldsymbol{E}\circ\boldsymbol{C}$，再求 $\boldsymbol{R}=\boldsymbol{D}^{\mathrm{T}}\circ\boldsymbol{U}$。

因为

$$\mu_{E\circ C}(x,y)=\mu_E(x)\vee\mu_C(y)$$

所以

$$\boldsymbol{D}=\boldsymbol{E}\circ\boldsymbol{C}=\begin{bmatrix}0.5\wedge0.1 & 0.5\wedge1.0 & 0.5\wedge0.6\\ 1.0\wedge0.1 & 1.0\wedge1.0 & 1.0\wedge0.6\end{bmatrix}=\begin{bmatrix}0.1 & 0.5 & 0.5\\ 0.1 & 1.0 & 0.6\end{bmatrix} \tag{5-30}$$

那么求 $\boldsymbol{D}$ 的转置 $\boldsymbol{D}^{\mathrm{T}}$，就是先将 $\boldsymbol{D}$ 的第一行元素按列的次序写下来，再将第二列的元素依次写下来，于是

$$\boldsymbol{D}^{\mathrm{T}}=[0.1\quad 0.5\quad 0.5\quad 0.1\quad 1.0\quad 0.6]^{\mathrm{T}} \tag{5-31}$$

$$\boldsymbol{R}=\boldsymbol{D}^{\mathrm{T}}\circ\boldsymbol{U}=\begin{bmatrix}0.4\wedge0.1 & 1.0\wedge0.1\\ 0.4\wedge0.5 & 1.0\wedge0.5\\ 0.4\wedge0.5 & 1.0\wedge0.5\\ 0.4\wedge0.1 & 1.0\wedge0.1\\ 0.4\wedge1.0 & 1.0\wedge1.0\\ 0.4\wedge0.6 & 1.0\wedge0.6\end{bmatrix}=\begin{bmatrix}0.1 & 0.1\\ 0.4 & 0.5\\ 0.4 & 0.5\\ 0.1 & 0.1\\ 0.4 & 1.0\\ 0.4 & 0.6\end{bmatrix} \tag{5-32}$$

在模糊关系 $\boldsymbol{R}$ 为已知的情况下，若模糊控制器的输入为 $\boldsymbol{E}$ 和 $\boldsymbol{C}$，则求模糊控制器输出 $\boldsymbol{U}$ 的方法是：先求 $\boldsymbol{D}=\boldsymbol{E}\circ\boldsymbol{C}$，再求 $\boldsymbol{U}=\boldsymbol{D}^{\mathrm{T}}\circ\boldsymbol{R}$。

通常，对于一个工业过程可以总结出许多条模糊控制规则，对于任何一条模糊控制规则都可以推出相应的模糊关系，即 $\boldsymbol{R}_1,\boldsymbol{R}_2,\cdots,\boldsymbol{R}_n$，因此系统总的模糊控制规则为

$$\boldsymbol{R}=\boldsymbol{R}_1\vee\boldsymbol{R}_2\vee\cdots\vee\boldsymbol{R}_n \tag{5-33}$$

模糊控制规则要经过反复调整才适合一个具体的被控系统。

3. 输出信息的模糊判决

模糊控制的输出是一个模糊子集，它反映的是不同控制语言取值的一种组合。但对实际机电控制系统来说，被控对象只能够接受一个控制量，这就需要从输出的模糊子集中判决出一个控制量，即要推导出一个由模糊集合到普通集合的映射，这个映射通常被称为模糊判决，只有通过判决才能得到控制量的精确值。模糊判决通常有以下三种方法。

1）*最大隶属度法*

这种方法就是在要判决的模糊子集 $\boldsymbol{U}$ 中取隶属度最大的元素作为执行量。这种方法虽然简单，但它所概括的信息量太少。例如，当

$$U=\frac{0.1}{2}+\frac{0.4}{3}+\frac{0.7}{4}+\frac{1}{5}+\frac{0.7}{6}+\frac{0.3}{7} \tag{5-34}$$

时，按最大隶属度的原则，应满足

$$\mu_U(u_{\max})\geqslant\mu_U(u),\quad u\in U \tag{5-35}$$

应当取执行量 $u_{\max}=5$。这样做完全排除了其他一切隶属度较小的元素的影响和作用，并且为

了使模糊判决能实现，还要求模糊控制器的算法保证结果是正规的凸模糊集，但这一点并不一定能保证。

2）加权平均判决法

可采用加权平均判决法克服最大隶属度法的缺点。采用加权平均判决法时，执行量 $u_{\max}$ 由下式决定：

$$u_{\max}=\frac{\sum_{i=1}^{n}k_iu_i}{\sum_{i=1}^{n}k_i} \tag{5-36}$$

式(5-36)中，权系数 k_i 应根据实际情况确定，权系数 k_i 的确定直接影响机电控制系统的响应特性。对模糊自动控制系统来说，要改善系统的响应特性，选取和调整有关的权系数 k_i 是一个关键问题。

3）重心法

采用该方法需要建立一个坐标系，纵轴是隶属度，横轴是输出 z，再画出隶属函数曲线，取隶属函数曲线与 z 轴所围成面积的垂直平分线，该线与轴的交点 z 即为输出控制量，如图 5-21 所示。

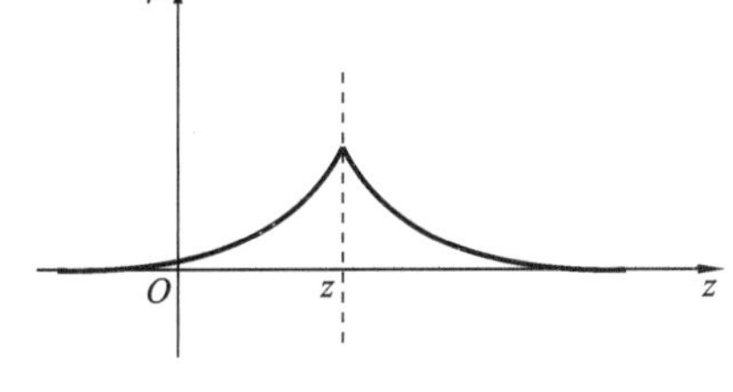

图 5-21 重心法

5.9.4 模糊控制方法的应用

1. 模糊控制方法在温度控制系统中的应用

温度是科学实验和工业生产中较为常见和基本的工艺参数之一，任何物理变化和化学反应过程都与温度密切相关，因此温度控制是生产过程自动化的重要任务之一。利用计算机实现温度实时调节、数字显示、信息存储，对于提高生产效率和产品质量、节约能源等有着积极的意义。众所周知，传热过程的机理是很复杂的，建立精确的数学模型是极其困难的，并且温箱本身是时变的、非线性的、有滞后的复杂系统，因此无论是使用经典的 PD 控制还是使用现代控制理论中的各种算法，都很难达到满意的控制效果。

图 5-22 所示为恒温测试箱的硬件结构图，它采用了 DO(数字量输出)环节而不是常用的 D/A 环节。

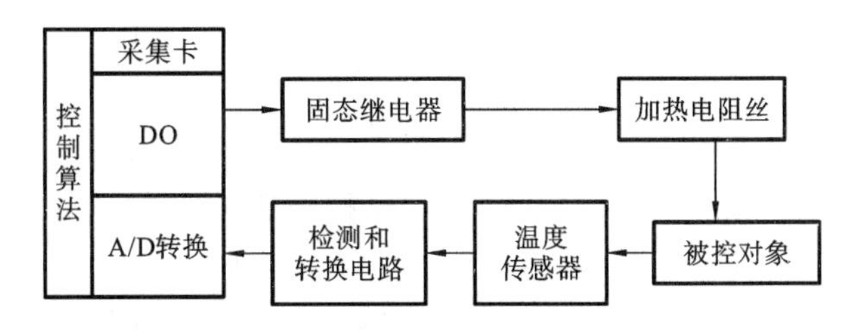

图 5-22 恒温测试箱的硬件结构图

如图 5-22 所示，采集卡上的 A/D 转换器和 DO 通道作为与外界模拟量沟通的载体。固态继电器主要是作为一个控制开关来使用的，直接接收计算机发出的指令，计算机发出的“1”和“0”分别代表固态继电器的“通”和“断”。加热电阻丝用作该机电控制系统的加热源。温度传感器将温度的变化转换为电阻的变化。检测和转换电路主要把温度传感器检测到的信号通过电桥变为电压信号并进行放大(如果不进行放大,则信号太微弱,直接进行 A/D 转换,精度太低)。

由传热学上的能量守恒定律可以知道,该机电控制系统输入的能量 W_{in}、输出的 W_{out} 和所储存的热能 W_{st},有以下关系:

$$W_{in}-W_{out}=W_{st} \tag{5-37}$$

该机电控制系统的输入能量是由加热电阻丝所产生的热量来提供的,如果加热电阻丝所做的功以 W 表示,占空比用 u 表示(这是该系统的控制量),功率是 P(1 000 W/h),那么加热电阻丝所做的功就是该机电控制系统输入的能量 W_{in}。

$$W_{in}=Ptu \tag{5-38}$$

式中:t——加热电阻丝的通电时间(h)。

根据传热学中牛顿冷却定律和斯蒂藩-玻耳兹曼定律可以得到下面的式子:

$$W_{out}=2h(T_t-T_\infty)A+\varepsilon\sigma T_s^4 A_h \tag{5-39}$$

式中:A——端盖上孔的面积(m^2);

h——比例常数($W/(m^2 \cdot K)$);

T_t——陶瓷管内空气在 t 时刻的温度(K);

T_∞——环境的温度(K);

ε——黑度(为小于 1 的常数);

σ——斯蒂藩-玻耳兹曼常数,$\sigma=5.67\times10^{-8}\ W/(m^2 \cdot K^4)$;

T_s——物体表面的温度(K);

A_h——不锈钢管的表面积(m^2)。

根据传热学上瞬时的热平衡方程,可能得到下面的式子:

$$W_{st}=\rho_1 V_1 C_{p1}\frac{\partial T_1}{\partial \tau}+\rho_2 V_2 C_{p2}\frac{\partial T_2}{\partial \tau}+\rho_3 V_3 C_{p3}\frac{\partial T_3}{\partial \tau}+\rho_4 V_4 C_{p4}\frac{\partial T_4}{\partial \tau} \tag{5-40}$$

式中:$\rho_1,\rho_2,\rho_3,\rho_4$——分别为陶瓷管、陶瓷管内部的空气、石棉绳、不锈钢管的密度(kg/m^3);

V_1,V_2,V_3,V_4——分别为陶瓷管、陶瓷管内部的空气、石棉绳、不锈钢管的体积(m^3);

C_{p1}、C_{p2}、C_{p3}、C_{p4}——分别为陶瓷管、陶瓷管内部的空气、石棉绳、不锈钢管的定压比热容($J/(kg \cdot K)$)。

将式(5-37)至式(5-40)联立,就可以得到式(5-41):

$$\begin{aligned}&Ptu-[2h(T_t-T_\infty)A+\varepsilon\sigma T_s^4 A_h]\\&=\rho_1 V_1 C_{p1}\frac{\partial T_1}{\partial \tau}+\rho_2 V_2 C_{p2}\frac{\partial T_2}{\partial \tau}+\rho_3 V_3 C_{p3}\frac{\partial T_3}{\partial \tau}+\rho_4 V_4 C_{p4}\frac{\partial T_4}{\partial \tau}\end{aligned} \tag{5-41}$$

由于传热过程的存在,式(5-41)中环境温度 T_∞ 和恒温测试箱的外表面温度 T_s 都是随着时间的变化而改变的。另外,定压比热容 C_{pi}、密度 ρ_i 也是随时间变化的。这些都说明该机电控制系统是典型的时变系统。式(5-41)的左边明显有四次方项,说明该机电控制系统还是非线性的。另外,传热过程是需要时间的(从加热电阻丝将热量传递给陶瓷管内部的空气要穿越陶瓷管),所以该机电控制系统还有明显的滞后性。

模糊控制作为智能控制的重要组成部分,在解决非线性、时变复杂系统的控制方面显示出了巨大的优越性。下面的模糊控制实验是在期望温度为 100 ℃、环境温度为 15 ℃,并且期望的设定升温速度为 3 ℃/min 的条件下进行的。在这里采用的性能指标是平方误差积分 ISE。

一个模糊控制器需要实现下述三个功能：精确量的模糊化、构成模糊控制规则和输出量的模糊判决。

1）精确量的模糊化

精确量的模糊化是指将输入的精确量转化为模糊量。首先对输入量进行处理，使之符合模糊控制器的要求，再进行尺度变化，使输入量在各自的论域范围内，最后进行模糊处理，将原来的精确量转化为模糊量。

具体到本书所讨论的机电控制系统就是，由机电控制系统的给定值和机电控制系统的输出通过比较环节后得到机电控制系统的偏差 $\boldsymbol{E}$，由偏差 $\boldsymbol{E}$ 就可以求出偏差变化率 $\boldsymbol{C}=\mathrm{d}e(t)/\mathrm{d}t$。在这里，定义 $\boldsymbol{E}$ 的模糊集 $\underset{\sim}{\boldsymbol{E}}$ 为{NL，NM，NS，N0，P0，PS，PM，PL}，相应的论域定义为{−6，−5，−4，−3，−2，−1，−0，+0，1，2，3，4，5，6}。为了提高机电控制系统的稳态精度，在偏差 $\boldsymbol{E}$ 的模糊集 $\underset{\sim}{\boldsymbol{E}}$ 中特意区分了“N0”（负零）和“P0”（正零）。

通过上面的变化就可以得到 $\underset{\sim}{\boldsymbol{E}}$ 的变量赋值，如表 5-6 所示。

表 5-6　$\underset{\sim}{\boldsymbol{E}}$ 的变量赋值表

变量档	论域													
	−6	−5	−4	−3	−2	−1	−0	+0	+1	+2	+3	+4	+5	+6
	e 的隶属度													
PL	0	0	0	0	0	0	0	0	0	0	0.1	0.4	0.8	1
PM	0	0	0	0	0	0	0	0	0	0.2	0.7	1	0.7	0.2
PS	0	0	0	0	0	0	0	0.3	0.8	1	0.5	0.1	0	0
P0	0	0	0	0	0	0	0	1	0.6	0.1	0	0	0	0
N0	0	0	0	0	0.1	0.6	1	0	0	0	0	0	0	0
NS	0	0	0.1	0.5	1	0.8	0.3	0	0	0	0	0	0	0
NM	0.2	0.7	1	0.7	0.2	0	0	0	0	0	0	0	0	0
NL	1	0.8	0.4	0.1	0	0	0	0	0	0	0	0	0	0

同理，把 $\boldsymbol{U}$ 的模糊集 $\underset{\sim}{\boldsymbol{U}}$ 定义为{NL，NM，NS，Z0，PS，PM，PL}，相应的论域定义为{−7，−6，−5，−4，−3，−2，−1，0，1，2，3，4，5，6，7}。$\underset{\sim}{\boldsymbol{U}}$ 的变量赋值如表 5-7 所示。

2）构成模糊控制规则

在这个过程中涉及两个概念——知识库和模糊推理。知识库包含相应领域中的知识和系统的控制目标，通常由隶属函数、尺度变换因子等组成的数据库和模糊控制规则库两个部分组成。模糊推理（合成、决策）指的是模拟人的基于模糊概念的推理。

设机电控制系统采用的是一个两输入（$\underset{\sim}{\boldsymbol{E}}$ 和 $\underset{\sim}{\boldsymbol{C}}$）、单输出（$\underset{\sim}{\boldsymbol{U}}$）的模糊控制器，根据前面的分析，得到下面的模糊控制规则：

$$\text{IF}\quad \underset{\sim}{\boldsymbol{E}}=\underset{\sim}{\boldsymbol{E}}_i\quad \text{AND}\quad \underset{\sim}{\boldsymbol{C}}=\underset{\sim}{\boldsymbol{C}}_i\quad \text{THEN}\quad \underset{\sim}{\boldsymbol{U}}=\underset{\sim}{\boldsymbol{U}}_{ij} \tag{5-42}$$

式中，$i=1,2,3,\cdots,m$；$j=1,2,3,\cdots,n$。

表 5-7 $\underset{\sim}{U}$ 的变量赋值表

<table>
<tr><th rowspan="3">变 量 挡</th><th colspan="15">论 域</th></tr>
<tr><th>−7</th><th>−6</th><th>−5</th><th>−4</th><th>−3</th><th>−2</th><th>−1</th><th>0</th><th>+1</th><th>+2</th><th>+3</th><th>+4</th><th>+5</th><th>+6</th><th>+7</th></tr>
<tr><th colspan="15">e 的隶属度</th></tr>
<tr><td>PL</td><td>0</td><td>0</td><td>0</td><td>0</td><td>0</td><td>0</td><td>0</td><td>0</td><td>0</td><td>0</td><td>0</td><td>0.1</td><td>0.4</td><td>0.8</td><td>1.0</td></tr>
<tr><td>PM</td><td>0</td><td>0</td><td>0</td><td>0</td><td>0</td><td>0</td><td>0</td><td>0</td><td>0</td><td>0.2</td><td>0.7</td><td>1.0</td><td>0.7</td><td>0.2</td><td>0</td></tr>
<tr><td>PS</td><td>0</td><td>0</td><td>0</td><td>0</td><td>0</td><td>0</td><td>0</td><td>0.4</td><td>0.8</td><td>1.0</td><td>0.4</td><td>0.1</td><td>0</td><td>0</td><td>0</td></tr>
<tr><td>Z0</td><td>0</td><td>0</td><td>0</td><td>0</td><td>0</td><td>0</td><td>0.5</td><td>1.0</td><td>0.5</td><td>0</td><td>0</td><td>0</td><td>0</td><td>0</td><td>0</td></tr>
<tr><td>NS</td><td>0</td><td>0</td><td>0</td><td>0.1</td><td>0.4</td><td>1.0</td><td>0.8</td><td>0.4</td><td>0</td><td>0</td><td>0</td><td>0</td><td>0</td><td>0</td><td>0</td></tr>
<tr><td>NM</td><td>0</td><td>0.2</td><td>0.7</td><td>1.0</td><td>0.7</td><td>0.2</td><td>0</td><td>0</td><td>0</td><td>0</td><td>0</td><td>0</td><td>0</td><td>0</td><td>0</td></tr>
<tr><td>NL</td><td>1.0</td><td>0.8</td><td>0.4</td><td>0.1</td><td>0</td><td>0</td><td>0</td><td>0</td><td>0</td><td>0</td><td>0</td><td>0</td><td>0</td><td>0</td><td>0</td></tr>
</table>

这样就可以得到模糊控制规则表，如表 5-8 所示。

表 5-8 模糊控制规则表(一)

<table>
<tr><th rowspan="3">$\underset{\sim}{E}$</th><th colspan="7">$\underset{\sim}{C}$</th></tr>
<tr><th>NL</th><th>NM</th><th>NS</th><th>Z0</th><th>PS</th><th>PM</th><th>PL</th></tr>
<tr><th colspan="7">$\underset{\sim}{U}$</th></tr>
<tr><td>NL</td><td>PL</td><td>PL</td><td>PL</td><td>PL</td><td>PM</td><td>Z0</td><td>Z0</td></tr>
<tr><td>NM</td><td>PL</td><td>PL</td><td>PL</td><td>PL</td><td>PM</td><td>Z0</td><td>Z0</td></tr>
<tr><td>NS</td><td>PM</td><td>PM</td><td>PM</td><td>PM</td><td>Z0</td><td>NS</td><td>NS</td></tr>
<tr><td>Z0</td><td>PM</td><td>PM</td><td>PS</td><td>Z0</td><td>NS</td><td>NM</td><td>NM</td></tr>
<tr><td>PS</td><td>PS</td><td>PS</td><td>Z0</td><td>NM</td><td>NM</td><td>NM</td><td>NM</td></tr>
<tr><td>PM</td><td>Z0</td><td>Z0</td><td>NM</td><td>NL</td><td>NL</td><td>NL</td><td>NL</td></tr>
<tr><td>PL</td><td>Z0</td><td>Z0</td><td>NM</td><td>NL</td><td>NL</td><td>NL</td><td>NL</td></tr>
</table>

3）输出量的模糊判决

模糊控制器的输出仍然需要是一系列的精确量，为此需要将不同隶属函数覆盖的区域转化为精确量，即模糊判决，此过程也称为解模糊化或反模糊化。常用的模糊判决方法有最大隶属度法、加权平均判决法、重心法等，应针对机电控制系统要求或运行情况的不同而选取相适应的方法，将模糊量转化为精确量，实施最后的控制策略。

2. 模糊控制方法在家电中的应用

随着科学技术的发展，家用电器日益趋于智能化，模糊逻辑在家用电器产品中的应用越来越广。例如：智能洗衣机可以自动调整洗衣机的各项参数，根据衣服的面料来调整洗涤所需的水位和洗涤时间，还可以用手机控制，分析洗衣方案；智能相机使用模糊控制技术来实现自动对焦功能；智能电视使用模糊逻辑来自动调整屏幕的颜色、对比度和亮度。

下面以洗衣机为例说明模糊控制方法在家电控制系统中的应用。图 5-23 所示是模糊控制洗衣机的结构剖面。它主要由缸体、电动机、波轮、进水阀、排水阀和各种传感器构成。该洗衣机具有自动识别衣质、衣量及肮脏程度，自动决定水量、投入适量的洗涤剂、控制洗涤时间等功能，不仅实现了洗衣机的全面自动化，而且大大提高了洗衣质量。

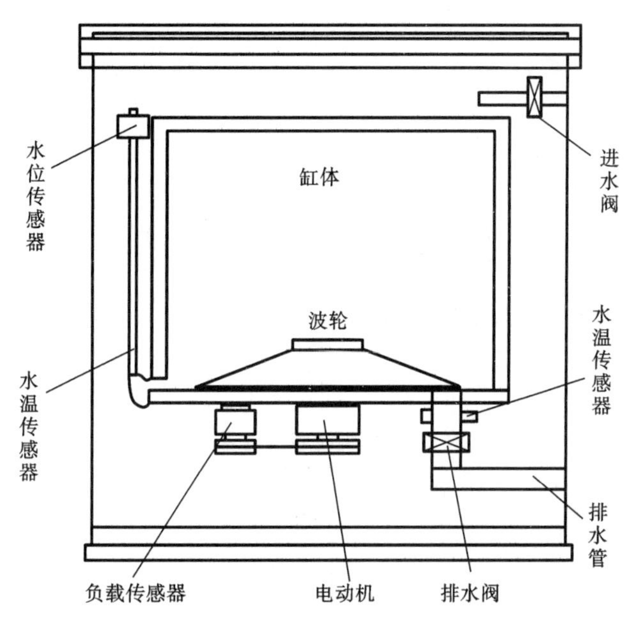

图 5-23　模糊控制洗衣机的结构剖面

该洗衣机的控制系统是一个多输入多输出的模糊控制系统，如图 5-24 所示。输入量包括衣服的质量（负载量）、水中的污泥含量及油脂含量等，输出量包括水位、洗涤时间、漂洗时间等。输入和输出之间的关系很难找到一个精确的数学模型来描述，用常规的方法难以达到理想的效果，而采用模糊控制技术能很好地解决这个问题。下面以洗涤时间为被控对象说明模糊控制器的设计。

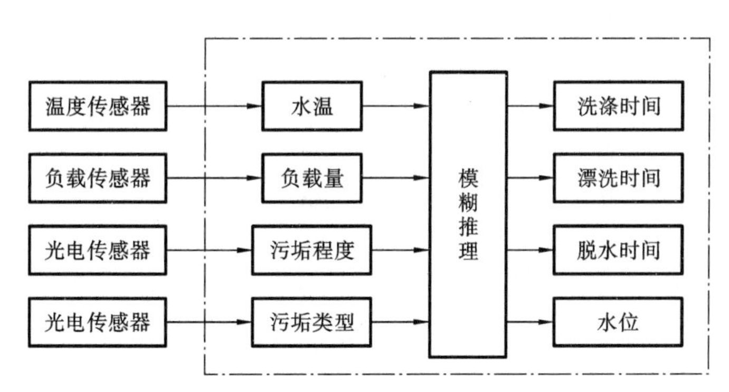

图 5-24　模糊控制洗衣机模糊推理关系图

1）模糊控制算法的参数说明

模糊控制算法将需要输入的洗衣机参数缩减为衣物质量、浊度，这两个参数通过用负载传感器、光电传感器测量直接得到，其他参数如洗涤时间、漂洗时间、进水水位、补水量通过对以上两个测量值进行推理得到确定的数值，预估总用水量、预估初次进水量直接通过衣物质量获得，已用水量通过将实际使用水量和预估总用水量相比较获得。

2）模糊集与模糊控制规则的建立

（1）输入量(由传感器得到的量)。

衣物质量:轻、中、重。

浊度:低、中、高。

（2）输出量(各待定参数)。

洗涤时间:短、中、长、很长。

漂洗时间:短、中、长、很长。

补水量:少、中、多、很多。

（3）过程量(在模糊推理过程中需要用到,用以得出输出量的参数)。

已用水量:少、中、多。

通过对洗涤经验和相关实验资料的总结,将程序输入量(衣物质量、浊度)、程序输出量(洗涤时间、漂洗时间、补水量)以及过程量(已用水量)进行匹配,得到表5-9所示的模糊控制规则表。

表5-9　模糊控制规则表(二)

功　能		补　水		洗　涤		漂　洗	
衣物质量	已用水量	补水前浊度	补水量	补水完成浊度	洗涤时间	预漂洗后浊度	漂洗时间
轻	少	低	多	低	中	低	中
		中	中	中	中	中	中
		高	中	高	长	高	长
	中	低	中	低	短	低	短
		中	少	中	短	中	短
		高	少	高	中	高	中
	多	低	少	低	短	低	短
		中	少	中	短	中	短
		高	少	高	短	高	短
中	少	低	很多	低	长	低	长
		中	多	中	长	中	长
		高	多	高	很长	高	很长
	中	低	多	低	短	低	短
		中	中	中	中	中	中
		高	少	高	长	高	长
	多	低	中	低	短	低	短
		中	少	中	短	中	短
		高	少	高	中	高	中

续表

功能		补水		洗涤		漂洗	
衣物质量	已用水量	补水前浊度	补水量	补水完成浊度	洗涤时间	预漂洗后浊度	漂洗时间
重	少	低	很多	低	长	低	长
		中	多	中	长	中	长
		高	多	高	很长	高	很长
	中	低	多	低	少	低	短
		中	多	中	长	中	长
		高	少	高	长	高	长
	多	低	中	低	短	低	短
		中	少	中	短	中	短
		高	少	高	中	高	中

3）模糊量化

在程序中，各输入量、输出量和过程量的隶属函数皆选择三角函数。各隶属函数的中心值都为经验值，通过查阅相关文献及实验记录将相关典型数值作为各三角函数的中心值。

(1) 衣服质量隶属函数。

根据生活经验，可将衣服质量分为轻、中和重。衣服质量隶属度函数为

$$\mu_{衣物质量}=\begin{cases}\mu_{衣物质量轻}(x)=\begin{cases}1, & x\leqslant 1,\\ \dfrac{3-x}{2}, & 1\leqslant x\leqslant 3,\end{cases}\\ \mu_{衣物质量中}(x)=1-\dfrac{|x-3|}{2}, \quad 1\leqslant x\leqslant 5,\\ \mu_{衣物质量重}(x)=\begin{cases}\dfrac{x-3}{2}, & 3\leqslant x\leqslant 5,\\ 1, & x\geqslant 5\end{cases}\end{cases} \tag{5-43}$$

(2) 浊度隶属函数。

光电传感器主要利用液体的透光率来判断水体的污浊程度，数值的读取范围一般为(0，255)，数值越大表示水体污浊程度越低，数值越小表示水体污浊程度越高。一般来说，洗衣机的水体浊度在 125 至 190 范围内浮动。浊度隶属度函数为

$$\mu_{浊度}=\begin{cases}\mu_{浊度低}(x)=\begin{cases}1, & x\leqslant 130,\\ \dfrac{160-x}{30}, & 130\leqslant x\leqslant 160,\end{cases}\\ \mu_{浊度中}(x)=1-\dfrac{|x-160|}{30}, \quad 130\leqslant x\leqslant 190,\\ \mu_{浊度高}(x)=\begin{cases}\dfrac{x-160}{30}, & 160\leqslant x\leqslant 190,\\ 1, & x\geqslant 190\end{cases}\end{cases} \tag{5-44}$$

（3）已用水量隶属函数。

已用水量的值是一个百分比或者说是一个小于 1 的值，已用水量隶属函数为

$$\mu_{\text{已用水量}}=\begin{cases}\mu_{\text{已用水量少}}(x)=\begin{cases}1, & x\leqslant 0.2,\\ \dfrac{0.5-x}{0.3}, & 0.2\leqslant x\leqslant 0.5,\end{cases}\\ \mu_{\text{已用水量中}}(x)=1-\dfrac{|x-0.5|}{0.3}, \quad 0.2\leqslant x\leqslant 0.8,\\ \mu_{\text{已用水量多}}(x)=\begin{cases}\dfrac{x-0.5}{0.3}, & 0.5\leqslant x\leqslant 0.8,\\ 1, & x\geqslant 0.8\end{cases}\end{cases} \tag{5-45}$$

（4）洗涤时间隶属函数。

通过对污泥含量和油脂含量模糊子集的确立，这里选取四个模糊子集对洗涤时间的论域进行涵盖：短、中、长、很长。洗涤时间隶属度函数为

$$\mu_{\text{洗涤时间}}=\begin{cases}\mu_{\text{洗涤时间短}}(x)=\begin{cases}1, & x\leqslant 4,\\ \dfrac{20-x}{16}, & 4\leqslant x\leqslant 20,\end{cases}\\ \mu_{\text{洗涤时间中}}(x)=1-\dfrac{|x-20|}{16}, \quad 4\leqslant x\leqslant 36,\\ \mu_{\text{洗涤时间长}}(x)=1-\dfrac{|x-36|}{16}, \quad 20\leqslant x\leqslant 52,\\ \mu_{\text{洗涤时间很长}}(x)=\begin{cases}\dfrac{x-36}{16}, & 36\leqslant x\leqslant 52,\\ 1, & x\geqslant 52\end{cases}\end{cases} \tag{5-46}$$

（5）漂洗时间隶属函数。

漂洗时间隶属函数为

$$\mu_{\text{漂洗时间}}=\begin{cases}\mu_{\text{漂洗时间短}}(x)=\begin{cases}1, & x\leqslant 4,\\ \dfrac{20-x}{16}, & 4\leqslant x\leqslant 20,\end{cases}\\ \mu_{\text{漂洗时间中}}(x)=1-\dfrac{|x-20|}{16}, \quad 4\leqslant x\leqslant 36,\\ \mu_{\text{漂洗时间长}}(x)=1-\dfrac{|x-36|}{16}, \quad 20\leqslant x\leqslant 52,\\ \mu_{\text{漂洗时间很长}}(x)=\begin{cases}\dfrac{x-36}{16}, & 36\leqslant x\leqslant 52,\\ 1, & x\geqslant 52\end{cases}\end{cases} \tag{5-47}$$

（6）补水量隶属函数。

补水量隶属函数为

$$\mu_{\text{补水量}}=\begin{cases}\mu_{\text{补水量少}}(x)=\begin{cases}1, & x\leqslant 100,\\ \dfrac{400-x}{300}, & 100\leqslant x\leqslant 400,\end{cases}\\ \mu_{\text{补水量中}}(x)=1-\dfrac{|x-400|}{300}, \quad 100\leqslant x\leqslant 700,\\ \mu_{\text{补水量多}}(x)=1-\dfrac{|x-700|}{300}, \quad 400\leqslant x\leqslant 1\,000,\\ \mu_{\text{补水量很多}}(x)=\begin{cases}\dfrac{x-700}{300}, & 700\leqslant x\leqslant 1\,000,\\ 1, & x\geqslant 1\,000\end{cases}\end{cases} \tag{5-48}$$

4）模糊推理过程

分别通过负载传感器、光电传感器采集衣物质量和浊度，作为模糊计算的输入量。从传感器得到相关数据后，带入相关隶属函数，计算数据的隶属度。然后通过隶属度，匹配出相关的模糊控制规则。

根据隶属度计算，可以得出某几个数据对于同一模糊控制规则的隶属度，这些数据之间是“与”或并列的关系。这时可将这些隶属度归于同一集内，进行取小运算，从而得到这些数据对于整条模糊控制规则的隶属度，这时，也可以将该隶属度称为模糊控制规则的可信度。

例如，假设模糊控制规则 X：IF 条件 A AND 条件 B THEN 结果 C。条件 A 在隶属函数 A 中的隶属度为 A'，条件 B 在隶属函数 A 中的隶属度为 B'，那么模糊控制规则 X 的可信度为 $\min(A',B')$。

模糊控制系统输出的可信度为各条模糊控制规则可信度取大的结果。

整个模糊推理过程会在整个模糊控制系统内多次出现（模糊补水、计算洗涤时间、计算漂洗时间）。在这里，使用模糊计算洗涤时间作为例子详细叙述。

例如，假设检测到衣物质量为 2.4，补水完成后浊度为 134，已用水量为 0.35，则根据衣物质量隶属函数计算得到衣物质量为轻的隶属度 $\mu_{\text{衣物质量轻}}=0.3$，衣物质量为中的隶属度 $\mu_{\text{衣物质量中}}=0.7$，衣物质量为重的隶属度 $\mu_{\text{衣物质量重}}=0$。

根据浊度隶属函数计算得到浊度为低的隶属度 $\mu_{\text{浊度低}}=0.87$，浊度为中的隶属度 $\mu_{\text{浊度中}}=0.13$，浊度为高的隶属度 $\mu_{\text{浊度高}}=0$。

根据已用水量隶属函数计算得到已用水量为少的隶属度 $\mu_{\text{已用水量少}}=0.5$，已用水量为中的隶属度 $\mu_{\text{已用水量中}}=0.5$，已用水量为多的隶属度 $\mu_{\text{已用水量多}}=0$。

然后根据以上模糊控制规则进行模糊推理，以第一条模糊控制规则为例：

IF 衣物质量轻 AND 已用水量少 AND 补水前浊度低 THEN 洗涤时间中

由上文可知衣物质量为轻的隶属度 $\mu_{\text{衣物质量轻}}=0.3$，浊度为低的隶属度 $\mu_{\text{浊度低}}=0.87$，已用水量为少的隶属度 $\mu_{\text{已用水量少}}=0.5$，所以这三个条件对于整条模糊控制规则的隶属度为 $\min\{0.3,0.5,0.87\}=0.3$。

同理可得，模糊控制规则(2)的整体隶属度为 $\min\{0.3,0.5,0.13\}=0.13$，模糊控制规则(3)的整体隶属度为 $\min\{0.3,0.5,0.87\}=0.3$，模糊控制规则(4)的整体隶属度为 $\min\{0.3,0.5,0.13\}=0.13$，模糊控制规则(5)的整体隶属度为 $\min\{0.7,0.5,0.87\}=0.5$，模糊控制规则(6)的整体隶属度为 $\min\{0.7,0.5,0.13\}=0.13$，模糊控制规则(7)的整体隶属度为 $\min\{0.7,0.5,0.87\}=0.5$，模糊控制规则(8)的整体隶属度为 $\min\{0.7,0.5,0.13\}=0.13$。

八条模糊控制规则中，结果为洗涤时间短的分别是模糊控制规则(3)、(4)、(7)，故模糊控制规则的可信度为 max{0.3，0.13，0.5}＝0.3；结果为洗涤时间中的分别是模糊控制规则(1)、(2)、(8)，故模糊控制规则的可信度为 max{0.3，0.13，0.13}＝0.3；结果为洗涤时间长的分别是模糊控制规则(5)、(6)，故模糊控制规则的可信度为 max{0.13，0.5}＝0.5；结果为洗涤时间很长的规则没有，可信度为 0。

所以，现在可以利用洗涤时间短、洗涤时间中、洗涤时间长、洗涤时间很长的可信度通过重心法进行反模糊化，得到

$$\begin{aligned}洗涤时间&=\frac{\alpha_1\mu_{洗涤时间短}+\alpha_2\mu_{洗涤时间中}+\alpha_3\mu_{洗涤时间长}}{\mu_{洗涤时间短}+\mu_{洗涤时间中}+\mu_{洗涤时间长}}\\&=\frac{0.3\times4+0.3\times20+0.5\times36}{0.3+0.3+0.5}\ \text{min}\approx23\ \text{min}\end{aligned}$$

补水量和漂洗时间的模糊计算步骤与洗涤时间类似，在这里不再赘述。

习　　题

5-1　两步控制的局限性是什么？两步控制系统通常用于什么情况？

5-2　PID 控制器的参数 K_p、K_i 和 K_d 对控制质量各有什么影响？

5-3　已知三项控制器过程响应曲线的滞后为 200 s，斜率 R 为 0.010/s，当测试信号为控制阀门位置 5%变化的信号时，确定三项控制器的 K_p、T_i 和 T_d 值。

5-4　使用临界比例度法调节三项控制器，当比例控制参数临界值为 5 时出现振荡，振荡周期为 200 s，求合适的 K_p、T_i 和 T_d。

5-5　解释以下形式的自适应控制系统的基本原理：(1) 变增益控制；(2) 自校正；(3) 模型参考自适应控制。

5-6　模糊控制器设计的主要步骤是什么？

第6章　机电系统的电磁兼容技术

电磁兼容(electromagnetic compatibility,EMC)是一门多种学科相互交叉的新兴边缘性学科。电磁兼容技术已在很多领域中得到广泛的应用,在机电一体化领域也越来越受重视。任何电气电子设备在运行时都会向周围发射电磁能量,可能对其他设备的正常工作产生干扰,同时电气电子设备本身也可能受到周围电磁环境的干扰,电磁兼容研究的主要问题就是如何使处于同一电磁环境中的各种设备和系统都能正常工作而又互不干扰。机电系统中既包含使用强电的各种电气电动设备和大功率大电流的电力电子设备,又包含由小功率小电流的微电子器件构成的控制设备以及产生微弱状态信号的各种传感器。强电设备产生的强烈电磁噪声将对弱电设备产生严重的干扰,因此电磁兼容技术的应用在机电一体化领域中显得尤为重要。

电磁兼容引起的干扰问题是机电系统设计和使用过程中必须考虑的重要问题。在机电系统的工作环境中,存在大量的电磁信号,如电网的波动信号、强电设备的启停信号、高压设备和开关的电磁辐射信号等,它们在机电系统中产生电磁感应和干扰冲击时,往往会扰乱机电系统的正常运行,轻者造成机电系统的不稳定,降低机电系统的精度,重者会引起机电控制系统死机或误动作,造成设备损坏或人身伤亡。

抗干扰技术就是研究干扰的产生根源、干扰的传播方式和抗干扰措施(对抗)等问题。在机电系统的设计中,不仅要避免机电系统被外界干扰,而且要考虑机电系统自身的内部相互干扰,还要防止机电系统对环境的干扰污染。国家标准中规定了电子产品的电磁辐射参数指标。

本章围绕电磁干扰的三要素,即干扰源、传播途径和接收载体,分析并讨论抑制干扰的三大基本技术,即滤波技术、屏蔽技术、接地技术,在掌握了这些基本原理和基本方法的基础上进一步讨论组成机电系统的主要设备的干扰抑制技术,包括计算机与数字设备的干扰抑制和电力电子设备的干扰抑制。

6.1　产生干扰的因素

6.1.1　干扰的定义

干扰是指对系统的正常工作产生不良影响的内部或外部因素。从广义上讲,机电系统的干扰因素包括电磁干扰、温度干扰、湿度干扰、声波干扰和振动干扰等。在众多干扰中,电磁干扰较为普遍,且对机电控制系统影响较大,而其他干扰因素往往可以通过一些物理的方法较容易地解决。本节重点介绍电磁干扰的相关内容。

电磁干扰(electromagnetic disturbance 或 electromagnetic interference)的定义为:“任何可能引起装置、设备或系统性能降低或对有生命物质、无生命物质产生损害作用的电磁现象。”电磁干扰源可能是电磁噪声、无用信号或传播媒介自身的变化。电磁噪声(electromagnetic noise)是指“一种明显不传送信息的时变电磁现象,它可能与有用信号叠加或组合”。例如,电气设备在运行中经常产生的放电噪声、浪涌噪声、振荡噪声等不带任何有用信息。一些功能性的信号,如广播信号、电视信号、雷达信号等,本身是有用信号,但如果干扰其他设备的正常工作则对被干扰的设备而言它们是“无用信号”,所以电磁干扰的含义比电磁噪声更广泛一些。有时人们常混同“噪声”和“干扰”,实际上“电磁干扰”是有明确定义的,即“由电磁干扰引起的设备、传输通道或系统性能的下降”。“干扰”是一种客观存在,只有在影响敏感设备正常工作时才产生“干扰”。干扰源可分为自然干扰源和人为干扰源。干扰源的研究包括干扰产生机理、时域和频域的定量描述,以便从源端抑制干扰的产生。

机电系统电磁干扰常指在工作过程中受环境因素的影响,出现的一些与有用信号无关,并且对机电系统性能或信号传输有害的电气变化现象。这些有害的电气变化现象使得信号的数据发生瞬态变化,增大误差,出现假象,甚至使整个机电系统出现异常信号而引起故障。例如,传感器的导线受空中磁场影响而产生的感应电势会大于测量的传感器输出信号,使机电系统判断失灵。

6.1.2 形成干扰的三个要素

干扰的形成包括三个要素:干扰源、传播途径和接收载体。三个要素缺少任何一个干扰都不会产生。

1. 干扰源

干扰源可分为自然干扰源和人为干扰源。

自然干扰源是由自然界的电磁现象产生的电磁噪声,比较典型的有:大气噪声,如雷电;太阳噪声,太阳黑子活动时产生的磁暴;宇宙噪声,来自银河系;静电放电(ESD)噪声等。

人为干扰源是由电气电子设备和其他人工装置产生的电磁干扰,这些干扰包括功能性的无用信号和非功能性的电磁噪声。需指出的是,这里的人为干扰指的是无意识的干扰,至于为了达到某种目的而施放的有意识的人为干扰,如电子对抗等不属于电磁兼容的研究范畴。此外,电子电路内部的热噪声即设备的本机噪声也不在电磁兼容的研究范畴,而属于通信理论研究范畴。任何电气电子设备都可能产生人为干扰,下面列出一些容易产生干扰的设备。

(1) 家用电器和民用设备:有触点电器,如电冰箱、电熨斗、电热被褥、电磁开关、继电器等;使用整流子电动机的机器,如电钻、电动刮胡刀、电按摩器、吸尘器、电动搅拌机、牙科医疗器械等;家用电力半导体器件装置,如可控硅调光器、开关电源等。

(2) 高频设备:工业用高频设备,如塑料热合机、高频加热器、高频电焊机等;高频医疗设备,如甚高频或超高频理疗装置、高频手术刀、电测仪、X 光机等。

(3) 电力设备:电力传动设备,如直流伺服电动机、交流伺服电动机、步进电动机、电磁阀、接触器等;由电力电子器件组成的变流装置,如可控硅整流器、逆变器、变频器、斩流器、无触点开关、交流调压器、UPS 电源、高频开关电源等;电力传输设备,如高压断路器、变压器等;电气化铁道等。

(4) 无线电发射和接收设备:电视、雷达、导航设备等。

(5) 高速数字电路设备:计算机及其相关设备。

干扰的来源是多方面的,有时甚至是错综复杂的。干扰有的来自外部,有的来自内部。外部干扰与机电设备的结构无关，是由使用条件和外部环境因素决定的，如图 6-1 所示。内部干扰是由机电系统仪器的结构布局不合理、线路设计不合理、元器件性质变化和漂移等原因造成的。

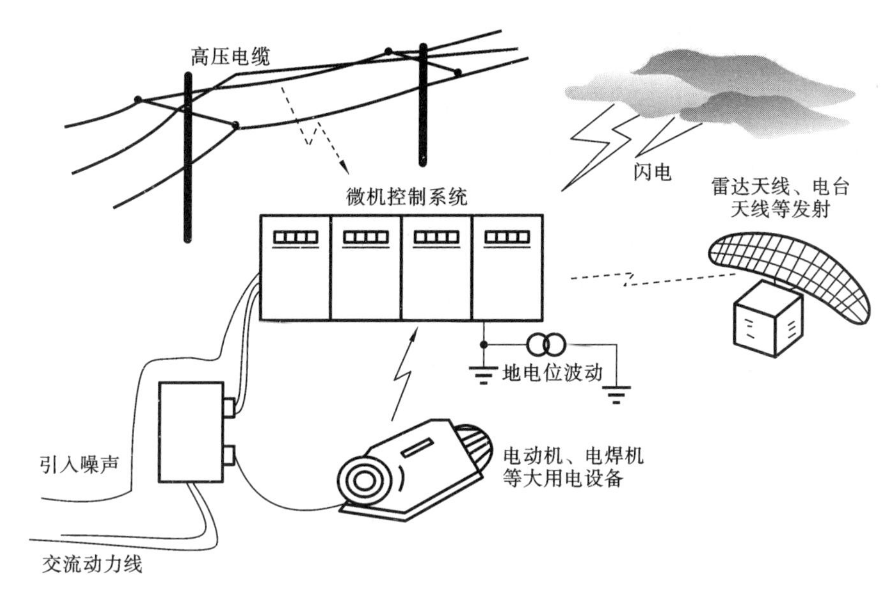

图 6-1　外部干扰环境

2. 传播途径

传播途径是指干扰信号的传播路径。电磁信号在空中沿直线，并具有穿透性的传播叫作辐射方式传播。干扰源周围空间存在着电场和磁场，会对附近的敏感设备产生干扰，这种干扰称为近场耦合干扰。同时干扰能量会以电磁波的形式向远处传输，从而影响远处的敏感设备，对远处的敏感设备产生干扰，这种干扰称为远场辐射干扰。电磁信号借助导线传入设备的传播，即通过设备的信号线、控制线、电源线等直接侵入敏感设备的传播称为传导方式传播。传播途径是干扰扩散和无所不在的主要原因。

在机电智能仪表系统的现场，往往有许多强电设备，它们在启动和工作过程中将产生干扰电磁场。另外，还有来自空间传播的电磁波和雷电的干扰，以及高压输电线周围交变磁场的影响等。干扰的传播途径主要有电场耦合、磁场耦合、公共阻抗耦合等。

3. 接收载体

接收载体是指在某个环节吸收了干扰信号，并将干扰信号转化为对系统造成影响的电气参数的受影响设备。接收载体的接受过程又称为耦合。耦合分为两类：传导耦合和辐射耦合。传导耦合是指电磁能量以电压或电流的形式通过金属导线或集总参数元件耦合至接收载体。辐射耦合是指电磁能量通过空间以电磁场的形式耦合至接收载体。

根据干扰的定义可以看出，信号之所以是干扰是因为它对系统造成不良的影响，反之，不能称其为干扰。由形成干扰的要素可知，消除三个要素中的任何一个都能避免干扰。抗干扰就是通过对这三要素中的一个或多个采取必要措施来实现的。

6.1.3　电磁干扰的种类

按干扰的耦合模式分类，电磁干扰包括下列类型。

1. 静电干扰

大量物体表面都有静电电荷的存在，特别是电气控制设备，静电电荷会在系统中形成静电电场。静电电场会引起电路的电位发生变化，会通过电容耦合产生干扰。静电干扰还包括电路周围物件上积聚的电荷对电路的泄放、大载流导体（输电线路）产生的电场通过寄生电容对机电一体化装置传输的耦合干扰等。

静电耦合是电场通过电容耦合途径窜入其他线路的。两根并排的导线之间会构成分布电容，如印制电路板上印制线路之间、变压器绕线之间都会构成分布电容。

图 6-2 给出两根平行导线 1、2 之间静电耦合的示意电路，C_{12}是两根导线之间的分布电容，C_{1g}、C_{2g}分别是导线 1、2 对地的电容，R 是导线 2 对地电阻。如果导线 1 上有信号 U_1 存在，那么信号 U_1 就会成为导线 2 的干扰源，在导线 2 上产生干扰电压 U_n。显然，干扰电压 U_n 与干扰源 U_1 及分布电容 C_{12} 和 C_{2g} 的大小有关。

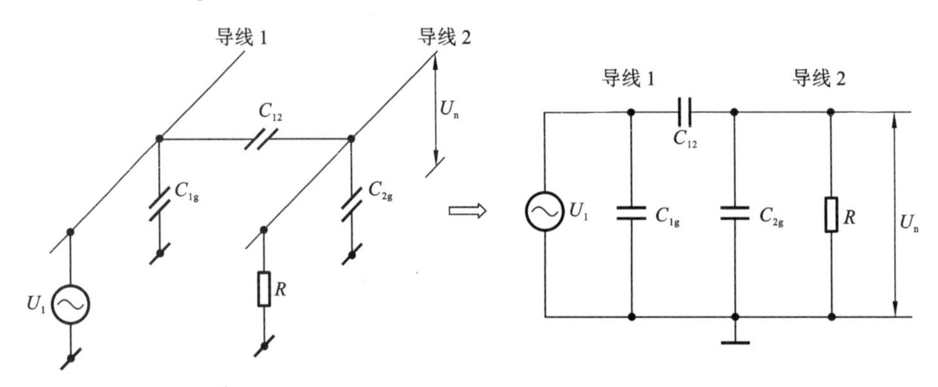

图 6-2 导线之间静电耦合的示意电路图

2. 磁场耦合干扰

磁场耦合干扰是指大电流周围磁场对机电一体化设备回路耦合形成的干扰。动力线、电动机、发电机、电源变压器和继电器等都会产生这种磁场干扰。产生磁场干扰的设备往往同时伴随着电场干扰，因此磁场干扰和电场干扰又统一称为电磁干扰。

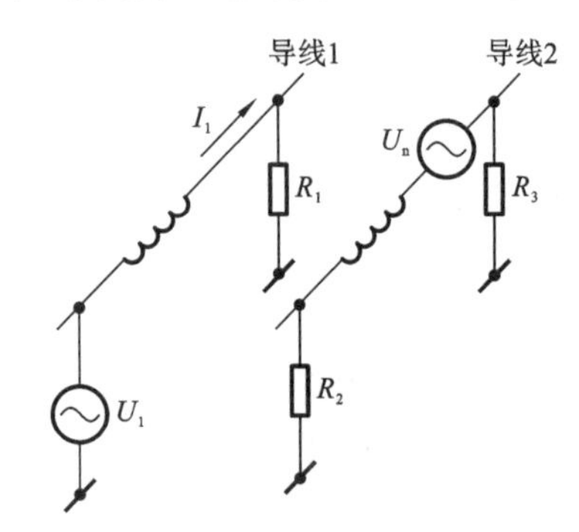

图 6-3 导线之间的磁场耦合

空间的磁场耦合是通过导体间的互感耦合产生的。任何载流导体周围空间中都会产生磁场，而交变磁场对周围的闭合电路产生感应电势。例如，设备内部的线圈或变压器的漏磁会引起干扰，普通的两根导线平行架设时也会产生磁场干扰，如图 6-3 所示。

如果导线 1 为承载着 10 kVA、220 V 的交流输电线，导线 2 为与导线 1 相距 1 m 并平行走线 10 m 的信号线，则两线之间的互感会使信号线上感应到的干扰电压 U_n 有几十毫伏。如果导线 2 是连接热电偶的信号线，那么这几十毫伏的干扰噪声足以淹没热电偶传感器的有用信号。

3. 漏电耦合干扰

漏电耦合干扰是指因绝缘电阻降低而由漏电流引起的干扰，多发生于工作条件比较恶劣的环境或器件性能退化、器件本身老化的情况下。

4. 共阻抗干扰

共阻抗干扰是指电路各部分公共导线阻抗、地阻抗和电源内阻压降相互耦合形成的干扰。这是机电系统普遍存在的一种干扰。图6-4所示为串联的接地方式，由于接地电阻的存在，三个电路(1、2、3)的接地电位明显不同。当I_1(或I_2、I_3)发生变化时，A、B、C点的电位随之发生变化，导致各电路的不稳定。

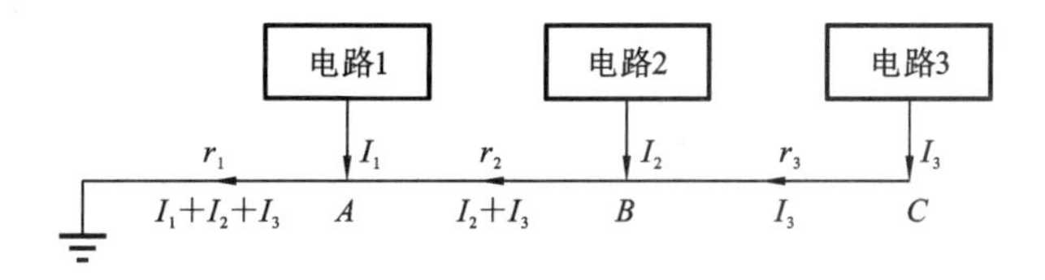

图6-4　接地共阻抗干扰

5. 电磁辐射干扰

各种大功率高频和中频发生装置、各种电火花，以及电台、电视台等产生高频电磁波，并向周围空间辐射，导致电磁辐射干扰。雷电和宇宙空间也会有电磁波干扰信号。

6.1.4　干扰存在的形式

在电路中，干扰信号通常以串模干扰、共模干扰和长线传输干扰的形式与有用信号一同传输。

1. 串模干扰

串模干扰是叠加在被测信号上的干扰，也称差模干扰或横向干扰。产生串模干扰的原因有分布电容的静电耦合、长线传输的互感、空间电磁场引起的磁场耦合，以及50 Hz的工频干扰等。

在机电系统中，被测信号是直流信号(或变化比较缓慢)，而干扰信号通常是一些波形杂乱的信号和含有尖峰的脉冲信号。在图6-5中，U_s表示理想被测信号，U_c表示实测信号，U_g表示不规则干扰信号(即串模干扰信号)，串模干扰可能来自信号源内部(见图6-5(a))，也可能来自导线的感应(见图6-5(b))。

2. 共模干扰

共模干扰往往是指同时施加在各个输入信号接口端的信号干扰，也称为共态干扰或纵向干扰。图6-6中检测信号输入A/D转换器两个输入端上引起的公有的电压干扰就属于共模干扰。由于输入信号源与计算机之间有较长的距离，输入信号U_s的参考接地点和计算机输入端参考接地点之间存在电位差U_{cm}。这个电位差就在A/D转换器两个输入端上形成共模干扰。以计算机输入端的参考接地点为参考点，加到输入点A上的信号为U_s+U_{cm}，加到输入点B上的信号中也有U_{cm}。

3. 长线传输干扰

在智能仪表系统中，现场信号进入仪表室的监控计算机，要进行一段较长的线路传输，即长线传输才能进入仪表室的监控计算机。在长线传输中产生的干扰称为长线传输干扰。对于高速信号传输的线路，即在高频信号电路中，多长的导线可作为长线看待，取决于电路信号频率的

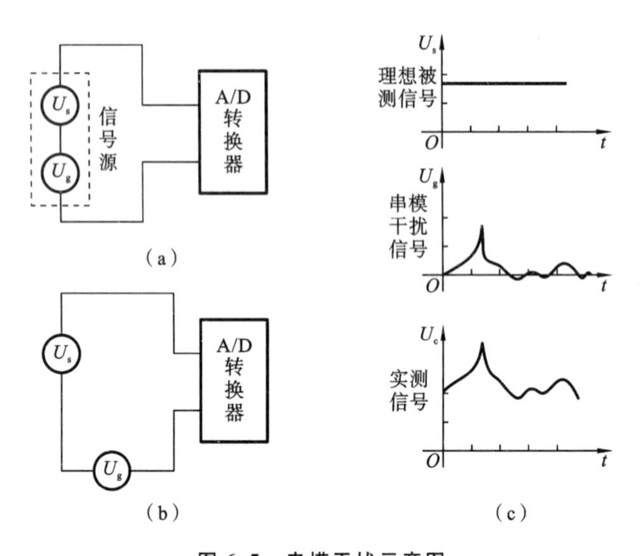

图 6-5　串模干扰示意图

U_s—理想被测信号；U_g—串模干扰信号；U_c—实测信号

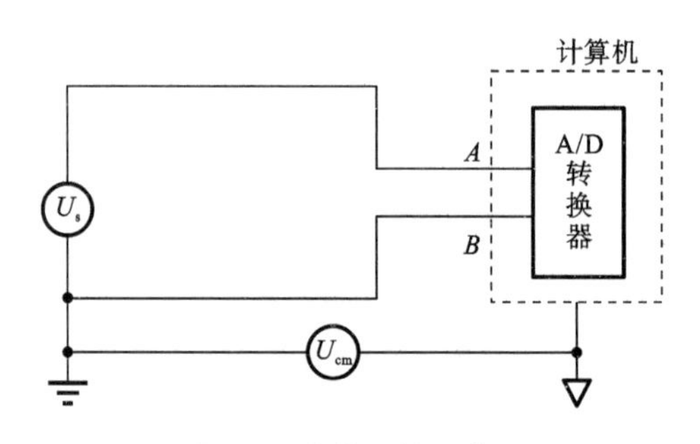

图 6-6　共模干扰示意图

大小。在有些情况下，可能 1 m 左右的线就应作为长线看待。

信号在长线中传输会遇到三个问题，一是高速变化的信号在长线中传输时，会出现波反射现象，二是存在信号延时，三是长线传输会受到外界的干扰。

当信号在长线中传输时，由于受传输线分布电容和分布电感的影响，信号会在传输线内部产生正向前进的电压波和电流波（称为入射波）。另外，如果传输线的终端阻抗与传输线的阻抗不匹配，当入射波到达传输线的终端时，会引起波反射。同样，反射波到达传输线的始端时，如果阻抗不匹配，也引起波反射。长线中信号的多次波反射现象，使信号波形严重畸变，并且引起干扰脉冲。

6.2　硬件抗干扰的措施

抗干扰最理想的方法是抑制干扰源，使干扰源不向外产生干扰或将干扰源产生的干扰影响限制在允许的范围内。由于车间现场干扰源的复杂性，要想所有的干扰源都不向外产生干扰，几乎是不可能的，也是不现实的。另外，机电一体化产品用户环境的干扰源也是无法避免的。因此，在产品开发和应用中，除了对一些重要的干扰源，主要是对被直接控制的对象上的一些干扰源进行抑制外，更多的是在产品内设法抑制外来干扰的影响，以保证机电系统可靠地工作。

抑制干扰的措施有很多，主要包括屏蔽、隔离、滤波、接地（硬件抗干扰）和软件处理（软件抗干扰）等。

6.2.1　屏蔽

屏蔽是指利用导电或导磁材料制成的盒状或壳状屏蔽体，将干扰源或干扰对象包围起来，从而割断干扰场的空间耦合通道，或削弱干扰场空间耦合通道的作用，阻止电磁能量的传输。按需屏蔽的干扰场的性质不同，屏蔽可分为电场屏蔽、磁场屏蔽和电磁场屏蔽等。

电场屏蔽可消除或抑制由电场耦合引起的干扰。它通常用铜和铝等导电性能良好的金属材料制作屏蔽体。进行电场屏蔽时，屏蔽体结构应尽量完整严密并保持良好的接地。

磁场屏蔽可消除或抑制由磁场耦合引起的干扰。对于静磁场及低频交变磁场，可用高磁导率的材料制作屏蔽体，并保证磁路畅通。对于高频交变磁场，由于主要靠屏蔽体壳体上感生的涡流所产生的反磁场起排斥原磁场的作用，也选用良导体，如铜、铝等制作屏蔽体。

图 6-7 所示为变压器的磁场屏蔽。在变压器绕组线包的外面包一层铜皮形成铜漏磁短路环。漏磁通穿过铜漏磁短路环时，在铜漏磁短路环中感生涡流，从而产生反磁通，抵消部分漏磁通，使变压器外的磁通减弱。变压器的这种磁场屏蔽的效果与屏蔽层的数量和每层的厚度有关。

同轴电缆如图 6-8 所示。为防止在信号传输过程中受到电磁干扰，同轴电缆中设置了屏蔽层。芯线电流产生的磁场被局限在外层导体和芯线之间的空间中，不会传播到同轴电缆以外的空间；而同轴电缆外的磁场干扰信号在同轴电缆的芯线和外层导体中产生的干扰电势方向相同，使电流因一个增大、一个减小而相互抵消，总的电流增量为零。许多通信电缆还在外面包裹一层导体薄膜，以提高屏蔽外界电磁干扰的作用。

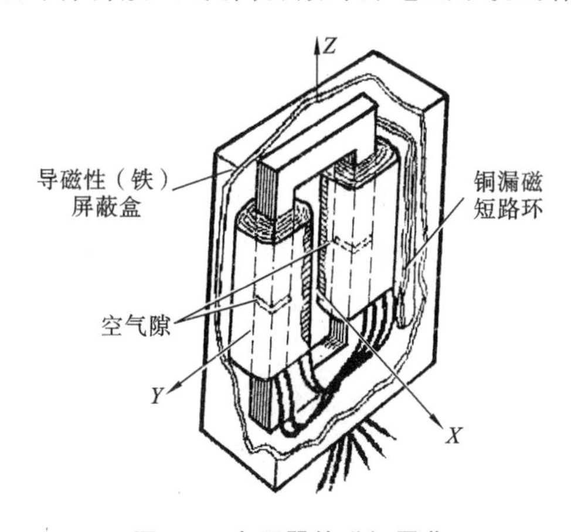

图 6-7　变压器的磁场屏蔽

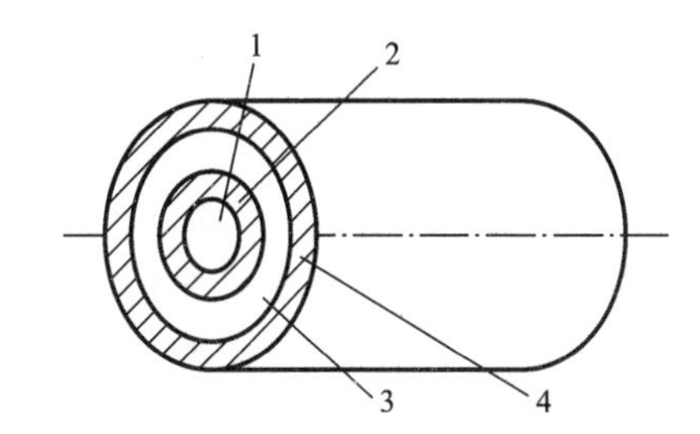

图 6-8　同轴电缆示意图

1—芯线；2—绝缘体；3—外层导体；4—绝缘外皮

浮地屏蔽利用屏蔽层使输入信号的“模拟地”浮空，使共模输入阻抗大大提高，共模电压在输入回路中引起的共模电流大大减小，从而抑制共模干扰的来源，将共模干扰降至很低。图 6-9 给出了一种浮地输入双层屏蔽放大电路。计算机部分采用内外两层屏蔽，且内屏蔽层对外屏蔽层（机壳地）是浮地的，内屏蔽层与信号源和信号线屏蔽层在信号端单点接地，被测信号进入控制系统中的放大器采用双端差动输入方式。这样，模拟地与数字地之间的共模电压U_{cm}在进入控制系统中的放大器以前将会衰减到很小。余下的进入计算机系统内的共模电压在理论上几乎为零。因此，浮地屏蔽对抑制共模干扰是很有效的。

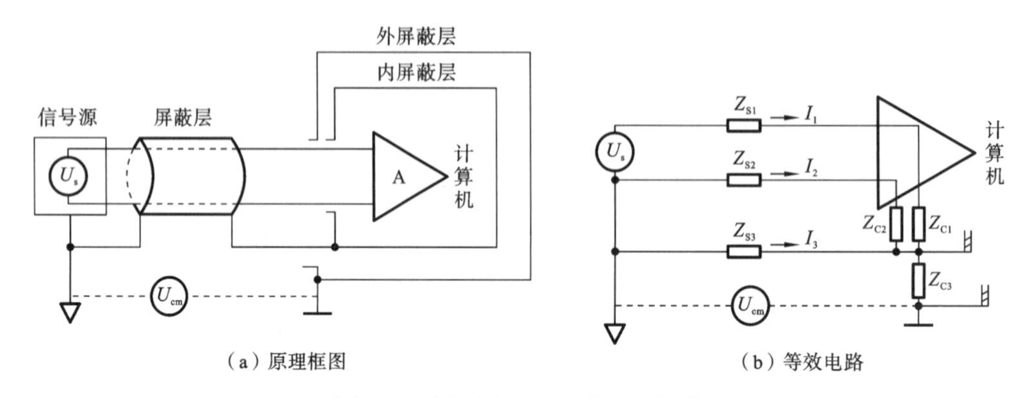

图 6-9　浮地输入双层屏蔽放大电路

6.2.2　隔离

隔离是指把干扰源与接收系统隔离开来，使有用信号正常传输，而将干扰耦合通道切断，达到抑制干扰的目的。常见的隔离方法有光电隔离、变压器隔离和继电器隔离等。

1. 光电隔离

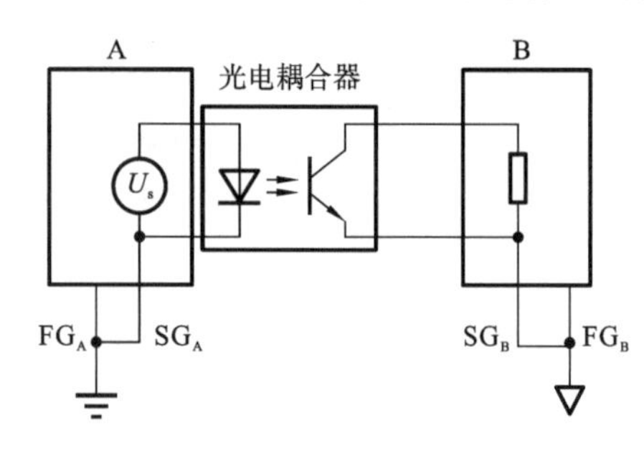

图 6-10　光电隔离原理

光电隔离以光作为媒介物在隔离的两端间进行信号传输，所用的器件是光电耦合器。由于光电耦合器在传输信息时，不是对自身输入部分和输出部分的电信号进行直接耦合，而是借助光作为媒介物进行耦合，因而光电耦合器具有较强的隔离和抗干扰能力。图6-10 所示为由一般光电耦合器组成的输入/输出线路。在控制系统中，光电耦合器既可以用于一般输入/输出的隔离，也可以代替脉冲变压器起线路隔离与脉冲放大作用。由于光电耦合器具有二极管、三极管的电气特性，所以用光电耦合器能方便地组合成各种电路。又由于靠光耦合传输信息，所以光电耦合器具有很强的抗电磁干扰能力。光电耦合器在机电一体化产品中获得了极其广泛的应用。

采用光电耦合器可以将单片机与前向电路、后向电路以及其他部分电路的联系切断，能有效地防止干扰从过程通道进入单片机，如图 6-11 所示。光电耦合器由于共模抑制比大、无触点、寿命长、易与逻辑电路配合、响应速度快、小型、耐冲击且稳定可靠，在机电系统特别是数字系统中得到了广泛的应用。

2. 变压器隔离

对于交流信号的传输，一般使用变压器隔离干扰信号。隔离变压器也是常用的隔离部件，用来阻断交流信号中的直流干扰和抑制低频干扰信号。图 6-12 所示为变压器耦合隔离电路。隔离变压器把各种模拟负载和数字信号源隔离开，也就是把模拟地和数字地断开。传输信号通过隔离变压器获得通路，而共模干扰由于不形成回路而被抑制。

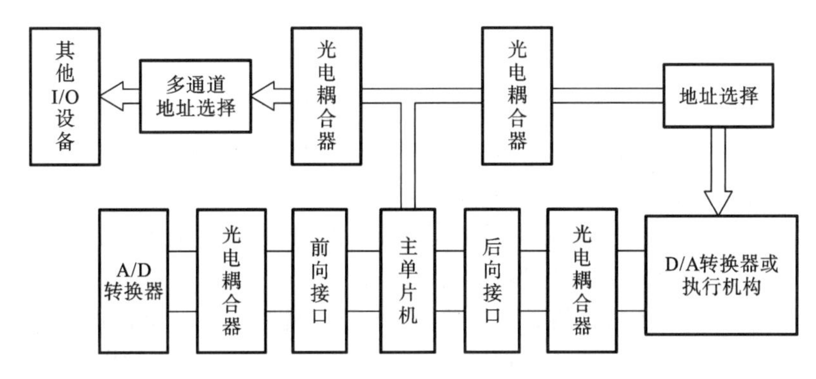

图 6-11　光电耦合器在微机系统中的应用

图 6-13 所示为一种带多层屏蔽的隔离变压器。当含有直流干扰信号或低频干扰信号的交流信号从一次侧端输入时，根据变压器工作原理，二次侧输出的信号滤掉了直流干扰信号，且低频干扰信号的幅值大大衰减，从而达到了抑制干扰的目的。另外，在隔离变压器的一次侧和二次侧线圈外设有静电隔离层 S_1 和 S_2，目的是防止一次绕组和二次绕组之间的相互耦合干扰。隔离变压器外三层屏蔽密封体的内外两层用铁，起磁屏蔽的作用；中间用铜，与铁芯相连并直接接地，起静电屏蔽作用。这三层屏蔽层的作用是防止外界电磁场通过隔离变压器对电路形成干扰。这种隔离变压器具有很强的抗干扰能力。

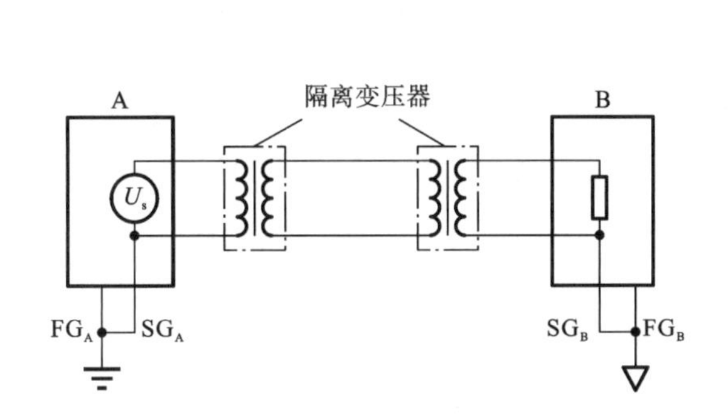

图 6-12　变压器耦合隔离电路

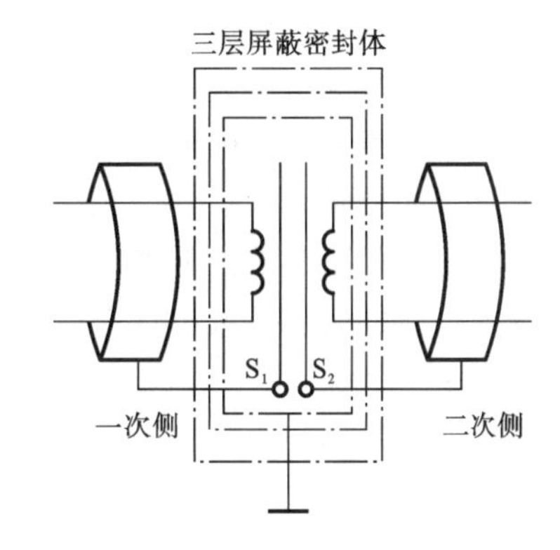

图 6-13　多层隔离变压器

3. 继电器隔离

继电器线圈和触点仅有机械上的联系，而没有直接的电联系，因此可利用继电器线圈接收电信号，而利用继电器触点控制和传输电信号，从而实现强电和弱电的隔离，如图 6-14 所示。继电器不仅触点较多，而且触点能承受较大的负载电流，因此应用非常广泛。

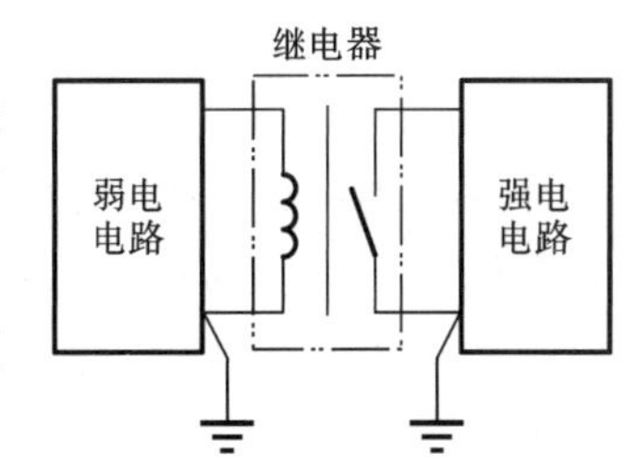

图 6-14　继电器隔离

在工程实际中，继电器隔离只适用于开关量信号的传输。在系统控制中，常用弱电开关信号控制继电器线圈，使继电器触点闭合或断开；而对应于线圈的继电器触点，用于传递强电电路的某些信号。隔离用的继电器主要是一般小型电磁继电器或干簧继电器。

6.2.3 滤波

滤波是抑制干扰传导的一种重要方法。由于干扰源发出的电磁干扰信号的频谱往往比要接收的信号的频谱宽得多，因此当接收器接收有用信号时，也会接收到那些不希望有的干扰信号。这时，可以采用滤波的方法，只让所需要的频率成分通过，而对干扰频率成分加以抑制。

常用滤波器根据频率特性又可分为低通滤波器、高通滤波器、带通滤波器、带阻滤波器等。低通滤波器只让低频成分通过，而高于截止频率的成分受抑制、衰减，不能通过。高通滤波器只让高频成分通过，而低于截止频率的成分受抑制、衰减，不能通过。带通滤波器只让某一频带范围内的频率成分通过，而低于下截止频率和高于上截止频率的成分均受抑制，不能通过。带阻滤波器只抑制某一频率范围内的频率成分，不让其通过，而低于下截止频率和高于上截止频率的频率成分可通过。

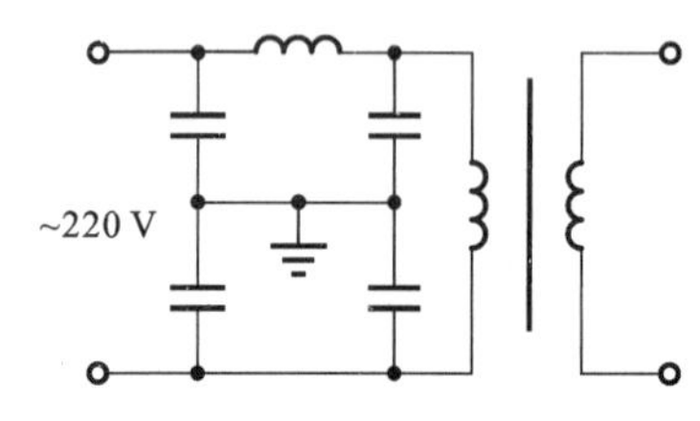

图 6-15　LC 低通滤波器的接线图

在机电系统中，常用低通滤波器抑制由交流电网侵入的高频干扰。图 6-15 所示为计算机电源采用的一种 LC 低通滤波器的接线图。含有瞬间高频干扰信号的 220 V 工频电压信号通过截止频率为 50 Hz 的滤波器时，高频干扰信号衰减，只有 50 Hz 的工频电压信号通过滤波器到达电源变压器，从而保证了正常供电。

在图 6-16 中，图 6-16(a)所示为触点抖动抑制电路，用它抑制各类触点或开关在闭合或断开瞬间因触点抖动所引起的干扰是十分有效的。图 6-16(b)所示为交流信号抑制电路，主要用于抑制电感性负载在切断电源瞬间所产生的反电势。这种阻容吸收电路可以将电感线圈的磁场释放出来的能量，转化为电容器电场的能量储存起来，以降低能量的消散速度。图 6-16(c)所示为输入信号的阻容滤波电路。类似的电路既可作为直流电源的输入滤波电路，也可作为模拟电路输入信号的阻容滤波电路。

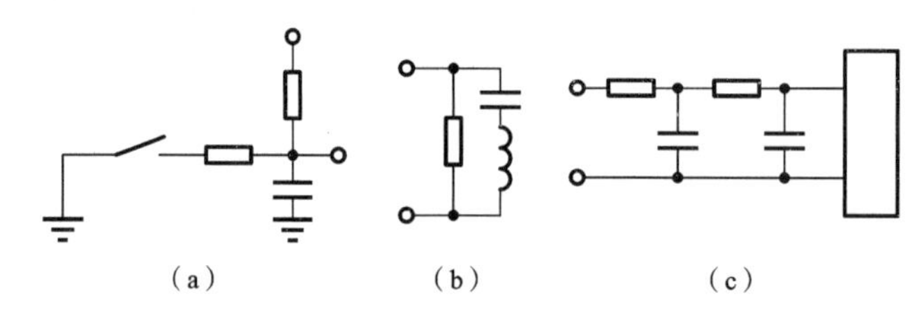

图 6-16　干扰滤波电路

图 6-17 所示为一种双 T 带阻滤波器，可用来消除工频(电源)串模干扰。在图 6-17 中，输入信号 U_1 经过两条通路到达输出端。当信号频率较低时，C_1、C_2 和 C_3 阻抗较大，信号主要通过 R_1、R_2 传送到输出端；当信号频率较高时，C_1、C_2 和 C_3 容抗很小，接近短路，信号主要通过 C_1、C_2 传送到输出端。只要参数选择得当，就可以使双 T 带阻滤波器在某个中间频率 f_0 时，由 C_1、C_2 和 R_3 传送到输出端的信号 U'_2，与由 R_1、R_2 和 C_3 传送到输出端的信号 U''_2 大小相等、相位相反，互相抵消，于是总输出为零。f_0 为双 T 带阻滤波器的谐振频率。在参数设计时，使 $f_0=50$ Hz，双 T 带阻滤波器就可滤除工频干

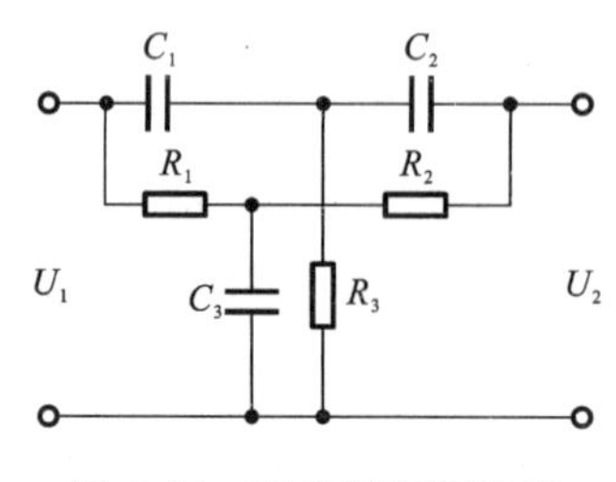

图 6-17　双 T 带阻滤波器

扰信号。

6.2.4　接地

接地技术对系统是极为重要的，不恰当的接地会对系统产生严重的干扰，而正确的接地是抑制干扰的有效措施之一。将电路、设备机壳等与作为零电位的一个公共参考点(大地)实现低阻抗的连接，称为接地。广义的接地包含两个方面的意思，即接实地和接虚地。接实地指的是与大地连接。接虚地指的是与电位基准点连接。当这个电位基准点与大地电气绝缘时，称为浮地连接。

接地的目的有两个。一是为了安全。例如，把电子设备的机壳、机座等与大地相接，当电子设备中存在漏电现象时，不致影响人身安全。以安全为目的的接地称为安全接地。二是为了给系统提供一个基准电位，如脉冲数字电路的零电位等；或为了抑制干扰，如屏蔽接地等。以此为目的的接地称为工作接地。工作接地包括一点接地和多点接地两种方式。在进行电磁兼容问题分析时，对地线使用下面的定义："地线是信号电流流回信号源的低阻抗路径。"

1. 地线系统分析

在机电控制系统中，一般有以下几种地线：模拟地、数字地、安全地、直流地、功率地、交流地和系统地等。

(1) 模拟地是传感器、变送器、放大器、A/D 转换器和 D/A 转换器中模拟电路零电位的公共基准地线。模拟信号有精度要求，有时模拟信号比较小，而且与工业生产现场相关。因此，必须认真对待模拟地。有时为区别远距离传感器的弱信号地与主机的模拟地，把传感器的地叫作信号地。

(2) 数字地是控制系统中各种数字电路零电位的公共基准地线，应该与模拟地分开，避免模拟信号受数字脉冲的干扰。

(3) 安全地用于使设备机壳与大地等电位，以避免机壳带电影响人身和设备的安全。通常安全地又称为保护地、机壳地或屏蔽地。机壳包括机架、外壳、屏蔽罩等。

(4) 直流地是直流电源的地线。

(5) 功率地是大电流网络部件零电位的公共基准地线。

(6) 交流地是计算机交流供电的动力线地，又称零线。它的零电位很不稳定。在交流地上任意两点之间往往就有几伏乃至几十伏的电位差存在。另外，交流地也容易带来各种干扰。因此，交流地绝不允许与上述几种地相连，而且交流电源变压器的绝缘性能要好，绝对避免漏电现象。

(7) 系统地是以上几种地的最终汇流地，直接与大地相连，是基准零电位的公共基准地线。

以上这些地线如何处理，是接地还是浮地？是一点接地还是多点接地？这些是实时控制系统设计、安装、调试中的重要问题。对于上述各种地，一般采用分别汇流法单点接地的处理方式。

2. 一点接地

图 6-18 所示为串联一点接地。由于地电阻 r_1、r_2 和 r_3 是串联的，所以各电路间相互发生干扰，这种一点接地方式虽然很不合理，但由于比较简单，用的地方仍然很多。当各电路的电平相差不大时，串联一点接地方式还可勉强使用；但当各电路的电平相差很大时，串联一点接地方式就不能使用了，因为高电平将会产生很大的地电流并对低电平电路产生干扰。使用串联一点接

地方式时还应注意把低电平电路放在距接地点最近的地方，即图 6-18 中最接近地电位的 A 点上。

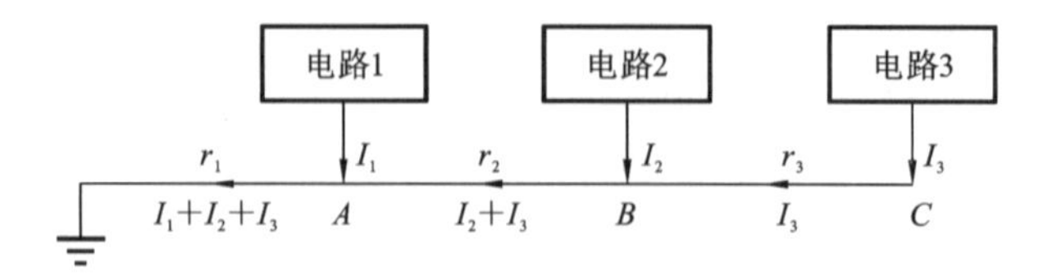

图 6-18　串联一点接地

图 6-19 所示是并联一点接地。这种一点接地方式在低频时是很实用的，因为各电路的地电位只与本电路的地电流和地线阻抗有关，不会因地电流而引起各电路间的耦合。这种一点接地方式的缺点是，需要连很多根地线，用起来比较麻烦。

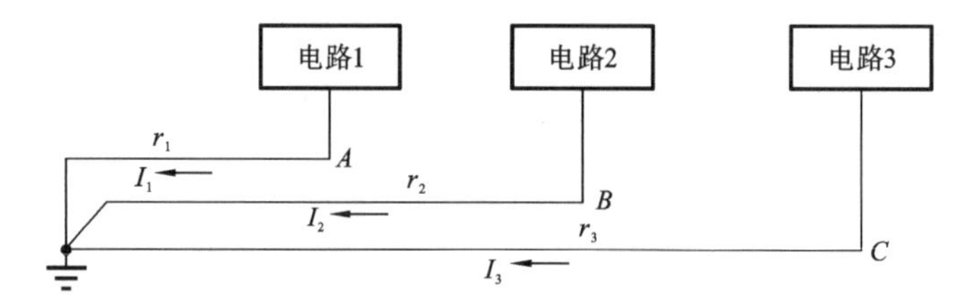

图 6-19　并联一点接地

3. 多点接地

多点接地所需地线较多，一般适用于低频信号。若电路工作频率较高、电感分量大，各地线间的互感耦合会增加干扰。多点接地如图 6-20 所示。各接地点就近接于接地汇流排或底座、外壳等金属构件上。

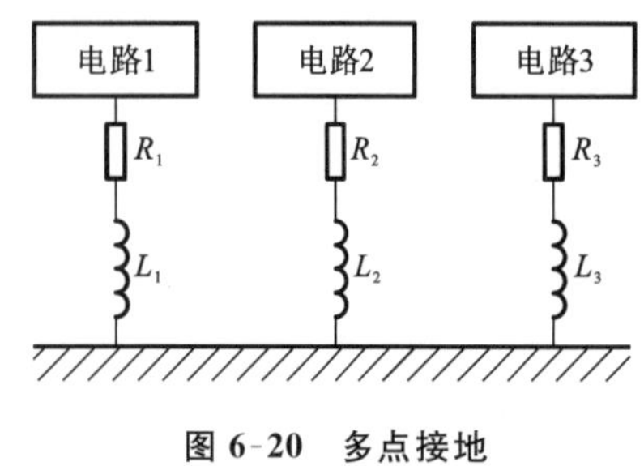

图 6-20　多点接地

在低频电路中，布线和元件间的电感影响较小，而接地电路形成的环路对干扰的影响很大，因此应一点接地；但一点接地方式不适用于高频电路，因为在高频电路中，地线上具有电感，因而增大了地线阻抗，同时各地线之间又产生电感耦合。若采用一点接地方式，则当频率甚高时，特别是当地线长度等于 1/4 波长的奇数倍时，地线阻抗变得很大，这时地线变成了天线，可以向外辐射噪声信号。

一般来说，当频率小于 1 MHz 时，可以采用一点接地方式；当频率大于 10 MHz 时，可采用多点接地方式；当频率在[1 MHz，10 MHz]范围内时，如果采用一点接地，地线长度不得超过波长的 1/20，否则应使用多点接地方式。

4. 输入系统的接地

在输入通道中，为防止干扰，传感器、变送器和信号放大器通常采用屏蔽罩进行屏蔽，而信号线往往采用屏蔽信号线进行屏蔽。屏蔽层的接地也应采取一点接地方式，屏蔽层接地的关键是确定接地位置。输入系统的接地如图 6-21 所示。

5. 主机系统的接地

为了提高计算机的抗干扰能力，将主机外壳作为屏蔽罩接地，且把机内器件架与主机外壳

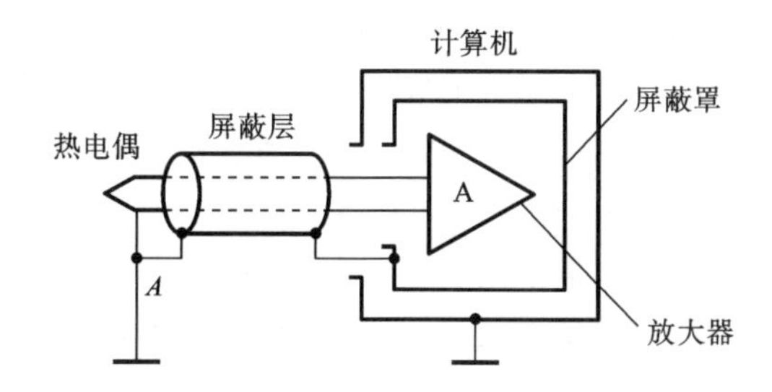

（a）信号源端接地、接收端浮地时，屏蔽层在信号源端接地

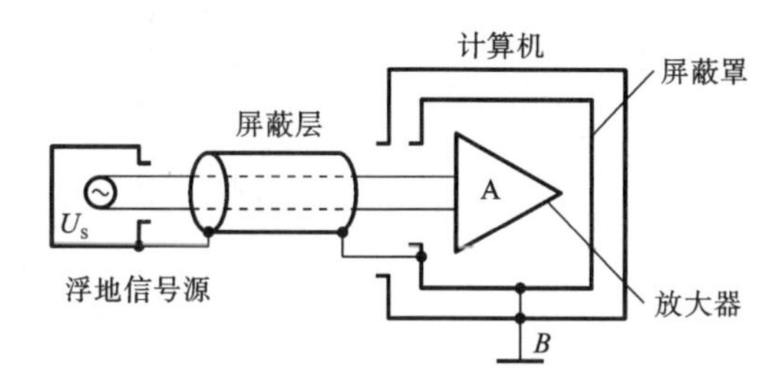

（b）信号源端浮地、接收端接地时，屏蔽层在接收端接地

图 6-21 输入系统的接地

绝缘，绝缘电阻大于 50 MΩ，即机内信号地浮地。主机与外部设备地连接后，采用一点接地方式。为了避免多点接地，各机柜用绝缘板垫起来。这种接地方式安全可靠，有一定的抗干扰能力。在计算机网络系统中，对于近距离的几台计算机设备，可采用多机的一点接地方式，如图 6-22 所示。

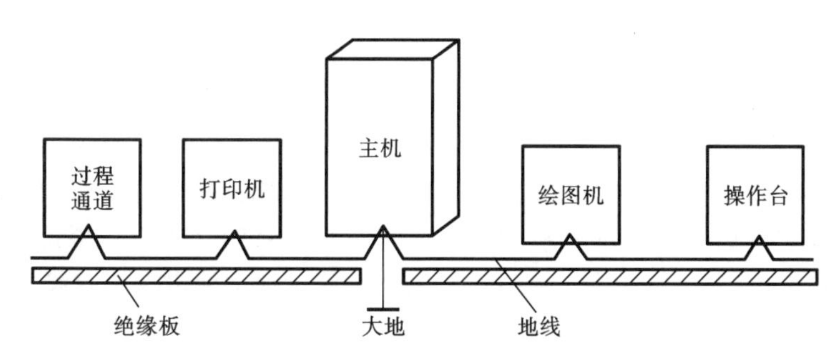

图 6-22 多机的一点接地方式

对于远距离的多台计算机之间的数据通信，采用隔离的办法分开，如采用变压器隔离技术、光电隔离技术和无线电通信技术等。

6. 地线的设计

汇流法单点接地（见图 6-23）是工业中常用的一种接地方法。汇流线往往采用汇流条而不采用一般的导线。汇流条由多层铜导体构成，截面呈矩形，各层之间有绝缘层。采用多层汇流条以减少自感，可减少干扰的窜入途径。安全地（机壳地）始终与信号地（模拟地、数字地）是浮离开的。这些地只在最后汇聚一点，并且常常通过铜接地板交汇，然后用截面积不小于 300 mm^2 的多股铜软线焊接在接地极上后深埋地下。

设计机电系统时，要综合考虑各种地线的布局和接地方法。图 6-24 所示是一台数控机床的接地方法。从图 6-24 中可以看出，接地系统形成三个通道：信号接地通道，将所有小信号、逻辑电路的信号、灵敏度高的信号的接地点都接到信号接地通道；功率接地通道，将所有大电流、大功率部件、晶闸管、继电器、指示灯、强电部分的接地点都接到功率接地通道；机械接地通道，将机柜、底座、面板、风扇外壳、电动机底座等机床接地点都接到机械接地通道，此通过又称安全地线通道。将这三个通道再接到总的公共接地点上，公共接地点与大地接触良好，一般要求地电阻小于 4 Ω，并且数控柜与强电柜之间有足够粗的保护接地电缆，如截面积为 5.5～14 mm^2 的接地电缆。因此，这种地线接法有较强的抗干扰能力，能够保证数控机床的正常运行。

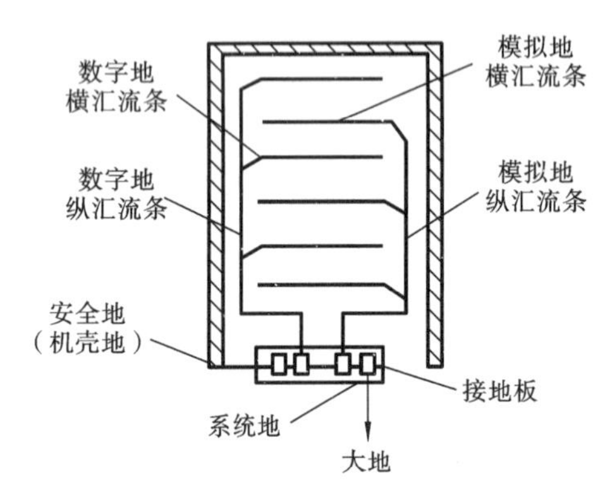

图 6-23　汇流法单点接地

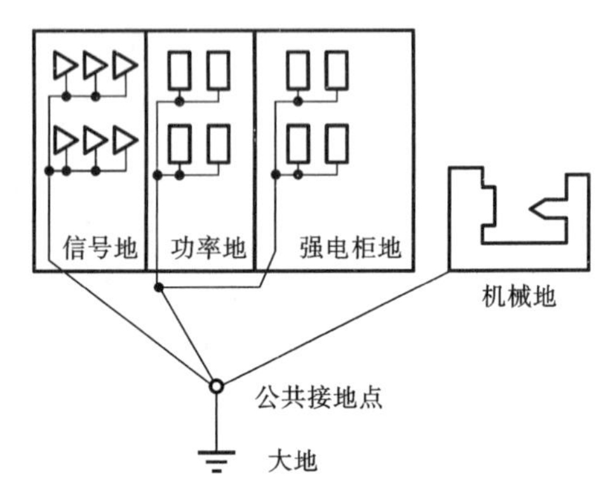

图 6-24　数控机床的接地方法

6.2.5　电源系统的抗干扰

机电系统中的计算机控制系统一般由交流电网供电，交流电网电压与频率的波动将直接影响到计算机控制系统的可靠性与稳定性。实践表明，电源的干扰是计算机控制系统的一个主要干扰，抑制这种干扰的主要措施如下。

1. 交流电源系统的抗干扰

理想的交流电应该是 50 Hz 的正弦波。但事实上，负载的变动，如电动机、电焊机、鼓风机等电气设备的启停，甚至日光灯的开关都可能造成交流电源电压的波动，严重时会使交流电源正弦波上出现尖峰脉冲，如图 6-25 所示。这种尖峰脉冲，幅值可能为几十伏甚至几千伏，持续时间也可能有几毫秒之久，容易造成计算机的“死机”，甚至会损坏硬件，对交流电源系统威胁极大。在硬件上可以用以下方法解决交流电源系统的干扰问题。

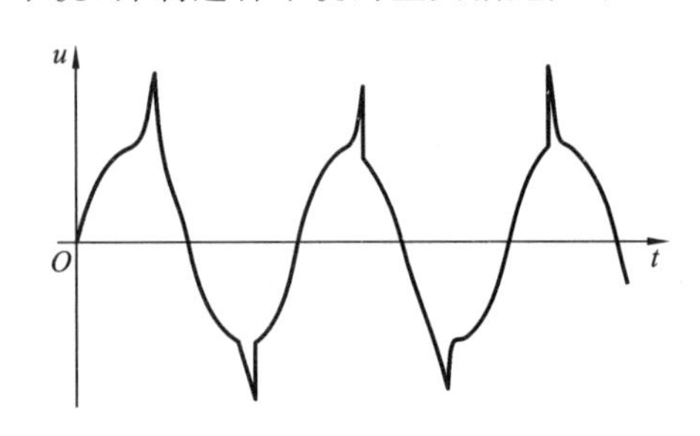

图 6-25　交流电源正弦波上出现尖峰脉冲

1）选用供电比较稳定的电源进线

计算机控制系统的电源进线要尽量选用比较稳定的交流电源线，至少不要将计算机控制系统接到负载变化大、晶闸管设备多或者有高频设备的电源上。

2）利用干扰抑制器消除尖峰干扰

干扰抑制器使用简单，利用干扰抑制器消除尖峰干扰的电路原理图如图 6-26 所示。干扰抑制器是一种无源四端网络，目前已有产品出售。

3）采用交流稳压器稳定交流电网电压

用于计算机控制系统的交流供电系统框图如图 6-27 所示。在图 6-27 中，交流稳压器用于

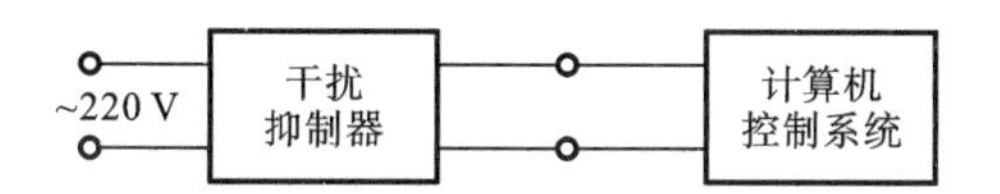

图 6-26　利用干扰抑制器消除尖峰干扰的电路原理图

抑制交流电网电压的波动，提高计算机控制系统的稳定性。交流稳压器不仅可以把输出波形畸变控制在 5%以内，还可以对负载短路起限流保护作用。低通滤波器用于滤除交流电网中混杂的高频干扰信号，保证 50 Hz 基波通过。

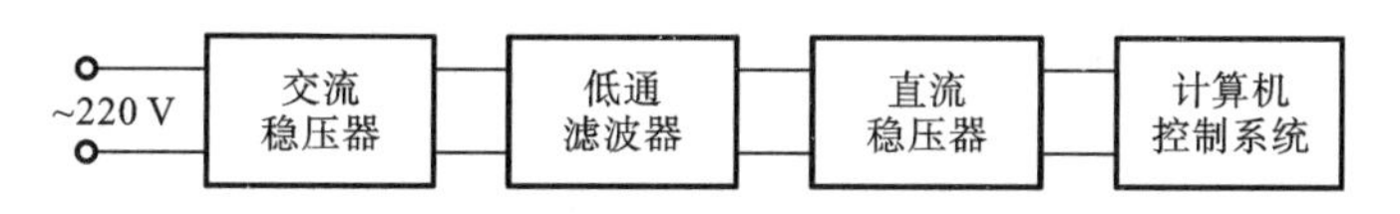

图 6-27　用于计算机控制系统的交流供电系统框图

4）利用 UPS 保证不中断供电

电网瞬间断电或电压突然下降等掉电事件会使计算机控制系统陷入混乱状态，是可能产生严重事故的恶性干扰。对于要求高的计算机控制系统，可以采用不间断电源即 UPS 供电，如图 6-28 所示。在正常情况下，由交流电网通过交流稳压器、切换开关、直流稳压器供电至计算机控制系统，同时交流电网也给电池组充电。所有的 UPS 都装有一个或一组电池和断电传感器，并且也包括交流稳压设备。如果交流供电中断，交流供电系统中的断电传感器检测到断电后就会将供电通路在极短的时间内(3 ms)切换到电池组，从而保证流入计算机控制系统的电流不因停电而中断。这里，逆变器能把电池直流电压逆变成具有正常电压频率和幅度的交流电压，具有稳压和稳频的双重功能，可提高供电质量。

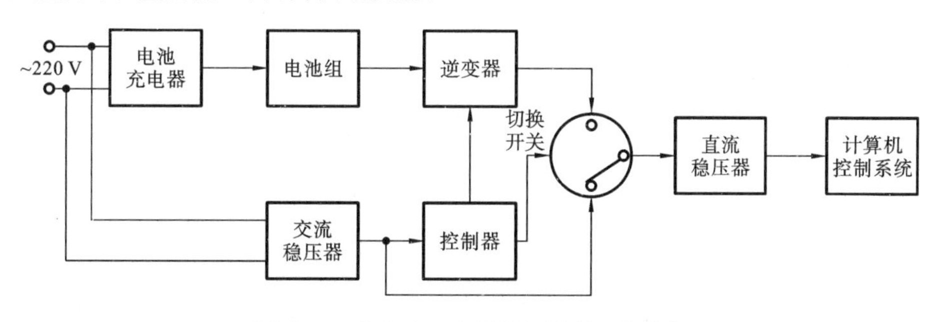

图 6-28　利用 UPS 向计算机控制系统供电

5）使用掉电保护电路

对于没有使用 UPS 的计算机控制系统，为了防止掉电后 RAM 中的信息丢失，可以采用镍电池对 RAM 数据进行掉电保护。图 6-29 所示是一种某计算机控制系统 64 KB 存储板所用的掉电保护电路。当该计算机控制系统正常工作时，由外部电源（主电源）+5 V 向 RAM 供电，*A* 点电位高于备用电池电压(3.6 V)，VD_2 截止，存储器由主电源(+5 V)供电。当该计算机控制系统掉电时，*A* 点电位低于备用电池电压，VD_1 截止，VD_2 导通，由备用电池向 RAM 供电。当该计算机控制系统恢复供电时，VD_1 重新导通，VD_2 截止，又恢复由主电源向 RAM 供电。

2. 直流电源系统的抗干扰

在计算机控制系统中，无论是模拟电路还是数字电路，都需要供以低压直流电。为了进一

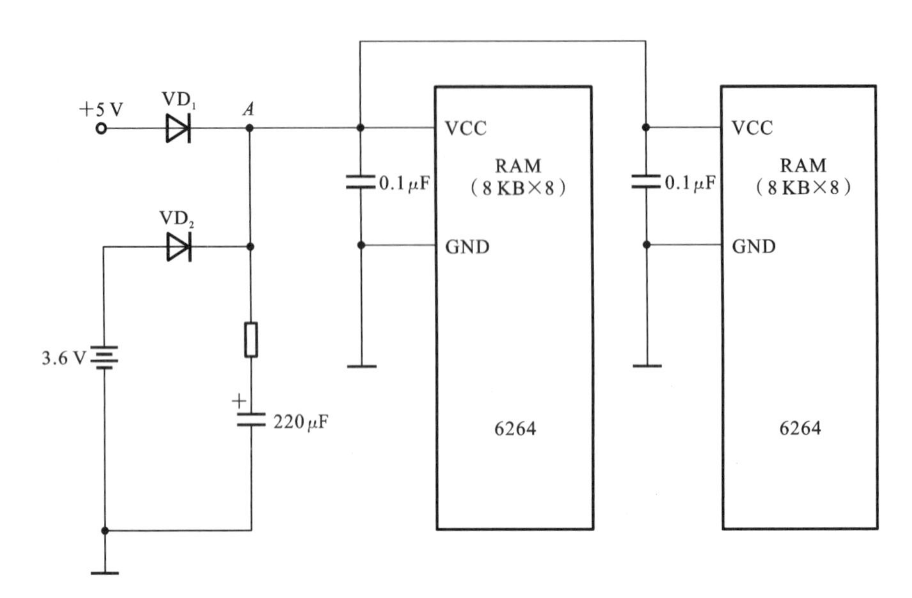

图 6-29　某计算机控制系统 64 KB 存储板所用的掉电保护电路

步抑制来自电源方面的干扰，一般在直流电源侧也要采用相应的抗干扰措施。

1）交流电源变压器的屏蔽

把高压交流变成低压直流的简单方法是用交流电源变压器。因此，对交流电源变压器设置合理的静电屏蔽和电磁屏蔽，是一种十分有效的抗干扰措施。通常对交流电源变压器的一次绕组、二次绕组分别加以屏蔽，且一次绕组屏蔽层与铁芯同时接地。

2）采用直流开关电源

直流开关电源是一种脉宽调制型电源，由于脉冲频率高达 20 kHz，所以甩掉了传统的工频变压器，具有体积小、质量轻、效率高（>70%）、电网电压范围大（(−20%～10%)×220 V）、电网电压变化时不会输出过电压或欠电压、输出电压保持时间长等优点。直流开关电源初级、次级之间具有较好的隔离效果，对交流电网上的高频脉冲干扰有较强的隔离能力。现在已有许多直流开关电源产品，它们一般都有几个独立的电源，如±5 V 电源、±12 V 电源、±24 V 电源等。

3）采用 DC-DC 变换器

如果系统供电电网波动较大，或者对直流电源的精度要求较高，则可以采用 DC-DC 变换器。DC-DC 变换器可以将一种电压的直流电源变换成另一种电压的直流电源，有升压型、降压型、升压/降压型三种。DC-DC 变换器具有体积小、性价比高、输入电压范围大、输出电压稳定（有的还可调）、环境温度范围广等一系列优点。

显然，采用 DC-DC 变换器可以方便地实现电池供电，从而制造便携式或手持式计算机控制装置。

4）每块电路板独立供电

当一个计算机控制系统有几块电路板时，为了防止电路板与电路板之间的相互干扰，可以对每块电路板的直流电源独立供电。在每块电路板上装一块三端稳压集成块或几块三端稳压集成块组成稳压电源，每块电路板单独对电压过载进行保护，不会因为某个三端稳压集成块出现故障而使整个计算机控制系统遭到破坏，而且减少了公共阻抗的相互耦合，可以大大提高供电的可靠性，同时有利于电源散热。

5）集成电路的 U_{CC} 加旁路电容

集成电路的开关高速动作时会产生噪声，因此无论电源装置提供的电压多么稳定，U_{CC} 端和GND端也会产生噪声。为了降低集成电路的开关噪声，在印制电路板上的每一块集成电路上都接入高频特性好的旁路电容，将开关电流经过的线路局限在板内一个极小的范围内。旁路电容可用0.01～0.1 μF的陶瓷电容器，旁路电容的引线要短而且紧靠需要旁路的集成器件的VCC端或GND端，否则会毫无意义。

6.3　软件抗干扰的措施

提高机电控制系统的可靠性，仅采取硬件抗干扰措施是不够的，需要进一步借助软件抗干扰措施来克服某些干扰。正确地采取软件抗干扰措施，使软件抗干扰措施与硬件抗干扰措施构成双道抗干扰防线，无疑将大大提高机电控制系统的可靠性。

软件出错对机电控制系统的危害如下。

（1）数据采集不可靠。

在数据采集通道，尽管采取了一些必要的硬件抗干扰措施，但在数据传输过程中仍然会有一些干扰侵入机电控制系统，造成采集的数据不准确，进而形成误差。

（2）控制失灵。

一般情况下，控制状态的输出是通过微机控制系统的输出通道实现的。控制信号输出功率较大，不易直接受到外界干扰。但是在微机控制系统中，控制状态的输出常常取决于某些条件状态的输入和条件状态的逻辑处理结果，而在这些环节中，由于干扰的侵入，条件状态出现偏差、失误，致使输出控制误差加大，甚至控制失灵。

机电系统中经常采用的软件抗干扰技术有数字滤波技术、开关（数字）信号的软件抗干扰技术、指令冗余技术、软件陷阱技术等。

6.3.1　数字滤波

数字滤波采用软件算法，实现从采样信号中提取出有效信号，滤除干扰信号的功能。用软件识别有用信号和干扰信号，并滤除干扰信号的方法，称为软件滤波。

1. 识别信号的原则

识别信号的原则如下。

（1）时间原则。

如果掌握了有用信号和干扰信号在时间上出现的规律性，在程序设计上就可以在接收有用信号的时区打开输入口，而在可能出现干扰信号的时区封闭输入口，从而滤掉干扰信号。

（2）空间原则。

为了保证接收到的信号正确无误，在程序设计上可将从不同位置、用不同检测方法、经不同路线或不同输入口接收到的同一信号进行比较，根据既定逻辑关系判断真伪，从而滤掉干扰信号。

（3）属性原则。

有用信号往往是在一定幅值或频率范围的信号，当接收的信号远离该信号区时，软件可通过识别予以剔除。

2. 数字滤波的优点

数字滤波是提高数据采集系统可靠性最有效的方法之一，因此在计算机控制系统中一般都要进行数字滤波。所谓数字滤波，就是通过一定的计算或判断程序减少干扰信号在有用信号中的变化比重，故实质上它是一种程序滤波。数字滤波主要针对串模干扰。与模拟滤波相比，数字滤波有以下几个优点。

(1) 采用软件实现，不需要增加硬件设备，可靠性高，稳定性好。

(2) 可以对频率很低(<0.01 Hz)的信号进行滤波，克服了模拟滤波的不足。

(3) 可以根据信号的不同，采用不同的滤波方法或滤波参数，具有灵活、方便、功能强的特点。

(4) 模拟滤波器通常是专用的，而数字滤波器可共享，数字滤波降低了成本。

当然，数字滤波也有不足之处——滤波速度比硬件滤波慢，但鉴于数字滤波具有上述优点，数字滤波在智能仪表系统中得到了广泛的应用。下面介绍几种常见的数字滤波方法。

3. 程序判断滤波

许多物理量的变化都需要经过一定的时间，相邻两次采样值之间的变化有一定的限度。根据生产经验，确定出相邻两次采样信号之间可能出现的最大偏差 ΔY，若相邻两次采样值之间的增量(以绝对值表示)大于此偏差，则表明该输入信号是干扰信号，应该去掉；若相邻两次采样值之间的增量(以绝对值表示)小于或等于此偏差，则可将该信号作为本次采样值。

当大功率用电设备的启动和停止造成电流的尖峰干扰或错误检测，以及变送器不稳定引起严重失真现象时，可采用程序判断法进行滤波。程序判断滤波分为限幅滤波和限速滤波两种。

1) 限幅滤波

限幅滤波的做法是把相邻两次的采样值相减，求出增量(以绝对值表示)，然后与两次采样允许的最大偏差 ΔY 进行比较。若小于或等于 ΔY，则取本次采样值；若大于 ΔY，则仍取上次采样值作为本次采样值，即

(1) 若 $|Y(k)-Y(k-1)|\leqslant\Delta Y$，则取本次采样值；

(2) 若 $|Y(k)-Y(k-1)|>\Delta Y$，则取上次采样值。

上述中，$Y(k)$为本次采样值，$Y(k-1)$为上次采样值，ΔY 为相邻两次采样值所允许的最大偏差。

这种滤波方法主要用于变化较慢的参数。使用这种滤波方法的关键在于最大偏差 ΔY 的选取。最大偏差 ΔY 通常可以根据经验获得，也可由实验得出。

2) 限速滤波

限速滤波的做法是采用三次采样值来决定本次采样结果。具体如下：当 $|Y(k)-Y(k-1)|\leqslant\Delta Y$ 时，取本次采样值；当 $|Y(k)-Y(k-1)|>\Delta Y$ 时，保留 $Y(k)$值不使用，而再采样一次，取得 $Y'(k)$，然后根据 $|Y'(k)-Y(k)|$ 与 ΔY 的大小关系来决定本次采样值，即

(1) 当 $|Y(k)-Y(k-1)|\leqslant\Delta Y$ 时，采样值取 $Y(k)$；

(2) 当 $|Y(k)-Y(k-1)|>\Delta Y$ 时，保留 $Y(k)$，再采样一次，得 $Y'(k)$；

(3) 当 $|Y'(k)-Y(k-1)|\leqslant\Delta Y$ 时，采样值取 $Y'(k)$；

(4) 当 $|Y'(k)-Y(k-1)|\leqslant\Delta Y$ 时，采样值取$[Y'(k)+Y(k)]/2$。

限速滤波是一种折中的方案，既照顾了采样的实时性，又照顾了采样值变化的连续性。

4. 中值滤波

所谓中值滤波，是指对某一参数连续采样 N 次(一般为奇数)，然后把这 N 个采样值从小到大(或从大到小)排列，取中间值作为本次的采样值。中值滤波对去掉由偶然因素引起的波动干扰和由采样器不稳定造成的误差所引起的脉动干扰比较有效。若参数变化较慢，则采用中值滤波效果较好。对快速变化的参数，则不宜使用中值滤波方法。

5. 算术平均值滤波

算术平均值滤波的做法是：寻找一个 y，使该值与各采样值之差的平方和为最小，即

$$S = \min\Big[\sum_{i=1}^{N} e^2(t)\Big] = \min\Big|\sum_{i=1}^{N}[y - x(i)]^2\Big| \tag{6-1}$$

由一元函数求极值的原理可得

$$\bar{Y}(k) = \frac{1}{N}\sum_{i=1}^{N} x(i) \tag{6-2}$$

式中：$\bar{Y}(k)$——第 k 次 N 个采样值的算术平均值；

$x(i)$——第 i 次采样值；

N——采样次数。

由此可见，算术平均值滤波的实质是把一个采样周期内的 N 个采样值相加，然后把所得的和除以采样次数 N 得到该采样周期的采样值。算术平均值滤波主要用于对具有随机干扰的压力、流量等周期脉动参数的采样值进行平滑加工，对脉冲性干扰的平滑作用不理想。

算术平均值滤波对信号的平滑滤波程度完全取决于 N。当 N 较大时，平滑度高，但灵敏度低，即外界信号的变化对测量计算结果的影响小；当 N 较小时，平滑度较低，但灵敏度高。应按具体情况选取 N。对流量信号，可取 $N=8\sim16$；对压力信号，可取 $N=4$。

6. 加权平均值滤波

加权平均值滤波是对算术平均值滤波的改进。进行算术平均值滤波时 N 次以内所有采样值，所占的比例是相同的，即滤波结果取每次采样值的 $1/N$。为了提高滤波效果，可对各个采样值取不同的比例，然后相加，这种滤波方法称为加权平均值滤波。

$$\bar{Y}(k) = \sum_{i=1}^{N} C_i x(i) \tag{6-3}$$

式中 C_i 为常数项，体现了各个采样值在平均值中占的比重，且应满足下列关系：

$$\sum_{i=1}^{N} C_i = 1 \tag{6-4}$$

C_i 的取值视实际情况而定，一般采样次数靠后，C_i 越大，这样可以增大新的采样值在平均值中所占的比例。这种滤波方法可以根据需要突出信号的某一部分而抑制信号的另一部分。

7. 滑动平均值滤波

滑动平均值滤波是对算术平均值滤波和加权平均值滤波的改进。不管是算术平均值滤波还是加权平均值滤波，都需连续采样 N 个数据，然后求算术平均值或加权平均值，但采样 N 次所需的时间较长，检测速度较慢，因而可以改进为滑动平均值滤波：预先在计算机内存中建立一个数据缓冲区，按照顺序存放 N 个采样数据，每采进一个新数据，就将最早采进的数据丢掉，而后求包括新数据在内的 N 个数据的算术平均值或加权平均值。这样每进行一次采样，就可以计算出一个新的平均值，加快了数据处理的速度。

滑动平均值滤波有两种方式，一种是滑动算术平均值滤波，另一种是滑动加权平均值滤波，在此不赘述。

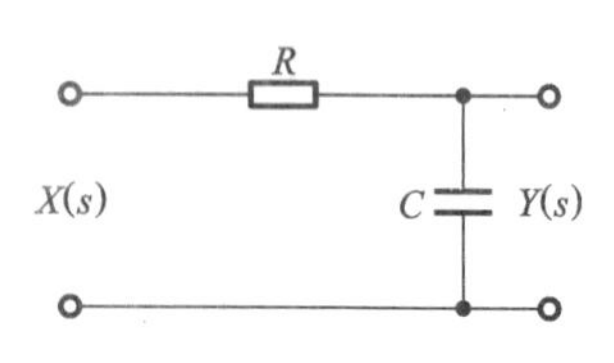

图 6-30 模拟 RC 低通滤波器

8. RC 低通数字滤波

为了提高滤波效果，可以根据模拟 RC 低通滤波器，用数字形式实现低通滤波。

图 6-30 所示的模拟 RC 低通滤波器的传递函数为

$$G(s)=\frac{Y(s)}{X(s)}=\frac{1}{Ts+1} \tag{6-5}$$

其中 $T=RC$ 为模拟 RC 低通滤波器的时间常数。可以看出模拟 RC 低通滤波器实际上是一个一阶滞后滤波器。由式(6-5)得：

$$TsY(s)+Y(s)=X(s)$$

进而得

$$T\frac{\mathrm{d}y(t)}{\mathrm{d}t}+y(t)=x(t) \tag{6-6}$$

对式(6-6)进行离散化，得

$$T\frac{y(k)-y(k-1)}{T_s}+y(k)=x(k) \tag{6-7}$$

整理式(6-7)，得

$$y(k)=\frac{T_s}{T+T_s}x(k)+\frac{T}{T+T_s}y(k-1)=(1-\alpha)x(k)+\alpha y(k-1) \tag{6-8}$$

式中：α——等于$\frac{T_s}{T+T_s}$，称为滤波系数，$0<\alpha<1$；

T_s——采样周期；

$x(k)$——第 k 次采样值；

$y(k-1)$——第 $k-1$ 次滤波结果输出值；

$y(k)$——第 k 次滤波结果输出值。

根据 RC 低通数字滤波的频率特性，滤波系数 α 越大，带宽就越窄，滤波频率也就越低。因此，需要根据实际情况，适当选取 α 值，使得被测量既不出现明显的纹波，反应又不太迟缓。

9. 复合数字滤波

为了进一步提高滤波效果，有时可以把两种或两种以上具有不同滤波功能的数字滤波方法组合起来，实现复合数字滤波(又称多级数字滤波)。例如，把算术平均值滤波和中值滤波结合起来，既可以消除周期性的脉动干扰，又可以消除随机的脉冲干扰。

这种滤波方法是把采样值按从小到大的顺序排列起来，然后将最大值和最小值去掉，再对余下的部分求取平均值。这种滤波方法的原理可用式(6-9)表示。

若 $X(1)\leqslant X(2)\leqslant\cdots\leqslant X(N)$，$3\leqslant N\leqslant 14$，则

$$Y(k)=\frac{X(2)+X(3)+\cdots+X(N-1)}{N-2}=\frac{1}{N-2}\sum_{i=2}^{N-1}X(i) \tag{6-9}$$

式(6-9)也称为防脉冲干扰的平均值滤波算法。

还有其他的一些复合数字滤波方法，在此不再赘述。

10. 数字滤波方法的选用

(1) 滤波效果:一般来说,对于变化较慢的参数,如温度,可选用程序判断滤波方法或 RC 低通数字滤波方法;对变化比较快的参数,如压力、流量等,可选择算术平均值滤波方法和加权平均值滤波方法,特别是加权平均值滤波方法;至于要求较高的系统,需要采用复合数字滤波方法。

(2) 滤波时间:在考虑滤波效果的基础上,应尽量选择执行时间较短的数字滤波方法;若计算机的计算时间允许,可采用效果较好的复合数字滤波方法。

6.3.2 开关(数字)信号的软件抗干扰

1. 输入数字信号的软件抗干扰

数字信号是用高低电平表示的两态信号。在数字信号的输入中,操作或外界等的干扰会引起状态的变化,从而造成误判。

对于数字信号来说,干扰信号多呈毛刺状,作用时间短。利用这一特点,在采集某一数字信号时,可多次重复采集(至少采集两次),直到连续两次或两次以上的采集结果完全一致方为有效,从而输入数字信号,如图 6-31 所示。若多次采集发现信号变化不定,可停止采集,并给出报警信号。

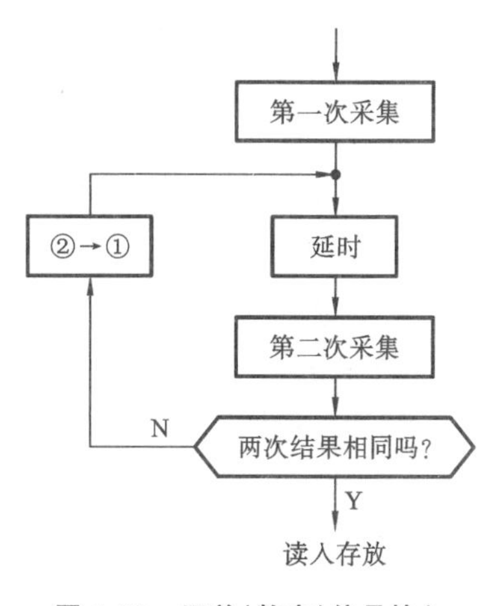

图 6-31　开关(数字)信号输入抗干扰流程图

对数字信号的采集不能采用多次平均方法,而是比较两次或更多次的采集结果是否相同。

2. 输出数字信号的抗干扰

干扰可能导致计算机输出的是正确的数字信号,但在输出设备中得到的是错误的数字信号。在软件上可以采取以下一些方法提高输出数字信号的抗干扰能力。

(1) 重复输出同一数据。在满足实时控制要求的前提下,重复周期尽可能短些。外部设备接收到一个被干扰的错误的数字信号后,还来不及做出有效的反应,一个正确的数字信号又来到,就可及时防止错误动作的产生。

(2) 采用抗干扰编码。按一定规约,对需传输的数据进行编码,在智能接收端再按规约进行解码,并实现检错或纠错功能。

当计算机输出开关量控制闸门、料斗等执行机构动作时,为了防止这些执行机构由于外界干扰而误动作,如已关的闸门、料斗中途打开,已开的闸门、料斗中途突然关闭,对于这些误动作,可以在应用程序中每隔一段时间(如几毫秒)发出一次输出命令,不断地关闭闸门或者打开闸门,这样就可以较好地消除由于扰动而引起的误动作(开或关)。

6.3.3 CPU 的抗干扰

CPU 是计算机的核心。当 CPU 因受到干扰而不能按正常工作状态执行程序时,就会引起计算机控制的混乱,所以需要采取措施,使 CPU 在受到干扰的情况下,尽可能无扰动地使系统恢复到正常工作状态。尤其是单片机系统,应当充分考虑系统的抗干扰性能。

对 CPU 可采取的抗干扰措施有复位、掉电保护、指令冗余、软件陷阱、看门狗。

1. 复位

对于失控的 CPU，最简单的一种方法是使它复位，使程序自动从头开始执行。为实现复位功能，在硬件电路上应设置复位电路。复位方式有上电复位、人工复位和自动复位三种。

上电复位是指计算机在开机上电时自动复位，此时所有硬件都处于初始状态，程序从第一条指令开始执行；人工复位是指操作员按下复位按钮实现复位；自动复位是指系统处于需要复位的状态时，由特定的电路自动将 CPU 复位。

2. 掉电保护

在软件中，应设置掉电中断服务程序，该中断为最高优先级的非屏蔽中断，使系统能及时地对掉电做出反应。在掉电中断服务程序中应注意以下事项。

首先，进行现场保护，把当时的重要状态参数、中间结果，甚至某些片内寄存器的内容一一存入具有后备电池的 RAM 中。

其次，对有关外设做出妥善处理，如关闭各输入/输出口、使外设处于某一非工作状态等。

最后，必须在片内 RAM 的某一个或某两个单元存入特定标记的数字，作为掉电标记，然后进入掉电保护工作状态。

当电源恢复正常时，CPU 重新复位，CPU 复位后应首先检查是否有掉电标记。如果有，则说明本次复位为掉电保护之后的复位，应按掉电中断服务程序相反的方式恢复现场，以一种合理的安全方式使系统继续完成未完成的工作。

3. 指令冗余

在 CPU 受到干扰、程序“跑飞”后，一些操作数往往被当作指令代码被执行，从而引起整个程序的混乱。采用指令冗余技术是使程序跳出“跑飞”状态、恢复正常的一种有效措施。所谓软件冗余，就是指在程序的关键地方人为地加入一些单字节指令 NOP，或将有效单字节指令重写，使得当程序“跑飞”到某条单字节指令时，不会发生将操作数当作指令执行的错误。

指令冗余除可通过加入 NOP 等单字节指令实现外，还可以通过指令重复实现。指令重复是指在对程序流向起决定性作用或对系统工作有重要作用的指令后面，重复写上这些指令，以确保这些指令的正确执行。

指令冗余会降低系统的效率，但确保了系统程序很快回归程序轨道，可以避免程序混乱，而且适当的指令冗余并不会对系统的实时性和功能产生明显的影响。

4. 软件陷阱

从软件的运行来看，瞬时电磁干扰可能会使 CPU 偏离预定的程序指针，进入未使用的 RAM 区和 ROM 区，引起一些莫名其妙的现象，如死循环和程序“跑飞”等。为了有效地排除这种干扰故障，常用软件陷阱法。这种方法的基本指导思想是，把系统存储器（RAM 和 ROM）中没有使用的单元用某一种重新启动的代码指令填满，作为软件“陷阱”，以捕获“跑飞”的程序。一般当 CPU 执行该条指令时，程序就自动转到某一起始地址，而从这一起始地址开始，存放一段使程序重新恢复运行的热启动程序，该热启动程序扫描现场的各种状态，并根据这些状态判断程序应该转到系统程序的哪个入口，使系统重新正常运行。

软件陷阱一般用在下列地方。

第一，未使用的程序区。由于程序指令不可能占满整个程序存储区，总有一些地方是正常程序不会达到的区域，可在这些区域设置软件陷阱，对“跑飞”的程序进行捕捉，或在大片的ROM空间，每隔一段设置一个陷阱。

第二，未使用的中断向量区。在编程中，最好不要为了节约ROM空间而用未使用的中断向量区存放正常工作程序指令，因为当干扰使未使用的中断开放，并激活这些中断时，会进一步引起混乱。如果在这些地方设置软件陷阱，就能及时捕捉到错误中断。

5. 看门狗

当程序“跑飞”到一个临时构成的死循环中时，冗余指令和软件陷阱将不起作用，系统将完全瘫痪。看门狗(watchdog)技术可以有效解决这一问题。

看门狗技术的原理是：用硬件(或软件)的办法要求使用监控定时器定时检查某段程序或接口，当超过一定时间系统没有检查这段程序或接口时，可以认定系统运行出错(干扰发生)，可通过软件进行系统复位或使系统按事先预定方式运行。看门狗是工业控制机普遍采用的一种软件抗干扰措施。当侵入的尖锋电磁干扰使计算机“飞程序”时，看门狗能够帮助系统自动恢复正常运行。

当系统运行时，看门狗与CPU同时工作。当程序正常运行时，会在规定的时间内由程序向看门狗发送复位信号，使定时系统重新开始定时计数，看门狗不发出信号；当程序“跑飞”并且其他的措施没有发挥作用时，看门狗便不能在规定的时间内得到复位信号，它的输出端便会发出信号，使CPU系统复位。

为实现看门狗的目标，需要解决两个方面的问题，一是硬件电路问题，二是软件编程问题。看门狗按实现形式可以分为硬件看门狗和软件看门狗两种。

6.4 机电系统抗干扰的设计

6.4.1 机电系统抗干扰的设计原则

从整体和逻辑线路设计方面提高机电一体化产品的抗干扰能力是整体设计的指导思想，对提高机电系统的可靠性和抗干扰性能关系极大。对于一个新设计的机电系统，如果把抗干扰性能作为一个重要的问题来考虑，则系统投入运行后，抗干扰能力就强。反之，如果等到设备到现场发现问题才来修修补补，往往就会事倍功半。因此，在机电系统总体设计阶段，以下几个方面必须引起特别重视。

1. 逻辑设计力求简单可靠

对于一个具体的机电一体化产品，在满足生产工艺控制要求的前提下，逻辑设计应尽量简单，以便节省元件、方便操作。因为在元器件质量已定的前提下，整体中所用到的元器件数量越少，机电系统在工作过程中出现故障的概率就越小，也即机电系统的稳定性越高。但值得注意的是，对于一个具体的线路，必须扩大线路的稳定储备量，留有一定的负载裕度。线路的工作状态是随电源电压、温度、负载等因素的变化而变化的。从这些因素由额定情况向恶化线路性能方向变化，直至导致线路不能正常工作这一范围称为稳定储备量。此外，工作在边缘状态的线路或元件，最容易因外界干扰而导致故障。因此，为了提高线路的带负载能力，应考虑留有负载裕度。例如，一个TTL集成门电路的带负载能力是可以带8个左右同类型的逻辑门，在设计时，一般最多只考虑带 6 个同类型的逻辑门，以便留有一定的裕度。

2. 硬件自检测和软件自恢复的设计

由于干扰引起的误动作多是偶发性的，因此应采取某些措施，使这些偶发的误动作不致直接影响系统的运行。因此，在机电系统总体设计上必须设法尽快排除干扰造成的这种故障。通常的做法是，在硬件上设置某些自动监测电路。这主要是为了对一些薄弱环节加强监控，以便缩小故障范围，增强整体的可靠性。在硬件上常用的监控和误动作检出方法通常有：数据传输的奇偶检验（如输入电路有关代码的输入奇偶校验），存储器的奇偶校验，以及运算电路、译码电路和时序电路的有关校验等。

从软件的运行来看，瞬时电磁干扰会影响堆栈指针 SP、数据区或程序计数器的内容，使 CPU 偏离预定的程序指针，进入未使用的 RAM 区和 ROM 区，引起死机、死循环和程序“跑飞”等现象，因此，要合理设置软件陷阱和看门狗，并在检测环节进行数字滤波（如粗大误差处理）等。

3. 从安装和工艺等方面采取措施以消除干扰

1）合理选择接地方式

许多机电一体化产品从设计思想到具体电路原理都是比较完美的，但在工作现场经常无法正常工作，暴露出许多由于工艺安装不合理带来的问题，从而使机电系统容易受干扰的影响，对此，必须引起足够的重视，如选择接地方式方面，考虑将交流接地点与直流接地点分离，保证逻辑地浮空（是指控制装置的逻辑地和大地之间不用导体连接），保证机身、机柜安全地的接地质量，以及分离模拟电路的接地和数字电路的接地等。

2）合理选择电源

合理选择电源对机电系统的抗干扰也是至关重要的。电源是引进外部干扰的重要来源。实践证明，通过电源引入的干扰是多途径的。例如，控制装置中各类开关的频繁闭合或断开，各类电感线圈的瞬时通断，晶闸管电源及高频电源、中频电源等中开关器件的导通和截止等，都会引起干扰。这些干扰的幅值可达瞬时千伏级，而且占有很宽的频率。显而易见，要想完全抑制频带范围如此宽的干扰，必须对交流电源和直流电源同时采取措施。

大量实践表明：采用压敏电阻和低通滤波器可使频率在 20 kHz～100 MHz 范围内的干扰大大衰减；采用隔离变压器和对交流电源变压器设置屏蔽层可以消除 20 kHz 以下的干扰；而为了消除交流电网电压缓慢变化对控制系统造成的影响，可采取交流稳压等措施。

对于直流电源，通常要考虑尽量加大电源功率容限和电压调整范围。为了使装备能适应负载在较大范围变化和防止通过电源造成内部噪声干扰，整机电源必须留有较大的储备量，并具有较好的动态特性。习惯上一般选取 50%～100%的余量。另外，尽量采用直流稳压电源。直流稳压电源不仅可以进一步抑制来自交流电网的干扰，而且可以抑制由于负载变化所造成的电路直流工作电压的波动。

3）合理布局

对机电一体化设备及机电系统的各个部分进行合理的布局，能有效地避免电磁干扰的危害。合理布局的基本原则是使干扰源与干扰对象尽可能远离，使输入端口和输出端口妥善分离，将高电平电缆及脉冲引线与低电平电缆分别敷设等。

企业中各设备之间也存在合理布局问题。不同设备对环境所产生的干扰的类型、干扰强度不同，且不同设备的抗干扰能力和精度也不同，因此，在设备布置上要考虑设备分类和环境处理。例如：精密检测仪器应放置在恒温环境，并远离有机械冲击的场所；弱电仪器应考虑工作环境的电磁干扰强度等。

一般来说，除了上述方案以外，还应在布线、安装等方面采取严格的工艺措施，如注意整个系统导线的分类布置、接插件的可靠安装与良好接触、焊接质量等。实践表明，对于一个具体的系统，如果工艺措施得当，则不仅可以大大提高系统的可靠性和抗干扰能力，而且可以弥补系统某些设计上的不足之处。

6.4.2　PLC 控制系统的抗干扰技术、设计、策略

对于机电系统所使用的各种类型 PLC，有的集中安装在控制室，有的安装在生产现场和各类机电设备上，它们大多处在由强电电路和强电设备所形成的恶劣电磁环境中。要提高 PLC 控制系统的可靠性，一方面要求 PLC 生产厂家提高 PLC 的抗干扰能力，另一方面要求应用部门高度重视 PLC 控制系统的工程设计、安装施工和使用维护，多方配合，以完善解决问题，有效地增强 PLC 控制系统的抗干扰性能。

1. PLC 控制系统的电磁干扰

1）电磁干扰的类型及其影响

PLC 控制系统的干扰源与一般工业控制设备的干扰源一样，大都产生在电流或电压剧烈变化的部位。干扰的类型通常按干扰产生的原因、噪声的波形性质和噪声干扰模式来划分。按干扰产生的原因不同，干扰分为放电干扰、浪涌干扰、高频振荡干扰等；按噪声的波形性质不同，干扰可分为持续干扰、偶发干扰等；按噪声干扰模式不同，干扰分为共模干扰和差模干扰。

共模干扰主要由电网窜入、地电位差及空间电磁辐射在信号线上感应的共模（同方向）电压叠加形成。共模电压有时较大，特别是采用隔离性能差的配电器供电时，变送器输出信号的共模电压普遍较高，有的在 130 V 以上。共模电压通过不对称电路可转换成差模电压，影响测控信号，造成元器件损坏（这就是一些系统 I/O 模件损坏率较高的主要原因），这种共模干扰可为直流，亦可为交流。差模干扰是指作用于信号两极间的电压干扰，主要由空间电磁场在信号间耦合感应及由不平衡电路转换共模干扰形成。差模干扰叠加在信号上，直接影响测量与控制精度。

2）电磁干扰的主要来源

（1）来自空间的辐射干扰。

空间辐射电磁场主要是由电力网络、电气设备的暂态过程、雷电、无线电广播、电视、雷达、高频感应加热设备等产生的，通常称为辐射干扰，它的分布极为复杂。若将 PLC 控制系统置于空间辐射电磁场的射频场内，PLC 控制系统就会受到辐射干扰，空间辐射电磁场主要通过两条路径对 PLC 控制系统产生影响：一是直接辐射 PLC 的内部，由电路感应产生干扰；二是辐射 PLC 的通信网络，由通信线路感应引入干扰。辐射干扰与现场设备布置及设备所产生的电磁场的大小特别是频率有关，一般通过设置屏蔽电缆、PLC 局部屏蔽元件、高压泄放元件进行抑制。

（2）来自系统外引线的干扰。

来自系统外引线的干扰主要通过电源和信号线引入，通常称为传导干扰。这种干扰在我国工业现场较为严重，主要有下面三类。

① 来自电源的干扰。

实践证明，因电源引入的干扰造成 PLC 控制系统故障的情况很多。PLC 控制系统的正常

供电电源均由电网供电。由于电网的覆盖范围广，电网受到所有空间电磁干扰而在线路上感应电压和电流，尤其是电网内部的变化、开关操作浪涌、大型电力设备启停、交直流传动装置引起的谐波、电网短路暂态冲击等，都通过输电线路传到PLC电源原边。PLC电源通常采用隔离电源，但因制造工艺等因素，隔离效果并不理想。实际上，由于分布参数特别是分布电容的存在，绝对隔离是不可能做到的。

② 来自信号线引入的干扰。

与PLC控制系统连接的各类信号线，除了传输有效的各类信号之外，总受到外部干扰信号的侵入。来自信号线引入的干扰主要有两种：一是通过变送器供电电源或共用信号仪表的供电电源窜入的电网干扰，这种干扰往往被忽视；二是信号线受空间电磁辐射因感应而产生的干扰，即信号线上的外部感应干扰，这种干扰往往非常严重。

来自信号线引入的干扰会引起I/O信号工作异常和测量精度大大降低，严重时将导致元器件损伤。对于隔离性能差的系统，来自信号线引入的干扰还将导致信号间互相干扰，引起共地系统总线回流，造成逻辑数据变化、误动和死机。PLC控制系统因信号引入干扰造成I/O模块损坏相当严重，由此引起PLC控制系统故障的情况也很多。

③ 来自接地系统混乱的干扰。

接地是提高电子设备电磁兼容性(EMC)的有效手段之一，正确的接地既能抑制电磁干扰的影响，又能抑制设备向外发出干扰；而错误的接地会引入严重的干扰信号，使PLC控制系统无法正常工作。

PLC控制系统的地线包括系统地、屏蔽地、交流地和保护地等，接地系统混乱对PLC控制系统的干扰影响主要是各个接地点电位分布不均，不同接地点间存在地电位差，引起地环路电流，影响PLC控制系统正常工作。例如，电缆屏蔽层必须一点接地，如果电缆屏蔽层两端都接地，就会产生地电位差，导致有电流流过屏蔽层。当出现异常如雷击时，地线电流将更大。

此外，屏蔽层、接地线和大地可能构成闭合环路，在变化磁场的作用下，屏蔽层内会出现感应电流，并通过屏蔽层与芯线之间的耦合，干扰信号回路。若接地处理混乱，则所产生的地环流可能在地线上产生不等电位分布，影响PLC内逻辑电路和模拟电路的正常工作。PLC工作的逻辑电压干扰容限较低，逻辑地电位的分布干扰容易影响PLC的逻辑运算和数据存储，造成数据混乱、程序"跑飞"或死机。模拟地电位的分布干扰将导致测量精度下降，引起对信号测控的严重失真和误动作。

(3) 来自PLC控制系统内部的干扰。

来自PLC控制系统内部的干扰主要由PLC控制系统内部元器件及电路间的相互电磁辐射产生，如逻辑电路的相互辐射、模拟地与逻辑地的相互影响及元器件间的不匹配使用等。

2. PLC控制系统的抗干扰设计

为了保证PLC控制系统在工业电磁环境中免受或减少内外电磁干扰，必须从设计阶段开始便采取三个方面的干扰抑制措施：抑制干扰源，切断或衰减电磁干扰的传播途径，提高装置和系统的抗干扰能力。这三点也是抑制电磁干扰的基本原则。

PLC控制系统的抗干扰是一个系统工程，要求制造单位设计生产出具有较强抗干扰能力的产品，且有赖于使用部门在工程设计、安装施工和运行维护中予以全面考虑，并结合具体情况进行综合设计，以保证PLC控制系统的电磁兼容性和运行可靠性。进行具体工程的抗干扰设计时，应主要注意以下两个方面。

1）设备选型

在选择设备时，首先，要选择有较高抗干扰能力的产品；其次，应了解生产厂家给出的抗干扰指标，如共模抑制比、差模抑制比、耐压能力、允许在多大电场强度和多高频率的磁场强度环境中工作等；最后，考察设备在类似工作中的应用实绩。

在选择进口产品时要注意，我国采用的是220 V高内阻电网制式，而欧美地区采用的是110 V低内阻电网制式。在我国，由于电网内阻大，零点电位漂移大，地电位变化大，工业企业现场的电磁干扰至少比欧美地区强4倍，所以对系统的抗干扰性能要求更高。在国外能正常工作的PLC产品在国内工业不一定能可靠运行，这就要求在采用国外产品时，按我国的标准合理选择。

2）综合抗干扰设计

综合抗干扰设计主要考虑适用于PLC控制系统外部的几种抑制措施，内容包括：对PLC控制系统及外引线进行屏蔽，以防空间辐射电磁干扰；对外引线进行隔离、滤波，特别是动力电缆应分层布置，以防通过外引线引入传导干扰；正确设计接地点和接地装置，完善接地系统。另外，还必须利用软件手段，进一步提高PLC控制系统的安全可靠性。

3. PLC控制系统的主要抗干扰措施

1）采用性能优良的电源，抑制电网引入的干扰

在PLC控制系统中，电源处于极重要的地位。电网干扰主要通过PLC控制系统的供电电源（如CPU电源、I/O电源等）、变送器供电电源和与PLC控制系统具有直接电气连接的仪表供电电源等耦合进入PLC控制系统。现在PLC控制系统一般都采用隔离性能较好的供电电源，并对变送器供电电源以及与PLC控制系统有直接电气连接的仪表供电电源采取了一定的隔离措施，但效果并不尽如人意：使用的隔离变压器分布参数大，抑制干扰能力差，经电源耦合而窜入了共模干扰、差模干扰。对于变送器和共用信号仪表供电，应选择分布电容小、抑制性能好（如采用多次隔离和屏蔽及漏感技术）的配电器，以减少对PLC控制系统的干扰。

此外，为保证电网馈电不中断，可采用UPS供电，提高供电的安全可靠性。UPS具有较强的干扰隔离性能，是PLC控制系统理想的电源。

2）正确选择电缆和实施敷设

为了减少动力电缆尤其是变频装置馈电电缆的辐射干扰，可采用铜带铠装屏蔽电力电缆。长距离配线时，输入信号线与输出信号线分别使用各自的电缆。交流信号与直流信号分别使用各自的电缆。输入、输出信号线与高电压、大电流的动力线分开配线。集成电路或晶体管设备的输入、输出信号线，必须使用屏蔽电缆。避免信号线与动力电缆靠近且平行敷设，以减少电磁干扰。

3）硬件滤波及软件抗干扰措施

信号在接入计算机前，在信号线与地间并接电容，以减少共模干扰；在信号两极间加装滤波器，以减少差模干扰。

由于电磁干扰的复杂性，要根本消除电磁干扰影响是不可能的，因此在进行PLC控制系统的软件设计和组态时，还应在软件方面进行抗干扰处理，以进一步提高PLC控制系统的可靠性。常用的一些提高软件结构可靠性的措施包括：数字滤波和工频整形采样（可有效消除周期性干扰）；定时校正参考点电位，并采用动态零点（可防止电位漂移）；采用信息冗余技术，设计相应的软件标志位；采用间接跳转，设置软件保护等。

4）正确选择接地点，完善接地系统

一般来说，接地一是为了安全，二是为了抑制干扰。采用完善的接地系统是 PLC 控制系统抗电磁干扰的重要措施之一。

系统接地有浮地、直接接地和电容接地三种方式。对 PLC 控制系统而言，它属高速低电平控制系统，应采用直接接地方式。受信号电缆分布电容和输入装置滤波等的影响，装置之间的信号交换频率一般都低于 1 MHz，所以 PLC 控制系统接地采用一点接地方式。集中布置的 PLC 控制系统适合采用并联一点接地方式，各装置的柜体中心接地点以单独的接地线引向接地极。如果装置之间的距离较大，则应采用串联一点接地方式，用一根大截面积铜母线（或绝缘电缆）连接各装置的柜体中心接地点，然后将接地母线直接连接接地极。接地线采用截面积大于22 mm^2 的铜导线，总母线使用截面积大于 60 mm^2 的铜排。接地极的接地电阻小于 2 Ω，接地极最好埋在距建筑物 10～15 m 远处，而且 PLC 控制系统接地点必须与强电设备接地点相距 10 m 以上。

信号源接地时，屏蔽层应在信号侧接地；信号源不接地时，屏蔽层应在 PLC 侧接地。信号线中间有接头时，屏蔽层应牢固连接并进行绝缘处理，一定要避免多点接地。多个测点信号的屏蔽双绞线与多芯对绞总屏蔽电缆连接时，各屏蔽层应相互连接好，并做绝缘处理，选择适当的接地处单点接地。

PLC 控制系统的干扰是一个十分复杂的问题，因此在 PLC 控制系统抗干扰设计中应综合考虑各方面的因素，合理有效地抑制干扰，对有些干扰情况还需做具体分析，采取“对症下药”的方法，以使 PLC 控制系统正常工作，保证工业设备安全高效运行。

习　题

6-1　简述干扰的三个组成要素。

6-2　机电系统中的计算机接口电路通常使用光电耦合器，请问光电耦合器的作用有哪些？

6-3　机电控制系统接地通常要注意哪些事项？

6-4　软件抗干扰技术适用于什么场合？

6-5　简述电磁兼容性测试的一般步骤。

6-6　计算机控制系统中，如何用软件进行抗干扰？

第 7 章　机电系统的动态特性分析

7.1　概　　述

机电系统被测量随时间迅速变化时，输出量与输入量之间的关系称为动态特性，可以用微分方程表示。许多机电一体化产品（如数控机床、工业机器人等），需要对输出量进行跟踪控制，因此机电系统又是一个伺服系统，是一种能够跟踪输入的指令信号进行动作，从而获得精确的位置、速度或力等变量输出的自动控制系统。

所谓特性分析，就是指根据元部件的工作原理，分析元部件输出与输入的对应关系，找到元部件的传递函数，为系统总体动态特性的分析打下基础，方便求解系统的总体传递函数，以便采取基于自动控制理论的调节方法，保证系统具有较好的快速响应特性、较小的跟踪误差，并保证系统不会在变化的输入信号的激励下产生共振。

7.1.1　自动控制理论简介

自动控制理论发展，大体可以分为三个阶段，即经典控制理论阶段、现代控制理论阶段和智能控制理论阶段。

经典控制理论是以传递函数为基础的一种控制理论，对控制系统的分析与设计建立在某种近似的或试探的基础上。经典控制的对象只能是单输入单输出（SISO）控制系统，对多输入多输出（MIMO）控制系统、时变控制系统、非线性控制系统等无能为力。基于经典控制理论进行控制，往往只能得到较佳控制，而不能得到最优控制。

现代控制理论是建立在状态空间法基础上的一种控制理论。现代控制的数学模型主要是状态方程，对控制系统的分析与设计可以说是精确的。现代控制的对象可以是单输入单输出控制系统，也可以是多输入多输出控制系统；可以是线性定常控制系统，也可以是非线性时变控制系统；可以是连续控制系统，也可以是离散或数字控制系统。由于基于现代控制理论的分析与设计方法是精确的，因此，基于现代控制理论进行控制，可以得到最优控制。

智能控制理论是近年来发展起来的一种控制理论。智能控制包括最优控制、神经网络控制、模糊控制等。智能控制的对象可以是已知系统，也可以是未知系统（这里包括系统参数未知和系统状态未知）。大多数的智能控制策略不仅能抑制外界干扰、环境变化、参数变化的影响，而且能有效地消除模型误差的影响。

随着机电一体化技术的发展，经典控制理论（机械控制工程基础）在机电系统中的应用越来越广。机电系统伺服控制的首要目标是系统的输出，要尽可能使输出量跟踪时刻变化的输入量，因此，对机电系统抗外部干扰能力的要求极高。对控制对象来说，系统各构成要素的特性参数比较容易掌握，而随操作条件和环境条件变化的过程控制较难掌握。为此，以反馈控制理论为基础的控制理论是机电系统不可缺少的理论基础。所谓反馈，就是通过适当的检测传感装置将输出量的全部或一部分返回到输入端，将其与输入量进行比较，用偏差对系统进行控制，控制的目标是使该偏差为零。在设计机电系统的控制系统时，一方面，必须明确对控制系统的静态特性和动态特性要求，研究控制系统外部干扰的形式、强弱、持续时间和作用点；另一方面，必须选择具有适合该控制系统特性的调节器、检测传感器及执行元件等。

本章重点讨论经典控制理论的应用。用经典控制理论研究机电系统的动态特性是以传递函数为基础的，而传递函数是通过数学中的拉普拉斯变换定义的。这里仅就机电系统设计中用到的动态特性的分析基础概述如下。

7.1.2 拉普拉斯变换与传递函数

若函数 $f(t)$满足当 $t<0$ 时 $f(t)=0$，当 $t>0$ 时 $f(t)$逐段连续，则当 $\int_0^\infty f(t)e^{-st}dt<\infty$ 时($s=\sigma+j\omega$)，函数

$$F(s)=\int_0^\infty f(t)e^{-st}dt$$

称为 $f(t)$的拉普拉斯变换(简称拉氏变换)，通常把 $F(s)$称为 $f(t)$的象函数，把 $f(t)$称为 $F(s)$的原函数。拉氏变换一般记为

$$L[f(t)]=F(s)=\int_0^\infty f(t)e^{-st}dt$$

例如，工程上常用的判定系统性能好坏的单位阶跃输入信号

$$f(t)=1(t)=\begin{cases}0, & t<0,\\ 1, & t\geqslant 0\end{cases}$$

的拉氏变换 $F(s)$为

$$L[f(t)]=\int_0^\infty 1\times e^{-st}dt=-\frac{1}{s}e^{-st}\Big|_0^\infty=\frac{1}{s}$$

幅值为 R 的阶跃函数，即

$$f(t)=R\times 1(t)=\begin{cases}0, & t<0,\\ R, & t\geqslant 0\end{cases}$$

的拉氏变换 $F(s)$为

$$L[f(t)]=\int_0^\infty R\times e^{-st}dt=\frac{R}{s}$$

拉氏变换有一系列的定理，这里仅介绍其中的微分定理、积分定理和终值定理。

微分定理：若 $f(t)$可拉氏变换，且有 $L[f(t)]=F(s)$，则

$$L\left[\frac{df(t)}{dt}\right]=sF(s)-f(0)$$

对于高阶导数，有

$$L\left[\frac{d^nf(t)}{dt^n}\right]=s^nF(s)-s^{n-1}f(0)-s^{n-2}f^{(1)}(0)-\cdots-f^{(n-1)}(0)$$

式中，$f(0)$为 $t=0$ 时的 $f(t)$值，$f^{(1)}(0),\cdots,f^{(n-1)}(0)$分别为 $f(t)$各阶导数的初始值。

如果 $f(t)$及其各阶导数的初始值都等于零，则

$$L\left[\frac{d^n f(t)}{dt^n}\right]=s^n F(s)$$

积分定理：若 $f(t)$ 可拉氏变换，且有 $L[f(t)]=F(s)$，则

$$L\left[\int f(t)dt\right]=\frac{1}{s}F(s)+\frac{1}{s}f^{(-1)}(0)$$

对于 n 重积分，有

$$L\left[\int^{(n)} f(t)dt\right]=\frac{1}{s^n}F(s)+\frac{1}{s^{(n-1)}}f^{(-1)}(0)-\frac{1}{s^{(n-2)}}f^{(-2)}(0)+\cdots+\frac{1}{s}f^{(n-1)}(0)$$

式中 $f^{(-1)}(0),f^{(-2)}(0),\cdots,f^{(-n)}(0)$ 为 $f(t)$ 各重积分的初始值。

如果 $f(t)$ 及其各重积分的初始值都等于零，则

$$L\left[\int^{(n)} f(t)dt\right]=\frac{1}{s^n}F(s)$$

终值定理：若函数 $f(t)$ 及其一阶导数都是可拉氏变换的，则函数 $f(t)$ 的终值为

$$\lim_{t\to\infty}f(t)=\lim_{s\to 0}sF(s)$$

注意：当 $f(t)$ 是周期函数，如正弦函数 $\sin\omega t$ 时，由于它没有终值，故终值定理不适用。

根据象函数 $F(s)$ 求原函数 $f(t)$ 称为拉普拉斯逆变换(简称拉氏逆变换)，记为 $L^{-1}[F(s)]=f(t)$。

常用函数的拉氏变换和拉氏逆变换可从拉氏变换表中查出，通常不必计算。

一般来说，系统(或元件)的输入量(或称输入信号)和输出量(或称输出信号)可用时间函数描述，输入量与输出量之间的因果关系或者说系统(或元件)的运动特性可用微分方程描述。若设输入信号为 $r(t)$、输出信号为 $c(t)$，则描述系统(或元件)运动特性的微分方程的一般形式为

$$a_n\frac{d^n c(t)}{dt^n}+a_{n-1}\frac{d^{n-1}c(t)}{dt^{n-1}}+\cdots+a_0 c(t)=b_m\frac{d^m r(t)}{dt^m}+b_{m-1}\frac{d^{m-1}r(t)}{dt^{m-1}}+\cdots+b_0 r(t) \quad (7\text{-}1)$$

系统(或元件)的运动特性也可以用传递函数描述。线性定常系统(或元件)的传递函数定义为：在零初始值下，系统(元件)输出量拉氏变换与输入量拉氏变换之比。

将式(7-1)中的各项在零初始值下进行拉氏变换，可得

$$(a_n s^n+a_{n-1}s^{n-1}+\cdots+a_1 s+a_0)C(s)=(b_m s^m+b_{m-1}s^{m-1}+\cdots+b_0)R(s) \quad (7\text{-}2)$$

由式(7-2)可得线性定常系统(或元件)传递函数的一般形式为

$$G(s)=\frac{C(s)}{R(s)}=\frac{b_m s^m+b_{m-1}s^{m-1}+\cdots+b_1 s+b_0}{a_n s^n+a_{n-1}s^{n-1}+\cdots+a_1 s+a_0} \quad (7\text{-}3)$$

当系统(或元件)的运动能够用有关定律(如电学、热学、力学等的某些定律)描述时，该系统(或元件)的传递函数就可用理论推导的方法求出。对那些无法用有关定律推导出传递函数的系统(或元件)，可用实验法建立传递函数。

7.2　机电部件的动态特性

可通过对典型机械部件、传感器、执行元件等的输入-输出关系进行分析，推导出传递函数，得到分析机电部件动态特性的一般方法。

7.2.1 机械部件的动态特性

为了保证系统具有较好的快速响应性、较小的跟踪误差，且不会在变化的输入信号的激励下产生共振，应对系统的动态特性加以分析。

在机械系统内，丝杠螺母传动机构的刚度是影响机械系统动态特性的薄弱环节，它的拉压刚度（又称纵向刚度）和扭转刚度分别是引起机械系统纵向振动和扭转振动的主要因素。

在此讨论含丝杠螺母传动机构的机械系统。设输入为电动机的转角 θ（指令转角），输出为工作台的直线位移 y。另设丝杠导程为 P_h，传动链传动比为 i。

1. 不考虑振动的影响

根据输入与输出所满足的传动关系，由拉氏变换可得机械系统的传递函数为

$$G(s)=\frac{Y(s)}{\Theta(s)}=\frac{l}{2\pi P_h}$$

显然，此时机械系统被简化为一个线性环节。

2. 考虑系统的纵向振动

当分析系统的纵向振动时，可忽略电动机和减速器的影响，此时由丝杠和工作台所构成的纵振系统可简化成图 7-1 所示的动力学模型，它的动力平衡方程可表达成

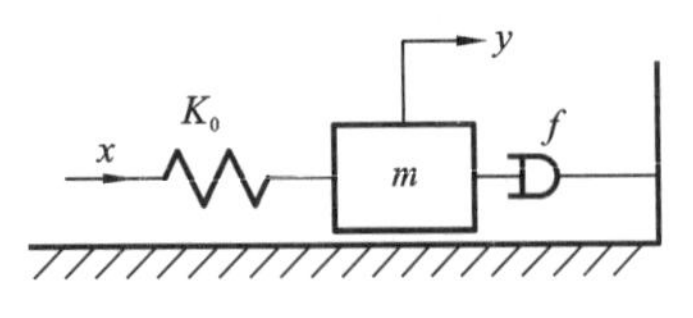

图 7-1 动力学模型

$$m\frac{d^2y}{d^2t}+f\frac{dy}{dt}+K_0(y-x)=0 \tag{7-4}$$

式中：x——指令位移（电动机的转角折算到工作台上的等效位移）；

y——工作台的实际位移；

m——丝杠和工作台的等效集中质量，$m=m_1+\frac{m_2}{3}$，m_1 和 m_2 分别是工作台和丝杠的质量；

f——工作台导轨黏性阻尼系数；

K_0——丝杠螺母传动机构的综合拉压刚度。

对式(7-4)进行拉氏变换，得

$$ms^2Y(s)+fsY(s)+K_0Y(s)-K_0X(s)=0$$

从而得机械系统的传递函数为

$$G(s)=\frac{Y(s)}{X(s)}=\frac{K_0}{ms^2+fs+K_0}$$

将上式化成二阶系统的标准形式，得

$$G(s)=\frac{Y(s)}{X(s)}=\frac{\omega_n^2}{s^2+2\zeta\omega_n s+\omega_n^2} \tag{7-5}$$

由此得机械系统考虑纵向振动时丝杠-工作台的固有频率 ω_n 和阻尼比 ξ 分别为

$$\omega_n=\sqrt{\frac{K_0}{m}},\quad \xi=\frac{f}{2\sqrt{mK_0}}$$

显然，这是一个二阶振荡系统。根据自动控制理论，当系统允许有一定的超调时，可取 $\xi=0.4\sim0.8$，此时响应可较快达到稳定值；当系统不允许超调时，取 $\xi=1$，此时响应无振荡，但较缓慢。加大 ω_n，可加快系统的响应速度，有利于避开输入信号频率范围，防止共振产生。

可见，影响系统动态特性的主要参数是固有频率 ω_n 和阻尼比 ζ。增加丝杠螺母传动机构的综合拉压刚度 K_0 和减轻工作台质量 m_1，可提高固有频率 ω_n。阻尼比 ζ 除与工作台导轨黏性阻尼系数 f 有关外，还与丝杠螺母传动机构的综合拉压刚度 K_0 及丝杠和工作台的等效集中质量 m 有关。因此，在进行结构设计时，应通过合理匹配 K_0、m 和 f 等参数，使 ω_n 和 ζ 获得适当的值，保证系统具有良好的动态特性。

3. 考虑系统的扭转振动

分析方法与考虑系统纵向振动时相同，不过应考虑电动机和减速器的影响。设输入为电动机的转角 θ_m（指令转角）；输出为丝杠的转角 θ_s；J_{eq}^s 是折算到丝杠轴上的总当量转动惯量；f_s 是丝杠转动的当量黏性阻尼系数，$f_s=\left(\frac{P_h}{2\pi}\right)^2 f$；$K_s$ 是机械系统折算到丝杠轴上的总当量扭转刚度。将纵向相关参数以扭转参数代入，得反映在丝杠上的动力平衡方程为

$$J_{eq}^s\frac{d^2\theta_s}{dt^2}+f_s\frac{d\theta_s}{dt}+K_s\left(\theta_s-\frac{\theta_m}{i}\right)=0 \tag{7-6}$$

由 $y=\frac{\theta_s}{2\pi}\cdot P_h$ 知 $\theta_s=\frac{2\pi y}{P_h}$，代入式(7-6)得

$$J_{eq}^s\frac{d^2 y}{dt^2}+f_s\frac{dy}{dt}+K_s y=\frac{K_s P_h}{2\pi i}\theta_m$$

经拉氏变换得

$$J_{eq}^s s^2Y(s)+f_s sY(s)+K_sY(s)=\frac{K_s P_h}{2\pi i}\theta_m(s)$$

从而得机械系统的传递函数为

$$G(s)=\frac{Y(s)}{\theta_m(s)}=\frac{P_h}{2\pi i}\cdot\frac{K_s}{J_{eq}^s s^2+f_s s+K_s}=\frac{P_h}{2\pi i}\cdot\frac{\omega_n^2}{s^2+2\xi\omega_n s+\omega_n^2} \tag{7-7}$$

由此得考虑扭转振动时机械系统的固有频率和阻尼比为

$$\omega_n=\sqrt{\frac{K_s}{J_{eq}^s}},\quad \xi=\frac{f_s}{2\sqrt{J_{eq}^s K_s}}$$

显然，这也是一个二阶振荡系统，影响系统动态特性的主要因素是系统的惯性、刚度和阻尼。在设计机械系统时，应注意增大刚度，减小惯性，以提高固有频率。但增大刚度往往导致结构尺寸加大，惯性也不是越小越好。通常按 $\omega_n\geqslant 300$ rad/s 来确定系统的刚度。

机械系统的惯性也并非越小越好，J_{eq}^s 与电动机的转动惯量 J_m 需适当匹配。通常考虑 J_{eq}^m 与 J_m 的匹配问题，比值 $\frac{J_{eq}^m-J_m}{J_m}$ 应控制为 $\frac{1}{4}\leqslant\frac{J_{eq}^m-J_m}{J_m}\leqslant 1$，若该比值太大，则伺服系统的动态特性主要取决于负载特性，工作条件的变化引起的负载质量、刚度、阻尼等的变化会导致系统的动态特性随之产生较大的变化，系统的综合性能变差。若该比值太小，则说明电动机的选择和传动系统的设计不合理，经济性变差。

系统阻尼的影响比较复杂。较大的系统阻尼不利于定位精度的提高，且降低系统的快速响应性，但可提高系统的稳定性，减小过渡过程中的超调量，并降低振动响应的幅值。目前许多伺服系统中采用了滚动导轨。实践证明，滚动导轨可减小摩擦系数，提高定位精度和低速运动平稳性，但它的阻尼较小，常使系统的稳定裕度减小。所以在采用滚动导轨结构时，应注意采取其他措施来控制阻尼的大小。

7.2.2 传感器的动态特性

机电系统中多为机械量传感器(测量位移、速度、加速度、力等),而输出为电量(电压、电流等)。为了进行信号处理,传感器中不只是单纯的传感元件(变换器),多数传感器中都配置运算放大电路,以便将微弱的电信号变换成较强的便于利用的信号。另外,有的传感器中装有将一种机械量变换为另一种机械量的变换装置,如压电式加速度计中就有将加速度变换为力的机械量变换装置。将力变换成电荷的是变换器,将电荷变换成电压的是运算放大电路。

如果传感器与被测物体的连接为刚性连接,则可以认为机械量-机械量的变换为比例变换。变换器根据变换的物理过程可分为以下几种。

(1) 电磁变换:动电式变换器、静电式变换器、磁阻式变换器、霍尔效应式变换器等。

(2) 压电变换:压电元件。

(3) 应变电阻变换:应变片计、半导体应变计。

(4) 光电变换:光电二极管、光电三极管。

此外,还有利用半导体和陶瓷等产生的各种物理现象制成的其他变换器。下面仅介绍动电式变换器和压电式变换器的特性。

1. 动电式变换器的特性

图 7-2 所示为动电式变换器的原理图。在图 7-2 中,电动机线圈的转角为 θ,以角速度 ω 切割磁力线,线圈的电流为 i,电阻为 R,输出电压为 u_s。

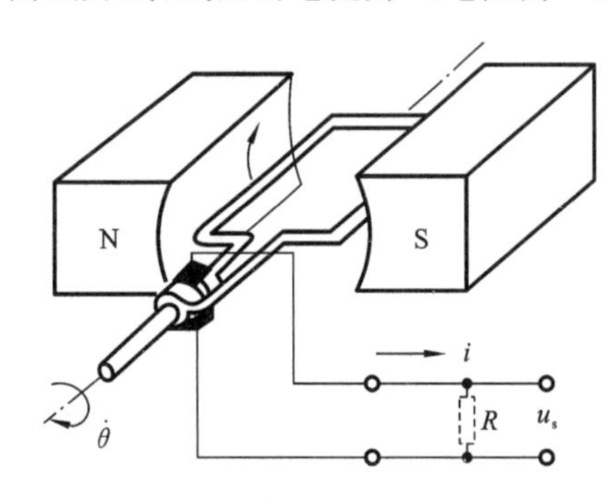

图 7-2 动电式变换器的原理图

$$\omega=\dot{\theta}=\frac{\mathrm{d}\theta}{\mathrm{d}t}$$

可以写出以下方程:

$$k\frac{\mathrm{d}\theta}{\mathrm{d}t}=u_s+L\frac{\mathrm{d}i}{\mathrm{d}t},\quad u_s=Ri$$

式中:k——感应电压常数。

$$k\omega=u_s+\frac{L}{R}\frac{\mathrm{d}u_s}{\mathrm{d}t} \tag{7-8}$$

取 θ、ω 的拉式变换:

$$L[\omega]=\Omega(s),\quad \Omega(s)=s\Theta(s)$$

$$k\Omega(s)=U_s(s)+\frac{L}{R}sU_s(s)$$

$$\frac{U_s(s)}{\Omega(s)}=\frac{k}{1+\frac{Ls}{R}} \tag{7-9}$$

$$\frac{U_s(s)}{\Theta(s)}=\frac{ks}{1+\frac{Ls}{R}} \tag{7-10}$$

通常,当 $\frac{Ls}{R}\ll 1$ 时,$\frac{U_s(s)}{\Theta(s)}\approx ks$,就可得到与速度成比例的输出信号,此即测速发电机的工作原理。

2. 压电式变换器的特性

图 7-3 所示为压电式变换器的原理图。

输入为作用力 $\boldsymbol{F}$，设电气变换部分的输入阻抗为 R，压电元件的杨氏模量为 E，感应系数为 ε，作用面积为 S，由作用力 $\boldsymbol{F}$ 产生的位移为 $\boldsymbol{x}$，所产生的电荷为 Q，$C=\dfrac{\varepsilon S}{d_0}$为电容量，输出为电压 u_s，有

$$Q=K_F x=\left(\frac{1}{RS}+C\right)u_s \tag{7-11}$$

$$F=\frac{\varepsilon S}{d_0}x+K_F+u_s \tag{7-12}$$

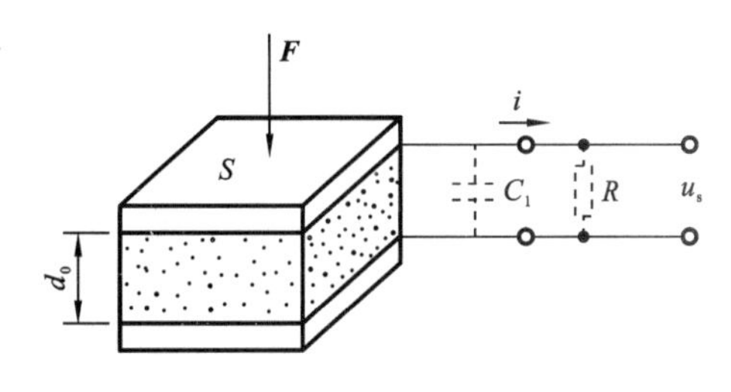

图 7-3　压电式变换器的原理图

由式(7-11)和式(7-12)可得

$$\frac{U_s(s)}{F(s)}=G(s)=\frac{Rs}{1+RCs+kRs}d\approx\frac{Rs}{1+RCs}d \tag{7-13}$$

式中，$K_F=\dfrac{k}{d}$，$k=\dfrac{\varepsilon S}{d_0}d^2$。

压电系数为

$$d=d_0\frac{K_F}{\varepsilon S}=\frac{kh}{E}$$

若式(7-13)中的 $RCs\gg1$，则 $G(s)\approx d/C$，此时可得到与力成比例的输出电压，但该电压在固有振动周期比 $\tau(=RC)$ 较低的情况下不能准确求出。由此可知，只有在被测信号频率足够高的情况下，才有可能实现不失真测量。在压电元件上并联 C_1，虽然可使 $\tau=R(C+C_1)$ 增大，但仍不能测量变化缓慢的力，这是压电元件的缺点。

7.2.3　执行元件的动态特性

机电系统中常用的执行元件是电气执行元件。电气执行元件的输入为电信号，输出为机械量(位移、力等)。电气执行元件有多种，如直流伺服电动机、交流伺服电动机、步进电动机、直线电动机等。执行元件电气-机械变换的基本原理是电磁变换和压电变换，下面仅介绍电磁变换执行元件的特性。

图 7-4 所示电磁变换典型实例。图 7-4(a)所示为直流伺服电动机的工作原理，该直流伺服电动机线圈的电流为 i，L 与 R 为线圈的电感与电阻，电动机的输入电压为 u，折算到电动机转子轴上的等效负载转动惯量为 J_{eq}^{m}，电动机的输出转矩和转速分别为 $\boldsymbol{T}$ 和 ω，u_e为电动机线圈的反电势，可得

$$\begin{cases}L\dfrac{\mathrm{d}i}{\mathrm{d}t}+Ri=u-u_e, \quad u_e=K_E\omega\\ T=K_T i\end{cases} \tag{7-14}$$

式中：K_E，K_T——电枢的电势常数、转矩常数。

执行元件的角速度由机构的动态特性 G_m确定，即

$$\Omega(s)=G_m(s)T(s)$$

在上述方程中，如果机构具有非线性，拉普拉斯变换算子 s(或 $1/s$)可看成微分(或积分)符号。由上述各式可画出图 7-4(b)所示的框图，执行元件的输出 ω 与输入 u 之间的传递函数为

$$\frac{\Omega(s)}{U(s)}=\frac{K_T G_m}{G_m K_T K_E+Ls+R} \tag{7-15}$$

如果机构只有惯性负载，则有

$$\dot{\omega}=\frac{\mathrm{d}\omega}{\mathrm{d}t}=\frac{T}{J_{\mathrm{eq}}^{\mathrm{m}}},\quad s\Omega(s)=\frac{T(s)}{J_{\mathrm{eq}}^{\mathrm{m}}},\quad \Omega(s)=\frac{T(s)}{J_{\mathrm{eq}}^{\mathrm{m}}s}$$

所以机构的动态特性为

$$G_{\mathrm{m}}=\frac{1}{J_{\mathrm{eq}}^{\mathrm{m}}s}$$

于是有

$$\frac{\Omega(s)}{U(s)}=\frac{K_{\mathrm{T}}}{(Ls+R)J_{\mathrm{eq}}^{\mathrm{m}}s+K_{\mathrm{T}}K_{\mathrm{E}}}\tag{7-16}$$

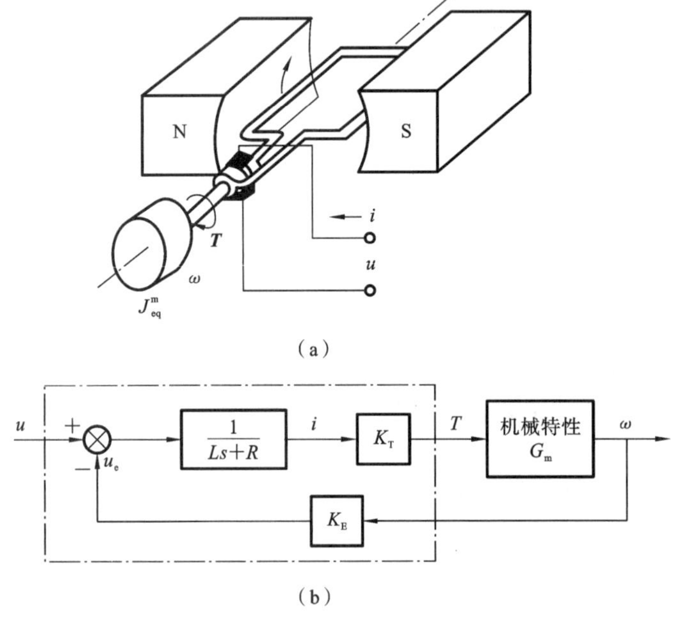

图 7-4　电磁变换典型实例

作为电磁变换执行元件，交流伺服电动机及其他执行元件都具有上述二次滞后特性。

下面进一步讨论具有含反馈环节的驱动电路的电磁变换执行元件的动态特性。取驱动电路的动态特性 $G_{\mathrm{e}}=1$，具有电流反馈的直流伺服电动机动态特性分析图如图 7-5 所示。

指令电压 u 和电机输出力矩 T 之间的传递函数为

$$\frac{T(s)}{U(s)}=\frac{K_1K_{\mathrm{T}}}{G_{\mathrm{m}}K_{\mathrm{T}}K_{\mathrm{E}}+Ls+R+K_1r}\tag{7-17}$$

当反馈增益 K_1 充分大时，可得到与输入信号成比例的力矩，即有

$$\frac{\mathrm{T}(s)}{U(s)}\approx\frac{K_{\mathrm{T}}}{r}\tag{7-18}$$

图 7-6 所示为具有含速度反馈的驱动电路和利用测速发电机作为传感器进行速度反馈的直流伺服电动机的动态特性。

当机构只有惯性负载，即 $G_{\mathrm{m}}=\frac{1}{J_{\mathrm{eq}}^{\mathrm{m}}s}$时，该系统可看成惯性缩小为 $J_{\mathrm{eq}}^{\mathrm{m}'}=\frac{r}{K_2K_{\mathrm{T}}}J_{\mathrm{eq}}^{\mathrm{m}}$，时间常数缩小为 $\tau=\frac{J_{\mathrm{eq}}^{\mathrm{m}'}}{K_{\mathrm{v}}}$的一阶系统。$K_{\mathrm{v}}$ 越大，系统的响应特性越好。系统的等效框图如图 7-6(b)所

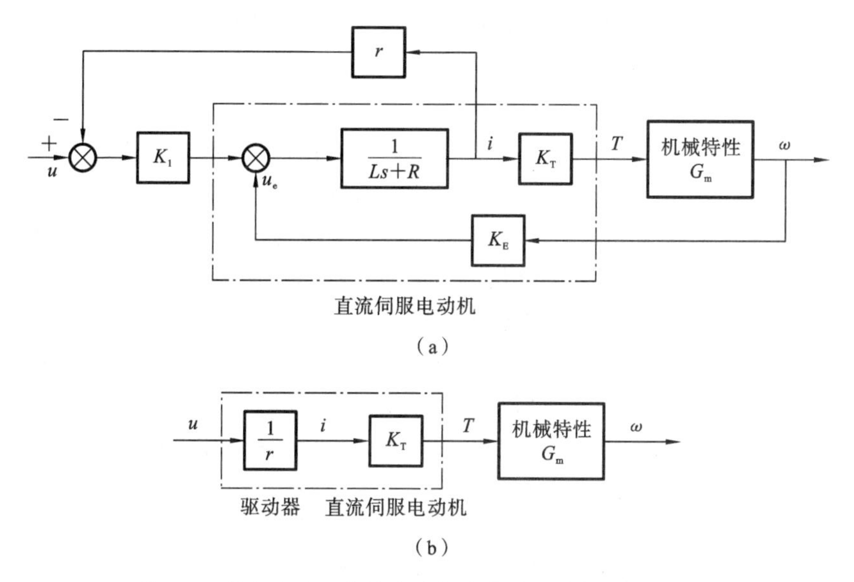

图 7-5　具有电流反馈的直流伺服电动机动态特性分析图

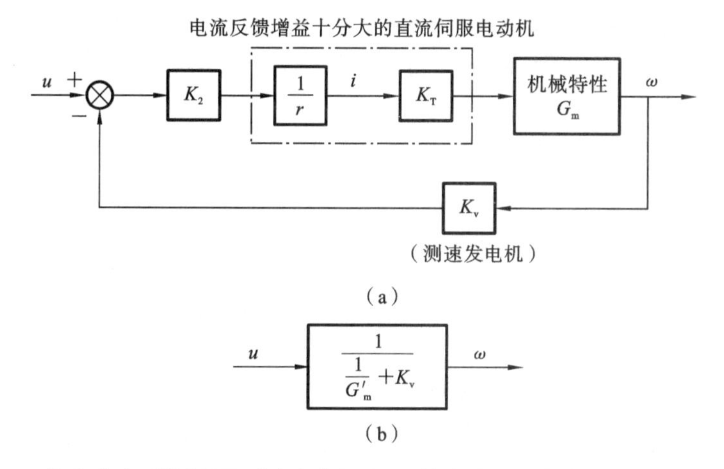

图 7-6　具有速度反馈(利用测速发电机实现)的直流伺服电动机动态特性分析图

示。图中 $G'_{\mathrm{m}}=\dfrac{K_2K_{\mathrm{T}}}{r}G_{\mathrm{m}}$，此时系统的动态特性也可以表示为

$$\frac{\Omega(s)}{U(s)}=\frac{1}{J_{\mathrm{eq}}^{\mathrm{m}'}s+K_{\mathrm{v}}} \tag{7-19}$$

执行元件与机械结构是相互影响的，执行元件的特性必须根据两者结合的形式来研究。

7.3　PID 调节方法

在研究机电伺服系统的动态特性时，一般先根据系统组成建立系统的传递函数(即原始系统数学模型)，不易用理论方法求解的可用实验方法建立，进而根据系统的传递函数分析系统的稳定性、系统的过渡过程品质及系统的稳态精度。

当受到外部干扰时，系统的输出必将发生变化，但由于系统总是含有一些惯性或蓄能元件，所以系统的输出量不能立即变化到与外部干扰相对应的值，也就是说需要有一个变化过程，这个变化过程即为系统的过渡过程。

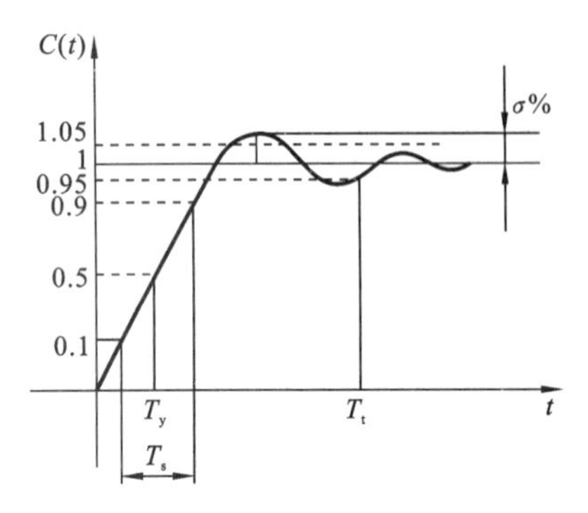

图 7-7　单位阶跃响应曲线

在阶跃信号的作用下，系统的过渡过程大致有以下三种情况：第一，系统的输出按指数规律上升，最后平稳地趋于稳态值；第二，系统的输出发散，即没有稳态值，此时系统是不稳定的；第三，系统的输出虽然有振荡，但最终能趋于稳态值。

当系统的过渡过程结束后，系统的输出值达到与输出相对应的稳定状态，此时系统的输出值与目标值之差称为稳态误差。具体表征系统动态特性好坏的定量指标就是系统过渡过程的品质指标。在时域内，这种品质指标一般采用单位阶跃响应曲线（见图 7-7）中的参数。在图7-7中，T_s为上升时间，T_y为延滞时间，T_t为调整时间，$\sigma\%$为最大超调量。

当系统不稳定或虽然稳定但过渡过程性能和稳态性能不能满足要求时，可先调整系统中的有关参数，仍不能满足使用要求时常采用校正网络进行校正。所使用的校正网络多种多样，其中最简单的一种校正装置是比例-积分-微分控制器，简称 PID 控制器，P 代表比例，I 代表积分，D 代表微分。

在机电系统中，PID 控制器得到广泛应用。PID 控制器的特点是结构改变灵活、技术成熟、适应性强。由于机电系统的参数经常发生变化，控制对象的精确数学模型难以建立，运用控制理论综合分析耗费很大代价，却不能得到预期的效果，所以人们往往采用 PID 控制器，根据经验进行在线整定，以便得到满意的控制效果。随着计算机技术特别是微机技术的发展，数字式 PID 控制已能用微机实现，且由于软件系统的灵活性，PID 控制可以得到修正，从而更加完善。

7.3.1　PID 控制器及其传递函数

简单的控制器由阻容电路组成。这种无源校正网络衰减大，不易与系统其他环节相匹配，目前常用的控制器是有源校正网络。它由运算放大器与阻容电路组成，类型如图 7-8 所示。

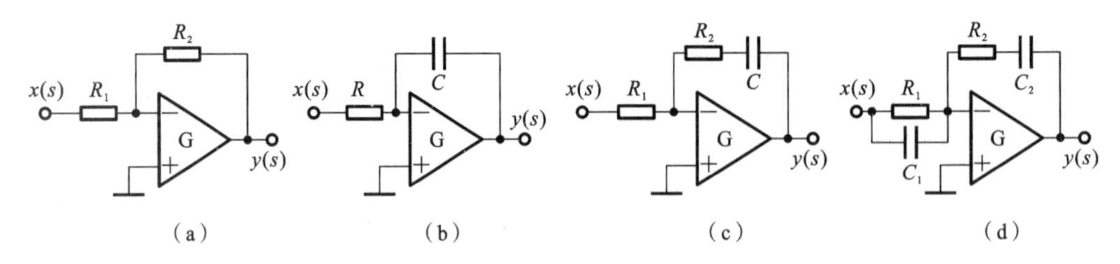

图 7-8　有源调节器

1. 比例（P）控制

比例控制网络如图 7-8(a)所示，它的传递函数为

$$G_c(s) = -K_p \tag{7-20}$$

式中，$K_p = \dfrac{R_2}{R_1}$。

它的控制作用的强弱主要取决于比例增益 K_p 的大小。K_p 越大，控制作用越强，但是存在控制误差，而且 K_p 太大会导致系统不稳定。

2. 积分(I)控制

积分控制网络如图 7-8(b)所示，它的传递函数为

$$G_c(s)=\frac{1}{T_i s} \tag{7-21}$$

式中，$T_i=RC$。

系统中采用积分环节可以减小或消除误差，但积分控制器由于响应慢，故很少单独使用。

3. 比例-积分(PI)调节

比例-积分(PI)控制网络如图 7-8(c)所示，它的传递函数为

$$G_c(s)=-K_p\left(1+\frac{1}{T_i s}\right) \tag{7-22}$$

式中，$K_p=\frac{R_2}{R_1}$，$T_i=R_2C$。

这种校正环节既克服了单纯比例环节有控制误差的缺点，又避免了积分环节响应慢的弱点，既能改善系统的稳定性能，又能改善系统的动态性能。

4. 比例-积分-微分(PID)调节

比例-积分-微分(PID)控制网络如图 7-8(d)所示，它的传递函数为

$$G_c(s)=-K_p\left(1+\frac{1}{T_i s}+T_d s\right) \tag{7-23}$$

式中：$K_p=\frac{R_1C_1+R_2C_2}{R_1R_2}$，$T_i=R_1C_1+R_2C_2$，$T_d=\frac{R_1C_1R_2C_2}{R_1C_1+R_2C_2}$。

这种校正环节不但能改善系统的稳定性能，而且能改善系统的动态性能。但是，由于它含有微分控制作用，在噪声比较大或要求响应快的系统中不宜采用。PID 控制器能使闭环控制系统更加稳定，闭环控制系统使用 PID 控制器后的动态性能比使用 PI 控制器更好。

7.3.2　控制作用分析

图 7-9 所示为闭环机电伺服系统结构图的一般表达形式。图中的控制器($G_c(s)$)是为改善系统性能而加入的。控制器有电子式、液压式、数字式等多种形式，它们各有优缺点，使用时必须根据系统的特性，选择具有适合系统的控制器。在控制系统的评价或设计中，重要的是系统对目标值的偏差和系统在有外部干扰时所产生的输出。

由图 7-9 可写出控制系统对输入和干扰信号的闭环传递函数分别为

$$\frac{C(s)}{R(s)}=\frac{AG_c(s)G_v(s)G_p(s)}{1+G_c(s)G_v(s)G_p(s)G_h(s)}$$

$$\frac{C(s)}{D(s)}=\frac{G_p(s)G_d(s)}{1+G_c(s)G_v(s)G_p(s)G_h(s)}$$

系统在输入和干扰信号同时作用下的输出量象函数为

$$C(s)=\frac{AG_c(s)G_v(s)G_p(s)}{1+G_c(s)G_v(s)G_p(s)G_h(s)}R(s)+\frac{G_p(s)G_d(s)}{1+G_c(s)G_v(s)G_p(s)G_h(s)}D(s) \tag{7-24}$$

式中：$C(s)$ ——输出量的象函数；

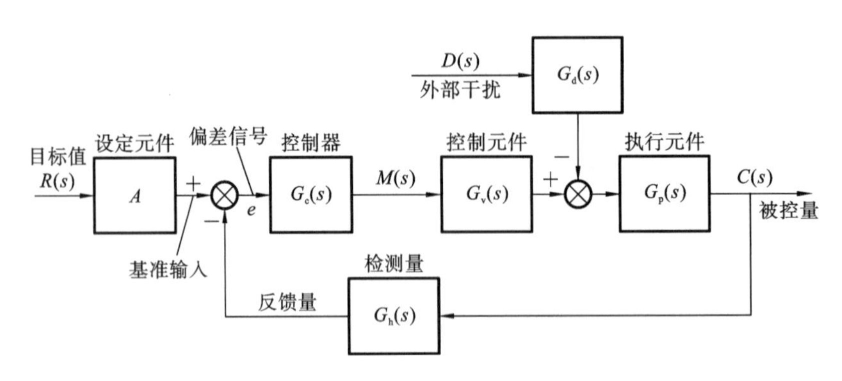

图 7-9　闭环机电伺服系统结构图

$R(s)$ ——输入量的象函数；

$D(s)$ ——外部干扰信号的象函数；

$G_c(s)$ ——控制器的传递函数；

$G_v(s)$ ——控制元件的传递函数；

$G_p(s)$ ——执行元件的传递函数；

$G_h(s)$ ——检测元件的传递函数；

$G_d(s)$ ——外部干扰信号的传递函数。

控制器的控制作用有三种基本形式，即比例控制作用、积分控制作用和微分控制作用。每种控制作用可以单独使用，也可以组合使用，但微分控制作用形式很少单独使用，一般与比例控制作用形式或比例-积分控制作用形式组合使用。

下面讨论各种控制作用对系统产生的控制结果。设图 7-9 中各传递函数表达式为

$$G_p(s)=\frac{K_p}{T_d s+1},\quad G_d(s)=\frac{1}{K_p}$$

$$G_v(s)=K_v,\quad G_h(s)=K_h$$

1. 应用比例(P)控制器的情况

应用比例控制器时，系统闭环响应为

$$C(s)=\frac{AK_0K_v\dfrac{K_p}{T_d s+1}}{1+\dfrac{K_0K_vK_pK_h}{T_d s+1}}R(s)+\frac{\dfrac{K_p}{T_d s+1}\dfrac{1}{K_p}}{1+\dfrac{K_0K_vK_pK_h}{T_d s+1}}D(s) \tag{7-25}$$

即

$$C(s)=\frac{K_1}{\tau_1 s+1}R(s)+\frac{K_2}{\tau_1 s+1}D(s) \tag{7-26}$$

由式(7-26)知，输入信号 $R(s)$ 引起的输出为

$$C_r(s)=\frac{K_1}{\tau_1 s+1}R(s) \tag{7-27}$$

干扰信号 $D(s)$ 引起的输出为

$$C_d(s)=\frac{K_2}{\tau_1 s+1}D(s) \tag{7-28}$$

式中，$K_1=\dfrac{AK_0K_vK_p}{1+K_0K_vK_pK_h}$，$K_2=\dfrac{1}{1+K_0K_vK_pK_h}$，$\tau_1=\dfrac{T_d}{1+K_0K_vK_pK_h}$。

由以上推导可知，系统加入具有比例控制作用的控制器时，闭环响应仍为一阶滞后，但时间常数比原系统执行元件部分的时间常数小了，这说明系统响应快了。

设外部干扰信号为阶跃信号，它的拉氏变换为 $D(s)=\frac{D_0}{s}$（其中 D_0 为阶跃信号幅值），根据拉氏变换的终值定理及式(7-27)，可求出稳态($t\to\infty$)时干扰引起的输出为

$$C_{ssd}=\lim_{t\to\infty}C_d(t)=\lim_{s\to 0}sC_d(s)=\lim_{s\to\infty}s\frac{K_2}{\tau_1 s+1}D(s)$$

$$=\lim_{s\to\infty}s\frac{K_2}{\tau_1 s+1}\frac{D_0}{s}=K_2 D_0$$

系统在干扰作用下产生的输出 C_{ssd} 对于目标值来说，全部都是误差。

设系统目标值阶跃变化（即输入信号为阶跃信号），阶跃信号的拉氏变换为 $R(s)=\frac{R_0}{s}$（式中 R_0 为输入信号幅值），用同样方法可求出系统对输入信号的稳态输出为

$$C_{ssr}=\lim_{s\to 0}sC_r(s)=K_1 R_0$$

若取 $K_1=1$，即

$$A=\frac{1+K_0K_vK_pK_h}{K_0K_vK_p}$$

则有 $C_{ssr}=R_0$，即输出值与目标值相等。

由以上可以看出，比例控制作用的强弱主要取决于比例系数 K_0，K_0 越大，比例控制作用越强，系统的动态特性也越好。但 K_0 太大，会导致系统不稳定。

比例控制的主要缺点是存在误差。因此，对于干扰较大、惯性也较大的系统，不宜采用单纯的比例控制器。

2. 应用积分(Ⅰ)控制器的情况

应用积分控制器时，系统的闭环响应为

$$C(s)=\frac{A\frac{K_vK_p}{T_is(T_ds+1)}}{1+\frac{K_vK_pK_h}{T_is(T_ds+1)}}R(s)+\frac{\frac{1}{T_ds+1}}{1+\frac{K_vK_pK_h}{T_is(T_ds+1)}}D(s)$$

$$=\frac{\frac{AK_vK_p}{T_iT_d}}{s^2+\frac{1}{T_d}s+\frac{K_vK_pK_h}{T_iT_d}}R(s)+\frac{\frac{1}{T_d}s}{s^2+\frac{1}{T_d}s+\frac{K_vK_pK_h}{T_iT_d}}D(s)$$

通过计算可知，系统对阶跃干扰信号的稳态响应为零，即外部干扰不会影响该系统的稳态输出。

当系统目标值阶跃变化时，系统的稳态响应为

$$C_{ssr}=\lim_{s\to 0}sC_r(s)=\frac{A}{K_h}R_0$$

若取 $A=K_h$，则有 $C_{ssr}=R_0$，即稳态输出值等于目标值。

积分控制器的特点是：控制器的输出值与偏差 e 存在的时间有关，只要有偏差存在，输出值就会随时间增加而不断增大，直到偏差 e 消除，控制器的输出值才不再发生变化。因此，积分控制作用能消除偏差，这是它的主要优点。但积分控制器由于响应慢，所以很少单独使用。

3. 应用比例-积分-微分(PID)控制器的情况

对于一个 PID 控制器，在阶跃信号的作用下，首先是起比例和微分控制作用，使控制作用加强，然后进行积分，直到消除偏差为止。因此，采用 PID 控制器无论从是稳态的角度来说，还是从动态的角度来说，系统的控制品质均得到了改善。目前 PID 控制器成为一种应用较为广泛的控制器。由于 PID 控制器含有微分控制作用，所以噪声大或要求响应快的系统最好不使用。

7.4 闭环伺服系统的设计与性能分析

机电系统的定位精度与控制方式有关。开环伺服系统没有位置等反馈检测装置，对移动部件的实际移动量不进行检测。移动部件的位移精度主要取决于步进电动机和传动元件的累积误差，有误差也不能自动纠正。因此，当精度要求较高或负载较大时，开环伺服系统往往满足不了要求，这时应采用闭环或半闭环伺服系统。

从控制原理上讲，闭环控制与半闭环控制是一样的，都要对系统输出进行实时检测和反馈，并根据偏差对系统实施控制。两者的区别仅在于传感器检测信号的位置不同，因而使得设计、制造的难易程度不同及工作性能不同，但两者的设计与分析方法是基本上一致的。半闭环控制、闭环控制位置伺服系统的结构原理分别如图 7-10、图 7-11 所示。

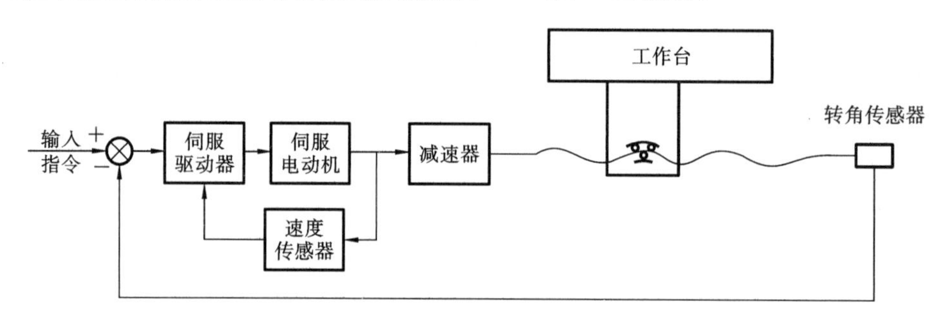

图 7-10　半闭环控制位置伺服系统的结构原理

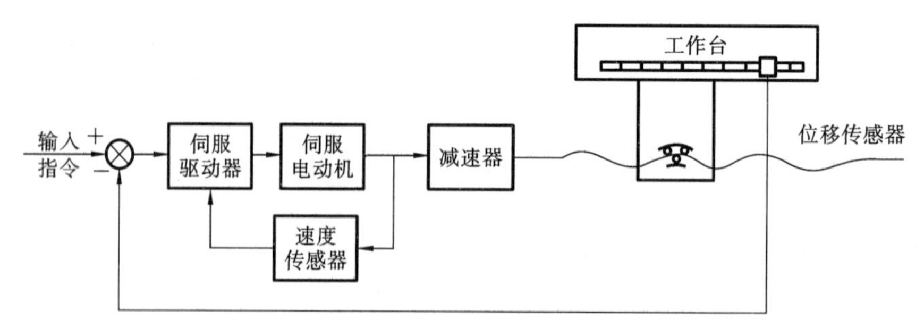

图 7-11　闭环控制位置伺服系统的结构原理

在全闭环伺服系统中，机械系统也包括在位置反馈回路之内，因此机械固有频率、阻尼比和间隙等因素，时常成为导致系统不稳定的因素，从而增加了系统设计和调试的难度。设计闭环伺服系统必须首先保证系统的稳定性，然后在此基础上采取各种措施使系统满足精度和快速响应性等方面的要求。全闭环伺服系统主要用于精度和速度较高及大型的机电一体化机械设备。

7.4.1　系统方案设计

1. 闭环或半闭环控制方案的确定

当系统精度要求很高时，应采用闭环控制方案。闭环伺服系统将全部机械传动与执行机构都封闭在反馈控制环内，误差可以通过控制系统得到补偿，因而可达到很高的精度。但是闭环伺服系统结构复杂，设计难度大，成本高，尤其是机械系统的动态性能难以提高，系统的稳定性难以保证，因而除非精度要求很高，一般应采用半闭环控制方案。目前大多数数控机床和工业机器人中的伺服系统都采用半闭环控制。

2. 执行元件的选择

闭环或半闭环伺服系统主要采用直流伺服电动机、交流伺服电动机或由伺服阀控制的液压伺服马达作为执行元件。液压伺服马达主要用在负载较大的大型伺服系统中，中、小型伺服系统多数采用直流伺服电动机或交流伺服电动机作为执行元件。直流伺服电动机由于具有优良的静、动态特性，并且易于控制，因而在20世纪90年代以前，一直是闭环（以下如不特意说明，则所称闭环也包括半闭环）伺服系统中执行元件的主流。近年来，由于交流伺服技术的发展，交流伺服电动机可以获得与直流伺服电动机相近的优良性能，而且交流伺服电动机无电刷磨损问题，维修方便，随着价格的逐年降低，正在得到越来越广泛的应用，因此目前已形成了交流伺服电动机与直流伺服电动机共同竞争市场的局面。在设计闭环伺服系统时，应根据设计者对技术的掌握程度及市场供应、价格等情况，适当选取合适的执行元件。

3. 检测反馈元件的选择

常用的位置检测传感器有旋转变压器、感应同步器、码盘、光电脉冲编码器、光栅、磁栅等。如果被测量为直线位移，则应选尺状的直线位移传感器，如光栅、磁栅、直线感应同步器等。如果被测量为角位移，则应选圆形的角位移传感器，如光电脉冲编码器、圆感应同步器、旋转变压器等。一般来讲，半闭环伺服系统主要采用角位移传感器，闭环伺服系统主要采用直线位移传感器。

机电一体化产品中的伺服系统多数采用计算机数字控制方式，因而相应的位置传感器也多数采用数字式传感器，如光栅、光电脉冲编码器、码盘等。传感器的精度与价格密切相关，应在满足要求的前提下，尽量选用精度低的传感器，以降低成本。选择传感器还应考虑结构空间及环境条件等的影响。在位置伺服系统中，为了获得良好的性能，往往还要对执行元件的速度进行反馈控制，因而还要选用速度传感器。交流伺服电动机、直流伺服电动机常用的速度传感器为测速发电机。目前半闭环伺服系统常采用光电脉冲编码器，既测量电动机的角位移，又通过计时而获得速度。

4. 机械系统与控制系统方案的确定

闭环伺服系统中的机械传动与执行机构在结构形式上与开环伺服系统基本一样，即由执行元件通过减速器和滚动丝杠螺母传动机构驱动工作台运动。控制系统方案的确定，主要包括执行元件控制方式的确定和系统伺服控制方式的确定。

对于直流伺服电动机，应确定是采用晶体管脉宽调制（PWM）控制，还是采用晶闸管（可控硅）放大器驱动控制。对于交流伺服电动机，应确定是采用矢量控制，还是采用幅值、相位或幅相控制。

伺服系统的控制方式有模拟控制和数字控制，每种控制方式又有多种不同的控制算法。机电一体化产品中多采用计算机数字控制方式。此外，还应确定是采用软件伺服控制，还是采用硬件伺服控制，以便据此选择相应的计算机。

7.4.2 系统性能分析

1. 系统的数学模型

对于采用直流伺服电动机驱动的闭环伺服系统，原理框图一般如图 7-12 所示。图 7-12 中，位置传感器、位置控制放大器、速度传感器、速度控制放大器都可看作比例环节，它们的比例系数（或叫增益）分别设为 K_p，K_1，K_ω，K_2。位置偏差检测器和速度偏差检测器用于对指令信号和反馈信号进行比较，以获得偏差信号。

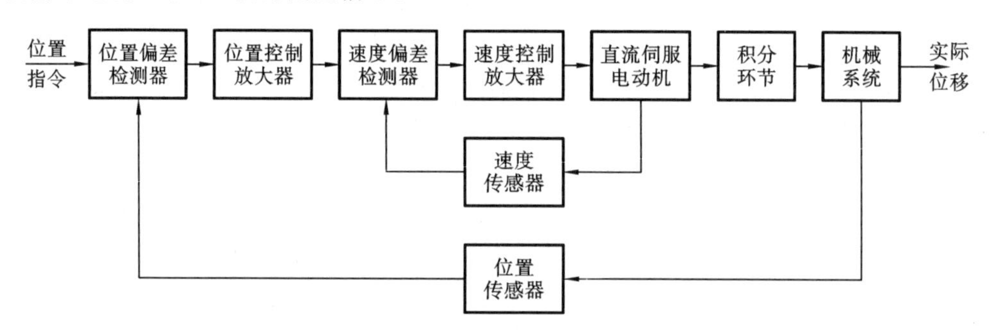

图 7-12 闭环伺服系统（由直流伺服电动机驱动）原理框图

在以转速作为输出并忽略电磁惯性的条件下，直流伺服电动机可看作一个惯性环节，传递函数可以写为

$$G_1(s)=\frac{K_m}{1+\tau_j s} \tag{7-29}$$

积分环节用于将转速变为转角，传递函数为

$$G_2(s)=\frac{1}{s}$$

机械系统可看作一个二阶振荡环节，传递函数可以写为

$$G_3(s)=\frac{\left(\frac{p_h}{2\pi i}\right)\omega_n^2}{s^2+2\zeta\omega_n s+\omega_n^2}=\frac{K_3\omega_n^2}{s^2+2\zeta\omega_n s+\omega_n^2}$$

根据上述分析，图 7-12 可改画成图 7-13 所示的方框图，该闭环伺服系统的闭环传递函数为

$$W(s)=\frac{X(s)}{R_p(s)}=\frac{K_1K_2K_3K_m\omega_n^2}{s(1+K_2K_\omega K_m+\tau_j s)(s^2+2\zeta\omega_n s+\omega_n^2)+K_1K_2K_3K_pK_m\omega_n^2} \tag{7-30}$$

显然，这是一个高阶系统，为便于分析，常根据具体情况对它进行适当简化。

2. 数学模型的简化

1）简化成一阶系统

假如系统中各环节都是理想的，没有惯性，没有阻尼，刚性为无穷大，则图 7-13 所示闭环伺服系统可简化成一阶系统的形式，如图 7-14 所示。

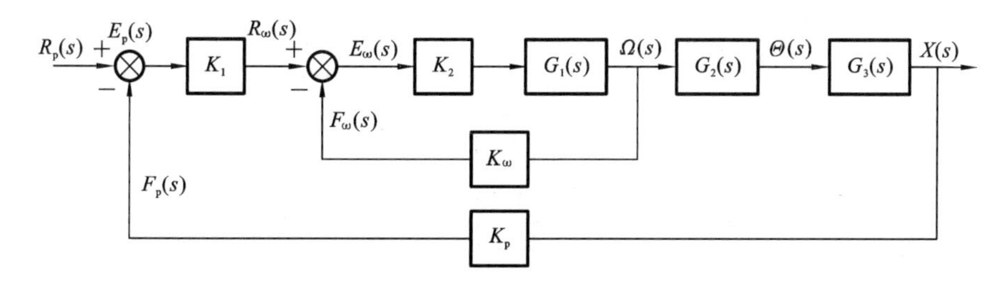

图 7-13　闭环伺服系统(由直流伺服电动机驱动)方框图

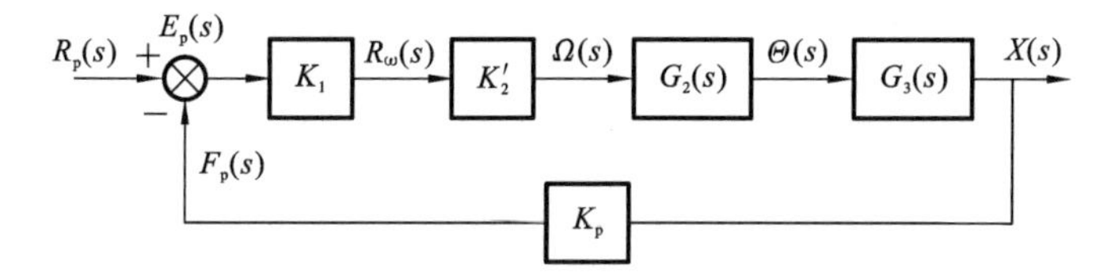

图 7-14　简化成一阶系统方框图

图 7-14 中，K_2' 是速度环增益，当有速度反馈信号时，

$$K_2'=\frac{K_2K_m}{1+K_2K_mK_\omega} \tag{7-31}$$

按照方框图等效变换的方法，图 7-14 还可继续简化成图 7-15 所示的具有单位反馈的标准形式。

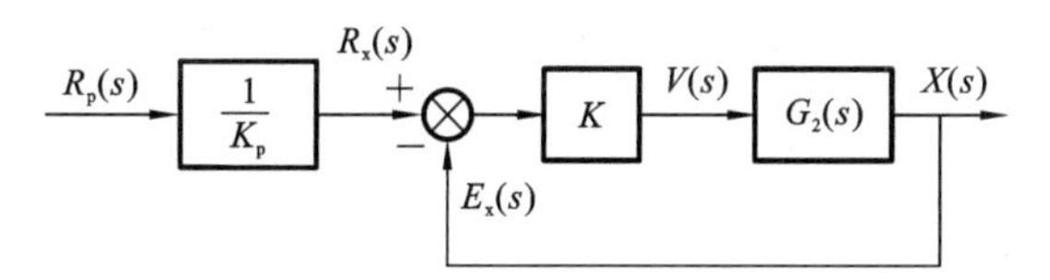

图 7-15　具有单位反馈的一阶系统方框图

图 7-15 中，$K=K_1K_2'K_3K_p$ 称为系统的开环增益(s^{-1})，它的物理意义为输出速度与产生该速度所需位置偏差之比。开环增益 K 是伺服系统最重要的一个性能参数，它与系统的快速响应性、稳定性及定位精度等密切相关。K 值大的伺服系统称为硬伺服或高增益系统，K 值小的称为软伺服或低增益系统。

按图 7-15 可写出简化成一阶系统后的闭环伺服系统的传递函数为

$$W(s)=\frac{X(s)}{R_p(s)}=\frac{\frac{1}{K_p}}{\frac{s}{K}+1} \tag{7-32}$$

这是一个惯性环节，闭环伺服系统简化成一阶系统的目的是在理论上进行某些定性分析。

2）简化成二阶系统

当机械系统的刚度非常大、惯性非常小，固有频率远远大于伺服电动机的固有频率时，伺服系统的动态特性主要取决于伺服电动机速度环的动态特性。这时图 7-13 所示系统可简化成二阶系统的形式，如图 7-16 所示。采用大惯量直流伺服电动机的中小型伺服系统和半闭环伺服系统大多数都属于这种情况。

由图 7-16 可写出该二阶系统的闭环传递函数为

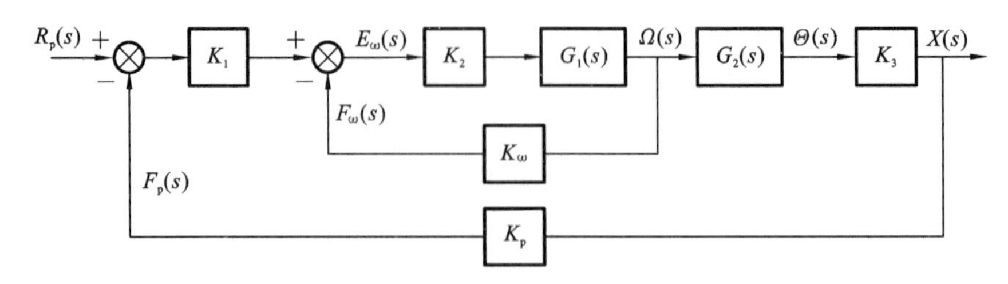

图 7-16　简化成二阶系统方框图

$$W(s)=\frac{X(s)}{R_p(s)}=\frac{K_1K_2K_3K_m}{s(1+K_2K_\omega K_m+\tau_j s)+K_1K_2K_3K_pK_m}$$

改写成二阶系统传递函数的标准形式，为

$$W(s)=\frac{\omega_n^2}{K_p(s^2+2\zeta\omega_n s+\omega_n^2)} \tag{7-33}$$

式中：

$$\omega_n=\sqrt{\frac{K_1K_2K_3K_pK_m}{\tau_j}} \tag{7-34}$$

$$\zeta=\frac{1+K_2K_\omega K_m}{2\sqrt{K_1K_2K_3K_pK_m\tau_j}} \tag{7-35}$$

ω_n 是机械系统的固有频率，ζ 是机械系统的阻尼比。

3）简化成三阶系统

当机械系统的固有频率远低于伺服电动机的固有频率时，伺服系统的动态特性主要取决于机械系统，此时图 7-13 所示系统可简化成图 7-17 所示的三阶系统形式。采用小惯量直流伺服电动机的中小型伺服系统或采用大惯量直流伺服电动机的大型伺服系统基本上都属于这种情况。

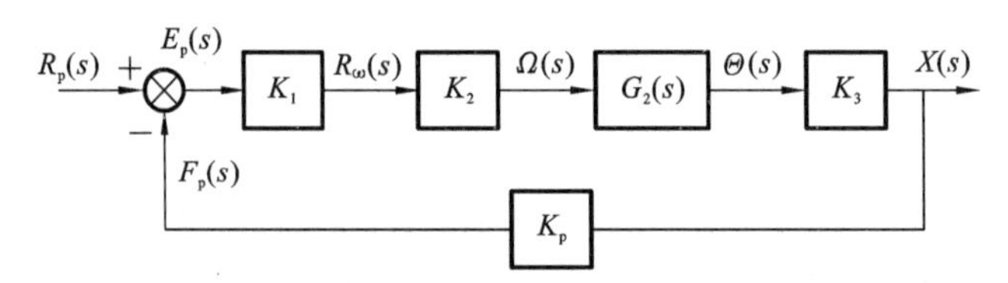

图 7-17　简化成三阶系统方框图

按图 7-17 写出三阶系统的开环传递函数为

$$G(s)=\frac{K_1K'_2K_3K_p\omega_n^2}{s(s^2+2\zeta\omega_n s+\omega_n^2)}=\frac{K\omega_n^2}{s(s^2+2\zeta\omega_n s+\omega_n^2)} \tag{7-36}$$

式中：K——系统开环增益；

ω_n——机械系统的固有频率；

ζ——机械系统的阻尼比。

3. 系统稳定性及快速响应性分析

利用数学模型对系统性能进行分析，找出系统各参数对系统性能的影响关系，以便在设计时合理选择各参数。

1）一阶系统分析

对于式(7-32)所表示的简化一阶系统，当输入为一单位阶跃信号时，即 $R_p(s)=\frac{1}{s}$ 时，系统

输出位移的拉氏变换式为

$$X(s)=R_{\mathrm{p}}(s)W(s)=\frac{\dfrac{K}{K_{\mathrm{p}}}}{s(s+K)}$$

对该式进行拉氏反变换，可得一阶系统在时域内的单位阶跃响应：

$$x(t)=\frac{1}{K_{\mathrm{p}}}(1-\mathrm{e}^{-Kt})=\frac{1}{K_{\mathrm{p}}}(1-\mathrm{e}^{-\frac{t}{\tau}}) \tag{7-37}$$

式(7-37)对应的响应曲线如图7-18所示。可见，一阶系统是不存在稳定性问题的，它的单位阶跃响应为随时间增加而按指数规律趋近$\dfrac{1}{K_{\mathrm{p}}}$的曲线，时间常数为$\tau=\dfrac{1}{K}$。显然，系统的开环增益$K$越大，时间常数$\tau$越小，系统的过渡过程时间越短，快速响应性越好。

如果取位置传感器的比例系数$K_{\mathrm{p}}=1$，并将式(7-32)中的拉氏算子s换成$\mathrm{j}\omega$(ω为输入信号的角频率)，则可得系统频率特性表达式：

$$W(\mathrm{j}\omega)=\frac{1}{1+\mathrm{j}\omega\tau}=\frac{1-\mathrm{j}\omega\tau}{1+\omega^2\tau^2} \tag{7-38}$$

幅频、相频、对数幅频特性表达式分别为

$$A(\omega)=\frac{1}{\sqrt{1+\omega^2\tau^2}} \tag{7-39}$$

$$\varphi(\omega)=\arctan(\omega\tau) \tag{7-40}$$

$$L(\omega)=20\lg A(\omega)=-20\lg\sqrt{1+\omega^2\tau^2}=-10\lg(1+\omega^2\tau^2) \tag{7-41}$$

以ω为横坐标，并采用对数尺度，可画出一阶闭环伺服系统的对数幅频和相频特性曲线(即波德图)，如图7-19所示。

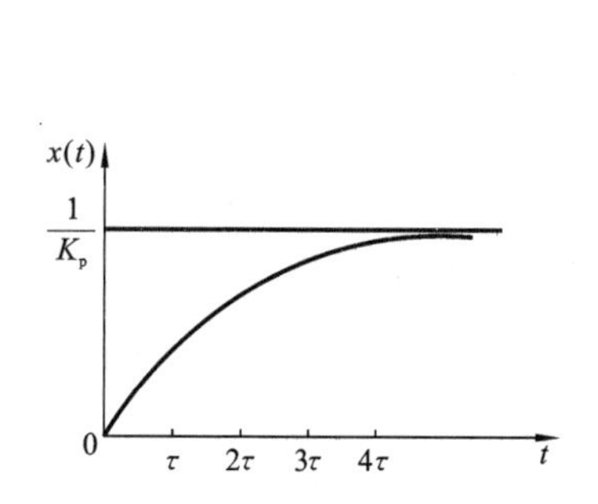

图7-18　一阶系统的单位阶跃响应曲线

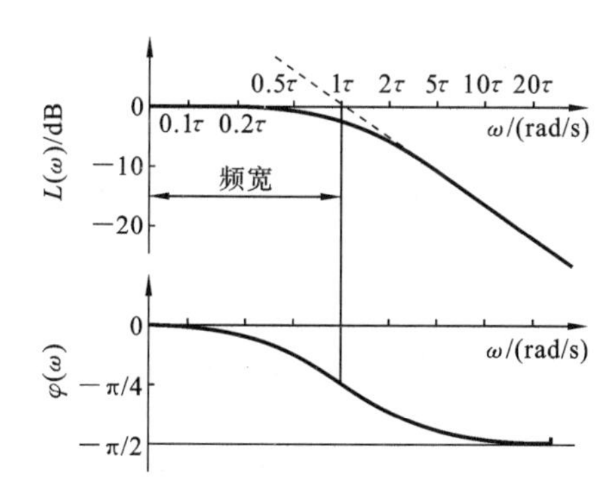

图7-19　一阶系统的对数幅频特性和相频特性曲线

在图7-19中，$\omega_{\mathrm{c}}=\dfrac{1}{\tau}$称为系统的截止频率。

小于ω_{c}的频率范围称为通频带或频宽。当$\omega\leqslant\omega_{\mathrm{c}}$时，$L(\omega_{\mathrm{c}})\approx0$，即系统的输出与输入幅值比$A(\omega)\approx1$，说明系统的输出始终能很好地跟踪系统的输入。当$\omega>\omega_{\mathrm{c}}$时，输出不能跟踪输入，且$L(\omega)$随$\omega$的对数呈反比下降。截止频率$\omega_{\mathrm{c}}$也是一阶系统开环幅频特性曲线(图中虚线)与零分贝线交点处的频率，因而又称幅频交界频率。对应于ω_{c}的一阶闭环系统对数幅值比为

$$L(\omega_{\mathrm{c}})=-10\lg(1+\omega_{\mathrm{c}}^2\tau^2)=-10\lg2\ \mathrm{dB}=-3.01\ \mathrm{dB}$$

由于$\omega_{\mathrm{c}}=\dfrac{1}{\tau}=K$，所以频宽也表明了系统的快速响应性。频宽越大，系统的快速响应性越

好，对输入信号的跟踪性能也越好。

2）二阶系统分析

对于式(7-33)所表达的二阶闭环系统，取 $K_p=1$，则在单位阶跃输入信号的作用下，系统在时域内的输出响应为

$$x(t)=\begin{cases}1-\dfrac{e^{-\zeta\omega_n t}}{\sqrt{1-\zeta^2}}\sin\left(\omega_n\sqrt{1-\zeta^2}t+\arctan\dfrac{\sqrt{1-\zeta^2}}{\zeta}\right), & 0\leqslant\zeta\leqslant1,\\ 1-e^{-\zeta\omega_n t}(1+\omega_n t), & \zeta=1,\\ 1+\dfrac{\omega_n}{2\sqrt{\zeta^2-1}}\left(\dfrac{e^{s_1 t}}{-s_1}-\dfrac{e^{s_2 t}}{-s_2}\right), & \zeta>1\end{cases} \tag{7-42}$$

式中，

$$s_{1,2}=-(\zeta\pm j\sqrt{1-\zeta^2})\omega_n \tag{7-43}$$

为式(7-33)中特征方程 $s^2+2\zeta\omega_n s+\omega_n^2=0$ 的两个特征根。

二阶系统的单位阶跃响应曲线如图 7-20 所示。

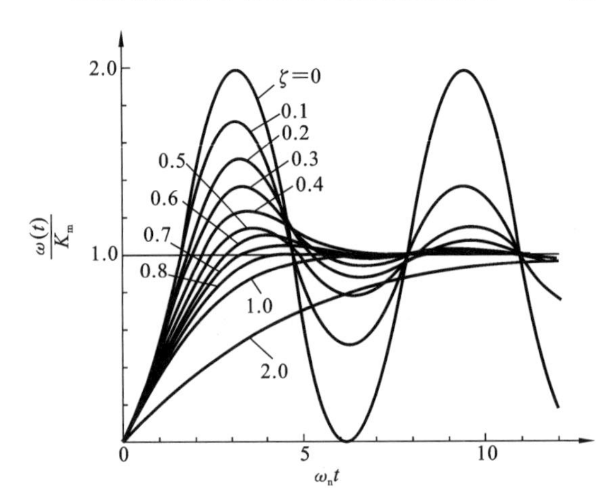

图 7-20　二阶系统的单位阶跃响应曲线

由式(7-42)、式(7-43)及图 7-20 可见，当系统阻尼比 $\zeta=0$ 时，特征根实部为零，系统处于稳定与不稳定的临界状态，单位阶跃响应曲线为等幅振荡曲线；当 $\zeta>0$ 时，特征根实部为负值，系统是稳定的，单位阶跃响应曲线为衰减振荡曲线($0<\zeta<1$ 时)，或无振荡指数曲线($\zeta\geqslant1$ 时)。

阻尼比 ζ 不仅影响系统的稳定性，也影响系统的快速响应性。ζ 越小，系统的响应速度越快，上升时间越短，但超调量也越大，达到稳定输出所需的调整时间也越长，振荡趋势越大，系统稳定性和响应的平稳性越差。

固有频率 ω_n 对系统的动态特性也有显著影响。可以证明，在欠阻尼情况($0<\zeta<1$)下，二阶系统阶跃响应的包络线为一指数曲线，时间常数为 $r=\dfrac{1}{\zeta\omega_n}$。当系统允许的输出响应与稳态值的相对差值为±2%时，系统的调整时间为 $t_s\approx\dfrac{4}{\zeta\omega_n}$，可见，$\omega_n$ 越大，系统振荡响应衰减得越快，调整时间越短，快速响应性越好。

3）三阶系统分析

对于三阶及三阶以上系统，较难导出阶跃响应表达式，通常可利用系统的开环频率特性对系统的动态性能进行分析。

由式(7-36)可见，三阶系统可看作由比例环节、积分环节和振荡环节三个典型环节组成，其中比例环节和积分环节对数幅频、对数相频特性的表达式为

$$L_1(\omega)=20\lg\frac{K}{\omega}=20(\lg K-\lg\omega)$$

$$\varphi_1(\omega)=-90^\circ$$

振荡环节对数幅频、对数相频特性的表达式为

$$L_2(\omega)=-20\lg\sqrt{\left(1-\frac{\omega^2}{\omega_n^2}\right)^2+\left(2\zeta\frac{\omega^2}{\omega_n^2}\right)^2}$$

$$\varphi_2(\omega)=-\arctan\frac{2\zeta\frac{\omega}{\omega_n}}{1-\frac{\omega^2}{\omega_n^2}}$$

取 $\omega_n=K$，可画出比例环节和积分环节及振荡环节的对数幅频、对数相频特性曲线，如图 7-21(a)、(b)所示。

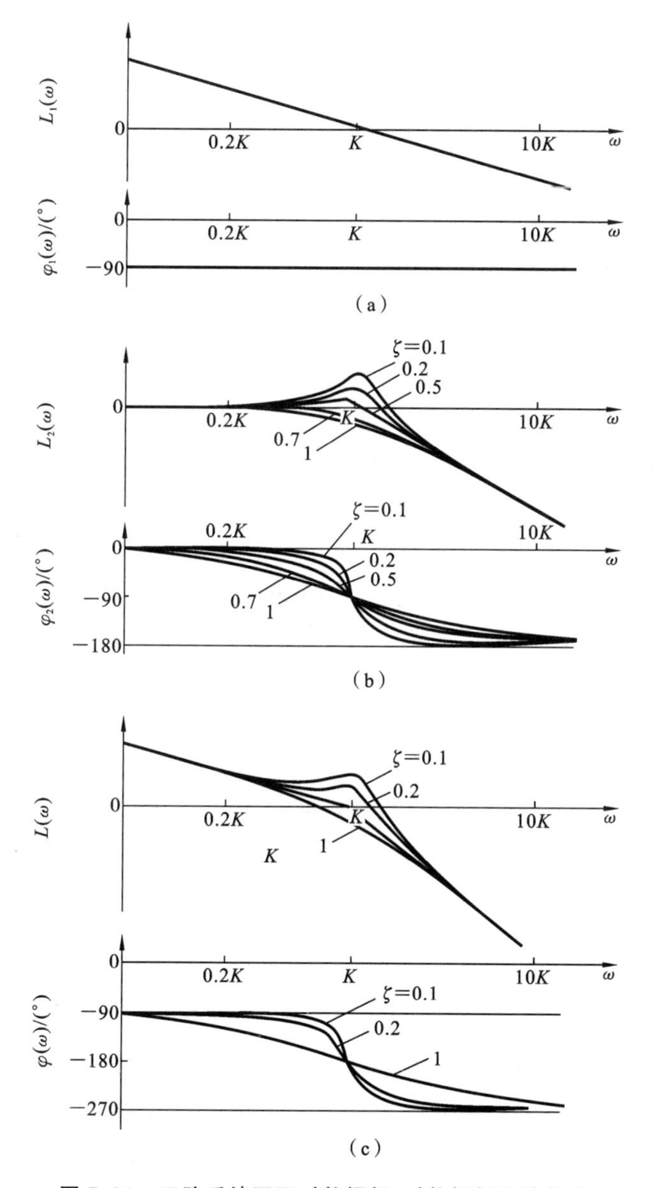

图 7-21　三阶系统开环对数幅频、对数相频特性曲线

将图 7-21(a)、(b)中的对数幅频、对数相频特性分别叠加，可得三阶系统的开环对数幅频、对数相频特性曲线，如图 7-21(c)所示，其中，

$$L(\omega)=L_1(\omega)+L_2(\omega)$$
$$\varphi(\omega)=\varphi_1(\omega)+\varphi_2(\omega)$$

根据自动控制理论，闭环控制系统的稳定性可利用开环频率特性曲线来判别，闭环控制系统对数频率判据表达式为

$$\begin{cases} L(\omega)=0, & \varphi(\omega)>-180^\circ \\ L(\omega)<0, & \varphi(\omega)=-180^\circ \end{cases} \tag{7-44}$$

当式(7-44)成立时，系统是稳定的，否则系统就是不稳定的。

由图 7-21 可见，在系统截止频率 $\omega_c=K=\omega_n$ 处，相位差 $\varphi(\omega_n)$ 从 -90° 达到了 -180°，而输出与输入的幅值比 $L(\omega)>0$ dB，因此当 $\omega_n=K$ 时，该系统是不稳定的。此外，增大系统的开环增益 K，或减小机械系统的固有频率 ω_n，使 $\omega_n<K=\omega_c$，都会导致系统的不稳定性加剧。

按系统对数幅频、对数相频特性表达式可求得，当 $\omega=\omega_n$ 时，

$$\varphi(\omega_n)=\varphi_1(\omega_n)+\varphi_2(\omega_n)=-180^\circ,\quad L(\omega_n)=L_1(\omega_n)+L_2(\omega_n)=20\lg\frac{K}{2\zeta\omega_n}$$

由式(7-44)可知，要保证系统是稳定的，必须使

$$20\lg\frac{K}{2\zeta\omega_n}<0$$

即

$$K<2\zeta\omega_n \tag{7-45}$$

由图 7-21 中三阶系统对数幅频、对数相频特性曲线可见，增大系统阻尼比 ζ 和固有频率 ω_n，减小开环增益 K，都有利于提高系统的稳定性。当开环增益 K 减小时，对数幅频特性曲线相应地下移，从而使 $\varphi(\omega)=-180^\circ$时，$L(\omega)<0$ dB。增大阻尼比 ζ，将使对数幅频特性曲线在 $\omega=\omega_n$ 处的峰值减小；而增大固有频率 ω_n，将使对数幅频特性曲线的峰值点右移，对数相频特性曲线与 -180°线的交点（该点频率称为相位交界频率）也相应右移，因而使系统的稳定性得到改善。

4. 系统精度分析

在设计闭环伺服系统时，除要保证系统具有良好的动态性能外，还应保证系统具有足够的稳态精度。在稳定状态下，系统输出位移与输入指令信号之间的稳态误差 δ 为

$$\delta=\delta_1+\delta_2 \tag{7-46}$$

式中：δ_1——与系统的构成环节及输入信号形式有关的误差，称为跟踪误差；

δ_2——由负载扰动所引起的稳态误差。

1）跟踪误差

由前面对系统数学模型的分析知，位置伺服系统都包含一个积分环节，用于将速度转换成位移输出。因而，位置伺服系统属于Ⅰ型系统（在系统开环传递函数的分母中存在 s^1 的因子）。这样的系统在跟踪阶跃输入时，跟踪误差 $\delta_1=0$ mm；在跟踪等速斜坡输入（即 $r_p(t)=vt$）时，跟踪误差为

$$\delta_1=\frac{v}{K} \tag{7-47}$$

式中：v——输入的速度指令(mm/s)；

K——系统的开环增益(s^{-1})。

可见，系统的跟踪误差与开环增益 K 成反比，K 值越大，跟踪误差 δ_1 越小。为减小跟踪误差 δ_1，可适当增大开环增益 K。

可以证明，系统的跟踪误差与系统制动过程中所走过的位移相等，因而跟踪误差只影响运动轨迹精度，而不影响定位精度。在设计两轴或两轴以上联动的伺服系统时，这一点应加以注意，应将各轴的开环增益设计和调整得大小一致，以减小因各轴跟踪误差不同而引起的轨迹形状误差。

2）由负载扰动引起的稳态误差

对于Ⅰ型系统，由负载扰动引起的稳态误差 δ_2 可用下式计算。

$$\delta_2 = K_3 \frac{T_1}{K_R} \tag{7-48}$$

式中：K_3——机械系统的转换系数（mm/rad），$K_3=\frac{P_h}{2\pi i}$，P_h 是丝杠导程（mm），i 是减速器传动比；

T_1——折算到电动机轴上的干扰转矩（N·m）；

K_R——系统伺服刚度，也称力增益（N·m/rad），它定义为干扰转矩 T_1 与由 T_1 引起的电动机输出角位移的误差之比，系统的伺服刚度可由下式确定。

$$K_R = K_1 K_2 K_3 K_p K_d K_m = K K_d (1 + K_2 K_m K_\omega) \tag{7-49}$$

式中：K_d——伺服电动机的内阻尼系数，可直接由电动机样本查得，其余参数含义同前。

由式(7-48)可见，由负载扰动引起的稳态误差与系统的伺服刚度成反比，伺服刚度越大，由负载扰动引起的稳态误差越小。由式(7-49)可见，系统的伺服刚度与系统的开环增益成正比，开环增益越大，伺服刚度越大。因而，适当增大系统的开环增益，也有利于减小由负载扰动引起的稳态误差。

7.4.3　系统参数设计

由前面的分析可知，影响闭环伺服系统性能的主要参数有系统的开环增益 K、阻尼比 ζ 和固有频率 ω_n 等。这些参数对系统性能的影响是错综复杂的，有时甚至是相矛盾的。因此，在设计闭环伺服系统时，必须综合考虑它们的影响情况，并通过对它们的合理设计与匹配，来保证系统在各方面的性能要求都得到满足。

1. 系统的开环增益 K

系统的开环增益 K 对系统性能的影响是矛盾的。由式(7-45)知，为保证系统的稳定性，希望 K 取小值，但较小的 K 值将导致系统的截止频率降低、频宽变窄、快速响应性变差和稳态误差增大，因而为了满足快速响应性和精度要求，又希望 K 取大值。由于闭环伺服系统正常工作的首要条件是系统稳定，因此位置伺服系统的 K 值一般都取得比较低，被称为低增益系统或软伺服系统。通常情况下，K 值在 8～50 s^{-1} 范围内选取，具体取值还应根据系统的控制方式、执行元件的类型、工作台的质量及导轨的阻尼特性等来确定。例如：对于点位直线控制的数控机床伺服进给系统，K 值常取为 8～15 s^{-1}；对于连续控制的数控机床伺服进给系统，K 值常取为 25 s^{-1} 左右。

在闭环控制位置伺服系统中，通常都采用速度负反馈回路。当有速度反馈信号时，系统的开环增益为

$$K=\frac{K_1K_2K_3K_mK_p}{1+K_2K_mK_\omega}$$

在无速度反馈信号时，系统的开环增益为

$$K'=K_1K_2K_3K_mK_p$$

即无速度反馈信号时的开环增益 K 是有速度反馈信号时的开环增益 K 的 $(1+K_2K_mK_\omega)$ 倍。因而，虽然低增益系统在运动时开环增益比较小，但处于静止状态时，由于速度负反馈回路不起作用，因而相当于具有较大的开环增益，系统启动时的快速响应性和制动时的定位精度不受影响。

此外，采用计算机控制的伺服系统还常通过变开环增益的方法来改善系统的性能，如图 7-22 所示。在系统响应的开始阶段，采用较大的开环增益，使系统响应加快，曲线上升变陡；在系统响应接近稳态值时，减小开环增益，使系统平稳、无超调，而且响应快速地趋于稳态值。许多数控机床伺服进给系统的开环增益就是按照这一思想设计的。

2. 系统的阻尼比 ζ

阻尼比 ζ 对系统性能的影响也是矛盾的。增大 ζ 可提高系统的稳定性及响应过程的平稳性，减小超调量，但同时也会使系统的响应速度降低，因而 ζ 的取值不能太小，也不能太大，一般按系统所允许的最大超调量 M_p 来决定。对于二阶系统，ζ 与 M_p 的关系曲线如图 7-23 所示。当系统允许的最大超调量 M_p 处于 25%～1.5%范围内时，ζ 可在 0.4～0.8 范围内选取。对于高阶系统，在进行适当简化后，可参照二阶系统的情况确定 ζ。

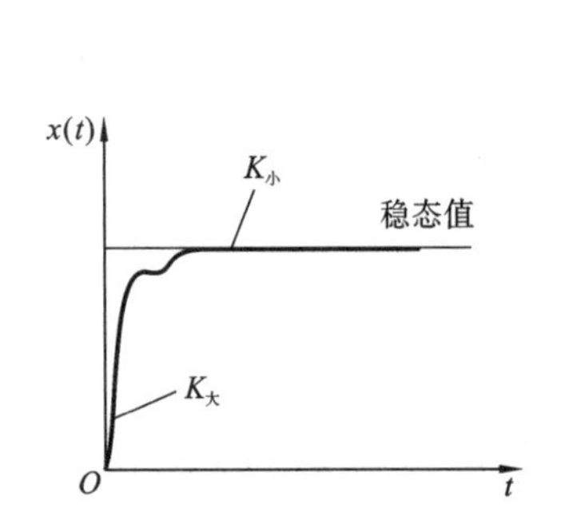

图 7-22　变开环增益时系统的动态响应

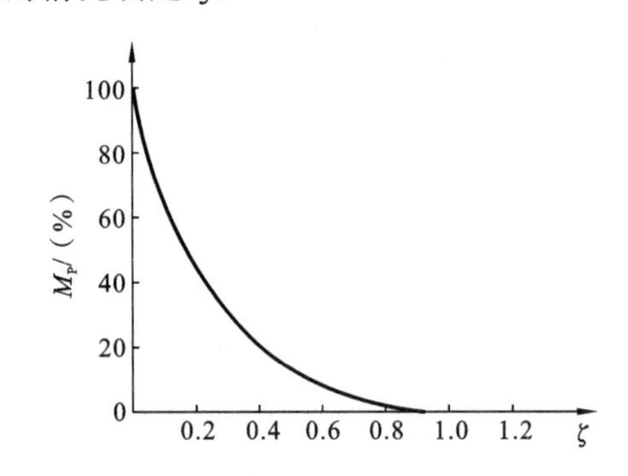

图 7-23　二阶系统 ζ 与 M_p 的关系曲线

影响系统阻尼比 ζ 的主要因素是导轨的阻尼比。经试验统计得出的各种导轨在运动方向上的当量阻尼比如表 7-1 所示。可见，导轨的阻尼比一般都比较小，无法满足系统稳定性和响应过程平稳性的要求。因而，实际系统中经常采取一些措施来增大系统的阻尼比，如对滚动导轨预加载荷。加设阻尼器、减小系统的开环增益及采用速度负反馈回路的方法，也可增大阻尼比。

表 7-1　各种导轨在运动方向上的当量阻尼比

导轨种类	普通滑动导轨	静压导轨	滚动导轨
当量阻尼比	0.02～0.3	0.02	0.02～0.05

3. 系统的固有频率 ω_n

伺服系统中各环节的固有频率对系统的稳定性、精度和快速响应性都有很大的影响。一般来讲，提高固有频率有利于改善系统的稳定性和快速响应性，减小由各种因素引起的误差，提高系统的抗干扰能力，但固有频率的提高往往受系统结构、成本等条件的限制。在一般情况下，主要按系统的稳定性要求来确定各环节的固有频率。

对于三阶系统，为保证稳定性，可由式(7-45)确定机械系统的固有频率。

$$\omega_n > \frac{K}{2\zeta} \tag{7-50}$$

若要保证系统具有大于 10 dB 的幅值稳定裕度，则要求

$$L(\omega_n) = 20\lg \frac{K}{2\zeta\omega_n} < -10\ \text{dB}$$

即

$$\omega_n > \frac{K}{0.64\zeta} \tag{7-51}$$

在系统的开环增益 K 和阻尼比 ζ 初步确定之后，即可按式(7-50)或式(7-51)确定所需的机械系统固有频率 ω_n。

在一般情况下，伺服系统中各环节的固有频率都应满足以下要求。

(1) 机械系统的固有频率应高于驱动系统固有频率的 2～3 倍。

(2) 位置环以外的其他机械部件的固有频率应比位置环内各部件的固有频率高 2～3 倍。

(3) 如果在位置环内还有速度环，则速度环的幅频交界频率应高于系统截止频率 ω_c，驱动系统的固有频率应高于速度环的幅频交界频率。

(4) 系统工作频率范围内不应包含有各环节的固有频率，以免在扰动的影响下发生共振。

(5) 各环节的固有频率应相互错开，以免振动耦合。

表 7-2 所示是通用电气公司推荐的，采用直流伺服电动机驱动的闭环伺服系统各环节固有频率的取值，可供设计时参考。

表 7-2　闭环伺服系统各环节固有频率推荐值

参数	系统开环增益 K/s^{-1}	截止频率 ω_c/(rad/s)	速度环交界频率 /(rad/s)	最低机械固有频率 /(rad/s)	其他机械固有频率 /(rad/s)
推荐值	17	17	60～100	300	600

4. 通过校正环节改善系统的性能

根据前面所介绍的方法进行伺服系统设计时，往往会出现这样两种情况，一种是所确定的参数很难通过具体结构加以实现，另一种是按所确定的参数设计出的实际系统的性能与理论分析有较大的差异。这时应对系统参数做某些调整，但在很多情况下，参数的调整是有限的，且会对系统的性能产生矛盾的影响。例如，减小系统的开环增益，虽然系统的稳定性得到了改善，但系统的稳态精度和快速响应性随之下降了。因而，当通过参数调整仍无法满足系统的性能要求时，应在系统的原结构中增加一个新的环节，即校正环节，来改善系统的性能。

校正环节有电气校正环节和机械校正环节两种，其中电气校正环节较易实现。电气校正环节可串联在控制系统的前向通路中，这种方法称串联校正，也可与前向通路并联，这种方法称并联校正。并联校正实质上是通过局部负反馈来改善系统的性能，直流伺服电动机的速度负反馈回路就是一种并联校正，它使系统的开环增益减小、阻尼效应增强，而且降低了环路内各元器件非线性等因素的影响。串联校正可采用无源 RC 校正环节，也可采用有源校正环节。无源校正

环节结构简单，调整方便，但校正效果较差。有源校正环节有比例-积分(PI)环节、比例-微分(PD)环节和比例-积分-微分(PID)环节等。在位置伺服系统中常采用 PI 环节。如果在图 7-17 所示的系统中，将原来的位置控制放大器 K_1 换成 PI 校正环节，且 PI 校正环节的传递函数为

$$G_c(s)=K_1\left(1+\frac{1}{\tau_c s}\right)$$

则该系统的开环传递函数变为

$$G'(s)=\frac{K\omega_n^2(1+\tau_c s)}{\tau_c s^2(s^2+2\zeta\omega_n s+\omega_n^2)}$$

式中：τ_c——积分时间常数。

可见，加入 PI 校正环节后，伺服系统从原来的只包含一个积分环节的Ⅰ型系统变成了包含两个积分环节的Ⅱ型系统。可以证明，无论输入信号是阶跃信号还是等速斜坡信号，Ⅱ型系统输出响应的稳态误差都为零，而且由恒值负载扰动引起的稳态误差也为零。

此外，为了改善伺服电动机的调速性能，许多伺服系统还在速度反馈控制环内设置了一个电流反馈控制环，以控制电枢绕组中的电流，而且在速度环和电流环的前向通路中又分别串联一个 PI 校正环节，使得伺服电动机既能以恒定的最大电流快速启动，又能在稳态运行时速度使误差为零，从而获得了良好的静、动态性能。

习　题

7-1 回顾所学“机械控制工程”(“自动控制理论基础”)课程的相关知识，简述机电系统设计与机械控制工程理论的关系。

7-2 为什么说以反馈控制理论为基础的控制理论是机电系统设计不可缺少的基础理论？

7-3 用所学机械控制工程基础(自动控制理论)知识对机电系统元部件的动态特性进行分析。

7-4 比较动电式变换器和电磁变换执行元件的传递函数。它们各自的输出量和输入量分别是什么？各自有什么特性？

7-5 闭环伺服系统在什么样的条件下可简化成低阶系统？这样简化将带来什么样的误差？简化的目的是什么？如果采用计算机进行仿真分析，则是否还有必要进行简化？

7-6 校正环节是不是伺服系统本身所固有的？校正环节的作用是什么？

7-7 当闭环伺服系统的位置环内只有串联的、比例系数为 K_1 的位置控制放大器时，伺服系统属于Ⅰ型系统，对等速斜坡输入信号的跟踪误差为 $\delta_1=\frac{v}{K}$。若要使 $\delta_1=0$，应在控制系统内采取什么措施？若要使伺服电动机的速度对阶跃速度输入信号的跟踪误差为零，应在速度环内加入什么样的校正环节？

第 8 章　机电系统的总体设计

机电一体化技术是从系统工程观点出发，应用机械技术、微电子技术、控制技术等有关技术，使机械系统和电子系统有机结合，实现系统或产品整体最优化的技术。由于生产实际和控制过程的要求不同，机电一体化技术在生产线、加工机械、运动控制装置等典型设备中的应用也有所不同，在设计具体产品时，要选取合适的控制计算机、检测传感器、驱动执行元件等来满足要求，并且采用相应的控制算法来实现对运动参数、动力参数、品质参数等性能指标的控制。

总体设计是机电系统设计的重要环节，主要内容包括系统原理方案设计、结构方案设计、总体布局与环境设计、技术参数与技术指标确定、总体方案评价与决策等。总体设计是纲，对具体设计规定了总的基本原理、原则和方法。

8.1　机电系统总体设计的流程

机电系统从简单的机械产品发展而来，它的设计方法、程序与传统的机械产品类似，一般要经过市场调研、总体方案设计、详细设计、样机试制与试验、小批量生产和正常生产几个阶段，如图 8-1 所示。

8.1.1　市场调研

在设计机电系统之前，必须进行详细的市场调研。市场调研包括市场调查和市场预测。所谓市场调查，就是指运用科学的方法，系统地、全面地收集所设计产品市场需求和经销方面的情况和资料，分析研究所设计产品在供需双方之间进行转移的状况和趋势。所谓市场预测，就是指在市场调查的基础上，运用科学的方法和手段，根据历史资料和现状，通过定性的经验分析或定量的科学计算，对市场未来的不确定因素和条件做出预计、测算和判断，为产品的方案设计提供依据。

市场调研的对象主要为该产品潜在的用户，市场调研的主要内容包括市场对此类产品的需求量，该产品潜在的用户，用户对该产品的要求，即该产品有哪些功能、具有什么性能和所能承受的价格范围等，如图 8-2 所示。此外，目前国内外市场上销售的该类产品的情况，如技术特点、功能、性能指标、产销量、价格、在使用过程中存在的问题等都是市场调研需要调查和分析的信息。

市场调研一般采用走访调查法、类比调查法、抽样调查法或专家调查法等方法。所谓走访调查法，就是指直接与潜在的经销商和用户接触，收集、查找与所设计产品有关的经营信息和技术经济信息。所谓类比调查法，就是指调查了解国内外其他单位开发类似产品所经历的过程及速度和背景等情况，并分析比较与自身环境条件的相似性和不同点，以类推这种技术和产品开发的可能性和前景。所谓抽样调查法，就是指通过在有限范围内调查、收集资料和数据而推测

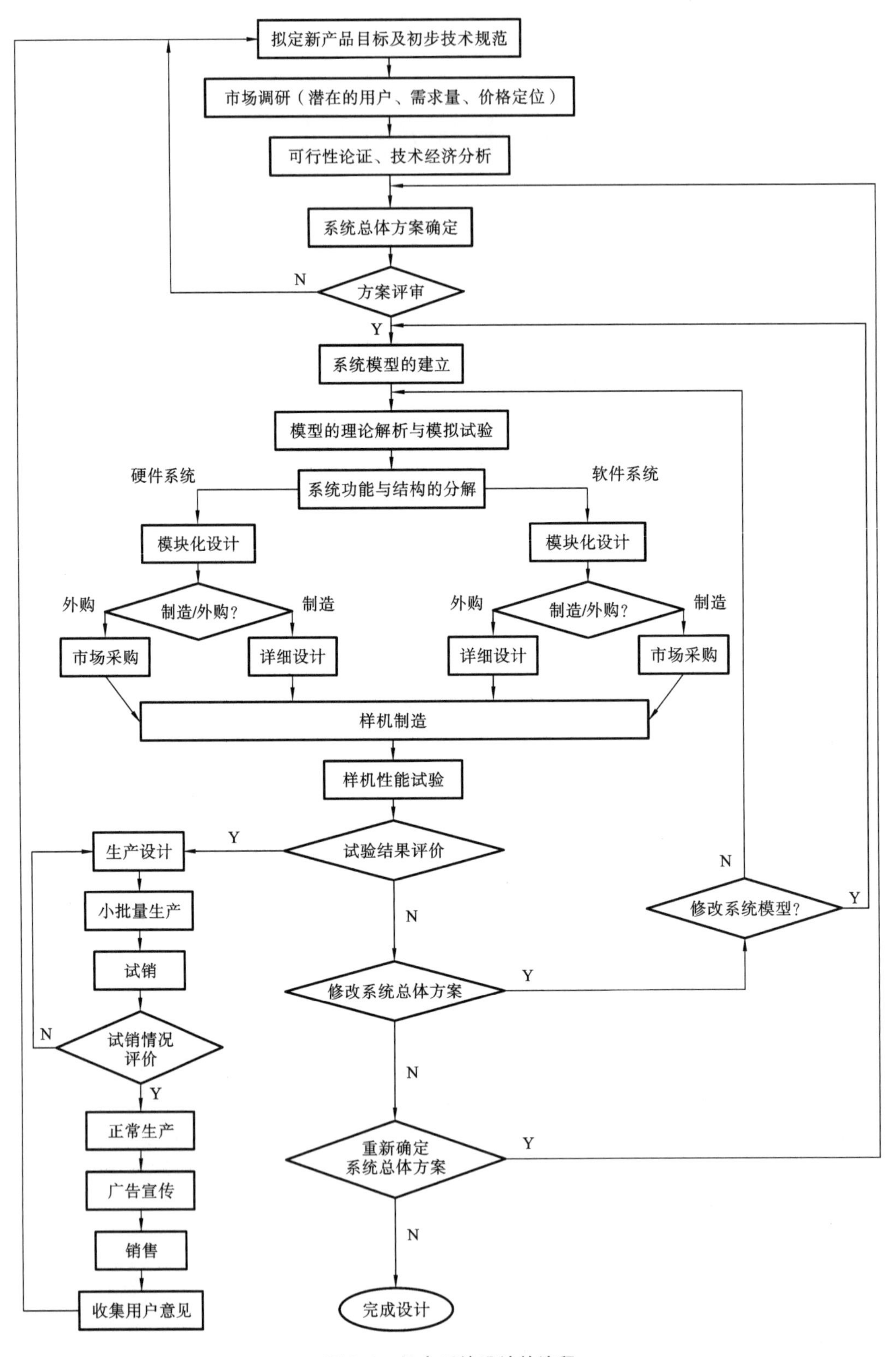

图 8-1　机电系统设计的流程

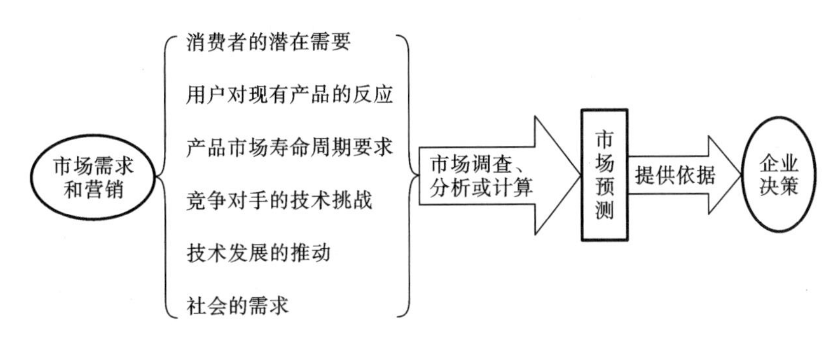

图 8-2　市场调研的主要内容

总体的预测方法。在进行抽样调查时要注意问题的针对性、对象的代表性和推测的局限性。所谓专家调查法，就是指通过调查表向有关专家征询对设计该产品的意见。

市场调研结束后，需要对市场调研的结果进行仔细的分析，撰写市场调研报告。市场调研的结果应能为产品的方案设计与细化设计提供可靠的依据。

8.1.2　总体方案设计

1. 产品方案构思

一个好的产品构思，不仅能带来技术上的创新、功能上的突破，还能带来制造过程的简化、使用的方便以及经济上的高效益。因此，机电一体化产品设计应鼓励创新，使工程师充分发挥创造能力和聪明才智来构思和创造新的方案。

产品方案构思完成后，以方案图的形式将设计方案表达出来。方案图应尽可能简洁明了，反映机电系统各组成部分的相互关系，且便于修改。

2. 方案的评价

对多种构思和多种方案进行筛选，选择较好的可行方案进行分析组合和评价，从中再选几个方案按照机电系统设计原则和评价方法进行深入的综合分析评价，最后确定实施方案。如果找不到满足要求的系统总体方案，则需要对新产品目标和技术规范进行修改，重新确定系统总体方案。

8.1.3　详细设计

详细设计是根据综合分析评价后确定的系统总体方案，从技术上将细节逐层全部展开，直至完成产品样机试制所需全部技术图纸及文件的过程。根据系统的组成，机电系统详细设计的内容包括机械本体设计、检测系统设计、人机接口与机电接口设计、伺服系统设计、控制系统设计和系统总体设计等。根据系统的功能与结构，详细设计又可以分解为硬件系统设计和软件系统设计。除了系统本身的设计以外，在详细设计过程中还需要完成后备系统的设计、设计说明书的编写及产品出厂和使用文件的编写等。在机电系统设计过程中，详细设计是较烦琐费时的过程，需要反复修改，逐步完善。

8.1.4　样机试制与试验

完成产品的详细设计后，即可进入样机试制与试验阶段。根据制造的成本和性能试验的要求，一般制造几台样机供试验使用。样机的试验分为实验室试验和实际工况试验，通过试验考核样机的各种性能指标是否满足设计要求，考核样机的可靠性。如果样机的性能指标和可靠性不满足设计要求，则要修改设计，重新制造样机，重新试验。如果样机的性能指标和可靠性满足设计要求，则进入产品的小批量生产阶段。

8.1.5 小批量生产

产品的小批量生产阶段实际上是产品的试生产试销售阶段。这一阶段的主要任务是跟踪调查产品在市场上的情况，收集用户的意见，发现产品在设计和制造方面存在的问题，并反馈给设计、制造和质量控制部门。

8.1.6 正常生产

经过小批量试生产和试销售的考核，排除产品设计和制造中存在的各种问题后，即可投入正常生产。

这里要强调一下：机电系统总体设计的目的是设计出综合性能最优或较优的总体方案，作为进一步详细设计的纲领和依据。总体方案的确定并不是一成不变的，在详细设计结束后，应再对整体性能指标进行复查，若发现问题，则应及时修改总体方案。在样机试制出来之后或在产品使用过程中发现总体方案存在问题时，也应及时加以改进。

8.2 机电系统的设计原则、方法和类型

8.2.1 设计原则

机电一体化技术是利用微电子技术赋予机械系统以“智能”，使机械系统具有更高的自动化程度，最大限度地发挥机械能力的一种技术。为了获得系统（产品）的最佳性能，一方面要求设计机械系统时选择与控制系统的电气参数相匹配的机械系统参数，另一方面要求设计控制系统时根据机械系统的固有结构参数来选择和确定电气参数，综合应用机械技术与微电子技术等，使机械系统与控制系统紧密结合、相互协调和相互补充，充分体现机电一体化的优越性。

机电系统设计的一般原则是：主要考虑人、机、材料、成本等因素，从规范性、通用性、耐环境性、可靠性、经济性等多方面综合分析，结合现代设计方法和手段，达到机电系统设计的省能源、省资源、智能化三大目的，提高机电产品的附加值和自动化程度。机电系统的设计规律是：根据设计要求先确定离散元素间的逻辑关系，研究离散元素相互间的物理关系，根据设计要求和手册确定离散元素间的结构关系，完成全部设计工作。

产品的可靠性、实用性与完善性设计最终归结于在保证目的功能要求与适当寿命的前提下不断降低成本。产品成本的高低主要取决于设计阶段，因此，在设计阶段可以从新产品和现有产品改型两方面采取措施：一是从用户需求出发降低使用成本；二是从制造厂的立场出发降低设计与制造成本。

8.2.2 设计方法

机电系统（产品）的设计方法通常有以下三种：机电互补法、融合（结合）法和组合法。应综

合运用机械技术和微电子技术等技术各自的特长，设计出最佳的机电系统（产品）。

1. 机电互补法

机电互补法又称取代法，它的特点是利用通用或专用电子部件取代传统机械产品（系统）中的复杂机械功能部件或功能子系统，以弥补复杂机械功能部件或功能子系统的不足。例如，用PLC或微型计算机来取代机械式变速机构等，用步进电动机来代替某些条件下的凸轮机构，用电子式传感器（光电开关、磁栅等）取代机械挡块、行程开关等。总之，用电子技术的长处来弥补机械技术的不足，达到简化机械结构、提高系统性能的目的。

2. 融合（结合）法

融合（结合）法是指将各组成要素有机结合为一体构成专用或通用的功能部件（子系统）、功能模块。例如，将电子凸轮、电子齿轮作为产品应用在机电系统中，就是融合（结合）法的具体应用。

3. 组合法

组合法是指将使用融合（结合）法制成的功能部件（子系统）、功能模块，像搭积木那样组合成各种机电系统（产品）。例如，将工业机器人各自由度（伺服轴）的执行元件、运动机构、检测传感元件和控制器等组成的机电一体化的功能部件（或子系统）用于不同的关节，可组成工业机器人的回转、伸缩和俯仰等各种功能模块系列，从而组合成结构和用途不同的工业机器人。在新产品系列及设备的机电一体化改造中，应用这种方法可以缩短设计与研制周期、节约工装设备费用，且有利于生产管理、使用和维修。

8.2.3 设计类型

机电系统（产品）的设计类型一般包括开发性设计、适应性设计和变型（异）性设计三种。

1. 开发性设计

开发性设计是指在工作原理、结构等完全未知的情况下，没有参照产品，仅仅根据抽象的设计原理和要求，应用成熟的科学技术或经过试验证明是可行的新技术，设计出质量和性能方面满足目的要求的新产品。这是一种完全创新的设计。最初的录像机、摄像机、电视机的设计就属于开发性设计。

2. 适应性设计

适应性设计是指在总的方案原理基本保持不变的情况下，对现有产品进行局部更改，或用微电子结构代替原有的机械结构，以使产品的性能和质量增加某些附加价值。例如：照相机采用电子快门、自动曝光代替手动调整，使照相机小型化、智能化；汽车以电子式汽油喷射装置代替原来的机械控制汽油喷射装置；电子式缝纫机使用计算机进行控制。

3. 变型（异）性设计

变型（异）性设计是指在已有产品的基础上，针对原有缺点或新的工作要求，在工作原理、功能结构、执行机构类型和尺寸等方面进行一些变异，设计出新产品，以适应市场需要，增强市场竞争力。这种设计也包括在基本型产品的基础上，保持工作原理不变，开发出不同参数、不同尺寸及不同功能和性能的变型系列产品。由于传递扭矩或速比发生变化而重新设计传动系统和结构尺寸的设计、普通经济型数控机床的改造设计、全自动洗衣机的设计等，都属于变型（异）性设计。

8.3 机电系统的概念设计

8.3.1 概念设计的内涵

概念设计这一名词最早由英国的 French 提出。他将概念设计定义为:“设计首先是要弄清设计要求和条件,然后生成框架式的广泛意义上的解。在此阶段中对设计师的要求较高,但可以极大地提高产品性能。它需要将工程科学、专业知识、产品加工方法和商业运作等各方面知识相互融合在一起,以做出一个在产品生命全周期内最为重要的决策。这‘框架式的解’是指设计问题的一个轮廓,每个主要的功能都可以对应于其上,通过原理部件间的空间或结构上的关系,使它们有机地结合起来。我们从这个框架解中得到产品大致的成本、质量或总体尺寸以及在目前的环境下的可行性等。这个框架只需对一些特征或部件有一个相对明确的描述,但并不要求详细……”

德国学者 Pahl 和 Beitz 于 1984 年在专著 *Engineering Design* 中提出了设计过程分为明确任务(clarification of task)、概念设计(conceptual design)、具体设计(embodiment design)和详细设计(detailed design)四个阶段,并将“概念设计”定义为:“在确定任务之后,通过抽象化,拟定功能结构,寻求适当的作用原理及其组合等,确定出基本求解途径,得出求解方案。”M S Hundal 在此基础上将概念设计分为问题本质的抽象识别、功能结构的建立、子功能与解原理的匹配、子结构的组合、基于设计规范的方案评价五个阶段。

R V Welch 和 J R Dixon 将“概念设计”定义为由功能需求到抽象物理系统的转换过程,并将这一过程分为两个阶段:一是现象设计(phenomenological design)阶段——基于物理原理将功能需求抽象为行为的描述;二是具体设计(embodiment design)阶段——将行为的描述具体为能够实现行为的物理系统。

由此看来,在工程设计的全过程中,概念设计的内涵是十分广泛和深刻的。它不仅进行产品功能创造、功能分解以及功能和子功能的构成设计,而且进行满足功能和结构要求的工作原理求解以及实现功能结构的工作原理、载体方案的构思和系统化设计。

概念产品应包括产品的功能、原理信息、简单的装配结构、零部件的形状信息、基本的可制造与可装配信息、市场竞争力与成本信息、可服务与维修信息等。产品的概念设计是实现产品创新的关键,是产品设计最重要、最复杂、最富有创造性的一个阶段,是一个从无到有、从上到下、从模糊到清晰、从抽象到具体的过程。特别是近几年来,随着计算机图形学、虚拟现实、敏捷设计、多媒体技术等的发展和 CAD/CAM 应用的深入,对产品概念设计理论与方法的研究有了许多新的进展。

虽然概念设计阶段实际投入的费用只占产品开发总成本的 5%左右,但概念设计决定了产品总成本的 70%左右。在设计过程中,概念设计是最重要的阶段,因为概念设计决定了产品的基本特征和主要框架,在概念设计结束后,设计的主要方面就被决定下来了,而后续的过程是保证概念设计结果对设计需求的满足。目前,关于概念设计、创新设计等的研究已成为现代设计、先进制造与自动化技术领域的热点问题。概念设计、创新设计等也随着科技的发展而不断被赋予新的含义。

8.3.2　概念设计过程中的创新层次

概念设计具有创新性、多样性、层次性的基本特征。概念设计是产品创新的核心。产品的概念设计过程是最重要、最复杂的设计阶段，同时又是最活跃、最富有创造性的设计阶段。在产品概念设计过程中，选择方案的自由度是整个产品开发过程中最大的。因为自由度大，对设计者的约束相对较少，创新的空间大，但不确定因素多，所以概念设计是设计者发挥创造力、可能取得最佳效果、设计决策风险最大的时候。

概念设计本身包含多个子过程(子阶段)，每个子过程的创新层次与创新方法都不同。机电一体化产品概念设计阶段一般有以下 6 个层次的创新。

1. 任务创新

设计的动力来源于市场的需求。需求的产生为设计提供了对象和任务。作为产品设计的出发点和归宿，新需求的发现与满足往往会开辟一个新的广阔的市场空间，极大地实现产品设计的最终目标，即满足市场，从而占领市场，获取最大利润。因此，需求创新或者说任务创新是产品创新中最高层次的创新。

2. 功能创新

为了描述和解决设计任务，可采用黑箱法分析、提取功能，用功能来代表一个系统输入和输出之间，以完成任务为目的的总的相互关系。功能应该是抽象地规定任务，而不偏向某种解。功能创新有两个层面的含义：一个是通过对市场需求信息和设计任务书进行创造性分析，从而得到新的功能需求，新功能若符合市场需要，则会得到认可，这实际上是与任务创新中的隐性需求发现相辅相成的；另一个是对产品总功能进行创造性描述和抽象，从而引发不同的求解思路，有可能产生更佳的产品方案。

3. 原理创新

在规定了产品的功能要求后，对于如何实现功能，有一个原理确定问题。同一个功能对应很多实现方案，而这主要取决于实现原理的创造性决策。实现原理可细分为工作原理和技术原理两类。所谓工作原理，是指产品赖以实现功能的根本性原理，或者说物理性原理。所谓技术原理，是指为保证工作原理的实现而采用的技术手段。工作原理创新会催生全新产品，技术原理创新往往使产品的种类更丰富。

4. 行为创新(工艺动作过程创新)

对机电一体化产品运动方案而言，同一种技术原理也可能有多种具体运动方案(即多种工艺动作过程)。因此，对于同一种技术原理，行为创新即工艺动作过程创新也会带来一些新方案。

5. 结构创新

结构创新涉及机构、布局、控制系统，以及使用的机、电、检测元器件的组成等，是技术原理创新和行为创新的延伸和具体实现。

6. 控制创新

信息处理新方法和新控制算法的使用，以及信息处理方法和控制算法的创新，往往能使机电系统的性能大幅度提高。控制创新可以认为是结构创新向软件的进一步延伸。

8.3.3 机电系统概念设计的过程

概念设计是设计过程的早期阶段，它的目标是获得产品的基本形状和组成。如图 8-3 所示，概念设计包括从产品的需求分析到进行详细设计之前的设计过程，包括功能设计、原理设计、布局设计、形状设计和初步的结构设计。这几个部分虽存在一定的阶段性和相互独立性，但在实际的设计过程中，由于设计类型的不同，往往具有侧重性，而且互相依赖，互相影响。

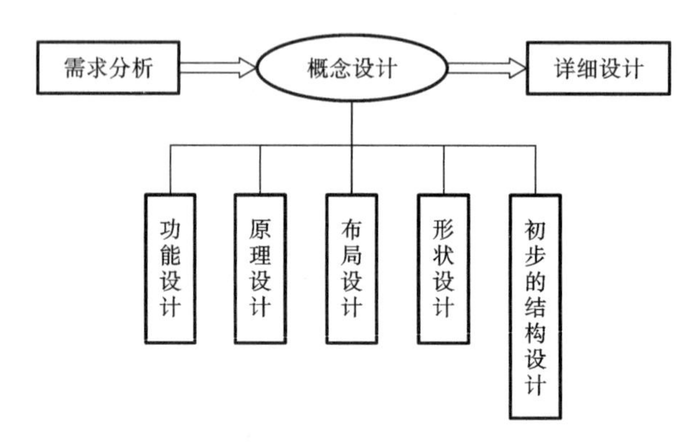

图 8-3 概念设计的组成

上海交通大学退休教授邹慧君将机电系统划分为广义执行机构子系统、传感检测子系统、信息处理及控制子系统，他的这一观点被称为三子系统论。另外，邹慧君针对机电一体化产品概念设计阶段评价指标及其重要度不确定、信息模糊、不完整的特点，提出了一个三层模糊优化评价模型，为概念设计的评价提供了一个较为合理的依据。

三子系统论认为：机电系统是由计算机进行信息处理和控制的现代机械系统，它的最终目的是实现机械运动和动作；从完成工艺动作过程这一总功能要求出发，机电系统可划分为广义执行机构子系统、传感检测子系统、信息处理及控制子系统，它们分别完成机械运动和动作、信息检测、信息处理及控制；机电系统中的执行子系统有它的特殊性，它是将驱动元件和执行元件（或执行机构）融为一体而组成的广义执行机构子系统。广义执行机构子系统的最大特点是具有可控性。三子系统论有助于对机电系统按功能进行分解，从而分别寻求各自的功能载体，通过集成优化来得到机电系统概念设计的若干方案。

实际机电系统工程的概念设计流程如图 8-4 所示。机电一体化产品概念设计过程是一个从分析用户需求到生成概念产品的过程。图 8-4 所示的流程应用了三子系统论。

在概念设计开始前，首先应该对产品、市场及相关技术的发展历史进行深入、详细的调研和分析，这对后续各个步骤的工作有重要的意义。在确定了若干设计方案后，需要对设计方案进行评价。发现不足时，常常需要修改工艺动作过程，以及考虑修改三个子系统的设计选择，有时候可能需要考虑修改功能及其原理，甚至重新考虑产品的市场定位，从而获得优化的设计方案。

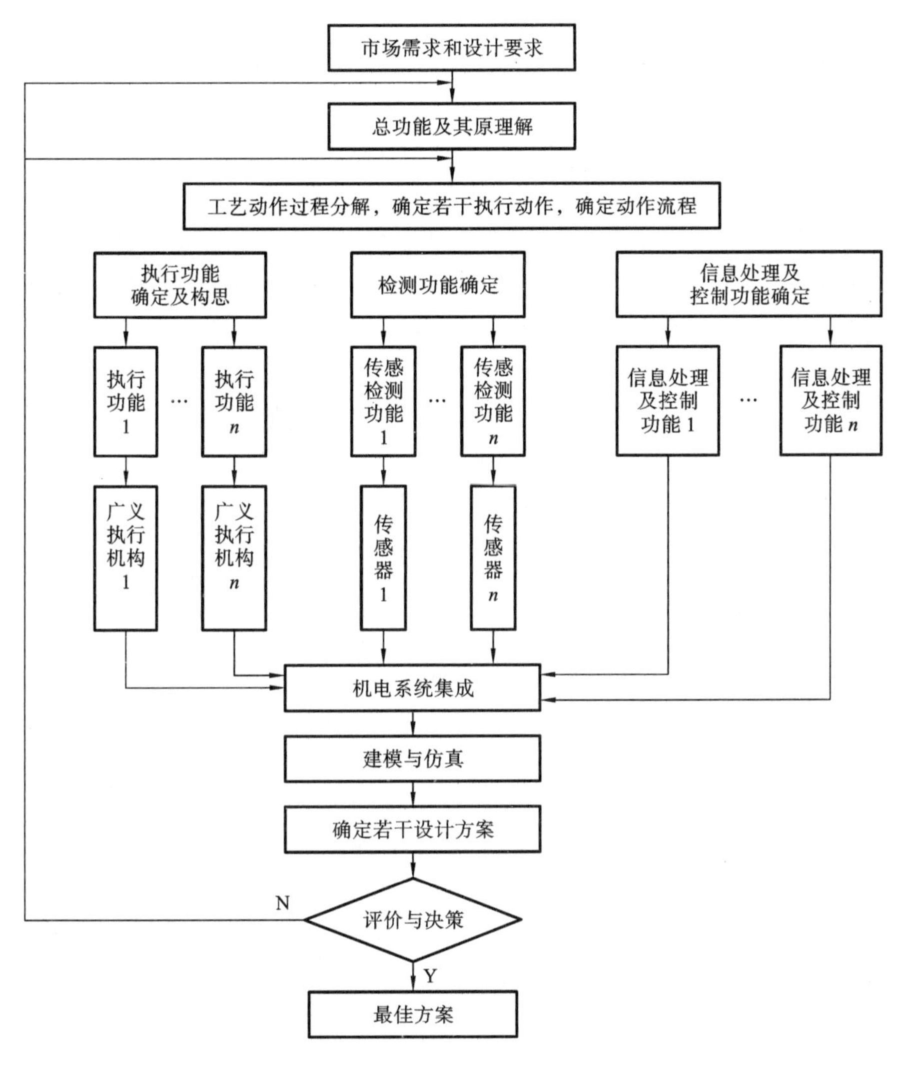

图 8-4　实际机电系统工程的概念设计流程

8.4　机电系统的功能设计

8.4.1　机电系统功能设计的基本任务

功能设计是概念设计的开始和核心部分。概念设计过程是对设计对象的功能表示逐步求精的过程，即功能演变的过程。根据功能结构一体化设计思想，在概念设计时将功能结构一体化考虑。因此，功能设计就是在确定设计任务之后，通过抽象化，拟定功能结构，寻求适当的作用原理及组合，得出求解方案。机电系统功能设计的主要任务如下。

（1）根据设计任务建立系统的功能结构。

（2）选择与功能结构中的每个功能相对应的功能载体，并组合这些功能载体，形成最优的设计方案。

在概念设计阶段，设计信息抽象层次越高，越能激发发散性思维；而功能结构信息表达越具体，概念设计方案的可行性越高。

8.4.2 机电系统概念设计的两类问题

在进行已有产品的创新设计时，设计者需要在原有产品的基础上做“修补”工作，因此，在进行这种概念设计的功能分解时，设计者要充分了解现有产品的系统，并将现有产品的系统逐步细化，在此基础上建立起系统的功能模型，在模型中找出需要改进的地方，做出改进的概念设计。

在进行全新产品的创新设计时，设计者需要做对将要设计的产品中的未知信息进行“探索”和对多种可能性进行“选择”的工作，因此，在进行这种概念设计的功能分解时，设计者要充分了解产品中的模糊信息和可扩展信息，由这些信息结合专业知识寻找多种可能的实现方式，在此基础上建立起系统的功能模型，然后选择最优解，完成新产品的概念设计。

8.4.3 功能与技术系统

设计的目的是满足一定的功能需求。进行设计时，首先要确定总功能。然而，总功能的实现离不开辅助功能的协同。因此，机电系统的功能可以分为主功能和从属功能。机电系统的主要从属功能有动力功能、控制功能、接口功能、保护功能、通信功能、结构功能等。从功能层次来看，从属功能属于下层的功能，如果细化分析，从属功能也需要更下一层的辅助功能的协同。满足一定功能需求的技术原理和技术过程不是唯一的，因而相对应的技术系统也是不同的。例如：某种形状的金属零件可以通过切削、铸造、锻造、轧制、快速成形等不同的技术过程来获得，相对应的技术系统有切削机床、精密铸机、精密锻机、冷轧机、快速成形机等。

技术原理和技术过程是由功能需求引出的。可以用“目的功能”来描述我们要“做什么”，用“变换功能”来说明“怎么做”。进一步细化，对变换功能还需要问“如果要这么做，我们应该做什么”。这样就可以逐步形成系统的功能结构和采用的技术方案。

技术原理和技术过程的确定对设计技术系统来说是非常重要的。在上述推理过程中，需要不断进行评价、比较，以做出合理的选择、决策。

技术系统的选择不仅与系统的功能需求有关，还与系统的性能要求有关。机电一体化产品的功能和性能不是同一个概念，但又是相互关联的。例如机床，由于规格、精度等级的要求不同，技术系统的选择差别是很大的。

技术过程是在“人-技术系统-环境”这一大系统中完成的。划定技术系统与人这一方的边界，主要确定哪些功能由人完成，哪些功能由技术系统完成；而划定技术系统与环境这一方的边界，主要确定环境（包括经济条件、生产条件、技术条件、社会条件等）对技术系统有哪些限制、约束和干扰，技术系统对环境有哪些影响。明确实现了技术过程的两方边界后，就可以确定实现主要转换的工作原理、主要技术过程和其他辅助过程，初步规定技术系统应实现的功能。系统功能和技术系统如图 8-5 所示。

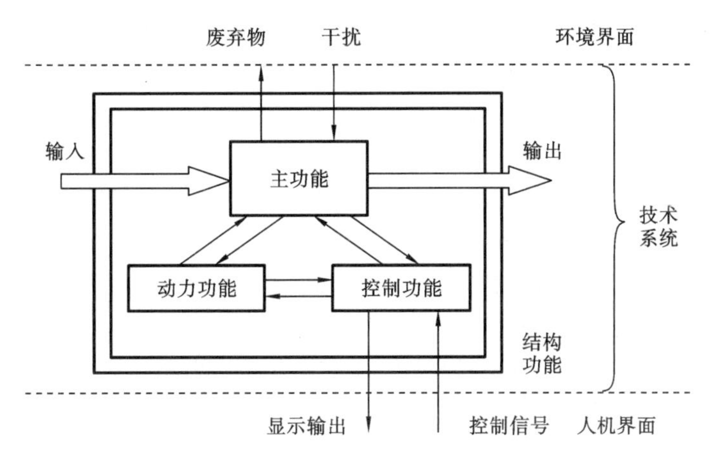

图 8-5　系统功能和技术系统

8.4.4　功能设计方法

1. 功能方法树分析

Pahl 和 Baitz 在概念设计阶段讨论了功能并将功能定义为"系统输入量和输出量之间的一般的、希望有的关系"。系统的总功能是总任务的描述，可分解为分功能。分功能是分任务的描述。功能的解或实现称为方法。功能被方法实现，方法与一系列实体相对应，实体的作用结果正是功能的解。因此，机电系统可以用功能方法树所示的功能模型来描述，该树是一种分层结构，功能与方法构成不同的层，层与层之间用线段连接。图 8-6 所示是功能方法树的原理图。

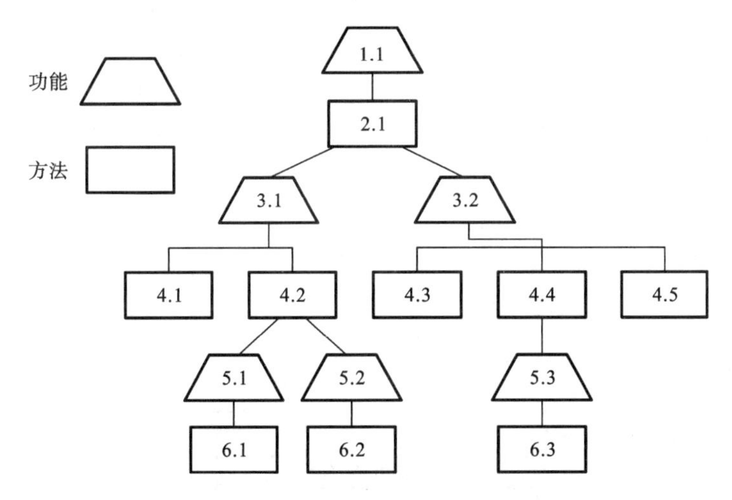

图 8-6　功能方法树的原理图

图 8-6 所示的功能方法树共有 6 层。其中：1.1 是树根，是待设计系统的总功能；最底层(4.1、6.1、6.2、4.3、6.3、4.5)是一系列方法，这些方法与现有的或能实现某种功能的模块化部件相对应。

功能方法树是一个用于机电系统设计的分析综合工具，它逐次地采用功能-方法对求解设计问题，即选择一个特定的方法求解一个满足特定需求的功能，然后将该功能分解成分功能，再求解分功能，直至达到满意的程度。

该方法是一个自顶向下的功能分解方法。设计者在功能分解过程中，从基本功能开始，逐步将产品的各功能展开后合并，从而搭建起系统的功能模型。该模型可以清楚地反映出产品功能间的因果关系和层次关系，有利于设计者充分了解产品机理和需要改进的部分，尤其适用于对已有产品的改进或反求工程中的概念设计。

如上所述，功能是对技术系统中输入和输出的转换所做的抽象化描述。设计者只有用抽象的概念来描述系统的功能，才能深入识别需求的本质，辨明主题，发散思维，启发创新。例如，将"车床加工零件"抽象为"把多余的材料从毛坯上分离出去"，再把"把多余的材料从毛坯上分离出去"抽象为"获得合格的表面"，思维就从"车削"发散到"强力磨削"、从"激光加工"发散到"成形挤压""冷轧"，使设计者突破知识经验的局限，并避免过早地进行具体方案的设计，而先从技术系统的功能出发进行功能原理设计。

2. 变换功能、目的功能的概念

1）变换功能

变换功能（或称变换过程）是指通过物质、能量、信息输入流/输出流的转换来实现系统（产品）的功能。它的主要任务是将过程对象（物质、能量、信息）的输入状态变换成所期望的输出状态。在设计开始时，设计者可以将变换功能系统视为输入/输出已知而内部未知的"黑箱"。

2）目的功能

目的功能是指技术系统生成功能变换所需的物理需要的能力，物理效应的全体构成系统的目的功能。简单地说，目的功能是描述"要做什么"，变换功能是描述"怎么做"，也就是"用什么技术"。一般来说，目的功能的表达方式更符合设计者的思维习惯，更接近人们对系统功能理解的实际经验，能够有效表示设计者的设计意图。把目的功能和变换功能结合起来，机电系统可以视为含有因果关系或逻辑关系的变换功能结构和目的功能结构。

由于变换功能可以看成目的功能的技术实现（采用何种技术实现目的功能），在机电系统方案的推理、生成过程中，目的功能就成为从系统的变换功能描述到功能的物理实现间的必经之路。图 8-7 所示是洗衣机的变换功能和目的功能结构模型。图 8-7 中，目的功能提出要做什么，变换功能提出采用什么技术实现。对同一个问题，设计者可能提出几种技术，选择其中一种技术，就会形成一个子系统。该变换功能又需要提出"要做什么"，即下一层的目的功能。这样从该模型一层层推理下去，可以逐步生成设计方案。

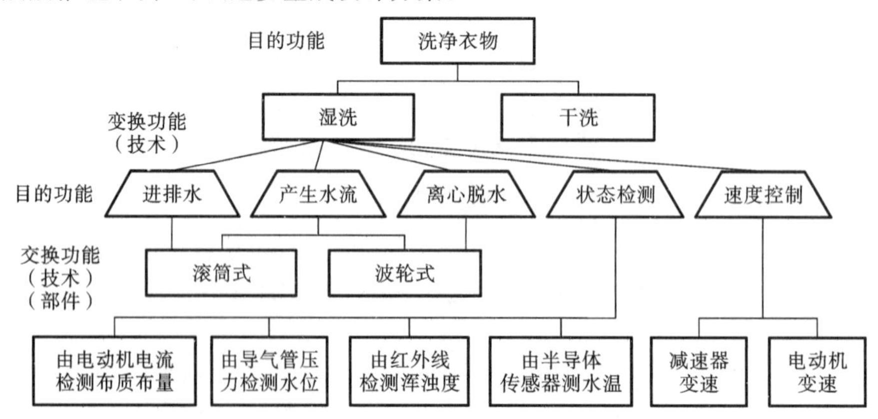

图 8-7　洗衣机的变换功能和目的功能结构模型（部分）

3. 状态变迁

前文所讨论的变换功能的推理属于连续变换类型。实际上，在机电系统中有大量的逻辑功能。因此，变换功能有两种类型：单状态（连续）和多状态。

图 8-8(a)表示环节 a 能根据一定的条件把原有的状态向不同的状态变换；而图 8-8(b)表示环节 b 能根据一定的条件把不同的状态向同一状态变换。多状态一般来说是由信息系统产生的控制作用。

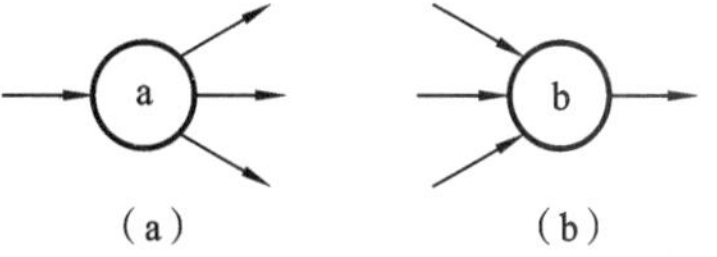

图 8-8　多状态变换

机电系统的变换功能结构和状态变迁结构需互相补充，并且应分别描述。多个变换子过程间的逻辑关系可以根据不同的关注点表示为不同的模型。

(1) 状态与变迁：强调系统的状态与变迁条件，可以用状态变迁图或 Petri 网。

(2) 执行序列：强调操作的依次执行，典型模型是流图。

(3) 层次模式：强调变换过程的下层结构，典型模型是 Jackson 图。

(4) 定时条件：强调并行变换过程的定时控制，典型模型是时序图。

在分析机电系统的状态变迁时，设计者需要明确变迁的目标和变迁的条件。但是，有许多工作是在详细设计时由软件工程师完成的，系统总体方案中可以省略对细节和变迁条件的描述，突出主要环节，使方案简洁明了。

8.5　机电系统的原理设计

系统工程的思想是：从整体目标出发，将总体功能分解成若干功能单元，找出能够完成各个功能单元功能的技术方案，再合成、组合、分析、评价和优选功能与技术方案，进而实现在给定条件下的整体优化。发展机电一体化的系统技术，自觉应用好系统工程的概念和方法，把握好系统的组成和作用规律，对系统设计起到关键作用，具有重要的意义。

在机电系统的设计中，机电系统的原理设计是总体设计的关键部分，具有战略性和方向性的意义。机电系统的原理方案设计主要完成对总体功能的抽象和分解，是机电系统总体设计过程中一个充分体现设计者创造力的环节。

8.5.1　设计任务的抽象化

设计任务书中会列出许多要求，在抽象设计任务的过程中，设计者要确定出产品的总功能，抓住本质，突出重点，淘汰次要条件，将定量参数改为定性描述，充分地扩展主要部分，只描述任务，不涉及具体解决办法。例如，将采煤机抽象为物料分离和移位的设备，将载重汽车抽象为长距离运输物料的工具，将洗碗机抽象为除去餐具上污垢的装置。

通过问题抽象化获得的功能定义能扩大解的范围，避免构思方案前形成的条条框框，打开视野，寻求更为理想的设计方案；突出基本的、必要的要求，摒弃偶然情况和枝节问题，有利于抓住设计问题核心。实践证明，通过有效的抽象化，设计者能够在不涉及具体解决方案的情况下，完全清晰地掌握所设计产品的基本功能和主要约束条件。紧抓设计中的主要矛盾，把注意力集中到关键问题上来，有利于准确地确定产品的总功能。图 8-9 所示是设计任务抽象化的一个实例，对于砸开核桃壳取出核桃仁的功能描述，若用“砸”，则已暗示了解法，而采用较抽象的表达

才可能得到思路更开阔的解答。

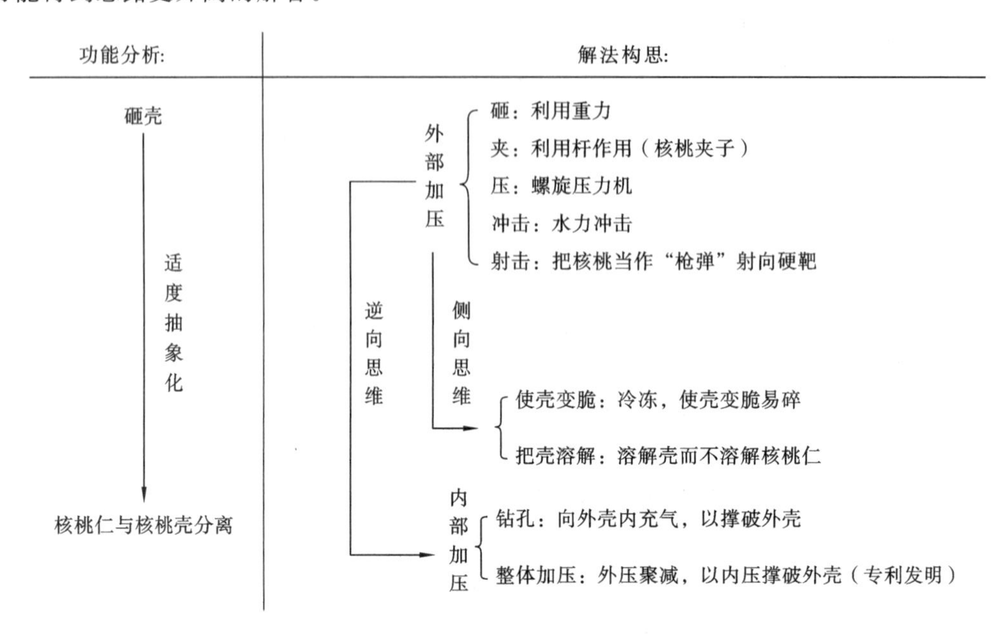

图 8-9　设计任务抽象化实例

工程中常用的抽象方法是黑箱法。所谓黑箱，就是指那些既不能打开，又不能从外部直接观察内部状态的系统。人们只能通过信息的输入和输出来确定黑箱的结构和参数。黑箱法从综合的角度为人们提供了一条认识事物的重要途径，尤其对某些内部结构比较复杂的系统，以及迄今为止以人类的力量尚不能分解的系统，黑箱理论提供的研究方法是非常有效的。

在求解所设计系统的总功能时，将所要实现给定功能的机电系统看作一个未知内部功能结构、功能载体的黑箱，通过对输入量和输出量的分析，逐步掌握输入和输出的基本特征和转换关系，寻求能实现这种基本特征和转换关系的工作原理和功能载体。图 8-10 所示为黑箱与外界条件的关系。图 8-11 所示是洗衣机的黑箱示意图。

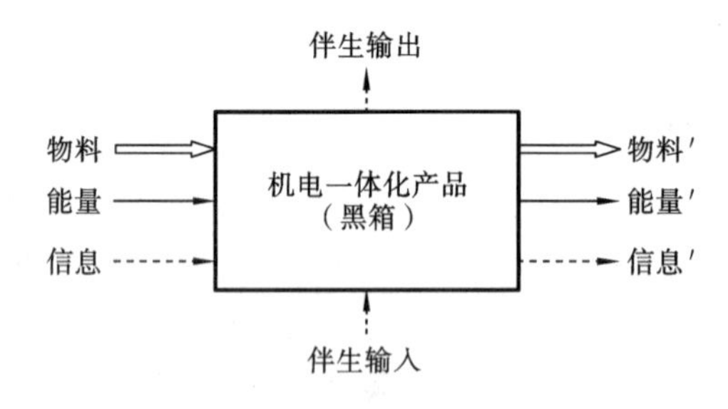

图 8-10　黑箱与外界条件的关系

物质、能量和信息是工业三大要素，物料（质）流是机电系统完成特定工作过程中工作的对象和载体，物料的形式有固体、液体和气体。图 8-12 所示为金属切削机床的物料流，输入工件的毛坯和切削冷却液，输出制成的零件和切削冷却液废液。

能量流在机电系统中存在于能量转换与传递的整个过程中，是系统完成特定工作过程所需的能量形态变化和实现动作过程所需的动力。能量的类型有机械能、电能、化学能、热能、太阳

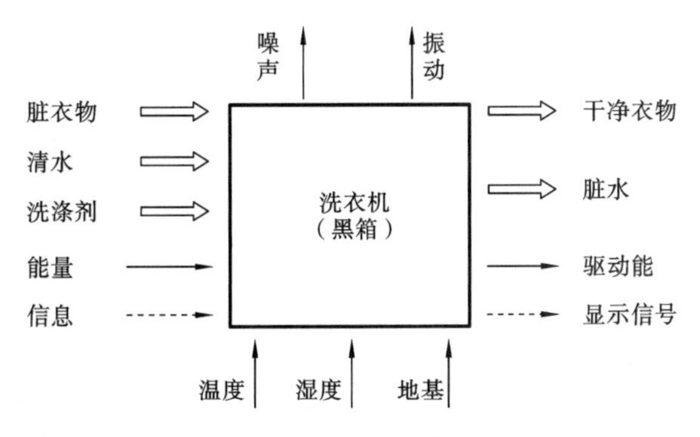

图 8-11　洗衣机的黑箱示意图

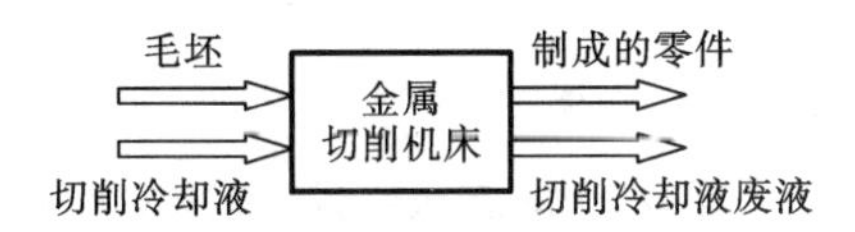

图 8-12　金属切削机床的物料流

能、光能、核能和生物能等。表 8-1 举例说明了不同的能量可以转换。图 8-13 所示为能量流及其支持系统模型，图 8-14 所示为金属切削机床进给驱动系统及其能量流。

表 8-1　能量转换实现装置

转换前形态	转换后形态			
	机械能	电能	热能	化学能
机械能	机械传动装置	发电机	摩擦焊机	—
电能	电动机	变压器	电炉	电解装置
热能	热机	热电偶	换热器	吸热反应装置
化学能	渗透压装置	电池	工业窑炉	化学反应装置

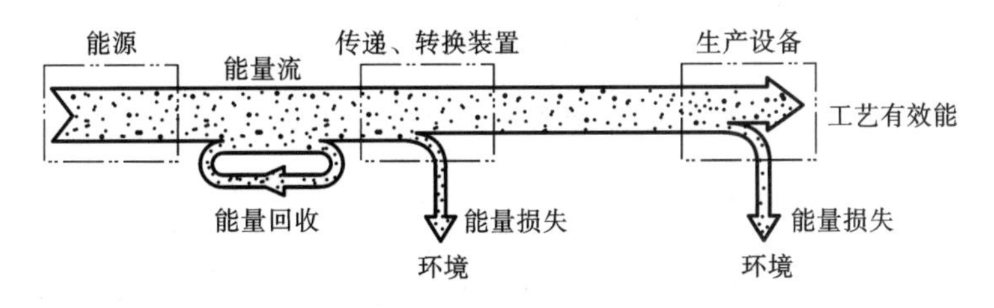

图 8-13　能量流及其支持系统模型

信息流反映信号、数据检测、传输、转换和显示的过程，它的功能是实现机电系统工作过程的操纵、控制，以及信息的传输、转换和显示。信息多种多样，可以是数据、指示值、测量值、控制信号等任何形式的信号。图 8-15 所示为全自动照相机的主要信息流，图 8-16 所示是自动化轧钢机控制信息框图。

任何一台机器的主要特征都是从能量流、物料流、信息流中体现出来的。要设计一台新机器，首先应从剖析能量流、物料流和信息流着手。构思各种可供选择的能量流、物料流和信息流，就可得到新机器的许多种方案。

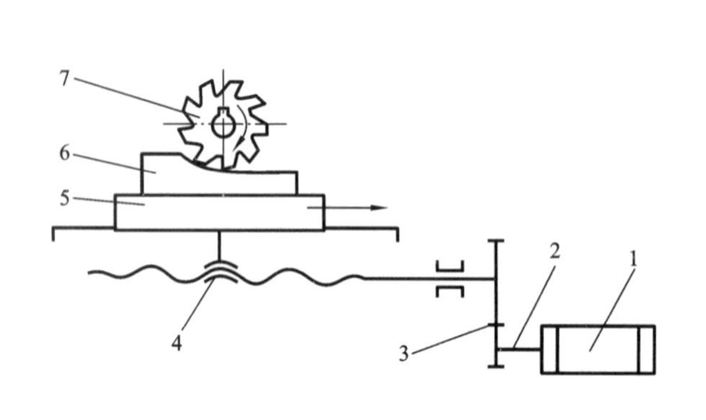

(a) 金属切削机床进给驱动系统

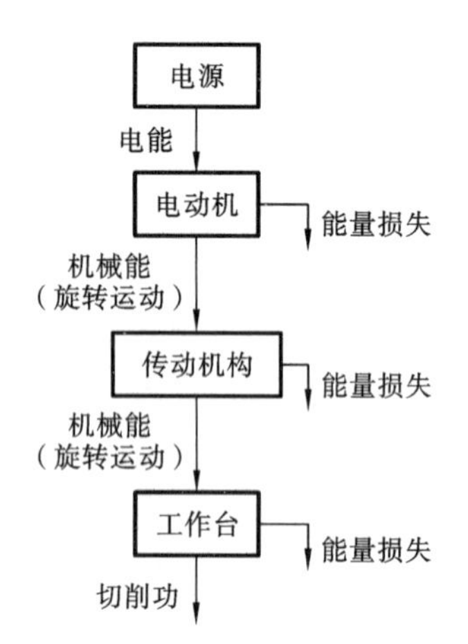

(b) 金属切削机床进给驱动系统能量流

图 8-14　金属切削机床进给驱动系统及其能量流

1—电动机；2—电动机轴；3—齿轮副；4—丝杠副；5—工作台；6—工件；7—刀具(铣刀)

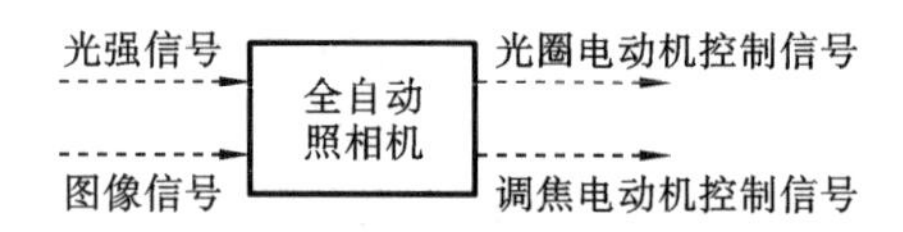

图 8-15　全自动照相机的主要信息流

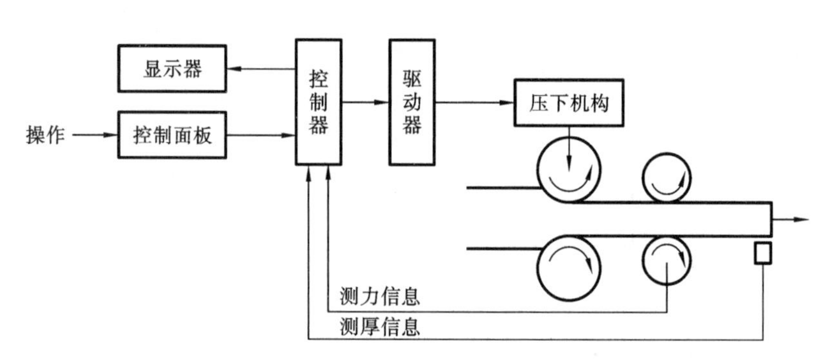

图 8-16　自动化轧钢机控制信息框图

下面以 CNC 齿轮测量中心的设计为例，阐述产品的功能设计。CNC 齿轮测量中心是由计算机控制的一种多功能、全自动、智能化的测量仪器，可以对齿轮、复杂刀具、蜗轮、蜗杆、凸轮轴等工件的大多数精度指标进行检测。它集先进的计算机技术、微电子技术、精密机械制造技术、高精度仿真技术、信息处理技术和精密测量理论与技术于一体，代表了齿轮测量技术的先进水平。图 8-17 所示为 CNC 齿轮测量中心的黑箱示意图。图 8-17 中左边为输入量，右边为输出量，下边为外界环境对系统的影响因素，上边表示该测量中心对外部环境的影响。输入量有能量、未知几何参数的工件、含有测量要求的信息等三种形式，输出量为测量结果信息，该测量中心的总功能是测量回转工件的几何尺寸。

黑箱法求解过程就是黑箱白化的过程。在通常情况下，系统都是较为复杂的，很难直接求得满足总功能的系统方案，因而要进行总功能的分解。

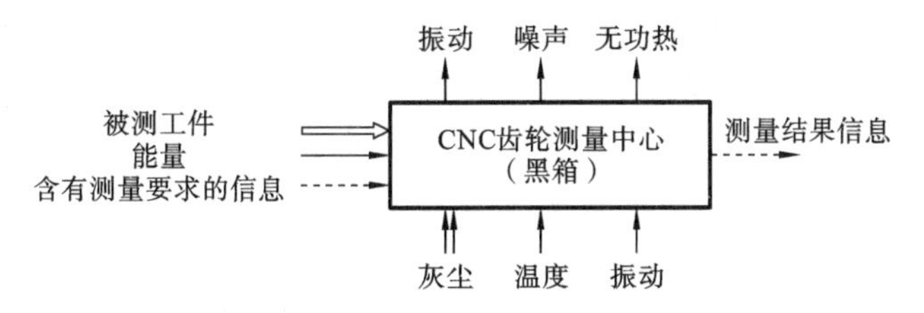

图 8-17　CNC 齿轮测量中心的黑箱示意图

8.5.2　系统总功能的分解

对所设计的产品对象来说，产品的整体功能由不同组成部分相互协调共同实现。因此，产品的总功能可以分解为多级子功能，将它们按确定的功能结合起来，建立功能结构图，如图 8-18 所示，这样既可显示各功能元、子功能与总功能之间的关系，又可通过各功能元之间的有机组合求解系统方案。

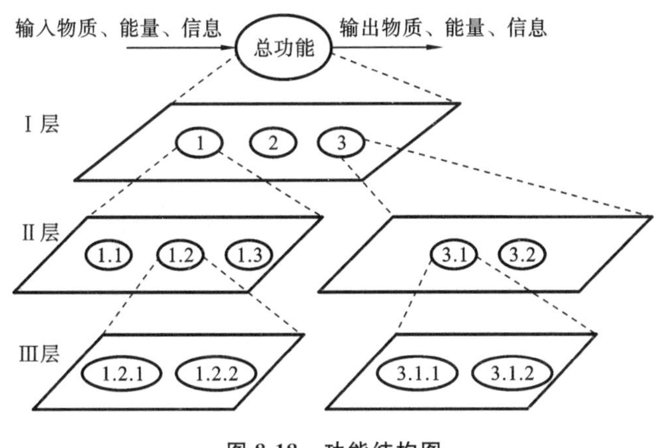

图 8-18　功能结构图

常用的设计策略如下。

(1) 减少机械传动部件，使机械结构简单化、体积减小，改善系统的动态响应性能，提高系统的运动精度。

(2) 注意选用标准、通用的功能模块，避免功能模块在低水平上的重复设计，提高系统在模块级上的可靠性，加快设计开发的速度。

(3) 充分运用硬件功能软件化原则，使硬件的组成最简化，使系统智能化。

(4) 以计算机系统为核心进行设计。

将总功能分解成复杂程度较低的子功能后，应找出各子功能的原理方案。如果有些子功能还太复杂，则可进一步将子功能分解为较低层次的子功能。分解到最后的基本功能单元称为功能元。前级功能元是后级功能元的目的功能，后级功能元是前级功能元的手段功能。另外，同一层次的功能单元组合起来应能满足上一层功能的要求，最后合成的整体功能应满足系统的要求。

机电系统的功能元包括物理功能（变换、合并分离、传导隔阻、储存等）元、逻辑功能（与、或、非等元）、数学功能（加、减、乘、除、乘方、开方、微分、积分等）元。

各种功能元实施的基础是以自然科学原理为基础的技术效应，如以物理学为主要技术基础的力学、机械学、电学、磁学、光学等原理广泛应用于工程技术的各个领域，即所谓的物理效应。各种功能元实施的要点是：同一种功能可以用不同的技术效应来实现，选出最佳的功能元实施原理方案。

8.5.3 功能结构的确定

在功能分解中要求同级子功能相互协调组合起来应能满足上一级子功能的要求，最后组合起来应能满足总功能的要求，这种功能的分解与组合关系称为功能结构。功能结构图由以下三种基本结构形式组成：串联（链状）结构、并联（平行）结构和环形（反馈连接）结构。

(1) 串联结构又称顺序结构，反映了子功能之间的因果关系或时间、空间顺序关系，基本形式如图 8-19(a)所示。例如，台虎钳的施力与夹紧两个子功能就是串联关系，如图 8-19(b)所示。

(2) 并联结构又称选择结构，几个子功能作为手段共同完成一个目的，或同时完成某些子功能后才能继续执行下一个子功能，则这几个子功能处于并联关系。并联结构的一般形式如图 8-20(a)所示。例如，车床需要工件与刀具共同运动来完成加工的任务，如图 8-20(b)所示。

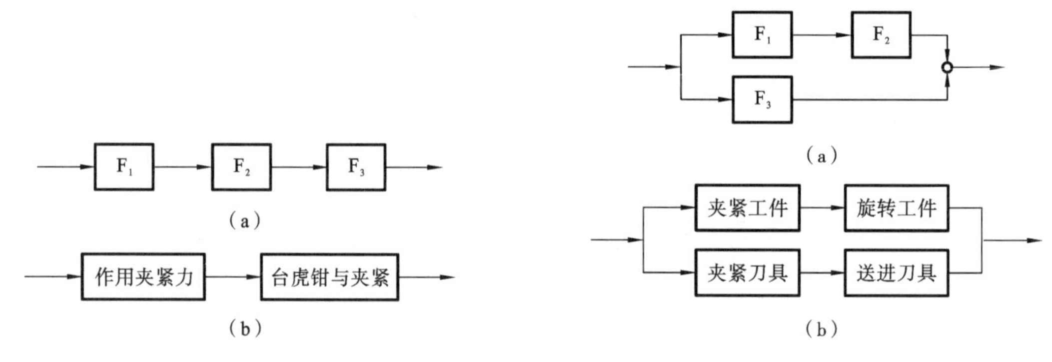

图 8-19　串联结构原理　　**图 8-20　并联结构原理**

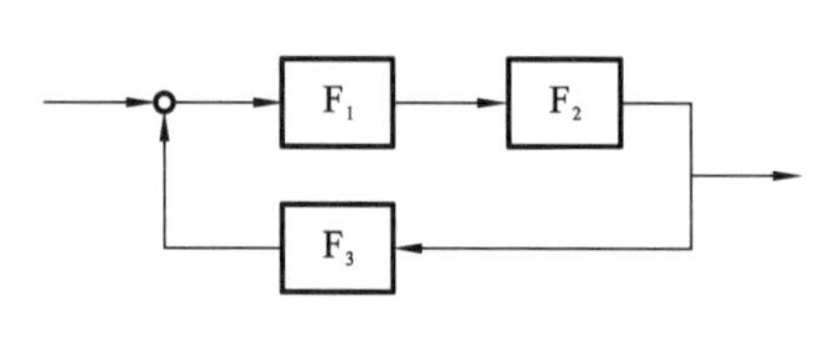

图 8-21　环形结构原理

(3) 环形结构又称循环结构，是输出反馈为输入的结构。图 8-21 所示为环形结构原理。

实际设计时，建立系统功能结构可以从系统功能分解出发，分析功能关系和逻辑关系。首先，从上层子功能的结构开始考虑，建立该层功能结构的雏形，然后逐层向下细化，最后得到完善的功能结构图。CNC 齿轮测量中心的功能分解如图 8-22 所示。

在 CNC 齿轮测量中心的研制过程中，进行各子系统设计时，设计者需采用大量的先进技术。各子系统间既有分工，又密切关联、相互制约。CNC 齿轮测量中心原理图如图 8-23 所示。CNC 齿轮测量中心可自动完成测量过程。它通过计算机控制三个直线运动轴(R 轴、T 轴、Z 轴)和一个旋转运动轴(θ)轴，使它们在各自伺服系统的驱动下实现联动。根据被测工件的参数，三个直线运动轴上的测微仪相对随旋转坐标轴转动的工件产生所需要的测量运动。在整个测量过程中，计算机采集存储测微仪的偏移量和同一时刻各运动轴的实际坐标值，经过数据处理，与被测项目的理论值比较，得出测量结果。

根据 CNC 齿轮测量中心的黑箱，将总功能逐级分解，得到第一层功能结构图，如图 8-24 所示。该系统是由许多子系统组成的，如运动控制系统、驱动与传动系统、测量系统、测头系统和

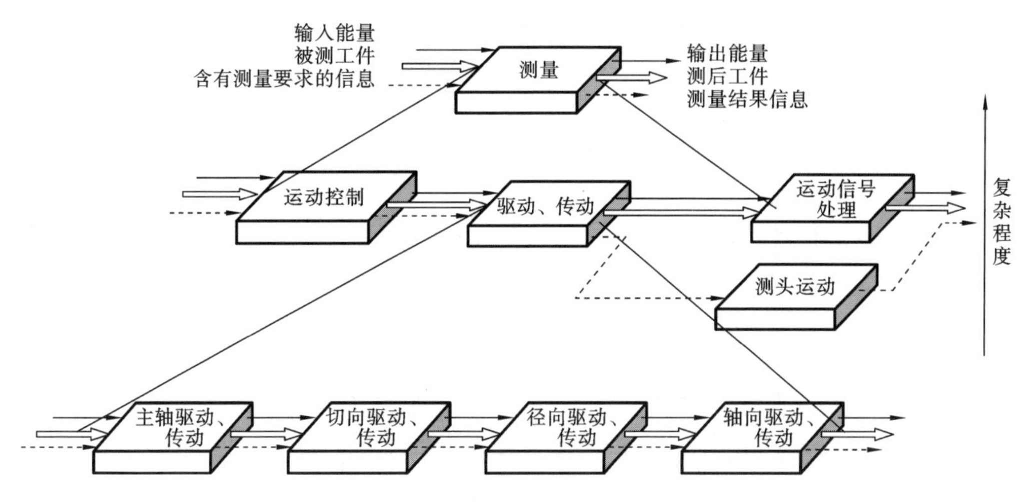

图 8-22　CNC 齿轮测量中心的功能分解

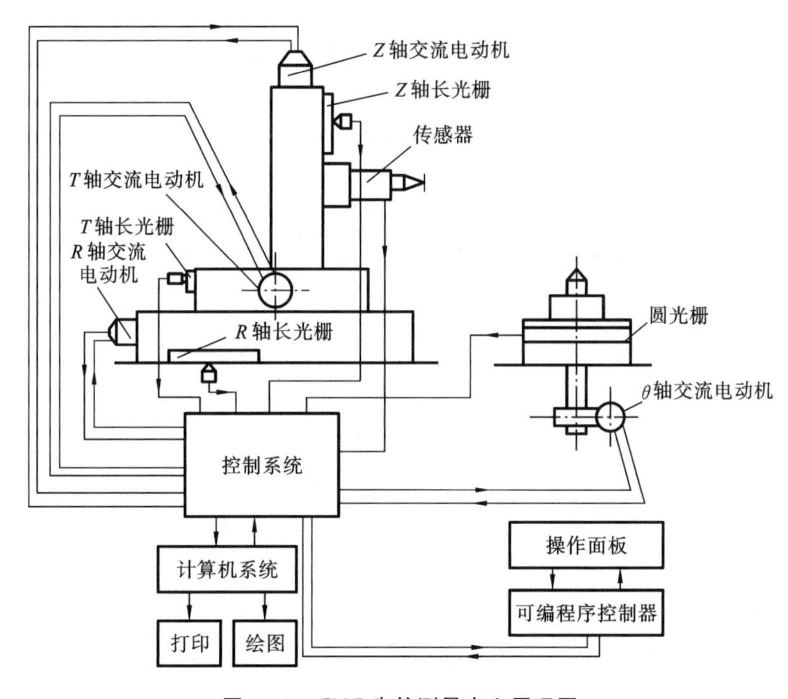

图 8-23　CNC 齿轮测量中心原理图

运动信号处理系统等。分别单独绘制各子系统的功能结构图，其中驱动与传动系统的功能结构图如图 8-25 所示。对第二层功能结构中的功能部分可以进一步细分，得到第三层功能结构图，如 T 向系统的功能结构图，如图 8-26 所示。

8.5.4　原理方案的设计与选择

产品的原理方案设计就是子功能求解，寻找实现子功能的基本原理。如果对每个子功能都找出了相应的物理效应和确定了功能载体，就可组成具体的设计方案。

在理清机电系统总功能、子功能和功能元之间的关系后，设计者尚需进一步解决怎样实现

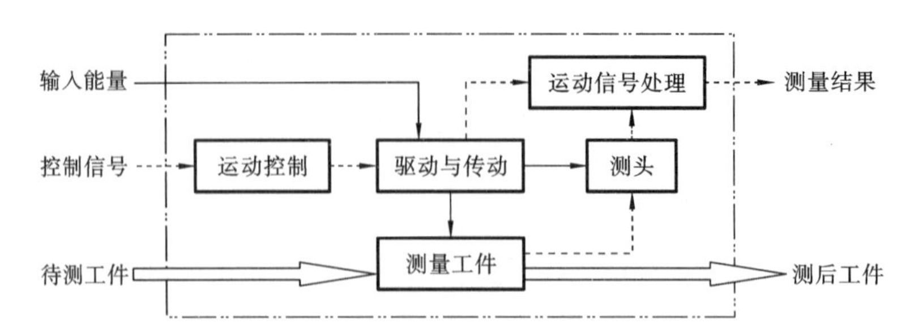

图 8-24　CNC 齿轮测量中心第一层功能结构图

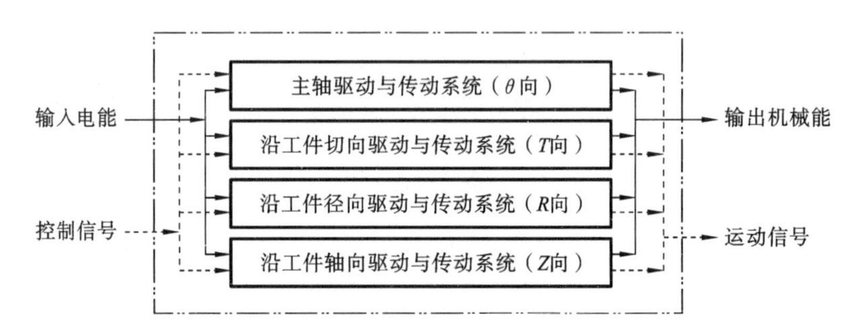

图 8-25　CNC 齿轮测量中心驱动与传动系统的功能结构图(第二层功能结构图)

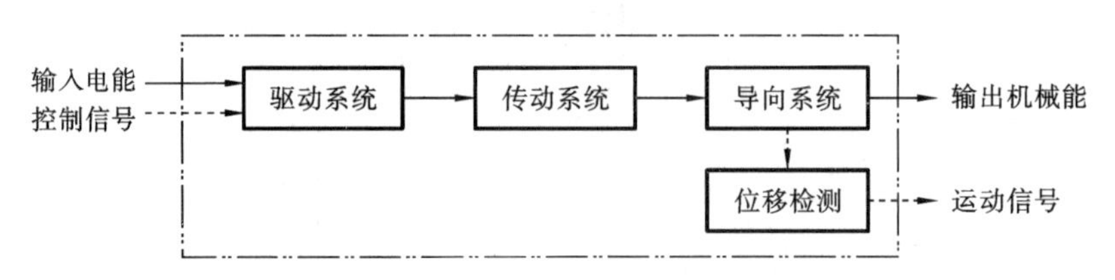

图 8-26　CNC 齿轮测量中心 T 向系统的功能结构图(第三层功能结构图)

这些功能的问题，即子功能或功能元的求解问题。同一种物理效应可以实现多项功能，如杠杆效应可以实现力的放大、缩小、换向等功能。同样，一项功能可以由多种物理效应来实现。所以，在寻找物理效应时，设计者应针对子功能的要求尽可能多地提出物理效应，综合运用机、电、液、光等多种学科的知识，运用发散性思维方式寻求先进、实用的科学原理和物理效应，并进一步确定实现该效应的功能载体。这样有利于开阔思路，并有助于评价决策，获得最佳设计方案。

如图 8-27 所示，洗衣机的主功能是清洁衣物，因去污功能基本原理的求解途径不同可设计出不同,类型的洗衣机。例如，根据洗衣桶与衣物之间的相对运动产生洗涤作用的原理设计出各种机械式洗衣机(如波轮式洗衣机、滚动式洗衣机和搅拌式洗衣机)；气泡式洗衣机利用气泡泵向装有衣物、洗涤剂和水的洗衣桶内注入大量微细气泡，气泡上升破裂产生振荡，使洗衣桶内的衣物纤维振动，从而产生洗涤作用；利用臭氧的氧化作用使衣物污垢脱落并起到杀菌作用设计出臭氧式洗衣机。

设计者在进行方案构思、选择系统原理方案时，用穷尽法将各子功能的解全部列出，就可写出功能-功能解的形态学矩阵。形态即相应的实现各子功能的执行机构和技术手段。形态学矩阵建立在功能分解和功能求解的基础上，设计者由形态学矩阵可得到多种可行方案，对可行方案进行筛选、评价，最终获得最佳方案。

形态学矩阵的方案数常常太大，难以寻优，一般先采用以下方法淘汰大部分的一般方案。

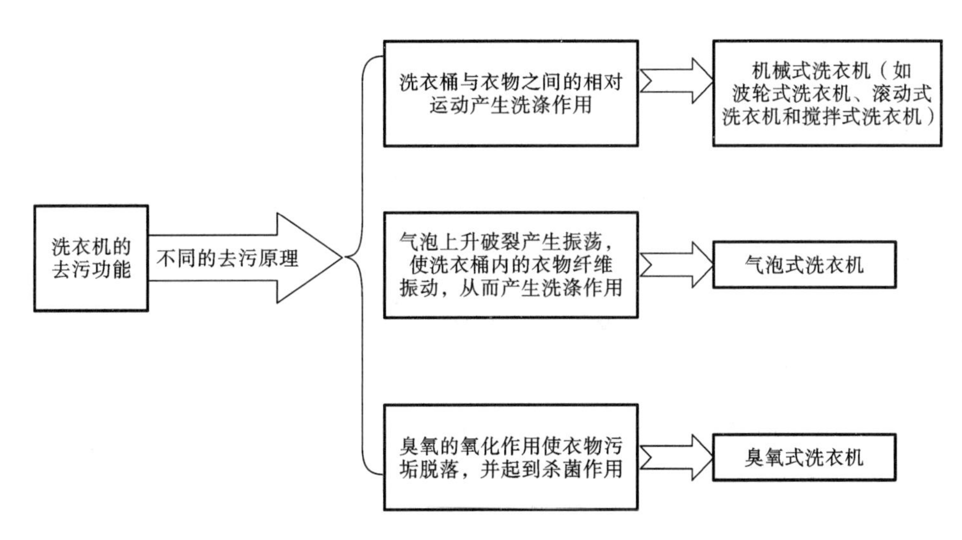

图 8-27　利用不同去污原理设计洗衣机

（1）各功能元必须相容，不相容者淘汰。

（2）淘汰与国家政策和民族习性有矛盾的、经济效益差的解。

设计者在寻求组合方案时，要注意防止按常规走老路的倾向，重视创新的先进技术的应用。经过筛选淘汰组合成少数方案供功能评价决策用，最后得 1～2 个可行的功能原理方案作为技术设计方案。表 8-2 所示是洗衣机形态学矩阵。

表 8-2　洗衣机的形态学矩阵

项　目	功 能 元 解							
介质	常态水	喷射水	常温空气	高温空气	气泡	饱和蒸汽	真空	泡沫
摩擦表面体	波轮	滚筒	搅拌器					
所用化学物质	洗涤剂	汽油	三氯乙烯	四氯乙烯	臭氧			
变速形式	离合器	电压	交流频率	相数	齿轮副			
变向形式	相序	电源	交接线	离合器				
振荡方式	电磁	超声波						
能量转换装置	交流电动机	直流电动机	空压机					
动力保护	热熔断器	安全阀	过电流熔断器					
传动联断	离合器	齿轮副						
传动保护	安全离合器							
所用容器	套缸	单缸	常压容器	离压合器				
流体输入量调位	传感器	电磁阀	电磁离合器					
流体输出位置	下排	上排						
衣物干燥形式	电干	烘干						
机身部件定位	固定式	可调式						
罩壳装饰	家用式	宣传式						

续表

项　目	功能元解							
运动位置控制	位置传感器							
运动状态控制	逻辑电路	计算机						
时位控制	计算机	计数器	时间继电器					
温度控制	双金属片温度传感器		半导体温度传感器					
电控制	机械程控	逻辑电路	模糊控制	单片机	PLC			
安全手动控制	安全总开关							
安全自动控制	总电路安全开关		上盖安全开关					
人机交互面板	面板电子屏幕		液晶屏					
信息显示	网络输入显示器							
信息流功能	远程控制	故障诊断	维修指示	管理系统				

8.6　机电系统的结构设计

结构是指能产生所要求行为并完成预定功能的载体。结构设计是原理方案的结构化，可以实现结构的优化和创新。机电系统的结构设计主要包括以下两个方面的内容。

(1) 机械结构：重点考虑和设计。

(2) 电气结构：主要是选型，考虑安装等问题。

电气类功能单元在市场上已有现成的产品，设计者可根据设计要求选用。对于在市场上没有的产品，设计者可根据设计要求进行改进，调试修改，完善提高，以达到设计使用要求。

8.6.1　结构设计的任务、内容和步骤

1. 结构设计的任务

结构设计的任务是将原理方案结构化，确定机器(或系统)各个零部件的材料、形状、尺寸、加工和装配等。对结构设计的具体要求如下。

(1) 确定整个概念产品的特征结构、形状和尺寸(不涉及各个零部件的细节设计)。

(2) 主要考虑功能要求在几何与结构层次上如何得到满足。

(3) 将各种功能的输入/输出量、环境要求、工作条件等按照一定的规则或原理转变成装配结构中的一些主要几何参数和材料参数等设计量。

(4) 为概念产品评估提供符合要求的满意度，也为后续的详细设计提供基础。

2. 结构设计的内容

结构设计的内容包括确定零部件的形状、数量、相互空间位置，选择材料、确定尺寸，进行各种计算校核，按比例绘制结构方案总图。在计算时，可采用优化设计、可靠性设计、计算机辅助设计等多种现代化设计方法。

3. 结构设计的步骤

机电系统的结构设计步骤如图 8-28 所示。

由图 8-28 可知，结构设计可分为三个主要阶段。

(1) 初步设计：完成主功能载体设计。

(2) 详细设计：完成辅助功能载体设计，进行主辅功能载体详细设计。

(3) 完善、审核设计。

结构设计是从定性到定量、从抽象到具体、从粗略到精细的过程。结构设计要实现保证功能、提高性能、降低成本的目标。结构设计包括三个主要方面：一是质的设计——定性分析构型(形状、位置关系)；二是量的设计——定量计算尺寸、确定材料；三是按比例绘制结构图。

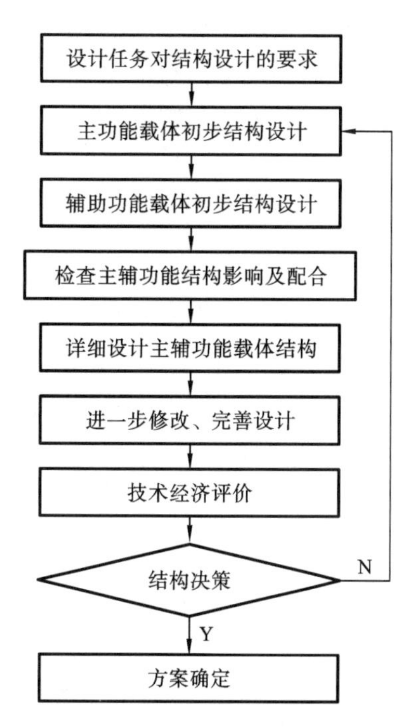

图 8-28　机电系统的结构设计步骤

8.6.2　功能载体的组合与确定

功能载体是实现功能转化的实体结构。实现一项功能可采用多种功能载体，这就是机电系统设计的多解性。对机电系统按功能进行分解，对分解出的每一项功能找到可行的功能载体，将这些功能载体组合起来，就得到了机电系统一系列的总体方案。求出实现子功能的功能载体后，往往用形态学矩阵法表达子功能求解的结果。形态学矩阵法是指建立在功能分解和功能求解的基础上，将相容的子功能解根据功能结构合理组合，得到实现总功能的整体方案。采用形态学矩阵法建立形态学矩阵，可找出所有的组合方案。设计者在做这项工作时，要集思广益，避免犯偏听偏信、先入为主、主观片面的错误。

这里以图 8-26 所示的 CNC 齿轮测量中心第三层功能结构图 T 向系统的功能结构图为例。CNC 齿轮测量中心 T 向系统的主要功能有两个，即导向、位移检测。建立形态学矩阵(见表 8-3)，由形态学矩阵可得出不同的设计方案，能组合出数 720(6×5×4×6)个方案。不同的组合可以得到不同的方案。

CNC 齿轮测量中心的主轴和导轨是影响仪器测量精度的关键部件，通过多种方案比较，主轴和导轨均分别采用气体静压主轴和气体静压导轨，气体静压主轴和气体静压导轨具有精度高、运动灵活平稳等特点，为实现高精度测量提供了保证。

表 8-3　CNC 齿轮测量中心 T 向系统的形态学矩阵

子功能		功能元解					
		1	2	3	4	5	6
A	导向	滑动导轨	滚动导轨	液体静压导轨	气体静压导轨		
B	位移检测	激光检测器	光栅	磁栅	感应同步器	线纹尺	码尺
C	传动	齿轮传动	齿形带传动	蜗轮传动	丝杠传动	齿轮齿条传动	
D	驱动	交流伺服电动机	直流伺服电动机	步进电动机	直线电动机	液动马达	气动马达

CNC 齿轮测量中心机械本体如图 8-29 所示。它由底座、花岗石平台、横梁、直线导轨、滑架、主轴、测微仪及上顶尖柱等组成。花岗石平台安装在底座上，花岗石平台的台面为设计调整

的基准面，边缘为 R 向导轨；R 向滑架布置在花岗石平台两侧，与横梁相连；T 向导轨安装在横梁上，T 向导轨上的移动支架用于支承 Z 向导轨，Z 向滑架可沿 Z 向导轨滑动，在 Z 向滑架上装有测微仪；立式旋转主轴安装在花岗石平台上；上顶尖柱安装于主轴侧旁，起装夹工件作用。

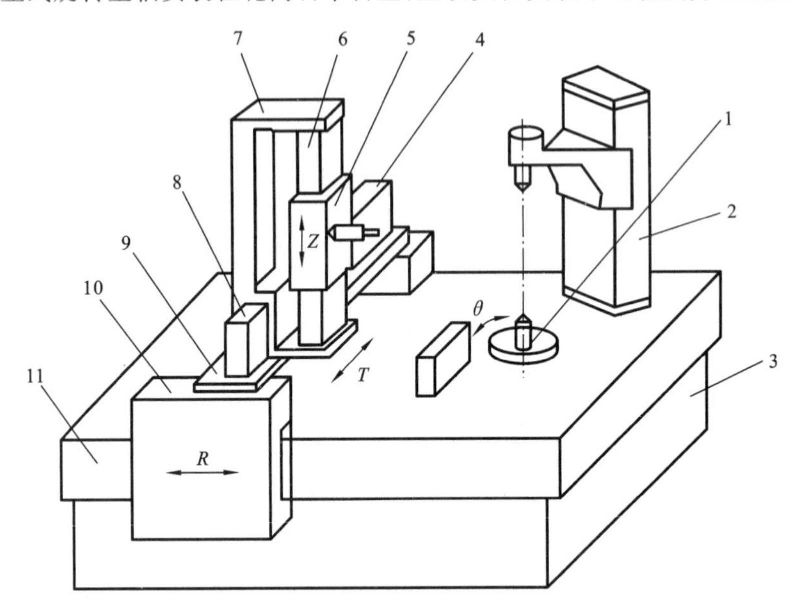

图 8-29 CNC **齿轮测量中心机械本体**

1—主轴；2—上顶尖柱；3—底座；4—测微仪；5—Z 向滑架；6—Z 向导轨；

7—支架；8—T 向导轨；9—横梁；10—R 向滑块；11—花岗石平台

CNC 齿轮测量中心数控系统的主要功能是接收计算机的指令，控制机械部件实现所要求的测量运动，并实时将测头及各坐标轴的测量数据传递给计算机。这样的数控系统不同于机床上使用的数控系统。机床用数控系统是将测量单元采样的数据作为反馈信息。CNC 齿轮测量中心主要用于形状误差和位置误差的检测，它的机械系统与计算机的连接采用串行接口或标准的 8 位并行接口。为满足 CNC 齿轮测量中心高精度、密集采点和高速度的要求，CNC 齿轮测量中心的数控系统应具有数据输入通道多、数据总线宽的特点。

电气逻辑控制包括操作台键识别、指示灯状态控制、机械行程限程、关键部件监控、自动保护功能启闭及异常状态处理等，这些逻辑功能由可编程序控制器完成，提高了系统的可靠性和灵活性。对于异常状态，直接用电气逻辑实现停机功能，不经过计算机和数控系统。

CNC 齿轮测量中心有两种结构布局方案，一种是卧式结构，另一种是立式结构。考虑到以后随着软件功能的扩展开发，要测量齿轮以外的其他多种类型的工件，采用立式结构，无论工件大小，无论工件有无定位芯棒，立式结构均适用，有利于 CNC 齿轮测量中心产品规格的系列化。

CNC 齿轮测量中心的上顶尖柱在工作台上的布局位置，突破了一般齿轮测量仪和国外齿轮测量中心对称布局的模式，将上顶尖柱布置在工作台的角上，不仅保证了 R 向的移动行程，而且为操作者装卸工件提供了较大的操作空间，还使整体布局于规整对称中出现了变化，如图 8-30 所示。

8.6.3 方案的评价与决策

产品的概念设计过程是一个复杂的、不完全确定的、创造性的设计推理过程，表现为一连串

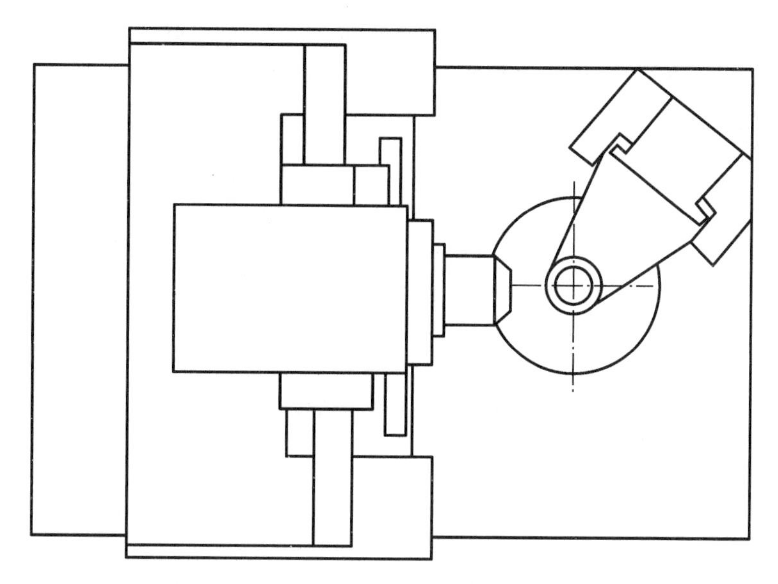

图 8-30　CNC **齿轮测量中心上顶尖柱的宜人性总体布局设计**

相连的问题求解活动。产品概念设计过程中一个重要的环节是概念产品方案的评价，概念产品方案是产品概念设计过程决策的重要依据。系统原理解的结合可以获得多种，有时甚至几十种初步设计方案，应对这些方案进行评价与筛选，找到较优的方案。具体的方案评价目标一般有6～10 项，方案评价目标过多可能影响主要功能目标。为比较各方案评价目标的重要程度，定量评价时要设加权系数。

设计方案具体化采用的方法大致有：绘制方案原理图、整机总体布局草图、主要零部件草图，为在空间占用量、质量、所用材料、制造工艺、成本和运行费用等方面进行比较提供数据；进行运动学、动力学和强度方面的粗略计算，以便定量地反映初步设计方案的工作特性；进行必要的原理试验，分析确定主要的设计参数，验证设计原理的可行性；对于大型、复杂设备，可制作模型，以获得比较全面的技术数据。对初选后的初步设计方案进行具体化后，可对它们进行技术经济评价，做出取舍的最后决策。

系统的评价是根据预定的系统目的，通过调查研究，应用科学、合理的程序与方法，对被评价系统的经济价值、技术价值或综合性的价值做出判定，从多个方案中选择在技术上先进、在经济上合理、在建设上可行的系统最优方案。因此，评价是为了决策，决策需要评价。

在方案设计阶段进行系统评价主要是对方案在各方面可能产生的后果及其影响进行评价，以便提供决策所需的定性和定量的信息资料。

在系统的运行阶段进行系统评价主要是对系统现状进行分析和评价，以便弄清问题，对现状心中有数，以便有效地改进工作，及时调整方向，抓住机会，做出合理的决策。

在系统方案完成以后进行系统评价主要是定量地掌握系统已经达到的目标以及与预定目标的差距，为下一步决策或其他系统的开发设计工作提供信息。系统评价与决策的有效性密切相关，正确的系统评价可以使决策获得成功，取得较好的效益；错误的系统评价会导致决策失败，付出沉重的代价。

系统评价的内容主要包括以下三个方面。

(1) 技术评价。开发、设计和运行系统的根本目的是实现特定的功能，以便为人们提供物质和精神上的财富，或带来生活上的便利。技术评价就是评定该系统方案是否达到预定目标。系统结构的合理性、先进性、适用性等都属于技术评价的内容。

(2) 经济评价。经济评价主要是评价系统方案的经济效益，如进行投入产出比分析、性能价格比分析、成本费用分析、资金占用分析等经济可行性分析。

(3) 综合评价。对机电系统(产品)的综合评价主要是对机电系统(产品)实现目的功能的结构、性能进行评价。机电一体化的目的是提高产品(或系统)的附加价值，而衡量附加价值的高低必须以衡量产品性能和结构质量的各种定量指标为依据，如表 8-4 所示。具体设计时，常采用不同的设计方案来实现产品的目的功能，达到产品的规格要求，满足产品的性能指标要求。因此，必须对这些方案的价值进行综合评价，从中找出最佳方案，以便决策者做出决策。

表 8-4 机电系统附加价值的各项综合指标

系统(产品)内部功能	评 价 参 数	系统(产品)价值	
		高	低
主功能	系统误差	小	大
	抗干扰能力	强	弱
	废弃物输出	少	多
	变换效率	高	低
动力功能	输入能量	少	多
	能源	内装	外装
控制功能	可控输入/输出接口数	多	少
	操作动作数	少	多
构造功能	尺寸、质量	小、轻	大、重
	强度	高	低
计测功能或信息获取	精度	高	低
	灵敏度	响应快	响应慢

决策是指为了实现一个特定的目标，在占有一定信息和经验的基础上，根据客观条件与环境的可能性，借助一定的科学方法，从各种可供选择的方案中，选出作为实现特定目标的最佳方案的活动。早期的决策活动主要有赖于决策者个人的才智和经验。运筹学、系统理论、信息理论、控制论的相继问世，以及计算机广泛运用于人类的决策活动，为决策从凭经验做出到科学做出提供了现代的理论、方法和手段，使得决策由定性分析阶段进入定量化阶段。

决策的过程随情况不同而异，但一般遵循的步骤为发现问题、确定目标、找出各种选择的方案、对每个方案进行评估、选择最佳方案、执行最佳方案。发现问题、提出问题是系统分析的起点，也是决策的起点，并作为决策的前提和确定目标的依据；确定目标是根据需要与可能确定期望达到的结果，因此建立目标必须切合实际，即经过努力可以争取达到；根据目标，根据主客观条件，设计出供决策者选择的可实现目标的各种方案，设计方案应遵循可行性、客观性、详尽性三条原则；通常最终选出一个最佳方案，一般选择代价最低、时间最短、效果最佳、能实现既定目标的那个方案，但有时也会在权衡各种因素后选择风险性较小的方案；若实际实施的结果与目标给定值之间产生偏差，就需要及时将这方面的信息输送到决策系统，以便对原方案进行修正。

习　题

8-1　分析现代机电系统设计与传统的机电产品设计的区别。

8-2　什么是机电系统总体设计？机电系统总体设计的主要内容有哪些？

8-3　机电一体化产品的主要性能指标有哪些？如何根据使用要求和设计要求来确定机电一体化产品的性能指标？

8-4　归纳性能指标对机电系统结构方案的影响体现在哪些方面。

8-5　简述机电系统总体设计中的关键因素，以及总体设计与具体设计的关系。

第 9 章　现代机电系统工程与“工业 4.0”

“工业 4.0”(industry 4.0)研究项目由德国联邦教研部(EMBF)与德阳联邦经济技术部(BMWI)联手资助，在德国国家工程院、弗劳恩霍夫协会、西门子公司等德国学术界和产业界的建议和推动下形成，是德国政府 2020 高科技战略确定的十大未来项目之一，且“工业 4.0”已上升为德国国家战略，旨在支持工业领域新一代革命性技术的研发与创新。德国政府提出“工业 4.0”战略，并在 2013 年 4 月的汉诺威工业博览会上正式推出，目的是提高德国工业的竞争力，在新一轮工业革命中占领先机。该战略已经得到德国科研机构和产业界的广泛认同，弗劳恩霍夫协会已在其下属 6～7 个生产领域的研究所引入“工业 4.0”概念，西门子公司已经开始将这一概念引入其工业软件开发和生产控制系统。

9.1　“工业 4.0”的核心特征

德国制造工业是世界上最具竞争力的制造工业之一，在全球制造装备领域处于领头羊的地位。这在很大程度上源于德国专注于创新工业科技产品的科研和开发，以及对复杂工业过程的管理。德国拥有强大的设备和车间制造工业，在世界信息技术领域拥有很高的水平，在嵌入式系统和自动化工程方面也有很专业的技术，这些因素共同奠定了德国在制造工程工业上的领军地位。在挖掘新型工业化的潜能方面，德国独一无二地开启一个新的工业时代——第四次工业革命。前三次工业革命造就了机械技术、电气技术和信息技术的飞速发展。如今，物联网和制造业服务正宣告着第四次工业革命的到来。

如图 9-1 所示，18 世纪工业化的进程始于机械制造设备的出现。那时候，纺织机、蒸汽机一类的机器大大改变了生产产品的方式。第一次工业革命之后，在劳动分工的基础上，20 世纪的第二次工业革命实现了电力驱动的规模化生产。之后，便是从 20 世纪 70 年代初直到现在的第三次工业革命。第三次工业革命基于电子和信息技术(IT)，以 PLC(可编程序控制器)和 PC 的应用为标志，从此机器不但接管了人的大部分体力劳动，也接管了人的一部分脑力劳动，提高了制造过程的自动化程度，机器代替人完成相当一大部分的“体力劳动”和一部分“脑力劳动”，工业生产能力也自此超越了人类的消费能力，人类进入了产能过剩时代。可见，前三次工业革命的发生，分别源于机械化、电力技术、信息技术。如今，将物联网及服务引入制造业正迎来第四次工业革命。在不久的将来，企业能以 CPS(cyber physical system，信息物理系统)的形式建立全球网络，整合机器、仓储系统和生产设施。

德国充分利用自身世界领先的制造设备供应商的身份及在嵌入式系统领域的优势，通过利用物联网及服务互联网向制造领域扩展这一趋势，在向第四阶段工业化迈进的过程中先发制人。图 9-2 所示是基于物联网与服务的智能环境发展过程。

在制造业领域，信息物理系统包括能自主交换信息的智能机器、存储系统和生产设施，它们

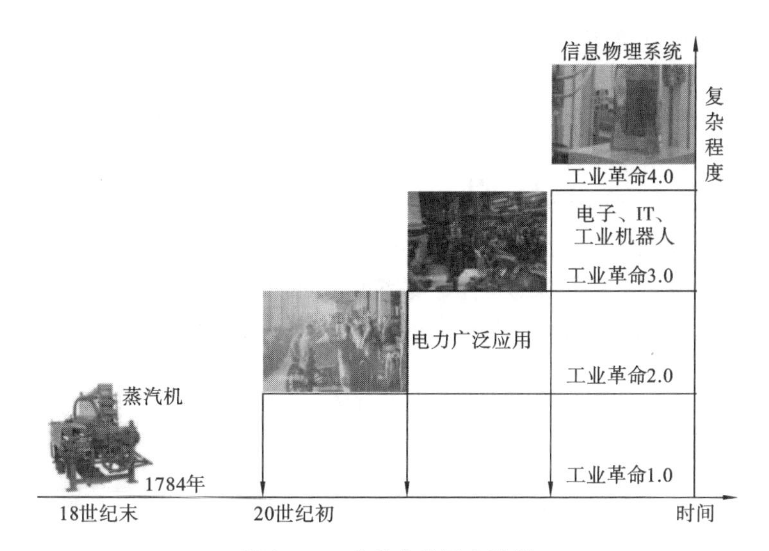

图9-1　工业革命的四个阶段

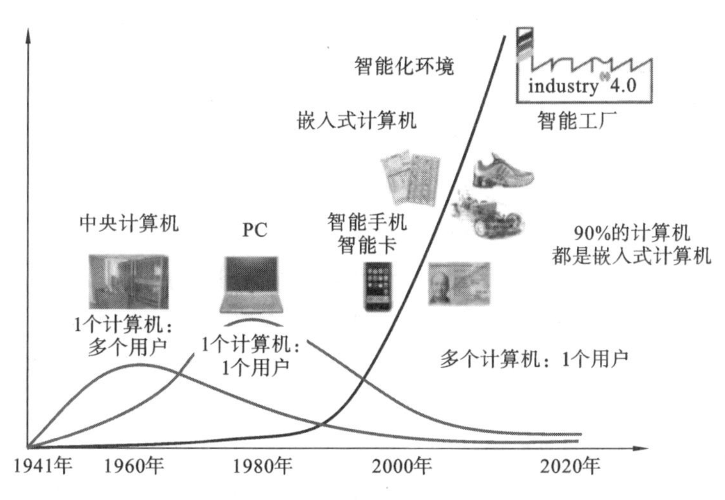

图9-2　基于物联网与服务的智能环境发展过程

能独立运行和相互控制。这有利于从根本上改善工业过程，包括制造、工程、材料使用、供应链和生命周期管理。

“工业4.0”有三大主题：智慧工厂（smart factory）、智能制造（intelligent manufacturing）、智能物流（intelligent logistics）。智慧工厂重点研究智能化生产系统和过程，以及网络化分布式生产设施的实现。智能生产主要涉及整个企业的生产物流管理、人机互动、3D打印以及增材制造等技术在工业生产过程中的应用等。智能物流主要通过互联网、物联网、物流网整合物流资源，充分发挥现有物流资源供应方的效率，使需求方能够快速获得服务匹配，得到物流支持。

9.1.1　智慧工厂

智慧工厂是现代工厂信息化发展的新阶段，是在数字化工厂的基础上，利用物联网的技术和设备监控技术加强信息管理和服务，清楚掌握产销流程，提高生产过程的可控性，减少生产线上人工的干预，及时正确地采集生产线数据，以及合理编排生产计划与生产进度，并集绿色智能的手段和智能系统等新兴技术于一体，构建成的高效节能的、绿色环保的、环境舒适的人性化工厂。

生产系统是由CPS构成的。CPS的一个基本特征是在使用互联网标准的情况下以先进的方式对生产系统进行联网。不仅设备与设备之间的通信增强，工件与生产技术之间的通信也不断增强。物料和工件在物联网中通过识别号实现通信。分散式组织型生产单元具有无可比拟的灵活性，工件和生产技术在智能工厂中能够灵活地互联互通且基于实际应用来重新配置生产系统。在物联网中可以看见并获取这些生产系统的资源和能力(把生产作为一种能力)。图9-3所示是一类基于无线、RFID、传感器和自动化服务的智能车间架构。

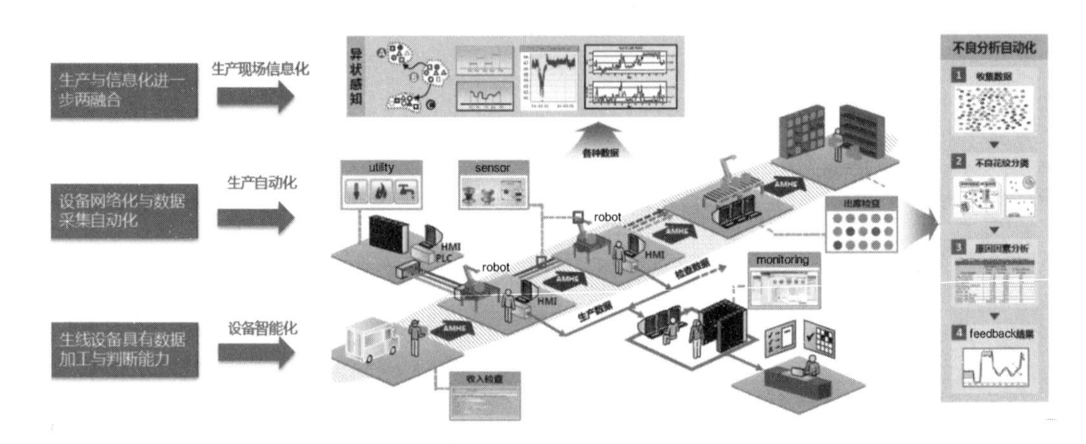

图9-3　基于无线、RFID、传感器和自动化服务的智能车间架构

智慧工厂理念中关键的成功因素是产品和生产系统的集成开发。这意味着，在企业内部必须把从产品开发流程到相应生产技术开发的跨学科结合提升至一个新的高度。灵活的生产系统要求具有同样灵活的软件系统，从而计划、模拟和控制生产流程(网络服务)。如今的集中式系统将被智能和高度透明的分散式系统替代。

在第四次工业革命中，物联网和服务网络是智慧工厂的基础。智慧工厂使得用户的个性定制化需求得以满足，这就意味着，即使是一次性的产品也可以通过颇具收益的方式制造出来。图9-4所示是基于物联网和服务互联网的智慧工厂架构。

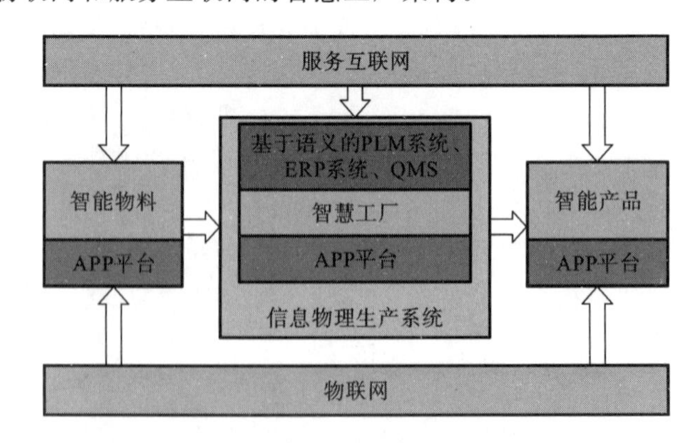

图9-4　基于物联网和服务互联网的智慧工厂架构

在第四次工业革命中，对供应商而言，动态的商业模式和工程流程使生产和交付变得更加

灵活，而且对生产中断和故障可以灵活反应。现代工业制造在制造流程中已经能够提供端到端的透明化，以促进选择决策的制定。

安全和安保是智能制造系统成功的关键，设备和产品中包含的信息特别需要被保护，以防止这些信息被滥用或者在未被授权的情况下被使用。保护设备和产品中包含的信息对安全和安保的架构、特殊识别码的集成调用提出更高的要求。图 9-5 所示是基于云安全网络的智慧工厂流程。

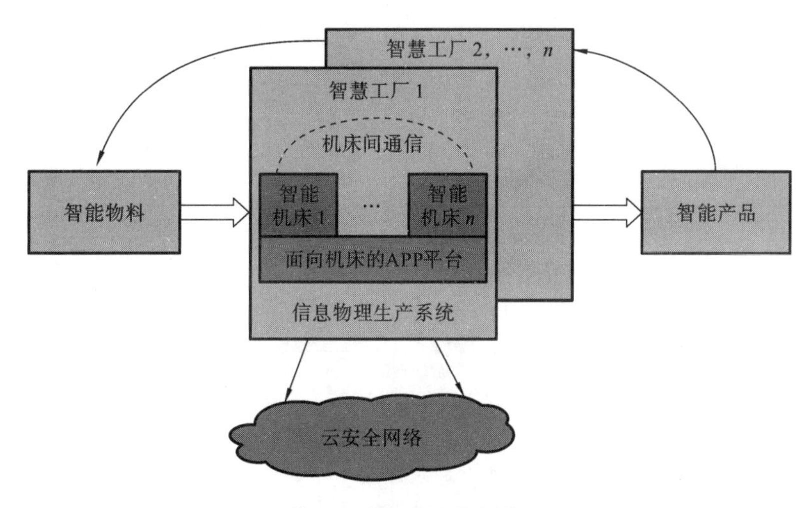

图 9-5　基于云安全网络的智慧工厂流程

作为“工业 4.0”的三大主题之一，智慧工厂可谓贯穿产业升级全过程。智慧工厂主要研究智能化生产系统、过程以及网络化分布生产设施的实现。智慧工厂的发展，是智能工业发展的新方向。智慧工厂的主要特征如下。

(1) 系统具有自主能力：可采集与理解外界及自身的资讯，并据此分析、判断及规划自身行为。

(2) 整体可视技术的实践：结合信号处理、推理预测、仿真及多媒体技术，实境展示现实生活中的设计与制造过程。

(3) 协调、重组和扩充特性：系统中各组可根据工作任务自行组成最佳的系统结构。

(4) 自我学习和维护能力：透过系统自我学习功能，在制造过程中不断落实资料库的补充、更新及自动执行故障诊断，并具备排除故障与维护系统的能力，或具有通知对的系统执行的能力。

(5) 人机共存的系统：人机具备互相协调合作关系，在不同层次相辅相成。

图 9-6 所示是国内某知名企业为智慧工厂所设计的产品应用架构，提供从感知、执行终端，到物联网接入网络，再到上层应用一体化的整体生产解决方案，涉及纵向集成、横向集成和端到端集成。

纵向集成包括研发、设计、生产、制造、运营、管理、服务等所有的环节集成。

横向集成包括一级供应商、二级供应商，以及销售商信息的无缝对接。企业之间通过价值链以及信息网络实现资源整合。为实现各企业间的无缝合作，提供实时产品与服务，推动企业间研产供销、经营管理与生产控制、业务与财务全流程的无缝衔接和综合集成，实现产品开发、生产制造、经营管理等在不同企业间的信息共享和业务协同。

端到端集成的一个新理念是围绕产品全生命周期的价值链创造，通过对价值链上不同企业资源的整合，实现从产品设计、生产制造、物流配送到使用维护的产品全生命周期的管理和服务。端到端集成以产品价值链创造集成供应商（一级、二级、三级……）、制造商（研发、设计、加工、配送）、分销商（一级、二级、三级……），以及客户信息流、物流和资金流，在为客户提供更有价值的产品和服务的同时，重构产业链各环节的价值体系。

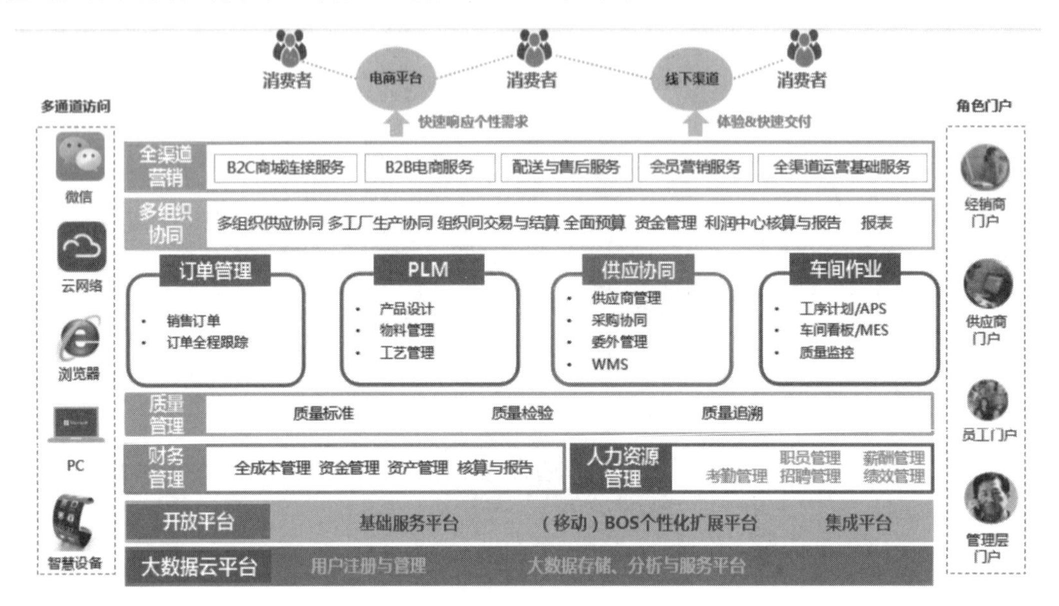

图 9-6　智慧工厂产品应用架构

9.1.2　智能制造

智慧工厂虽然是在数字化工厂的升级版，但是与智能制造还有很大的差距。智能制造的含义如图 9-7 所示。智能制造系统在制造过程中能进行智能活动，如分析、推理、判断、构思和决策等，通过人与智能机器的合作，去扩大、延伸和部分地取代技术专家在制造过程中的脑力劳动。它把制造自动化扩展到柔性化、智能化和高度集成化。

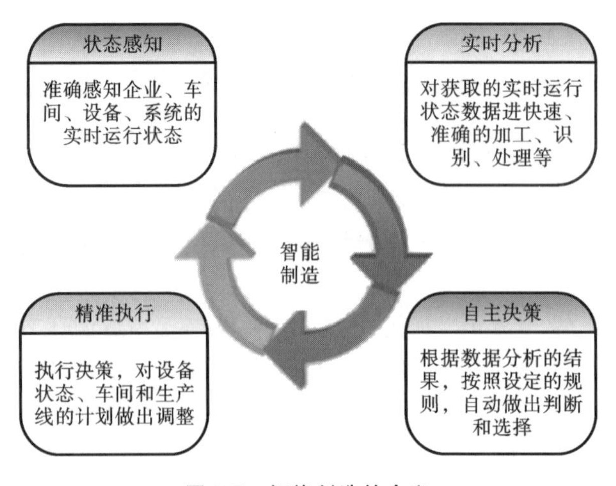

图 9-7　智能制造的含义

智能制造系统不只是人工智能系统，而是人机一体化智能系统，是混合智能系统。智能制造系统可独立承担分析、判断、决策等任务，突出人在制造系统中的核心地位，同时在智能机器的配合下，更好地发挥人的潜能。在智能制造系统中，机器的智能和人的智能真正地集成在一起，互相配合，相得益彰。国内很多企业现阶段都在积极推进智能制造，但是绝大多数企业还处在部分使用应用软件的阶段；少数企业也只是实现了信息集成，也就是可以达到数字化工厂的水平；极少数企业能够实现人机的有效交互，也就是达到智慧工厂的水平。

智能制造是新工业革命的核心。它并不在于进一步提高设备的效率和精度，而是更加合理化和智能化地使用设备，通过智能运维实现制造业的价值最大化。它聚焦生产领域，但又是一次全流程、端到端的转型过程，会促使研发、生产、产品、渠道、销售、客户管理等一整条生态链发生剧变。对工业企业来说，在生产和工厂侧，它依然以规模化、标准化、自动化为基础，但还需被赋予柔性化、定制化、可视化、低碳化的新特性；在商业模式侧，会出现颠覆性的变化——“生产者影响消费者的模式”被“消费者需求决定产品生产的模式”取而代之；在国家层面，需要建立一张比消费互联网更加安全可靠的工业互联网。

智能制造技术是在现代传感技术、网络技术、自动化技术、拟人化智能技术等先进技术的基础上，通过智能化的感知、人机交互、决策和执行技术，实现设计过程、制造过程和制造装备智能化，是信息技术和智能技术与装备制造过程技术的深度融合与集成。智能制造广义的概念包括产品智能化、装备智能化、生产方式智能化、管理智能化、服务智能化。

1. 产品智能化

产品智能化是指把传感器、处理器、存储器、通信模块、传输模块等系统融入各种产品，使得产品具备动态存储、感知和通信能力，实现产品可追溯、可识别、可定位。计算机、智能手机、智能电视、智能机器人都是物联网的“原住民”，这些产品一生产出来就是网络终端；而传统的空调、冰箱、汽车、机床等都是物联网的“移民”，未来这些产品都需要连接到网络世界。

2. 装备智能化

装备智能化是指通过先进制造技术、信息处理技术、人工智能技术等的集成和融合，形成具有感知、分析、推理、决策、执行、自主学习及维护等自组织、自适应功能的智能生产系统以及网络化、协同化的生产设施，这些都属于智能装备。在“工业4.0”时代，装备智能化可以在两个维度上进行：单机智能化，单机设备互联而形成智能生产线、智能车间、智能工厂。需要强调的是，单纯的研发和生产端的改造不是智能制造的全部，基于渠道和消费者洞察的前段改造也是重要的一环，二者相互结合、相辅相成，才能完成端到端的全链条智能制造改造。

3. 生产方式智能化

生产方式智能化涉及个性化定制、极少量生产、服务型制造以及云制造等新业态、新模式，它的本质是重组客户、供应商、销售商以及企业内部组织的关系，重构生产体系中信息流、产品流、资金流的运行模式，重建新的产业价值链、生态系统和竞争格局。在工业时代，产品价值由企业定义，企业生产什么产品，用户就买什么产品，企业定价多少钱，用户就花多少钱——主动权完全掌握在企业的手中。而智能制造能够实现个性化定制，不仅消除了中间环节，还加快了商业流动，产品价值不再由企业定义，而是由用户来定义——只有用户认可的、用户参与的、用户愿意分享的、用户不说坏的产品，才具有市场价值。

4. 管理智能化

随着纵向集成、横向集成和端到端集成的不断深入，企业数据的及时性、完整性、准确性不断提高，必然使管理更加准确、更加高效、更加科学。

5. 服务智能化

智能服务是智能制造的核心内容，越来越多的制造企业意识到从生产型制造向生产服务型制造转型的重要性。今后，将会实现线上与线下并行的 O2O(online to offline，在线离线/线上到线下)服务，两股力量在服务智能方面相向而行，一股力量是传统制造业不断拓展服务，另一股力量是从消费互联网进入产业互联网，如微信未来连接的不仅是人，还包括设备和设备、服务和服务、人和服务。个性化的研发设计、总集成、总承包等新服务产品的全生命周期管理，会伴随着生产方式的变革不断出现。

“工业 4.0”要建立一个智能生态系统，当智能无所不在、连接无处不在、数据无处不在时，人和人之间、物和物之间、人和物之间的联系就会越来越紧密，最终必然出现一个系统连接另一个系统、小系统组成大系统、大系统构成更大系统的情况。对于“工业 4.0”的目标智能制造而言，智能制造系统就是系统的系统。

在德国乃至全球，一个超复杂的巨系统正在形成。车间里的一部机器，通过更新操作系统实现功能升级，通过工业应用程序实现各种功能即插即用，通过应用程序编程接口不断扩展制造生态系统，所有的机器、产品、零部件、能源、原材料，所有的研发工具、测试验证平台、虚拟产品和工厂，所有的产品管理、生产管理、运营流程管理，所有的研发、生产、管理、销售、员工、各级供应商、销售商以及成千上万个客户，都将是这一系统的重要组成部分。图 9-8 所示为智能制造技术的组成示意图。

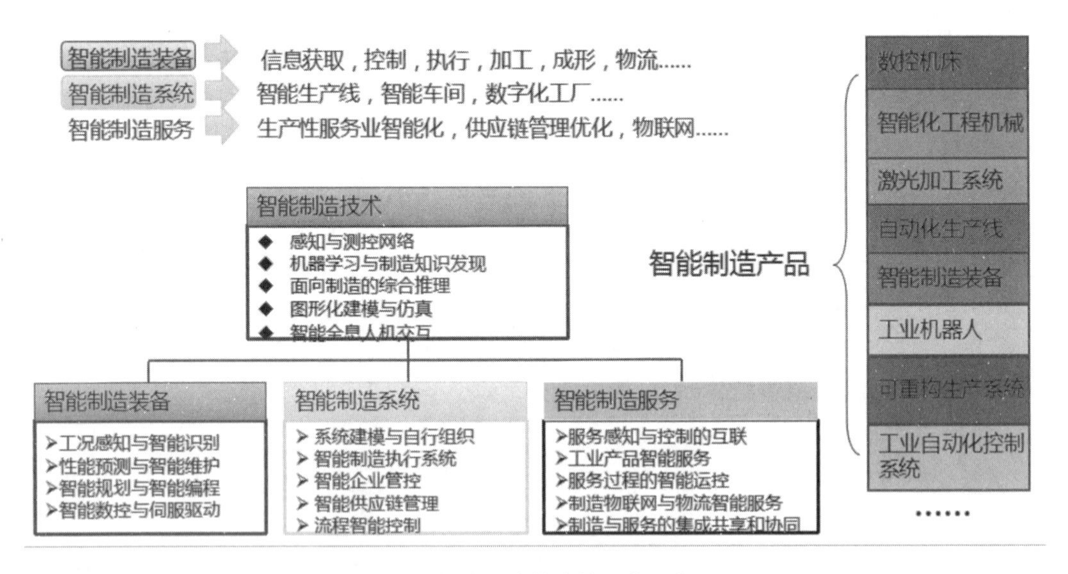

图 9-8　智能制造技术的组成示意图

9.1.3　智能物流

智能物流是利用智能设备和集成智能化技术，使物流系统能模仿人的智能，具有思维、感知、学习、推理判断和自行解决物流中某些问题的能力。智能物流的未来发展将会体现出智能化、一体化和层次化、柔性化与社会化等特点：在物流作业过程中实现大量运筹与决策的智能化；以物流管理为核心，实现物流过程中运输、存储、包装、装卸等环节的一体化和智能物流系统的层次化；智能物流的发展会更加突出“以顾客为中心”的理念，根据消费者的需求变化来灵活调节生产工艺；智能物流的发展将会促进区域经济的发展和世界资源优化配置，实现社会化。智能物流系统有四个智能机理，即信息的智能获取技术、智能传递技术、智能处理技术、智能运用技术。

智能物流将条形码技术、射频识别技术、传感器技术、全球定位系统等技术先进的物联网技术，通过信息处理和网络通信技术平台广泛应用于物流业运输、仓储、配送、包装、装卸等基本活动环节，实现货物运输过程的自动化运作和高效率优化管理，提高物流行业的服务水平，降低成本，减少自然资源和社会资源消耗。物联网为物流业将传统物流技术与智能化系统运作管理相结合提供了一个很好的平台，进而促进更好、更快地实现智能物流的信息化、智能化、自动化、透明化。智能物流在实施的过程中强调的是物流过程数据智慧化、网络协同化和决策智慧化。智能物流在功能上要实现 6 个“正确”，即正确的货物、正确的数量、正确的地点、正确的质量、正确的时间、正确的价格，在技术上要实现物品识别、地点跟踪、物品溯源、物品监控、实时响应。

图 9-9 所示是一智慧物料供应系统。它包括仓储管理、物料智慧上架、WMS 亮灯拣货、自动上料看板、AGV(automated guided vehicle，自动导引运输车)物料转移、扫码自动出入库等部分。在工厂内部，通过整合应用 WMS(warehouse management system，仓储管理系统)及 WCS(warehouse control system，仓储控制系统)，实现自动化的物料流转，以确保物料的及时、准确供应。

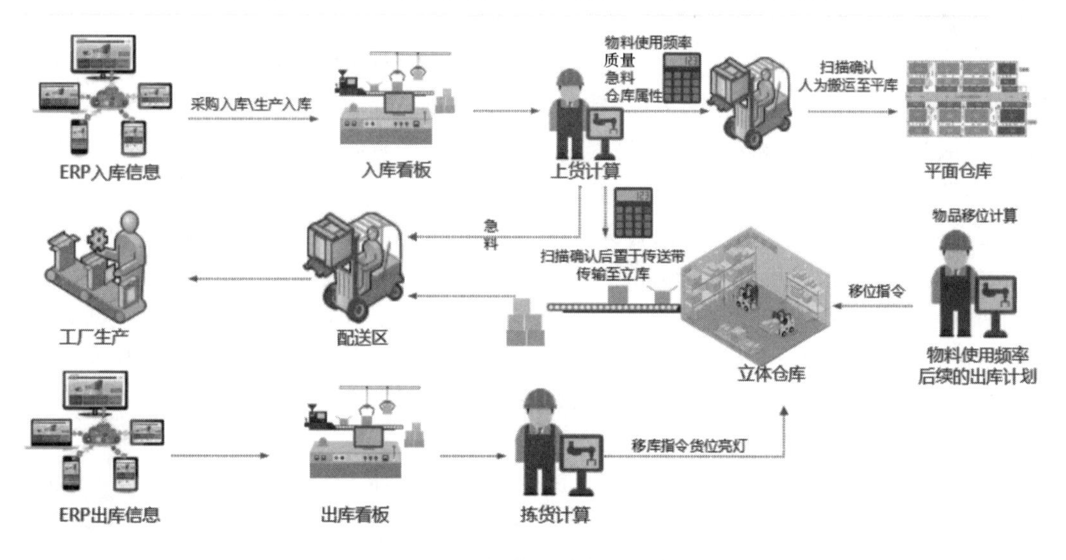

图 9-9　智慧物料供应系统

对于车间内部物料的流转，系统根据订单需求拉动，通过生产系统及车间现场的实时信息反馈驱动，结合软硬件一体化的亮灯拣货系统，使拣料的过程更加准确，使上料更加及时、高效。未来，在储位调整策略中，还可结合大数据，如历史信息及未来订单的预测情况，实现物料的储位优化，以进一步提升配料及捡货的效率，让 WMS 具备更多的思考能力。

现代的智能物流常采用以下技术。

1. 自动识别技术

自动识别技术是以计算机、光、机、电、通信等技术的发展为基础的一种高度自动化的数据采集技术。它是通过应用一定的识别装置，自动地获取被识别物体的相关信息，并提供给后台的处理系统来完成相关后续处理的一种技术。它能够帮助人们快速而又准确地进行海量数据的自动采集和输入，在运输、仓储、配送等方面已得到广泛的应用。

经过多年的发展，自动识别技术已经成为由条码识别技术、智能卡识别技术、光学字符识别技术、射频识别技术、生物识别技术等组合而成的综合技术，并正在向集成应用的方向发展。

条码识别技术是目前使用较广泛的自动识别技术。它利用光电扫描设备识读条码符号，从而实现信息自动录入。条码是由一组按特定规则排列的条、空及对应字符组成的表示一定信息的符号。不同的码制，条码符号的组成规则不同。较常使用的码制有 EAN/ UPC 条码、128 条码、ITF-14 条码、交插二五条码、三九条码、库德巴条码等。

射频识别技术是近几年发展起来的现代自动识别技术。它利用采用感应、无线电波或微波技术的读写器设备对射频识别标签进行非接触式识读，达到对数据自动采集的目的。它不仅可以识别高速运动物体，而且可以同时识读多个对象，具有抗恶劣环境、保密性强等特点。

生物识别技术是利用人类自身生理或行为特征进行身份认定的一种技术。生物特征包括手形、指纹、脸形、虹膜、视网膜、脉搏等，行为特征包括签字、声音等。由于人体特征具有不可复制的特性，这一技术的安全性较传统意义上的身份验证机制有很大的提高。人们已经发展了虹膜识别技术、视网膜识别技术、人脸识别技术、签名识别技术、声音识别技术、指纹识别技术等六种生物识别技术。

2. 数据挖掘技术

数据仓库出现在 20 世纪 80 年代中期。它是一个面向主题的、集成的、非易失的、时变的数据集合。数据仓库的目标是把来源不同、结构相异的数据经加工后存储、提取和维护，它支持全面的、大量的复杂数据的分析处理和高层次的决策支持。数据仓库使用户拥有任意提取数据的自由，而不干扰业务数据库的正常运行。

数据挖掘是从大量的、不完全的、有噪声的、模糊的及随机的实际应用数据中，挖掘出隐含的、未知的、对决策有潜在价值的知识和规则的过程。它一般分为描述型数据挖掘和预测型数据挖掘两种。描述型数据挖掘包括数据总结、聚类及关联分析等，预测型数据挖掘包括分类、回归及时间序列分析等。数据挖掘的目的是通过对数据进行统计、分析、综合、归纳和推理，揭示事件间的相互关系，预测未来的发展趋势，为企业的决策者提供决策依据。

3. 人工智能技术

人工智能是探索研究用各种机器模拟人类智能的途径，使人类的智能得以物化与延伸的一门学科。它借鉴仿生学思想，用数学语言抽象描述知识，主要用于模仿生物体系和人类的智能机制。人工智能的主要方法有神经网络、进化计算和粒度计算三种。

(1) 神经网络。神经网络是在生物神经网络研究的基础上模拟人类的形象直觉思维，根据生物神经元和神经网络的特点，通过简化、归纳，提炼总结出来的一类并行处理网络。神经网络的主要功能有联想记忆、分类聚类和优化计算等。虽然神经网络具有结构复杂、可解释性差、训练时间长等缺点，但由于具有对噪声数据的承受能力高和错误率低的优点，以及各种网络训练算法，如网络剪枝算法和规则提取算法的不断提出与完善，神经网络在数据挖掘中的应用越来越为广大使用者所青睐。

(2) 进化计算。进化计算是模拟生物进化理论而发展起来的一种通用的问题求解方法。因为它来源于自然界的生物进化，所以它具有自然界生物所共有的极强的适应性特点，这使得它能够解决那些难以用传统方法来解决的复杂问题。它采用了多点并行搜索的方式，通过选择、交叉和变异等进化操作，反复迭代，在个体的适应度值的指导下，使得每代进化的结果都优于上一代，如此逐代进化，直至产生全局最优解或全局近优解。进化计算中最具代表性的算法就是遗传算法，遗传算法是基于自然界的生物遗传进化机理而演化出来的一种自适应优化算法。

(3) 粒度计算。1990年我国著名学者张钹院士进行了关于粒度问题的讨论，并指出：“人类智能的一个公认的特点，就是人们能从极不相同的粒度上观察和分析同一问题。人们不仅能在不同粒度的世界上进行问题的求解，而且能够很快地从一个粒度世界跳到另一个粒度世界，往返自如，毫无困难。这种处理不同粒度世界的能力，正是人类问题求解的强有力的表现。”随后，Zadeh讨论模糊信息粒度理论时，提出人类认知的三个主要概念，即粒度（包括将全体分解为部分）、组织（包括由部分集成全体）和因果（包括因果的关联），并进一步提出了粒度计算。他认为，粒度计算是一把大伞，它覆盖了所有有关粒度的理论、方法论、技术和工具的研究。目前有关粒度的理论主要有模糊集理论、粗糙集理论和商空间理论三种。

4. GIS技术

GIS技术是打造智能物流的关键技术与工具，使用GIS可以构建物流一张图，将订单信息、网点信息、送货信息、车辆信息、客户信息等数据都在一张图中进行管理，实现快速智能分单、网点合理布局、送货路线合理规划、包裹监控与管理。

GIS技术可以帮助物流企业实现基于地图的以下服务。

(1) 网点标注：将物流企业的网点及网点信息（如地址、电话、提送货等信息）标注到地图上，便于用户和企业管理者快速查询。

(2) 片区划分：从“地理空间”的角度管理大数据，为物流业务系统提供业务区划管理基础服务，如划分物流分单责任区等，并与网点进行关联。

(3) 快速分单：使用GIS地址匹配技术，搜索定位区划单元，将地址快速分派到区域及网点，并根据该物流区划单元的属性找到责任人，以实现“最后一公里”配送。

(4) 车辆监控管理：从货物出库至到达客户手中全程监控，减少货物丢失；合理调度车辆，提高车辆的利用率；设置各种报警，保证货物、司机、车辆安全，节省企业资源。

(5) 辅助物流配送路线规划：辅助物流配送规划，以合理规划路线，保证货物快速到达，节省企业资源，提高用户的满意度。

(6) 数据统计与服务：将物流企业的数据信息在地图上可视化直观显示，通过科学的业务模型、GIS专业算法和空间挖掘分析，洞察通过其他方式无法了解的趋势和内在关系，从而为企业的各种商业行为，如制定市场营销策略、规划物流路线、合理选址分析、分析预测发展趋势等构建良好的基础，使商业决策系统更加智能和精准，从而帮助物流企业获取更大的市场契机。

国际物流的智能化已经成为电子商务下物流发展的一个方向。智能化是物流自动化、信息化的一种高层次应用，物流作业过程中大量的运筹和决策，如库存水平的确定、运输（搬运）路线的选择、自动导向车运行轨迹和作业的控制、自动分拣机的运行、物流配送中心经营管理的决策支持等问题，都可以借助专家系统、人工智能和机器人等相关技术加以解决。除了智能化交通运输外，无人搬运车、码垛机器人、无人叉车、自动分类分拣系统、无纸化办公系统等，大大提高了物流的机械化、自动化和智能化水平。同时，还出现了虚拟仓库、虚拟银行的供应链管理，这都必将把国际物流推向一个崭新的发展阶段。

智能物流的出现，标志着信息化在整合网络和管控流程中进入一个新的阶段，即达到一个动态的、实时进行选择和控制的管理水平。所以，物流企业一定要根据自身的实际水平和客户需求来确定信息化的定位，这也是物流未来的发展方向。

9.2 “工业 4.0”的愿景

在一个智能、网络化的世界里，物联网和服务网将渗透所有的关键领域。这种转变正在促使智能电网出现在能源供应领域、可持续移动通信战略领域和医疗智能健康领域。在整个制造领域中，贯穿整个智能产品和系统的价值链网络的垂直网络化、端到端工程化和横向集成，引发了工业化第四阶段——“工业 4.0”的到来。

“工业 4.0”的重点是创造智能产品、程序和过程。其中，智能工厂构成了“工业 4.0”的一个关键特征。智能工厂能够管理复杂的事物，不容易受到干扰，能够更有效地制造产品。在智能工厂里，人、机器和资源如同在一个社交网络里一般自然地相互沟通协作。智能产品理解它们被制造的细节以及将被如何使用。它们积极协助生产过程，回答诸如“我是什么时候被制造的”“哪组参数应被用来处理我”“我应该被传送到哪”等问题。与智能汽车、智能物流和智能电网相对接，将使智能工厂成为未来智能基础设施中的一个关键组成部分。这将带来传统价值链的转变，并促使新商业模式的出现。

因此，“工业 4.0”不应被孤立地对待，而应该被看作一系列需要采取行动的关键领域中的一部分。工业 4.0 应在跨学科状态下加以实施，并与其他关键领域展开密切合作。

实现整个模式的转变，需要将“工业 4.0”作为一个长期的项目来实施，并且它的实施将是一个渐进的过程。在整个过程中，保留现有制造业体系的核心价值是关键。与此同时，从工业化的早期阶段汲取经验也是非常有必要的。

在生产、自动化工程和 IT 领域，横向集成是指将各种使用不同制造方案和商业计划的 IT 系统集成在一起，这其中既包括一个公司内部的材料、能源和信息的配置，也包括不同公司间的配置(价值网络)。这种集成的目标是提供端到端的解决方案。

在生产、自动化工程和 IT 领域，垂直集成是指为了提供一种端到端的解决方案，将各种不同层面的 IT 系统集成在一起。

“工业 4.0”的实施目的是拟定出一个最佳的一揽子计划，通过充分利用德国高技能、高效率并且掌握技术诀窍的劳动力优势来形成一个系统的创新体系，并以此来发展现有的技术和挖掘经济潜力。“工业 4.0”将重点聚焦以下方面。

(1) 通过价值网络实现的横向集成。

(2) 贯穿整个价值链的端到端工程数字化集成。

(3) 垂直集成和网络化制造系统。

9.2.1 “工业 4.0”背景下的未来

“工业 4.0”将在制造领域的所有因素和资源间形成全新的社会-技术互动。它将使生产资源(生产设备、机器人、传送装置、仓储系统和生产设施)形成一个循环网络，这些生产资源将具有以下特性：自主性、可自我调节以应对不同情势、可自我配置、基于以往经验、配备传感设备、分散配置。同时,它们也包含相关的计划与管理系统。作为“工业4.0”的一个核心组成,智能工厂将渗透公司间的价值网络中,并最终促使数字世界和现实完美结合。智能工厂以端对端的工程制造为特征,这种端对端的工程制造不仅涵盖制造流程,也包含制造的产品,从而实现数字和物质两个系统的无缝融合。智能工厂将使日益复杂的制造流程对于工作人员来说变得可控,在确保生产过程具有吸引力的同时,使制造在都市环境中具有可持续性,并且可以盈利。

“工业4.0”中的智能产品具有独特的可识别性,可以在任何时候被分辨出来。甚至当它们在被制造时,它们就“知道”整个制造过程中的细节。在某些领域,这意味着智能产品能半自主地控制自身生产的各个阶段。此外,智能产品也有可能确保它们在工作范围内发挥最佳作用,同时在整个生命周期内随时确认自身的损耗程度。这些信息可以汇集起来供智能工厂参考,以判断工厂是否在物流、装配和保养方面达到最优,当然也可以应用于商业管理的整合。

在未来,“工业4.0”将有可能使有特殊产品特性需求的客户直接参与产品的设计、构造、预订、计划、生产、运作和回收各个阶段。更有甚者,在即将生产前或者在生产的过程中,有临时的需求变化时,“工业4.0”可立即使之变为可能。当然,这会使生产独一无二的产品或者小批量的商品仍然可以获利。

“工业4.0”的实施将使企业员工可以根据形势和环境敏感的目标来控制、调节和配置智能制造资源网络和生产步骤。员工将从执行例行任务中解脱出来,能够专注于创新性和具有高附加价值的生产活动。因此,他们将保持发挥关键作用,特别是在质量保证方面。与此同时,灵活的工作条件,将使他们在工作和个人需求之间实现更好的协调。

“工业4.0”的实施需要通过服务水平协议来进一步拓展相关的网络基础设施和特定的网络服务质量。这将可能满足那些具有高带宽需求的数据密集型应用,同时也可以满足那些提供运行时间保障的服务供应商,因为有些应用具有严格的时间要求。

“工业4.0”所带来的人类-技术(human-technology)和人类-环境(human-environment)相互作用的全新转变也将发挥重要作用,全新的协作工作方式使得工作可以脱离工厂,通过虚拟的、移动的工作方式开展。员工将被鼓励在他们的工作中通过智能辅助系统使用多种形式的、友好的用户界面。

除了全面的培训和持续职业发展措施外,工作组织和设计模型也将是广受劳动者欢迎的成功转变的关键。这些模型应使企业员工拥有高度的自我管理自主权。员工应该拥有更大的自由做出他们自己的决定,更积极地投入工作中和调节自己的工作。

“工业4.0”的社会-技术方法使得人们释放出新的潜力,从事迫切需要的创新活动,这是基于对人在创新过程中重要作用的更新的认识。

9.2.2 “工业4.0”带来的新型商业机会和模式

“工业4.0”将发展出全新的商业模式和合作模式,这些模式可以满足用户那些个性化的、随时变化的需求,同时也将使中小企业能够应用那些在当今商业模式下无力负担的服务与软件系统。这些全新的商业模式将为诸如动态定价和提高服务水平协议(service level agreements,SLAs)质量提供方案。动态定价指的是要充分考虑顾客和竞争对手的情况,服务水平协议质量关系到商业合作伙伴之间的连接和协作。这些全新的商业模式将力争确保潜在的商业利润被整个价值链中的所有利益相关人公平地共享,包括那些新进入的利益相关人。更加宽泛的法规要求,如减少二氧化碳排放量,也可以而且应该融入这些商业模式中,以便让商业网络中的合作伙伴共同遵守。

“工业 4.0”往往被赋予“网络化制造”“自我组织适应性强的物流”“集成客户的制造工程”等特征。“工业 4.0”将追求新的商业模式，以率先适应动态的商业网络而非单个公司，这将引发一系列诸如融资、发展、可靠性、风险、责任和知识产权及技术诀窍保护等问题。就网络的组织及其高质量服务而言，最关键的是要确保责任被正确地分配到商业网络中，同时备有相关约束性文件作为支撑。

实时的针对商业模式的细节监测也将在形成工艺处理步骤和监控系统状态方面发挥关键作用，它们可以表明合同和规章条件能否得到执行。商业流程的各个步骤在任何时刻都可以追踪，同时也可以提供相关的证明文件。为了确保高效提供个体服务，清晰且明确地描绘出以下信息将是必要的：相关服务的生命周期模型、能够保证的承诺，以及确保新的合作伙伴可以加入商业网络的许可模型和条件，尤其是针对中小企业。

鉴于上述情况，“工业 4.0”很有可能对全球产生难以预测的积极影响并造就一个极为活跃的环境。新技术的颠覆性及其对相关法律的影响可能影响现存法规的有效性。很短的创新周期可以带来频繁的规则架构更新需求，并且造成执行过程的慢性失败。因此，有必要采取一种新的方法，以提前或者在技术实施过程中检验新技术同现行法律的相容性。另外一项事关“工业 4.0”实施的关键因素就是安全和保障。在安全领域，人们需要采取更富积极性的措施，进而言之，尤为重要的是，设计安全的概念不应仅仅局限于功能组件。

在整个制造过程中的安全信息交换是“工业 4.0”被认可和成功的关键。要启用此交换，单独的机器、过程、产品、元件和材料具有独特的电子身份识别是有必要的。而且，最好发放一种包含风险细节的“安全护照”的组件。这些风险已经被考虑到，在开发过程中可以抵消，并且集成者、安装人、操作员或用户也都需要考虑到这些风险。安全护照还包含上面提到的安全分类。

安全评级会考虑产品的价值、潜在的威胁以及相应的对策。因此，“安全标识”的战略性对策应扩展到包括产品、机器和过程，而且安全标识应该像纳入实物产品一样纳入虚拟产品。

9.2.3 德国“工业 4.0”战略的愿景

德国“工业 4.0”战略更具灵活性，也更强劲，在工程、规划、制造、运营和物流流程中实施最高标准。这将催生动态的、实时优化、自我组织的价值链，并可通过一系列标准进行优化。这一价值链还需要适当的监管框架、标准化接口和统一的业务流程。

以下是德国“工业 4.0”战略的一些愿景。

(1) 它的最大特点是制造业中所有参与者及资源的高度社会技术互动。互动主要围绕制造资源网络进行，这些网络独立自主，在不同情况下能自我管理、自我配置，还装备了传感器(分散安装)，并融入了相关规划及管理系统。作为这一愿景的关键组成部分，智能工厂将被纳入公司内部价值网络，它的特点是包括制造过程和制造产品的端对端工程，实现数字世界和物理世界的无缝衔接。智能工厂将使不断复杂的制造流程便于管理，并能同时确保生产过程的吸引力、生产效益以及工厂在市区环境的可持续性发展。

(2) 德国“工业 4.0”战略中的智能产品可明确识别，并有可能随处可见。即使还在生产环节，智能产品自身制造流程的所有细节也均可被控。这意味着在某些领域智能产品可以控制各生产阶段，进行半自主生产。此外，这还能确保成品了解自身发挥最优性能的参数，并辨别生命周期中发生磨损和毁坏的标记。这些数据可集合使用，以便优化智能工厂物流、布局、维护以及与业务管理应用程序的整合。

(3) 德国“工业4.0”战略实施后，将有可能把个人客户和产品的独特性融入设计、配置、订购、计划、生产、运营和回收阶段。它甚至允许在制造和运营之前最后一分钟或进行中提出“改变”的请求，这将使生产一件定制产品和小批量产品也能产生利润。

(4) 德国“工业4.0”战略的实施，将使员工能根据具体情况进行控制、监管和配置智能制造资源网络和制造步骤。员工再也无须完成例行任务，他们可以更多地关注创新性和具有高附加值的活动。因此，他们在确保产品质量方面将起到关键作用。同时，灵活的工作条件也将他们的工作和个人需求更好地结合起来。

(5) 德国“工业4.0”战略的实施，需要进一步扩展相关的网络基础设施，并通过服务水平协议进一步规范网络服务。这将有望满足大流量数据应用程序和服务供应商的高带宽需求，保证关键应用程序的运行时间。

9.3　“中国制造2025”简介

9.3.1　“中国制造2025”概述

自2014年10月中国总理李克强访问德国，并发表《中德合作行动纲要》以来，“工业4.0”的概念在我国迅速走红，一时间，“工业4.0”“智能制造”的战略地位迅速提升。可以说，“中国制造2025”在一定程度上的确受到了德国“工业4.0”的影响，核心思路与“工业4.0”也有一些相似之处。例如“中国制造2025”强调的一个主攻方向是智能制造，这也是“工业4.0”的核心思想。此外，“中国制造2025”中提及的作为智能制造基础的信息物理系统(CPS)，也是德国“工业4.0”强调的核心概念。

与“工业4.0”不谋而合的是，对于国内工业的转型升级，我国工业和信息化部早就开始筹备未来十年期的制造业发展规划《中国制造2025》。如今，这项规划将借鉴德国“工业4.0”，学习德国的智能制造，为我国发展成现代化工业强国描绘出清晰的路线图。“工业4.0”是一个发展的概念，“中国制造2025”也弱化了以往规划中为期五年的时间限制，规划年限扩展到2025年，更注重中长期规划，主要围绕我国工业有待加强的领域进行强化，力争使我国在2025年从工业大国转型为工业强国。

以前，我国制造业技术含量不高，一直处于国际产业价值链的低端环节。在工业和信息化部的积极推动下，工业化和信息化的深度融合(“两化深度融合”)为制造业的网络化、智能化发展奠定了坚实基础。毫无疑问，新一轮工业革命将更快地带动两化深度融合：信息技术向制造业的全面嵌入，将颠覆传统的生产流程、生产模式和管理方式；生产制造过程与业务管理系统的深度集成，将实现对生产要素高度灵活的配置，实现大规模定制化生产。这一切都将有力地推动传统制造业加快转型升级的步伐。

从目标上来看，德国期望借助“工业4.0”继续领跑全球制造业，保持德国制造业的全球竞争力，抗衡美国互联网巨头对制造业的吞并。而在2015年3月的全国“两会”期间，工业和信息化部部长苗圩首次公开披露了《中国制造2025》的制定情况，表示中国大约需要用三个十年的时间，完成从制造业大国向制造业强国的转变，并提出了“三步走”的战略。《中国制造2025》也就是“三步走”战略的第一步——第一个十年期行动纲领。它是一个路线图，有具体的时间表——通过实施《中国制造 2025》规划，用十年的努力，让中国制造业进入全球制造业的第二方阵。从时间维度来看，德国“工业 4.0”战略工作组也认为德国实现“工业 4.0”需要十年时间，与“中国制造 2025”大体在同一个时间段。

以互联网、云计算、大数据、物联网和智能制造为主导的第四次工业革命悄然来袭。中国政府于 2015 年 5 月 8 日，印发了《中国制造 2025》，全面推进实施制造强国战略。这是我国实施制造强国战略第一个十年的行动纲领，以推进智能制造为主攻方向，以满足经济社会发展和国防建设对重大技术装备的需求为目标，强化工业基础能力，提高综合集成水平，完善多层次、多类型人才培养体系，促进产业转型升级，培育中国特色的制造文化，实现制造业由大变强的历史跨越。

9.3.2 “中国制造 2025”的基本原则

“中国制造 2025”的基本原则如下。

(1) 市场主导，政府引导。全面深化改革，充分发挥市场在资源配置中的决定性作用，强化企业主体地位，激发企业活力和创造力。积极转变政府职能，加强战略研究和规划引导，完善相关支持政策，为企业发展创造良好环境。

(2) 立足当前，着眼长远。针对制约制造业发展的瓶颈和薄弱环节，加快转型升级和提质增效，切实提高制造业的核心竞争力和可持续发展能力。准确把握新一轮科技革命和产业变革趋势，加强战略谋划和前瞻部署，扎扎实实打基础，在未来竞争中占据制高点。

(3) 整体推进，重点突破。坚持制造业发展全国一盘棋和分类指导相结合，统筹规划，合理布局，明确创新发展方向，促进军民融合深度发展，加快推动制造业整体水平提升。围绕经济社会发展和国家安全重大需求，整合资源，突出重点，实施若干重大工程，实现率先突破。

(4) 自主发展，开放合作。在关系国计民生和产业安全的基础性、战略性、全局性领域，着力掌握关键核心技术，完善产业链条，形成自主发展能力。继续扩大开放，积极利用全球资源和市场，加强产业全球布局和国际交流合作，形成新的比较优势，提升制造业开放发展水平。

9.3.3 “中国制造 2025”的战略目标

“中国制造 2025”坚持“创新驱动、质量为先、绿色发展、结构优化、人才为本”的基本方针，坚持“市场主导、政府引导；立足当前、着眼长远；整体推进、重点突破，自主发展、开放合作”的基本原则，通过三步走实现制造强国的战略目标。

(1) 第一步：力争用十年时间，迈入制造强国行列。

到 2020 年，基本实现工业化，制造业大国地位进一步巩固，制造业信息化水平大幅提升。掌握一批重点领域关键核心技术，优势领域竞争力进一步增强，产品质量有较大提高。制造业数字化、网络化、智能化取得明显进展。重点行业单位工业增加值能耗、物耗及污染物排放明显下降。

到 2025 年，制造业整体素质大幅提升，创新能力显著增强，全员劳动生产率明显提高，两化(工业化和信息化)融合迈上新台阶。重点行业单位工业增加值能耗、物耗及污染物排放达到世界先进水平。形成一批具有较强国际竞争力的跨国公司和产业集群，在全球产业分工和价值链中的地位明显提升。

(2) 第二步:到2035年,我国制造业整体达到世界制造强国阵营中等水平。创新能力大幅提升,重点领域发展取得重大突破,整体竞争力明显增强,优势行业形成全球创新引领能力,全面实现工业化。

(3) 第三步:新中国成立一百年时,制造业大国地位更加巩固,综合实力进入世界制造强国前列。制造业主要领域具有创新引领能力和明显竞争优势,建成全球领先的技术体系和产业体系。

9.3.4　“中国制造2025”重点关注的工程

“中国制造2025”重点关注以下五大工程。

(1) 制造业创新中心(工业技术研究基地)建设工程。

(2) 智能制造工程。

(3) 工业强基工程。

(4) 绿色制造工程。

(5) 高端装备创新工程。

9.3.5　“中国制造2025”重点关注的领域

“中国制造2025”重点关注以下十大领域。

1. 新一代信息技术产业

(1) 集成电路及专用装备。着力提升集成电路设计水平,不断丰富知识产权(IP)核和设计工具,突破关系国家信息与网络安全及电子整机产业发展的核心通用芯片,提升国产芯片的应用适配能力。掌握高密度封装及三维(3D)微组装技术,提升封装产业和测试的自主发展能力。形成关键制造装备供货能力。

(2) 信息通信设备。掌握新型计算、高速互联、先进存储、体系化安全保障等核心技术,全面突破第五代移动通信(5G)技术、核心路由交换技术、超高速大容量智能光传输技术、“未来网络”核心技术和体系架构,积极推动量子计算、神经网络等发展。研发高端服务器、大容量存储、新型路由交换、新型智能终端、新一代基站、网络安全等设备,推动核心信息通信设备体系化发展与规模化应用。

(3) 操作系统及工业软件。开发安全领域操作系统等工业基础软件。突破智能设计与仿真及其工具、制造物联与服务、工业大数据处理等高端工业软件核心技术,开发自主可控的高端工业平台软件和重点领域应用软件,建立完善工业软件集成标准与安全测评体系。推进自主工业软件体系化发展和产业化应用。

2. 高档数控机床和机器人

(1) 高档数控机床。开发一批精密、高速、高效、柔性数控机床与基础制造装备及集成制造系统。加快高档数控机床、增材制造等前沿技术和装备的研发。以提升可靠性、精度保持性为重点,开发高档数控系统、伺服电机、轴承、光栅等主要功能部件及关键应用软件,加快实现产业化。加强用户工艺验证能力建设。

(2) 机器人。围绕汽车、机械、电子、危险品制造、国防军工、化工、轻工等工业机器人、特种机器人,以及医疗健康、家庭服务、教育娱乐等服务机器人应用需求,积极研发新产品,促进机器人标准化、模块化发展,扩大市场应用。突破机器人本体、减速器、伺服电机、控制器、传感器与驱动器等关键零部件及系统集成设计制造等技术瓶颈。

3. 航空航天装备

（1）航空装备。加快大型飞机研制，适时启动宽体客机研制，鼓励国际合作研制重型直升机；推进干支线飞机、直升机、无人机和通用飞机产业化。突破高推重比、先进涡桨（轴）发动机及大涵道比涡扇发动机技术，建立发动机自主发展工业体系。开发先进机载设备及系统，形成自主完整的航空产业链。

（2）航天装备。发展新一代运载火箭、重型运载器，提升进入空间能力。加快推进国家民用空间基础设施建设，发展新型卫星等空间平台与有效载荷、空天地宽带互联网系统，形成长期持续稳定的卫星遥感、通信、导航等空间信息服务能力。推动载人航天、月球探测工程，适度发展深空探测。推进航天技术转化与空间技术应用。

4. 海洋工程装备及高技术船舶

大力发展深海探测、资源开发利用、海上作业保障装备及其关键系统和专用设备。推动深海空间站、大型浮式结构物的开发和工程化。形成海洋工程装备综合试验、检测与鉴定能力，提高海洋开发利用水平。突破豪华邮轮设计建造技术，全面提升液化天然气船等高技术船舶国际竞争力，掌握重点配套设备集成化、智能化、模块化设计制造核心技术。

5. 先进轨道交通装备

加快新材料、新技术和新工艺的应用，重点突破体系化安全保障、节能环保、数字化智能化网络化技术，研制先进可靠适用的产品和轻量化、模块化、谱系化产品。研发新一代绿色智能、高速重载轨道交通装备系统，围绕系统全寿命周期，向用户提供整体解决方案，建立世界领先的现代轨道交通产业体系。

6. 节能与新能源汽车

继续支持电动汽车、燃料电池汽车发展，掌握汽车低碳化、信息化、智能化核心技术，提升动力电池、驱动电机、高效内燃机、先进变速器、轻量化材料、智能控制等核心技术的工程化和产业化能力，形成从关键零部件到整车的完整工业体系和创新体系，推动自主品牌节能与新能源汽车同国际先进水平接轨。

7. 电力装备

推动大型高效超净排放煤电机组产业化和示范应用，进一步提高超大容量水电机组、核电机组、重型燃气轮机制造水平。推进新能源和可再生能源装备、先进储能装置、智能电网用输变电及用户端设备发展。突破大功率电力电子器件、高温超导材料等关键元器件和材料的制造及应用技术，形成产业化能力。

8. 农机装备

重点发展粮、棉、油、糖等大宗粮食和战略性经济作物育、耕、种、管、收、运、贮等主要生产过程使用的先进农机装备，加快发展大型拖拉机及其复式作业机具、大型高效联合收割机等高端农业装备及关键核心零部件。提高农机装备信息收集、智能决策和精准作业能力，推进形成面向农业生产的信息化整体解决方案。

9. 新材料

以特种金属功能材料、高性能结构材料、功能性高分子材料、特种无机非金属材料和先进复合材料为发展重点，加快研发先进熔炼、凝固成型、气相沉积、型材加工、高效合成等新材料制备关键技术和装备，加强基础研究和体系建设，突破产业化制备瓶颈。积极发展军民共用特种新材料，加快技术双向转移转化，促进新材料产业军民融合发展。高度关注颠覆性新材料对传统材料的影响，做好超导材料、纳米材料、石墨烯、生物基材料等战略前沿材料提前布局和研制。加快基础材料升级换代。

10. 生物医药及高性能医疗器械

发展针对重大疾病的化学药、中药、生物技术药物新产品，重点包括新机制和新靶点化学药、抗体药物、抗体偶联药物、全新结构蛋白及多肽药物、新型疫苗、临床优势突出的创新中药及个性化治疗药物。提高医疗器械的创新能力和产业化水平，重点发展影像设备、医用机器人等高性能诊疗设备，全降解血管支架等高值医用耗材，可穿戴、远程诊疗等移动医疗产品。实现生物3D打印、诱导多能干细胞等新技术的突破和应用。

“中国制造2025”与“德国工业4.0”有诸多不同，但“殊途同归”，也因此中德有着巨大的合作空间。相信在未来，中国制造业将在坚持创新驱动、智能转型、强化基础和绿色发展上走出自己的特色，中国将加快迈向制造业强国的步伐。

9.4　现代机电系统与“工业4.0”

灵活和可扩展的机电一体化技术是实现“工业4.0”的基础，将复杂的运动控制和自动化技术转化为便于使用的驱动解决方案是“工业4.0”在运动控制中实施的关键。与“工业4.0”相关的技术的迅速发展，提高了内置智能机器的效率、性能以及可访问性，因此，“工业4.0”被称为下一次工业革命。现代机电一体化优化设计与系统工程为“工业4.0”项目的成功实施提供了基本的构建模块。

第一次工业革命使纺织行业和其他行业诞生了第一批工厂，推动这些行业向以煤和蒸汽动力设备为基础的机械化生产的转变。第二次工业革命以电力和内燃机的广泛使用为标志，规模化生产带来了更新、更快的发展。第三次工业革命以数字制造技术、互联网技术和再生性能源技术的重大创新、融合与运用为代表，半导体、计算机以及能源技术的快速发展，大大提高了制造业和过程工业的生产和能源利用效率。被称为第四次工业革命的“工业4.0”，充分利用了数字化和自动化技术。物联网(IoT)技术的引入，使模块化组件和数字控制通信成为可能。物联网为“工业4.0”提供有可能让系统更快、更可靠、更灵活、更具扩展性的一个潜在的巨大平台。让“工业4.0”如此强大的是几乎在世界任何地方、以近乎实时的方式进行最低层级的数据通信和分析的能力。

随着更多的传感器、机器等连接到互联网和云平台上，“工业4.0”获得指数级的增长。企业将是物联网解决方案最高层的应用平台，应用物联网解决方案可以促进企业降低运营成本，提高生产力，扩大新市场或开发新产品。机电领域超过80%的从业者认为，物联网技术的应用，对于未来的成功至关重要。嵌入式智能和无线传感器已经应用到工业车间和运营管理。

在自动化与机器人领域，连接技术的发展与进步激发了对基于机器、机器对机器(M2M)、机器对网络(M2N)技术的需求。机电一体化机器的发展，推动了“工业4.0”实施的进程。相互连接的电机驱动自动化和基于控制的生产线的应用，推动了对关键设备的监控和资产管理策略的应用，有助于进一步改善性能、延长正常运行时间，以及延长自动化设备和机器人的使用寿命。

基于云的应用程序使得执行复杂控制功能、数据聚合、监测以及对机械设备进行诊断成为可能,而以前这些只能在工厂和企业层面实现。

新供应链模型和更短生产周期的要求,需要具有一定的灵活性,只有这样才能减少机器开发时间和交钥匙系统的集成。随着工业过程越来越多地相互连接在一起,机器设备制造商和运营商需要更大的灵活性和更短的交货时间,来实现智能机器的设计和调试。

了解机电一体化运动控制的角色,对"工业 4.0"项目的成功实施十分关键。在制造、包装、物流和物料处理中,自动化和数字技术必须从提高运营效率和性能可扩展性方面满足多个目标。具有高效率减速机和智能电机的分布式驱动解决方案,可以确保用户在不同的应用场合具有更强的生产能力。

管理复杂性是机电一体化机器的基本特征,实施物联网计划需要大量复杂的工程功能。高效的生产制造和装配,始于高效的运动控制。运动通过驱动轴、齿轮和电动机、变频器或伺服驱动器逐一传递。自动化是一把"双刃剑"——在改善生产力的同时也增加了系统的复杂性,如运动规划、控制系统以及与网络的集成(无论是基于互联网还是基于云平台)都变得更复杂。

更复杂的是,大多数工厂的运营仍要使用某些在线运行时间可能超过十年或更长时间的老旧系统。必须对电机驱动器、可编程序控制器和其他老旧设备的通信协议是否能与最新的物联网技术通信兼容做出评估。

"工业 4.0"有赖于借助多学科交叉的机电一体化技术降低不断融合的信息技术(IT)和运营技术(OT)的复杂性。通过简化设计、调试和运行,机电一体化工程可以开发出更好的机器设备。通过让机器设备制造商来调试、编程和连接设备,可以自我优化的机器、选型适当的先进电机和变频器系统可以使生产制造和供应链自动化更灵活、更快、效率更高。

例如:具有先进功能的变频器可以支持最新的机器和传统的机器连接;基于参数化编程技术、智能电机驱动技术的制造可以加速机器运动编程从概念到部署的各个阶段;参数化编程比传统编程更易于调试;将智能驱动器上线,不再需要特殊培训;同样的原则适用于调试过程中变频器的参数化;在某些情况下,只需要 WiFi 和可插拔内存模块就可以在很短的时间内复制和调试所需要的参数。

减少变量的数量简化了机器和运动控制。将电子元件和软件集成到驱动机构中形成一个集成单元,当它与智能软件结合时,就能以恒定扭矩变速运行,因此集成单元获得广泛的应用。通过调整不必要和不同的变频器系统变量,电机旋转速度可自由调整,并可以通过移动设备进行远程控制。

智能电机现在可以将速度控制驱动技术的传统领域与"工业 4.0"相结合,通过将线电压驱动电机的简单性与电子驱动控制单元的优点相结合,为移动用户提供对电机控制的最佳远程访问。将电机和变速箱与可变电机速度相结合的高效模块化驱动解决方案,通常也可以实现与电机和变频器相同或更好的性能。

机器软件也已经模块化。应用模板是实用的工程工具,使精密和复杂的运动控制更容易获取、更容易被理解。模块化的软件模板更容易实现参数化驱动。不论是集中式、基于控制器的系统,还是分布式、基于驱动的平台,模块化控制系统都可以使用基于 EtherCAT、PLCopen 和其他工业标准的自动化拓扑结构。

越来越多的互联网协议(IP)、传输控制协议(TCP/IP)、开放系统架构正在向工业领域发展，有些在新装置中的应用甚至超过了专用的现场总线网络。电机驱动连接可以提供不同形式的无线和现场总线通信，包括以太网、多输入/输出(I/O)接口，以及键盘、USB 或无线局域网(LAN)模块等插件选项。可用的接口选项简化了调试、参数设置和连接。无线、I/O 和即插即用选项，使实时数据传输到网络及基于云的控制和分析成为可能。

开放标准编程赋予操作员在过程级别上的控制能力，而且使操作员可以使用同一控制器集成上、下游驱动控制任务。开放标准环境增加了网络接入点，这是一把“双刃剑”。需要对工业连接和控制进行评估，以便识别潜在的网络风险，采取相应的预防措施。具有内部控制功能、PLC 安全检测系统，并配备了用户管理权限的控制平台，支持多层网络安全协议。美国国家标准技术研究院(NIST)的网络安全框架提供了工业网络和物联网连接设备安全控制的具体实施指南。

“工业 4.0”的未来愿景是希望在世界任何地方，获得身份认证的用户都可以访问数据分析、控制生产，并执行预防性维护，从而可以提高生产能力，改善盈利水平。机电一体化运动控制系统是实现这一切的基础。

有了合适的工具，就可以在更短的时间间隔内推出智能机器。能源效率与现代驱动技术的发展密切相关。以运动为中心的自动化解决方案，引用了人体工程学操作理念及对用户友好、支持多点触摸、具备人机界面的操作系统，以便实现过程可视化，更易于集成，从而支持网络和与工业物联网设备的连接和控制。

显然，在“工业 4.0”时代，机电一体化比以往的关联度更高。灵活和可扩展的驱动技术可以提供更高效的数据流、更高的可视性和更有效的控制，并可将机器数据安全地发送给网络或云，以便实现实时的决策、诊断、维护和预测分析。将复杂的运动控制和自动化转化为便于使用的驱动解决方案是“工业 4.0”在运动控制中实施的关键。

国家“十三五”规划中已提出“中国制造”要转向“中国智造”。2015 年 5 月，国务院印发《中国制造 2025》，《中国制造 2025》成为我国实施制造强国战略第一个十年的行动纲领。伴随着“中国制造 2025”的提出，预计未来制造业升级会与创新紧密联系，重在高新科技领域，如新一代信息技术、高档数控机床和机器人、节能与新能源汽车等。与此同时，机电一体化技术也将迎来更快的、全新的发展机遇。

习　　题

9-1　查阅相关资料了解“工业 4.0”的特征、最新发展趋势。

9-2　简述“中国制造 2025”重点关注的十大领域。

9-3　查阅相关资料了解工业互联网，重点了解工业互联网在机电领域的应用。

参 考 文 献

[1] 薛惠芳,郑海明.机电一体化系统设计[M].北京:中国质检出版社,2012.
[2] 张建民.机电一体化系统设计[M].4 版.北京:高等教育出版社,2014.
[3] 冯浩,汪建新,赵书尚,等.机电一体化系统设计[M].2 版. 武汉:华中科技大学出版社,2016.
[4] 姜培刚,盖玉先.机电一体化系统设计[M].北京:机械工业出版社,2011.
[5] 郑堤,唐可洪.机电一体化设计基础[M].北京:机械工业出版社,2004.
[6] 张立勋,黄筱调,王亮.机电一体化系统设计[M].北京:高等教育出版社,2007.
[7] 袁中凡.机电一体化技术[M].北京:电子工业出版社,2006.
[8] 俞竹青,金卫东.机电一体化系统设计[M].北京:电子工业出版社,2011.
[9] 王茁,李颖卓,张波. 机电一体化系统设计[M].北京:化学工业出版社,2005.
[10] 高钦和,龙勇,马长林,等.机电液一体化系统建模与仿真技术[M].北京:电子工业出版社,2012.
[11] 高安邦,等.机电一体化系统设计实例精解[M].北京:机械工业出版社,2008.
[12] [日]三浦宏文.机电一体化实用手册[M]. 杨晓辉,译.北京:科学出版社,2007.
[13] 黄筱调,赵松年.机电一体化技术基础及应用[M].北京:机械工业出版社,2011.
[14] 裘祖荣.精密机械设计基础[M].北京:机械工业出版社,2007.
[15] 丙延年.机电一体化原理及应用[M].苏州:苏州大学出版社,2004.
[16] 梁强.西门子 PLC 控制系统设计及应用[M].北京:中国电力出版社,2011.
[17] 王雪文,张志勇. 传感器原理及应用[M]. 北京:北京航空航天大学出版社,2004.
[18] 胡世军,张大志. 机电传动控制[M].武汉:华中科技大学出版社,2014.
[19] 杨叔子,杨克冲,等.控制工程基础[M].武汉:华中科技大学出版社,2000.
[20] 张建钢,胡大泽.数控技术[M].武汉:华中科技大学出版社,2000.
[21] 王侃夫.机床数控技术基础[M].北京:机械工业出版社,2001.
[22] 杨根科,谢剑英.微型计算机控制技术[M].4 版. 北京:国防工业出版社,2016.
[23] 舒志兵.机电一体化系统应用实例解析[M].北京:中国电力出版社,2009.
[24] 孙卫青,李建勇.机电一体化技术[M].2 版. 北京:科学出版社,2009.
[25] 机电一体化技术手册编委会.机电一体化技术手册:第 2 卷[M].2 版.北京:机械工业出版社,1999.
[26] 机电一体化技术手册编委会.机电一体化技术手册:第 1 卷[M].北京:机械工业出版社,1999.
[27] 成大先.机械设计手册[M].6 版.北京:化学工业出版社,2016.
[28] 闻邦椿. 机械设计手册[M].6 版.北京:机械工业出版社,2018.
[29] 张立勋,董玉红.机电系统仿真与设计[M].哈尔滨:哈尔滨工程大学出版社,2006.

[30] 王孙安. 现代制造中的机电系统应用[M]. 北京:机械工业出版社,2011.
[31] [德] Klaus Janschek . 机电系统设计方法、模型及概念:建模、仿真及实现基础[M]. 张建华,译. 北京:清华大学出版社,2017.
[32] [美]Saeed B. Niku. 机器人学导论——分析、控制及应用[M]. 2 版. 孙富春,朱纪洪,刘国栋,等,译. 北京:电子工业出版社,2018.
[33] 王孙安. 机械电子工程原理[M]. 北京:机械工业出版社,2010.
[34] 韩建海. 工业机器人[M]. 3 版. 武汉:华中科技大学出版社,2015.
[35] 姚伯威,吕强. 机电一体化原理及应用[M]. 2 版. 北京:国防工业出版社,2005.
[36] [美]Willian Bolton. 机械电子学:机械和电气工程中的电子控制系统(原书第 6 版)[M]. 付庄,等,译. 北京:机械工业出版社,2014.